普通高等教育"十二五"规划教材

水利工程测量

主　编　王笑峰
副主编　龚文峰　窦世卿

U0238211

中国水利水电出版社
www.waterpub.com.cn

内 容 提 要

本书为普通高等教育"十二五"规划教材。全书共分十八章，主要介绍了测量学的基本概念、基本理论以及测量误差的基本知识；高差、角度、距离三项测量基本工作，分别讨论了普通测量仪器的构造、使用和检校方法，并较详细地介绍了现代测绘技术的新成就、新仪器和新方法；小地区控制测量、地形图测绘的基本知识和方法以及地形图应用的基本内容；测设（放样）的基本方法，水利工程建设中常见的大坝、隧洞、渠道等的施工测量技术以及变形观测，同时补充了部分有关路桥、工业与民用建筑施工测量内容。

本书可供水利水电工程、农业水利工程、水利工程施工、水利水电工程规划、水利水电工程管理、水利工程监理、水土保持工程、水文与水资源工程等专业教学使用，也可供有关技术人员参考。

图书在版编目（CIP）数据

水利工程测量 / 王笑峰主编. -- 北京 ：中国水利
水电出版社，2012.1(2020.11重印)
普通高等教育"十二五"规划教材
ISBN 978-7-5084-9271-1

Ⅰ．①水… Ⅱ．①王… Ⅲ．①水利工程测量－高等学
校－教材 Ⅳ．①TV221

中国版本图书馆CIP数据核字(2012)第009609号

书　　名	普通高等教育"十二五"规划教材 **水利工程测量**	
作　　者	主编　王笑峰　　副主编　龚文峰　窦世卿	
出版发行	中国水利水电出版社 （北京市海淀区玉渊潭南路1号D座　100038） 网址：www.waterpub.com.cn E-mail：sales@waterpub.com.cn 电话：(010) 68367658（营销中心）	
经　　售	北京科水图书销售中心（零售） 电话：(010) 88383994、63202643、68545874 全国各地新华书店和相关出版物销售网点	
排　　版	中国水利水电出版社微机排版中心	
印　　刷	清淞永业（天津）印刷有限公司	
规　　格	184mm×260mm　16开本　26.5印张　628千字	
版　　次	2012年1月第1版　2020年11月第4次印刷	
印　　数	6001—8500册	
定　　价	**59.00元**	

前　　言

　　本书是普通高等教育"十二五"国家级规划教材，是编者结合多年的教学经验和工程实践，在广泛征求同行以及水利工程专家意见的基础上编写而成的。

　　全书共十八章，介绍了测量学的基本概念、基本理论，系统讲述了常规的工程测量仪器的构造、使用、检验与校正；阐明了控制测量和地形测量的理论和方法；论述了测量误差的基本理论及在测量工作中的应用；阐述了有关水利工程建筑物的测量技术。结合工程实践及专业的需要，本教材对测绘领域的新技术、新仪器、新方法如电磁波测距、电子水准仪、全站仪、数字化测图及全球定位系统、遥感技术、地理信息系统等都做了较详细的说明。为方便教学及工程技术人员使用，书中提供了一部分基本的英文测绘专业词汇、课后习题以及课间实验指导。

　　本书由黑龙江大学王笑峰任主编，黑龙江大学龚文峰、黑龙江科技学院窦世卿任副主编。第一、第四、第六、第七、第十、第十一章由黑龙江大学王笑峰编写，第二、第九章由黑龙江大学马学武编写，第三、第十五章由黑龙江大学左淑红编写，第五、第八、第十六章由黑龙江大学郑丽娜编写，第十二、第十四章由黑龙江大学周企鹏编写，第十三章由黑龙江科技学院窦世卿编写，第十七章由黑龙江大学孔达编写，第十八章由黑龙江大学龚文峰编写，附录部分由东北农业大学白雪峰编写。全书由王笑峰统稿，黑龙江大学吴敏审阅。

　　由于编者水平有限，难免存在错误和疏漏，谨请广大读者批评指正。

编者

2011 年 10 月

目　　录

第一章 绪 论

第一节 测量学与测绘学

测量学（Surveying）与制图学（Cartography）统称为测绘学（Geomatics）。测绘学是研究与地球有关的基础空间信息的采集、处理、显示、管理、利用的科学与技术，其研究的对象是地球整体及其表面和外层空间中的各种自然物体和人造物体的有关信息。它既要研究测定地面点的几何位置、地球形状、地球重力场，还要研究地球表面自然形态和人工设施的几何形态；又要结合社会和自然信息的地理分布，研究绘制全球和局部地区各种比例尺的地形图和专题地图的理论和技术。

一、测量学的任务及研究对象

测量学是研究如何测定地面点的平面位置和高程，将地球表面的地形及其他信息测绘成图（含地图和地形图），以及研究地球的形状和大小等的一门科学。

测量学的任务包括测定（Survey and map）和测设（Setting out）两个方面。

测定是指运用测量仪器和方法，通过测量和计算，获得地面点的测量数据，或者把地球表面的地形按一定比例缩绘成地形图，供科学研究、国民经济建设和规划设计使用。

测设是将规划图纸上设计好的建筑物、构造物的位置（平面位置和高程）用测量仪器和测量方法在地面上标定出来作为施工的依据，又称为施工放样。

传统的测量学研究的对象是地球及其表面，但随着现代科学技术的发展，它已扩展到地球的外层空间，并且已由静态对象发展到观测和研究动态对象；同时，所获得的量既有宏量，也有微量。使用的手段和设备也已转向自动化、遥测化和数字化。由此可见，测量学是测绘学的重要组成部分。

二、测量学的分科

测量学按照研究对象和范围的不同，产生了多个分支学科。

1. 大地测量学（Geodetic Surveying）

测绘学的主要研究对象是地球及其表面的各种形态。为此，首先要研究和测定地球的形状、大小及其重力场，并在此基础上建立一个统一的坐标系统，用以表示地表任一点在地球上的准确几何位置。地球的外形非常近似于一个椭球，在测绘学中即用一个同地球外形极为接近的旋转椭球来代表地球，称为地球椭球。地面上任一点的几何位置即用这点在地球椭球面上的经纬度和点的高程表示。测绘学中研究测定地球形状及地球重力场，地球椭球参数，以及地面点的几何位置的理论和方法的这一分支学科称为大地测量学。大地测量学又分为常规大地测量学和卫星大地测量学。

2. 地形测量学 （Topometric Surveying）

地形测量学是研究小区域内测绘地形图的基本理论、技术和方法的学科。由于地表形态的测绘工作是分别在面积不大的测区内进行的，在同一测区内可以既不考虑地球曲率的影响，把小区域内的地球表面当作水平面对待，也不顾及地球重力场的微小影响。

3. 摄影测量学 （Photographic Survey）

测绘地表形态，特别是测绘大面积的地表，可以采用摄影方法或电磁波成像的方法，以获得地表形态的信息。然后根据摄影测量的理论和方法，将获得的地表形态信息以模拟的或解析的方式进行处理，使之转变为各种比例尺的地形原图或形成地理数据库。这就形成了又一门分支学科——摄影测量学。由于成像方法的不同，摄影测量学可分为地面摄影测量学、航空摄影测量学、水下摄影测量学和航天摄影测量学。

4. 海洋测绘学 （Ocean Surveying）

海洋测绘学是以海洋水体和海底地面为研究对象所进行的测量和海图编制理论、方法研究的科学。

5. 工程测量学 （Engineering Surveying）

工程测量学是研究工程建设和资源开发中在勘测、规划、设计、施工、运行管理各个阶段进行的控制测量、地形测绘、施工放样和变形监测的理论、技术和方法的科学。这些测绘工作往往要根据具体工程的要求，采取专门的测量方法，有时需要特定的高精密度或使用特种测量仪器。由于建设工程的不同，工程测量学又分为矿山测量学、水利工程测量学、公路测量学、铁道测量学、地籍测量学等。

以上各门学科既自成体系又相互关联，只有密切配合才能更好地为我国的现代化建设服务。

第二节 测绘学的发展现状

一、测绘学的发展简史

科学的产生和发展是由生产决定的。测绘学也不例外，它是人类长期以来在生活和生产活动中与自然界斗争的结果。由于生活和生产的需要，人类社会在远古时代，测量工作就被用于实际。古代的测绘技术起源于水利和农业。古埃及尼罗河每年洪水泛滥，淹没了土地界线，水退以后需要重新划界，从而开始了测量工作。公元前 2 世纪，中国司马迁在《史记·夏本纪》中叙述了禹受命治理洪水的情况："左准绳，右规矩，载四时，以开九州、通九道、陂九泽、度九山。"说明在公元前很久，中国人为了治水，已经开始使用简单的测量工具了。

测绘学的研究对象是地球，人类对地球形状认识的逐步深化，要求对地球形状和大小进行精确的测定，因而促进了测绘学的发展。地图制图是测量的必然结果，所以，地图的演变及其制作方法的进步是测绘学发展的重要方面。测绘学是一门技术性较强的学科，它的形成和发展在很大程度上依赖于测绘方法和仪器工具的创造和变革。从原始的测绘技术，发展到近代的测绘学，其过程可由下列 3 个方面来说明。

（一）人类对地球形状的认识过程

人类对地球形状的科学认识，是从公元前 6 世纪古希腊的毕达哥拉斯最早提出地是球形的概念开始的。两个世纪后，亚里士多德作了进一步论证，支持这一学说，称为地圆说。又一个世纪后，亚历山大的埃拉托斯特尼采用在两地观测日影的办法，首次推算出地球子午圈的周长，以此证实了地圆说。这也是测量地球大小的"弧度测量"方法的初始形式。世界上有记载的实测弧度测量，最早是中国唐代开元十二年（724 年）在张遂（一行）的指导下在今河南省境内进行的，根据测量结果推算出了纬度 1°的子午弧长。

17 世纪末，英国的牛顿和荷兰的惠更斯首次从力学的观点探讨地球形状，提出地球是两极略扁的椭球体，称为地扁说。1735～1741 年间，法国科学院派遣测量队在南美洲的秘鲁和北欧的拉普兰进行弧度测量，证明牛顿等的地扁说是正确的。

1743 年，法国 A.C. 克莱洛证明了地球椭球的几何扁率同重力扁率之间存在着简单的关系。这一发现，使人们对地球形状的认识又进了一步，从而为根据重力数据研究地球形状奠定了基础。

1873 年，利斯廷创用"大地水准面"一词，以该面代表地球形状。自那时起，弧度测量的任务，不仅是确定地球椭球的大小，而且还包括求出各处垂线方向相对于地球椭球面法线的偏差，用以研究大地水准面的形状。

1945 年，苏联的 M.C. 莫洛坚斯基创立了直接研究地球自然表面形状的理论，并提出"似大地水准面"的概念，从而回避了长期无法解决的重力归算问题。

人类对地球形状的认识和测定，经过了球—椭球—大地水准面 3 个阶段，用了两千五六百年的时间，随着对地球形状和大小的认识和测定的日益精确，测绘工作中精密计算地面点的平面坐标和高程逐步有了可靠的科学依据，同时也不断丰富了测绘学的理论。

（二）地图制图的演变

地图的出现可追溯到上古时代，那时由于人类从事生产和军事等活动，产生了对地图的需要。考古工作者曾经挖掘到公元前 25～前 3 世纪画在或刻在陶片、铜板或其他材料上的地图。这些原始地图只是根据文字记述或见闻绘成的略图，不讲求比例尺和方位，可靠性很差。据文字记载，中国春秋战国时期地图已用于地政、军事和墓葬等方面。例如《管子·地图篇》记述："凡兵主者必先审知地图。"公元前 3 世纪，埃拉托斯特尼最先在地图上绘制经纬线。1973 年，在中国湖南省长沙马王堆汉墓中发现的绘制在帛上的地图。这些地图虽是根据已有资料和见闻绘制的，但它已注意到比例尺和方位，讲求一定的精度。公元 2 世纪，古希腊的 C. 托勒密所著《地理学指南》一书，提出了地图投影问题。100 多年后，中国西晋的裴秀总结出"制图六体"的制图原则，从此地图制图有了标准，提高了地图的可靠程度。16 世纪，地图制图进入了一个新的发展时期。中国明代的罗洪先和德国的 G. 墨卡托都以编制地图集的形式，分别总结了 16 世纪之前中国和西方在地图制图方面的成就。从 16 世纪起，随着测量技术的发展，尤其是三角测量方法的创立，西方一些国家纷纷进行大地测量工作，并根据实地测量结果绘制国家规模的地形图，这样测绘的地形图，不仅有准确的方位和比例尺，具有较高的精度，而且能在地图上描绘出地表形态的细节，还可按不同的用途，将实测地形图缩制编绘成各种比例尺的地图。中国历史上首次使用这样的方法在广大国土上测绘的地形图，是清康熙四十七年至五十七年（1708～1718 年）完成的《皇舆全图》。现代地图制图的方法有了巨大的变革，地图制图的理论也不断得到丰富，特别是 20 世纪 60 年代以来，又朝着计算机辅助地图制图的方向发展，使成图的精度和速度都有很大的提高。

（三）测绘技术和仪器工具的变革

17 世纪之前，人们使用简单的工具，例如中国的绳尺、步弓、矩尺和圭表等进行测量。这些测量工具都是机械式的，而且以用于量测距离为主。17 世纪初发明了望远镜。1617 年，荷兰的斯涅耳为了进行弧度测量而首创三角测量法，以代替在地面上直接测量弧长，从此测绘工作不仅量测距离，而且开始了角度测量。约于 1640 年，英国的加斯科因在两片透镜之间设置十字丝，使望远镜能用于精确瞄准，用以改进测量仪器，这可算光学测绘仪器的开端。约于 1730 年，英国的西森制成测角用的第一架经纬仪，大大促进了三角测量的发展，使它成为建立各种等级测量控制网的主要方法。在这一段时期里，由于欧洲又陆续出现小平板仪、大平板仪以及水准仪，地形测量和以实测资料为基础的地图制图工作也相应得到了发展。19 世纪初，随着测量方法和仪器的不断改进，测量数据的精度也不断提高，精确的测量计算就成为研究的中心问题。此时数学的进展开始对测绘学产生重大影响。1806 年和 1809 年法国的勒让德和德国的高斯分别发表了最小二乘准则，这为测量平差计算奠定了科学基础。19 世纪 50 年代初，法国洛斯达首创摄影测量方法。随后，相继出现立体坐标量测仪、地面立体测图仪等。到 20 世纪初，则形成比较完备的地面立体摄影测量法。由于航空技术的发展，1915 年出现了自动连续航空摄影机，因而可以将航摄像片在立体测图仪器上加工成地形图。从此，在地面立体摄影测量的基础上，发展了航空摄影测量方法。在这一时期里，由于在 19 世纪末和 20 世纪 30 年代，先后出现了摆仪和重力仪，尤其是后者的出现，使重力测量工作既简便又省时，不仅能在陆地上，而且也能在海洋上进行，这就为研究地球形状和地球重力场提供了大量实测重力数据。可以说，从 17 世纪末到 20 世纪中叶，测绘仪器主要在光学领域内发展，测绘学的传统理论和方法也已发展成熟。

从 20 世纪 50 年代起，测绘技术又朝电子化和自动化方向发展。首先是测距仪器的变革。1948 年起陆续发展起来的各种电磁波测距仪，由于可用来直接精密测量远达几十公里的距离，因而使得大地测量定位方法除了采用三角测量外，还可采用精密导线测量和三边测量。大约与此同时，电子计算机出现了，并很快应用到测绘学中。这不仅加快了测量计算的速度，而且还改变了测绘仪器和方法，使测绘工作更为简便和精确。例如具有电子设备和用电子计算机控制的摄影测量仪器的出现，促进了解析测图技术的发展，继而在 60 年代，又出现了计算机控制的自动绘图机，可用以实现地图制图的自动化。自从 1957 年第一颗人造地球卫星发射成功后，测绘工作有了新的飞跃，在测绘学中开辟了卫星大地测量学这一新领域，就是观测人造地球卫星，用以研究地球形状和重力场，并测定地面点的地心坐标，建立全球统一的大地坐标系统。同时，由于利用卫星可从空间对地面进行遥感（称为航天摄影），因而可将遥感的图像信息用于编制大区域内的小比例尺影像地图和专题地图。在这个时期里还出现了惯性测量系统，它能实时地进行定位和导航，成为加密陆地控制网和海洋测绘的有力工具。所以，50 年代以后，测绘仪器的电子化和自动化以及许多空间技术的出现，不仅实现了测绘作业的自动化，提高了测绘成果的质量，而且使传统的测绘学理论和技术发生了巨大的变革，测绘的对象也由地球扩展到月球和其他星球。

二、我国测绘事业的发展

中华人民共和国成立后，我国测绘事业有了很大的发展。建立和统一了全国坐标系统和高程系统；建立了全国的大地控制网、国家水准网、基本重力网和卫星多普勒网；完成了国家大地网和水准网的整体平差；完成了国家基本图的测绘工作；完成了珠穆朗玛峰和南极长城站的地理位置和高程的测量；配合国民经济建设进行了大量的测绘工作。如进行了南京长江大桥、葛洲坝水电站、宝山钢铁厂、北京正负电子对撞机、三峡大坝、核电站等大型和特殊工程的精确放样和设备安装测量。出版发行地图 1600 多种，发行量超过 11 亿册。在测绘仪器制造方面，从无到有，发展迅速，现在不仅能生产各种不同等级、类型的光学测量仪器，还研制成功各种测程的光电测距仪、卫星激光测距仪和解析测图仪等先进仪器，国产 GPS 卫星接收机已广泛使用。

特别是近年来，我国测绘科技更得到了快速发展，例如 GPS 全球定位系统在测绘领域已得到广泛应用，中国开发的独立的全球卫星定位系统"北斗卫星导航系统"已初具规模，全国 GPS 大地网即将完成；地理信息系统方面，我国第一套实用电子地图系统（全称为国务院国情地理信息系统）已在国务院常务会议室建成并投入使用。

综上所述，我国在测绘事业上已经做了大量的工作，为国民经济建设和国防建设做出了不可磨灭的贡献，但是与国际先进水平相比还有一定差距，但只要发愤图强，励精图治，是能迅速赶上和超过国际测绘科技先进水平的。

第三节　现代测绘学的广泛应用和在水利工程中的作用

一、现代测绘学的作用

（一）在科学研究中的作用

地球是人类和社会赖以生存和发展的唯一星球。经过古往今来人类的活动和自然变迁，如今的地球正变得越来越骚动不安，人类正面临一系列全球性或区域性的重大难题和挑战，测绘学在探索地球的奥秘和规律、深入认识和研究地球的各种问题中发挥着重要作用。由于现代测量技术已经或将要实现无人工干预自动连续观测和数据处理，可以提供几乎任意时域分辨率的观测系列，具有检测瞬时地学事件（如地壳运动、重力场时空变化、地球潮汐和自转变化等）的能力，这些观测成果可以用于地球内部物质结构和演化的研究，如大地测量观测结果在解决地球物理问题中可以起着某种佐证作用。

（二）在国民经济建设中的作用

测绘学在国民经济建设中的作用极为广泛。在经济发展规划、土地资源调查和利用、海洋开发、农林牧渔业的发展、生态环境保护以及各种工程、矿山和城市建设等各个方面都必须进行相应的测量工作，编制各种地图和建立相应的地理信息系统，以供规划、设计、施工、管理和决策使用。如在城市化进程中，城市规划、乡镇建设、交通管理等都需要城市测绘数据、高分辨率卫星影像、三维景观模型、智能交通系统和城市地理信息系统等测绘高新技术的支持；在水利、交通、能源和通信设施的大规模、高难度工程建设中不但需要精确勘测和大量现势性强的测绘资料，而且需要在工程全过程采用地理信息数据辅助决策。丰富的地理信息是国民经济和社会信息化的重要基础，对传统产业的改造、优化、升级与企业生产经营，发展精细农业，构建"数字中国"和"数字城市"，发展现代物流配送系统和电子商务，实现金融、财税、贸易信息化等，都需要以测绘数据为基础的地理空间信息平台。

（三）在国防建设中的作用

在现代化战争中，武器的定位、发射和精确制导，需要高精度的定位数据、高分辨率的地球重力场参数、数字地面模型和数字正射影像。以地理空间信息为基础的战场指挥系统，可持续、实时地提供虚拟数字化战场环境信息，为作战方案优化、战场指挥和战场态势评估实现自动化、系统化和信息化提供测绘数据和基础地理信息保障，以提高战场上的精确打击力，夺得战争胜利或主动。测绘空间数据库和多媒体地理信息系统在疆界划定、边界谈判、缉私禁毒、边防建设与界线管理中均有着重要的作用。此外，公安部门预防和打击犯罪也需要电子地图、全球定位系统和地理信息系统的技术支持。

（四）在社会发展中的作用

由于现代经济与社会的快速发展与自然关系的复杂性，人们解决现代经济和社会问题的难度增加，因此，政府管理和决策的科学化、民主化，迫切要求提供广泛通用的地理空间信息平台。测绘数据是其基础。将大量经济和社会信息加载到这个平台上，可以形成符合真实世界的空间分布形式，建立空间决策系统，进行空间分析和管理决策，以及实施电子政务。当今人类正面临环境日趋恶化、自然灾害频繁、不可再生资源匮乏以及人口膨胀等社会问题。要解决这些问题，维持社会的可持续发展，必须了解地球的各种现象及其变化和相互关系，采取必要的措施来约束和规范人类自身的活动，减少或防范全球变化向不利于人类社会发展方面演变，指导人类合理利用和开发资源，有效地保护和改善环境，积极防治和抵御各种自然灾害，不断改善人类生存和生活环境质量。在防灾减灾、资源开发和利用、生态建设与环境保护等影响社会可持续发展的种种因素方面，各种测绘和地理信息可用于规划、方案的制订，灾害、环境监测系统的建立，风险的分析，资源、环境调查与评估，可视化的显示以及决策指挥等。

二、现代测绘学在水利工程建设中的作用

测量工作在水利水电建设中起着十分重要的作用。兴建水利工程，从工程的规划、设计、施工到运行管理的各个阶段都离不开测量工作。例如在某河流上修建水电站，首先必须根据地形图进行规划设计，选择坝址，从而进行水文计算、地质勘探、经济调查等工作，充分论证规划设计的可行性。坝址选定后，必须有详尽的大比例尺地形图作为坝体、厂房和其他水工建筑物设计布置的依据。在施工过程中，又要通过施工放样指导开挖、砌筑和设备安装。投入运行后，还要进行变形观测，确保各种水利设施能够安全运行。因

此，从事水利水电建设的工程技术人员，应当具备测量学的基本知识和技能，把测量学作为必需的一门基础技术课程，学好有关水利水电工程测量的内容。

思 考 与 练 习

1. 测量学研究的对象是什么？
2. 试述测量学的分类。
3. 测定与测设有何区别？
4. 试述测绘学在工程建设中的作用。
5. 通过学习本章内容并查阅有关资料了解现代测量学的发展。

第二章 测量学的基本知识

第一节 地球的形状和大小

一、测量工作的基准面

测量工作是在地球表面进行的，而地球的自然表面是极不规则的，在地球表面上分布着高山、丘陵、平原和海洋，有高于海平面 8844.43m 的珠穆朗玛峰，有低于海平面11022m 的马里亚纳海沟，地形起伏很大。但是，由于地球半径很大，约 6371km，地面高低变化的幅度相对于地球半径只有 1/300，从宏观上看，仍然可以将地球看作为圆滑球体。地球表面大部分是海洋，占地球面积的 71%，陆地仅占 29%，所以人们设想由静止的海水面向大陆延伸形成的闭合曲面来代替地球表面。

假想自由静止的海水面向陆地和岛屿延伸形成一个闭合曲面，这个闭合曲面称为水准面（level surface），水准面上的点处处与该点的铅垂线垂直。由于潮汐的影响，海水面有涨有落，水准面就有无数个，并且互不相交。在测量工作中，把通过平均海水面并向陆地延伸而形成的闭合曲面称为大地水准面（geoid）。大地水准面所包围的形体称为大地体。大地水准面是测量工作的基准面（datum surface）。

由于地球内部质量分布不均匀，致使地面上各点的铅垂线方向产生不规则变化，因而大地水准面实际上是一个表面有微小起伏的不规则曲面 ［图 2-1 (a)］，无法用数学公式表示，在这个曲面上无法进行测量数据的处理，为此必须选择一个与大地体非常接近的数学球体代替大地体。

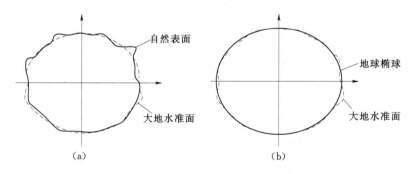

图 2-1　地球形状示意图

(a) 大地水准面与地球自然表面；(b) 大地水准面与地球椭面

长期的测量实践表明，地球的形状非常近似于一个两极稍扁的椭球体 ［图 2-1 (b)］，这个椭球体称为地球椭球体。地球椭球体是一个旋转轴与地球自转轴重合的椭圆绕其短轴旋转而成的几何形体，因此又称为旋转椭球体或参考椭球体。如图 2-2 所示，地球椭球的大小由其长半轴 a、短半轴 b 和扁率 α 确定。长半轴 a、短半轴 b 和扁率 α 之间的关系为：

$$\alpha=\frac{a-b}{a}$$

目前，我国采用的椭球元素为：$a=6378140m$，$b=6356755m$，$\alpha=1/298.257$。

由于参考椭球的扁率很小，在小区域测量中，可以近似地将地球视作圆球体，其半径为 6371km。

参考椭球体的表面称为参考椭球面，根据一定的条件，确定参考椭球面与大地水准面的相对位置所进行的测量工作，称为参考椭球体定位。在地面上选 P 点，将 P 点沿铅垂线投影到大地水准面 P' 点，使参考椭球在 P' 点与大地体相切，如图 2-3 所示，这样过 P' 点的法线与铅垂线重合，并使椭球的短轴与地球的自转轴平行，且椭球面与大地水准面差距尽量小，从而确定了参考椭球面与大地水准面的相对位置关系。这里，P 点称为大地原点。我国曾于 1954 年将大地原点设在北京，后来根据新的测量数据，发现该坐标系与我国的实际情况相差较大。于 1980 年将坐标系原点设在陕西省泾阳县内。

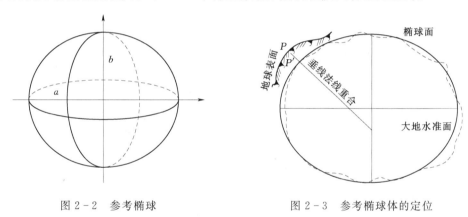

图 2-2　参考椭球　　　　　　　图 2-3　参考椭球体的定位

二、测量工作的基准线

地球上的每个质点都受两个力的作用：其一是地球引力，其二是地球自转产生的离心力，这两个力的合力称为重力。重力的作用线又称为铅垂线（plumb line），铅垂线是测量工作的基准线（datum line）。

第二节　地面点位置的确定

一、地面点的位置

测量工作的基本任务是确定地面点的位置。在测量工作中，地面点的位置通常需要用三个量来表示，如图 2-4 所示，将地面点 A、B、C 沿铅垂线投影到测量基准面上，得到相应的投影点 a、b、c。则地面点 A、B、C 的位置，可以用 a、b、c 点在测量基准面上的坐标以及 A、B、C 点沿铅垂线方向到大地水准面的距离 H_A、H_B、H_C 来表示。

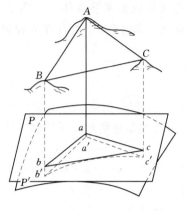

图 2 - 4 地面点的位置

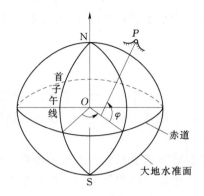

图 2 - 5 天文地理坐标系统

二、测量工作中常用的坐标系统

（一）天文地理坐标系统 （geographical reference system）

地面点在球面上的位置常采用天文经纬度 （λ，φ） 来表示，称为地理坐标。它以铅锤线为基准线，以大地水准面为基准面。

如图 2 - 5 所示，N、S分别是地球的北极和南极，NS 称为地轴。过地面点和地轴的平面称为子午面。子午面与地球的交线称为子午线。通过格林尼治天文台的子午面（又称首子午面）与任意子午面的夹角 λ 称为经度。由首子午面向东称为东经，向西称为西经，其取值范围分别为 0°～180°。

通过地心且垂直于地轴的平面称为赤道面。过地面任意点的铅垂线与赤道面的夹角称为该点的纬度。由赤道面向北称为北纬，向南称为南纬，其取值范围分别为 0°～90°。

我国位于东半球和北半球，所以各地的地理坐标都是东经和北纬，例如北京的地理坐标为东经 116°28′，北纬 39°54′。

用经纬度表示地面点的位置，可分为大地经纬度 （L，B） 和天文经纬度 （λ，φ）。大地经纬度是表示地面点在参考椭球面上的位置，它是以法线为基准线，以椭球体面为基准面。天文经纬度是表示地面点在大地水准面上的位置，它是以铅垂线为基准线，以大地水准面为基准面。

过地面上一点与地球南北极的平面称为子午面，子午面与地球表面的交线称为子午线。过英国格林尼治天文台的子午面称为首子午面。首子午面与地球表面的交线称为首子午线。过地球表面上一点的子午面与首子午面之间的夹角称为经度。自首子午面起向东 0°～180°为东经，向西 0°～180°为西经。通过地球球心且与地球旋转轴垂直的平面称为赤道面，赤道面与地球表面的交线为赤道。过地球表面上一点的铅垂线或法线赤道面的夹角称为纬度。自赤道面起，向北 0°～90°为北纬，向南 0°～90°为南纬。例如：北京的经纬度为东经 116°28′，北纬 39°54′。

（二）高斯平面直角坐标系统

地理坐标是球面坐标，只能确定地面点位在球面上的位置，若直接用于工程建设规划、设计、施工，会带来很多计算和测量不便。为此，须将球面坐标按一定数学法则归算到平面上，即测量工作中所称的投影。在测量工作中常用高斯投影法（Gauss projection）将点的地理坐标转换成平面直角坐标。

高斯投影是设想一个椭圆柱面横套在地球椭球面外面，并与地球椭球面上某一子午线［该子午线称为中央子午线（central meridian）］相切，椭圆柱的中心轴通过地球椭球球心，然后按等角投影方法，将中央子午线两侧一定经差范围内的点、线投影到椭圆柱面上，再沿着过极点的母线展开即成为高斯投影面，如图2-6所示。

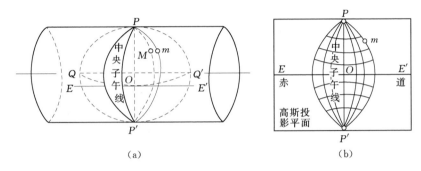

(a)　　　　　　　　(b)

图2-6　高斯投影

高斯投影具有如下特性：

（1）经投影后，中央子午线为一条直线，且长度不变，其他经线为凹向中央子午线的曲线，长度发生改变。

（2）经投影后，赤道为一条直线，但长度发生改变，其他纬线为凸向赤道的曲线，且距离赤道越远，长度变形越大。

（3）中央子午线与赤道投影后仍保持正交。

为了把长度变形控制在测量精度允许的范围内，高斯投影法按照一定的经度差，采用分带投影的方法，带宽一般为经差6°和3°，分别称为6°带投影法和3°带投影法，如图2-7所示。

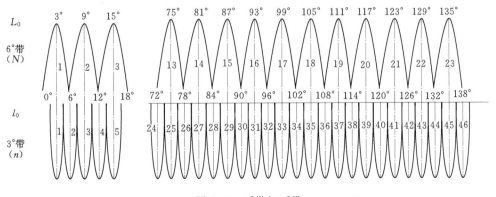

图2-7　6°带与3°带

6°带投影法是将地球按6°的经差分成60个投影带，从首子午线开始自西向东编号，东经0°～6°为第1带，6°～12°为第2带，依此类推。位于各带边缘的子午线称为分带子午

线，位于各分带中央的子午线称为中央子午线，带号 N 与相应的中央子午线经度 L_0 的关系可用下式计算

$$L_0 = 6N - 3 \tag{2-1}$$

$6°$带可以满足 $1:25\ 000$ 以上中、小比例尺测图精度的要求。

$3°$带是在 $6°$带基础上划分的，从东经 $1°30'$ 子午线起，自西向东每隔经差 $3°$ 为一带，编号为 $1\sim120$。带号 n 与相应的中央子午线经度 l_0 的关系可用下式计算

$$l_0 = 3n \tag{2-2}$$

我国位于北半球，南从北纬 $4°$，北至北纬 $54°$，西从东经 $74°$，东至东经 $135°$。中央子午线从 $75°$ 起共计 11 个 $6°$带，带号在 $13\sim23$ 之间；21 个 $3°$带，带号在 $25\sim45$ 之间。

以中央子午线和赤道投影后的交点 O 作为坐标原点，以中央子午线的投影为纵坐标轴 x，规定 x 轴向北为正；以赤道的投影为横坐标轴 y，规定 y 轴向东为正，从而构成高斯平面直角坐标系（Gauss plane coordinate system）。在高斯平面直角坐标系中，x 坐标均为正值，而 y 坐标有正有负。为避免 y 坐标出现负值，将坐标纵轴向西平移 500km，并在横坐标值前冠以带号。这种坐标称为国家统一坐标，如图

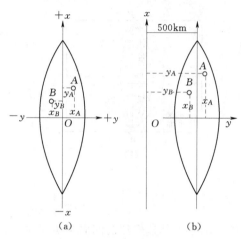

图 2-8　高斯平面直角坐标系统

2-8 所示。

例如，B 点的高斯平面直角坐标为

$$x_B = 3464215.106\text{m}$$

$$y_B = -432861.343\text{m}$$

若该点位于第 19 带内，则 B 点的国家统一坐标值为

$$x_B = 3464215.106\text{m}$$

$$y_B = 19067138.657\text{m}$$

（三）独立平面直角坐标

当测区的范围较小（半径小于 10km）时，可以把测区的球面当作水平面，直接将地面点沿铅垂线方向投影到水平面上，用平面直角坐标表示地面点的位置。为了避免坐标出现负值，一般将坐标原点选在测区西南角，使测区全部落在第一象限内。这种方法适用于测区没有国家控制点的地区，x 轴方向一般为该地区真子午线或磁子午线方向，如图 2-9 所示。

测量中使用的平面直角坐标系纵坐标轴为 x，向北为正，横坐标轴为 y，向东为正。象限按顺时针方向编号，这些与数学上的规定是不同的，但数学上的三角和解析几何公式可以直接应用到测量中，如图 2-10 所示。

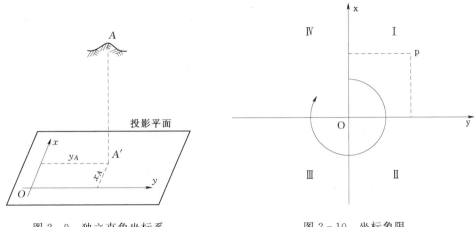

图 2-9 独立直角坐标系   图 2-10 坐标象限

(四) 空间直角坐标系

随着卫星定位技术的发展，采用空间直角坐标来表示空间一点的位置，已在各个领域越来越多地得到应用。空间直角坐标系以地球椭球体中心 O 作为坐标原点，起始子午面与赤道面的交线为 X 轴，赤道面上与 X 轴正交的方向为 Y 轴，椭球体的旋转轴为 Z 轴，指向符合右手规则。在该坐标系中，D 点的点位用 D 点在这三个坐标轴的投影 x_D、y_D、z_D 表示。空间直角坐标系可以统一各国的大地控制网，可使各国的地理信息"无缝"衔接。空间直角坐标已在军事、导航及国民经济各部门得到广泛应用，并已成为一种实用坐标，如图 2-11 所示。

利用 GPS 卫星定位系统得到的地面点位置，是 WGS-84 坐标，WGS（World Geodetic System，世界大地坐标系）坐标系坐标原点在地球质心。

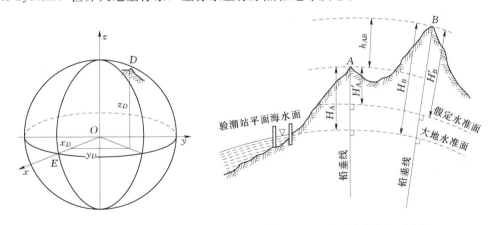

图 2-11 空间直角坐标系   图 2-12 绝对高程与相对高程

二、地面点的高程

某地面点沿铅垂线方向到大地水准面的距离称为绝对高程或海拔，简称高程（height），一般用 H 表示。如图 2-12 所示，H_A，H_B 分别表示 A 点和 B 点的高程。

由于受潮汐、风浪等影响，海水面是一个动态的曲面。它的高低时刻在变化，通常是在海边设立验潮站（tide gauge station），进行长期观测，取海水的平均高度作为高程零点。通过该点的大地水准面称为高程基准面。我国设在山东省青岛市的国家验潮站收集的1950～1956年的验潮资料，推算的黄海平均海水面作为我国高程起算面，并在青岛市观象山建立了水准原点（leveling origin）。水准原点到验潮站平均海水面高程为72.289m。这个高程系统称为"1956年黄海高程系"（Huanghai height system1956）。

由于海洋潮汐长期变化周期为18.6年，20世纪80年代初，国家又根据1952～1979年青岛验潮站的观测资料，推算出新的黄海平均海水面作为高程零点。由此测得青岛水准原点高程为72.2604m，称为"1985年国家高程基准"（Chinese height datum1985），并从1985年1月1日起执行新的高程基准。

在测量工作中，一般应采用绝对高程，若在偏僻地区，附近没有已知的绝对高程点可以引测时，也可采用相对高程，即可以假定一个水准面作为高程起算面，地面点到假定水准面的铅垂距离称为该点的相对高程，用 H' 表示。H'_A、H'_B 分别表示 A、B 两点的相对高程。

地面两点之间的高程差称为高差（Altitude Difference），用 h 表示。则 A、B 两点之间的高差为：

$$h_{AB} = H_B - H_A = H'_B - H'_A \tag{2-3}$$

B、A 两点之间的高差为：

$$h_{BA} = H_A - H_B = H'_A - H'_B \tag{2-4}$$

可见

$$h_{AB} = -h_{BA}$$

第三节　用水平面代替球面的限度

在测区范围不大的情况下，为简化一些复杂的投影计算，可将椭球面看作球面，甚至可以视为水平面，即用水平面代替水准面。用水平面代替水准面时应使得投影后产生的误差不超过一定的限度，因此，应分析用水平面代替水准面对水平距离、水平角和高程的影响。

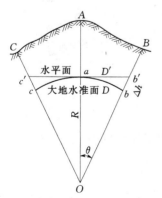

图 2-13　用水平面代替水准面

一　对水平距离的影响

如图 2-13 所示，设地面上 A、B、C 三个点在大地水准面上的投影点是 a、b、c，用过 a 点的水平面代替大地水准面，则地面点在水平面上的投影点是 a'、b'、c'。地面上 A、B 两点投影到水准面上的弧长为 D，在水平面上的距离为 D'，球面半径为 R，则

$$\left.\begin{array}{l} D = R\theta \\ D' = R\tan\theta \end{array}\right\} \tag{2-5}$$

以水平长度 D' 代替球面上弧长 D 产生的误差为：

$$\Delta D = D' - D = R(\tan\theta - \theta) \tag{2-6}$$

将 $\tan\theta$ 按级数展开得:

$$\tan\theta=\theta+\frac{1}{\theta}\theta^3+\frac{2}{15}\theta^5+\cdots \qquad (2-7)$$

因 D 比 R 小得多, θ 角很小, 将式 (2-7) 略去高次项, 只取级数式前两项代入式 (2-6) 并考虑 $\theta=\frac{D}{R}$ 得:

$$\Delta D=R\left[\theta+\frac{\theta^3}{3}+\cdots-\theta\right]=R\frac{\theta^3}{3}=\frac{D^3}{3R^2} \qquad (2-8)$$

两端除以 D, 得相对误差:

$$\frac{\Delta D}{D}=\frac{1}{3}\left(\frac{D}{R}\right)^2 \qquad (2-9)$$

地球半径 $R=6371km$, 用不同 D 值代入式 (2-9), 可计算出水平面代替水准面的距离误差和相对误差, 列入表 2-1。

表 2-1　水平面代替水准面对距离的影响

距离 D (km)	距离误差 ΔD (cm)	相对误差 $\Delta D/D$
1	0.00	—
5	0.10	1:5000000
10	0.82	1:1220000
15	2.77	1:5400000

从表 2-1 可见, 当距离为 10km 时, 以平面代替曲面所产生的距离误差为 0.82cm, 相对误差为 1/1220000。小于目前精密距离测量的容许误差。所以在半径为 10km 范围内, 进行距离测量时, 可以用水平面代替大地水准面。

二、地球曲率对高程的影响

由图 2-13 可见, $b'b$ 为水面代替水准面对高程产生的误差, 也称为地球曲率对高程的影响, 令其为 Δh, 则

$$(R+\Delta h)^2=R^2+D'^2$$

得

$$\Delta h=\frac{D'^2}{2R+\Delta h}$$

上式中, 用 D 代替 D', 而 Δh 相对于 $2R$ 很小, 可略去不计, 则

$$\Delta h=\frac{D^2}{2R} \qquad (2-10)$$

以不同距离 D 代入上式, 则得高程误差, 列入表 2-2。

表 2-2　水平面代替水准面的高程误差

D (m)	10	50	100	200	500	1000
Δh (mm)	0.0	0.2	0.8	3.1	19.6	78.5

从表 2-2 中可见, 当距离为 100m 时, 高程方面的误差接近 1mm, 这对高程来说影响是很大的, 所以进行高程测量时, 即使距离很短也应考虑地球曲率对高程的影响。

第四节 测 量 工 作 概 述

一、测量的基本工作

测量工作的主要目的是确定点的坐标和高程。在实际工作中，地面点的坐标和高程通常不是直接测定的，而是观测有关要素后计算而得。通常根据测区内或测区附近已知坐标和高程的点，测出这些已知点与待定点之间的几何关系，然后再确定待定点的坐标和高程。

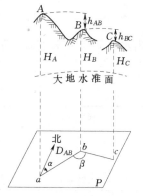

图 2-14 测量的基本工作

设 A、B、C 为地面上的三点，如图 2-14 所示，投影到水平面的位置分别为 a、b、c。如果 A 点的位置已知，要确定 B 点的位置，除 B 点到 A 点在水平面上距离 D_{AB}（水平距离）必须知道外，还要知道 B 点在 A 点的哪一个方向。图中 ab 的方向可用通过 a 点的指北方向与 ab 的夹角（水平角）α 表示，α 角称为方位角，如果知道 D_{AB} 和 α，B 点在图上的位置 b 就可以确定。如果还要确定 C 点在图上的位置 c，则需要测量 BC 在水平面的距离 D_{BC} 及 b 点上相邻两边的水平夹角 β。

在图中还可以看出，A、B、C 点的高程不同，除平面位置外，还要知道它们的高低关系，即 A、B、C 三点的高程 H_A、H_B、H_C 或 h_{AB}、h_{BC}，这样这些点的位置就完全确定了。

由此可知，水平距离、水平角及高程是确定地面点相对位置的三个基本几何要素。距离测量、角度测量及高程测量是测量的基本工作。

二、测量工作的基本原则

在实际测量工作中，需要测定（或测设）许多特征点（也称碎部点）的坐标和高程。由于受各种条件的影响，不论采用何种方法，使用何种测量仪器，测量过程中都不可避免地产生误差，如果从一个点开始逐点施测，前一点的误差将传递到后一点，逐点累积，点位误差将越来越大，最后将满足不了精度要求；另外逐点传递的测量方法效率也很低。因此，为了提高工作效率，控制测量误差的累积，保证测量成果的精度，测量工作必须遵循一定的工作原则。

"从整体到局部，由高级到低级，先控制后碎部"是测量工作应遵循的基本原则之一。即在布局上"由整体到局部"，在精度上"由高级到低级"，在程序上"先控制后碎部"。首先在测区范围内建立一系列具有控制作用的点（称为控制点），精确测出这些点的位置，然后再分别根据这些控制点测定出附近碎部点的位置，如图 2-15 所示。遵循这种工作原则不但可以减少碎部点测量误差的累积，而且可以在多个控制点上同时进行碎部测量，能够提高工作效率。

在测量工作中不可避免会产生误差，甚至发生错误，小误差影响成果质量，大的误差或错误则造成返工浪费，甚至造成不可挽回的损失。为了避免出错，保证测量成果准确可靠，测量工作还必须遵循"前一步工作未做检核，不进行下一步工作"的基本原则。

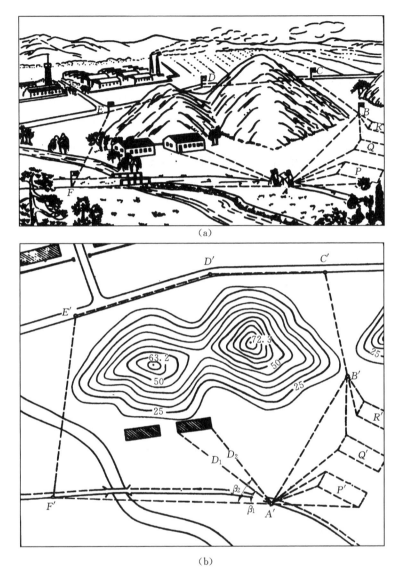

图 2-15 测区控制点布置图

思 考 与 练 习

1. 什么叫水准面、大地水准面？其各有何特性？

2. 测量工作的基准线和基准面是什么？

3. 测量常用的坐标系有几种？各有何特点？

4. 测量上的平面直角坐标系与数学上的平面直角坐标系有什么区别？

5. 大地体与椭球体有什么不同？

6. 北京某点的大地经度为 116°21′，试计算它所在的 6°带和 3°带的带号及其中央子午线的经度。

7. 我国某处一点的横坐标 $Y = 20743516.22\text{m}$，该坐标值是按几度带投影计算获得的？其位于第几带？

8. 什么叫绝对高程？什么叫相对高程？两点间的高差如何计算？

9. 根据 1956 年黄海高程系统测得 A 点高程为 165.718m，若改用 1985 年高程基准，则 A 点的高程是多少？

10. 用水平面代替水准面对水平距离和高程各有什么影响？

11. 测量的三个基本要素是什么？测量的三项基本工作是什么？

12. 测量工作的基本原则是什么？为什么要遵循这些基本原则？

第三章 水 准 测 量

确定地面点的空间位置需要确定其平面位置和高程。高程的测量可采用水准测量、三角高程测量和气压高程测量等方法实施，水准测量是精度较高、使用最广的一种方法。

第一节 水 准 测 量 原 理

水准测量原理：利用水准仪所提供的水平视线，同时借助水准尺，测定地面两点之间的高差，然后利用已知点高程推算未知点的高程。

如图 3-1 所示，已知地面 A 点的高程为 H_A，欲测出 B 点的高程 H_B，可在 A、B 两点之间安置一台能提供水平视线的仪器——水准仪，而在 A、B 两点上分别竖立标尺——水准尺，由水准仪提供的水平视线读出 A 点尺上的读数 a 及 B 点尺上的读数 b，由图 3-1 可知 A、B 两点的高差为：

$$h_{AB} = a - b \tag{3-1}$$

若水准测量的方向是从点 A 到点 B 方向前进的，则相应高差表示为 h_{AB}，称为 A 点到 B 点的高差；A 点为后视点，a 为后视读数；B 为前视点，b 为前视读数。若水准测量的方向是从点 B 到点 A 方向前进的，则相应高差表示为 h_{BA}，称为 B 点到 A 点的高差；B 点为后视点，b 为后视读数；A 为前视点，a 为前视读数，高差为 $h_{BA} = b - a$，高差总是等于后视读数减去前视读数，因

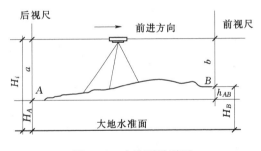

图 3-1　水准测量原理

此，若后视读数大于前视读数，表明后视点低，前视点高，此段水准路线为上坡；若后视读数小于前视读数，表明后视点高，前视点低，此段水准路线为下坡。所以应该注意：高差有正、负之分。

高程计算的方法有两种：高差法和视线高法。

1. 高差法

直接由高差计算高程，即

$$H_B = H_A + h_{AB} \tag{3-2}$$

此方法一般在水准路线的高程测量中应用较多。

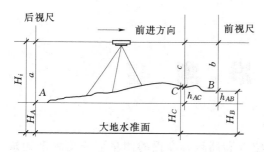

图 3-2 水准测量原理

2. 视线高法

由仪器的视线高程计算高程。由图 3-2 可知，A 点的高程加后视读数与 B 点的高程加前视读数相等，此值即为视线高程，当仪器不动时，测得的不同点处的视线高程是相同的，用 H_i 表示，即

$$H_i = H_A + a = H_B + b = H_C + c \quad (3-3)$$

由此得 B、C 点的高程为：

$$\left.\begin{array}{l} H_B = H_i - b = H_A + a - b \\ H_C = H_i - c = H_A + a - c \end{array}\right\} \quad (3-4)$$

在工程测量中当要求安置一次仪器求若干点高程时，此方法应用较广。

第二节　DS₃ 微倾式水准仪及其使用

水准仪是进行水准测量的主要仪器，主要作用是为水准测量提供水平视线，其配套工具有水准尺和尺垫。水准仪按其精度从高到低分为 DS₀₅、DS₁、DS₃、和 DS₁₀四个等级。D、S 分别为"大地测量"、"水准仪"的汉语拼音第一个字母，下标数字 0.5、1、3、10 表示精度，即每千米水准测量高差中数偶然中误差。下标数字越小代表精度越高。其中 DS₀₅ 和 DS₁ 属于精密水准仪，用于一等、二等水准测量；DS₃ 和 DS₁₀ 属于普通水准仪，用于三等、四等、五等水准测量。其中应用较广泛的是 DS₃ 水准仪，常用于建筑工程测量和地形测量等。本节主要介绍 DS₃ 型水准仪。

一、DS₃ 微倾式水准仪的构造

DS₃ 微倾式水准仪主要由望远镜、水准器及基座三个主要部分组成（图 3-3）。仪器通过基座与三脚架连接，支承在三脚架上，基座装有三个脚螺旋，用以调节圆水准器气泡居中，以粗略整平仪器，使仪器竖轴竖直。望远镜旁固连一个管水准器，旋转微倾螺旋，望远镜作微小的上仰和下俯，使管水准器的气泡居中，可使望远镜视线水平。这种配有微倾螺旋的仪器称为微倾式水准仪。

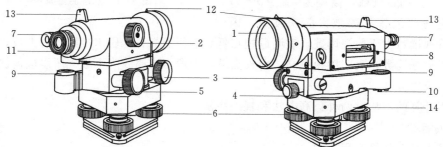

图 3-3　DS₃ 微倾式水准仪

1—物镜；2—物镜调焦螺旋；3—水平微动螺旋；4—水平制动螺旋；5—微倾螺旋；6—脚螺旋；
7—符合水准器观察窗；8—管水准器；9—圆水准器；10—圆水准器校正螺丝；
11—目镜调焦螺旋；12—准星；13—照门；14—基座

（一）望远镜

望远镜是用来瞄准远处目标并进行读数的。望远镜分为内对光望远镜和外对光望远镜两种，现在使用的水准仪大多为内对光望远镜；从成像的方向分有倒像望远镜和正像望远镜。如图 3-4 为 DS_3 水准仪倒像望远镜，它由物镜、对光透镜、十字丝分划板和目镜等部分组成。根据几何光学原理可知，目标的光线经过物镜及对光透镜后，在十字丝分化板上行成一倒立缩小的实像，再经过目镜将倒立的实像和十字丝同时放大成虚像，眼睛在目镜中所看到的就是这个放大的虚像。其放大的虚像与用眼睛直接看到目标大小的比值，即为望远镜的放大率 V。DS_3 型水准仪望远镜的放大率一般约为 30 倍。

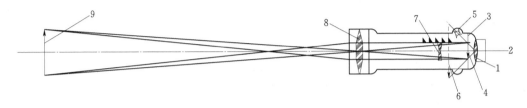

图 3-4　望远镜成像原理

1—目镜；2—视准轴；3—十字丝分划板；4—倒立实像；5—对光螺旋；6—放大虚像；
7—对光凹透镜；8—物镜；9—目标

为精确瞄准目标进行读数，望远镜里装置了十字丝分划板，十字丝分化板是将十字丝刻在玻璃板上，如图 3-5 所示。竖丝用来瞄准目标，中间的横丝用来读取前、后视读数，上下两根短丝用来测量视距，称为视距丝。其中十字丝的交点和物镜光心的连线，称为望远镜的视准轴，视准轴即是视线，如图 3-4 所示。

目标有远有近，所以成像位置有前有后，为使远近目标的成像都落在十字丝分划板上，可旋转物镜对光螺旋移动对光透镜，改变物镜的等效焦距，使目标的影像落在十字丝分划板平面上。

为使不同视力的观测者都能观测到落在十字丝分划板上的清晰影像，目镜上也配有对光螺旋，旋转目镜对光螺旋，调节目镜与十字丝分划板的距离，以使不同视力的人看清十字丝。即旋转目镜看清十字丝，旋转对光螺旋，看清落在十字丝分划板上的清

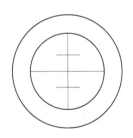

图 3-5　十字丝分划板

晰影像。因此望远镜的作用，一方面提供一条瞄准目标的视线，另一方面将远处的目标放大，提高瞄准和读数的精度。

（二）水准器

水准仪的水准器有管水准器和圆水准器两种。圆水准器用于粗略整平，使仪器竖轴竖直；管水准器用于精确整平，使视准轴水平，确保能提供一条水平视线。

1. 圆水准器

圆水准器如图 3-6 所示，它是一个内壁顶面为球面的玻璃圆盒，装在金属外壳内。玻璃圆盒内加入加热的酒精和乙醚的混合液，经过封闭冷却后形成一个气泡，由于重力的作用，气泡总是位于最高处。圆水准器球面正中刻有两个圆圈，内外圆圈之间的圆弧间隔

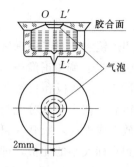

图 3-6 圆水准器

为 2mm，规定用 2mm 弧长所对圆心角代表圆水准器的精度，称为水准器分划值。分划值越小，灵敏度越高，精度越高。圆圈中心 O 称为圆水准器零点，通过零点的球面法线叫做圆水准轴 $L'L'$。

当气泡处于内部的小圆圈正中时，称为气泡居中，此时圆水准轴处于铅垂位置，若圆水准轴与仪器的竖轴互相平行，则可保证仪器的竖轴处于铅垂位置。普通水准仪的圆水准器分划值一般是 $10'/2mm$。因此，圆水准器精度较低，仅用于水准仪的粗略整平。通过旋转基座上的三个脚螺旋实现水准器气泡居中的操作过程称为整平。

2. 管水准器

管水准器亦称水准管，是用一个玻璃管制成，玻璃管内壁上表面被磨成圆弧形，如图 3-7 所示。管内圆弧中点 O 称为水准管的零点，过 O 点的切线 LL 称为水准管轴。当气泡两端与 O 点对称时，称为管水准器气泡居中，即表示水准管轴 LL 处于水平位置。为方便判断气泡是否居中，零点两侧对称刻有 2mm 间隔的分化线。DS_3 型水准仪的水准管分划值一般为 $20''/2mm$，即当气泡偏离一格（2mm），水准管轴倾斜 $20''$。管水准器精度较高，用于水准仪的精确整平。

由于水准仪上的水准管与望远镜固连在一起，因此若水准管轴与望远镜视准轴互相平行，则当水准管气泡居中时，水准管轴处于水平状态，视线亦处于水平状态。

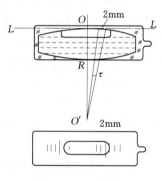

图 3-7 管水准器

现在水准仪多采用符合水准器来提高水准管气泡居中的精度，具体做法是在水准管上方设置一组棱镜，当视准轴倾斜幅度不大时，通过棱镜的折光作用，使气泡两端的半边影像反映在直角棱镜上，从望远镜旁的读数观察窗中可观察到气泡两端的影像，如图 3-8 所示。当两个半边影像错开，表明气泡未居中；转动微倾螺旋使两个半边影像吻合时，则表示气泡居中。

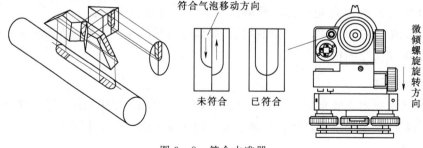

图 3-8 符合水准器

（三）基座

基座主要是由轴座、底板、三角压板和三个脚螺旋组成（图 3-3），其作用是支承仪器和连接三脚架。

二、水准尺和尺垫

（一）水准尺

水准尺是水准测量中的标尺（图 3-9），是水准测量中的重要工具，常用干燥而良好的木材、铝合金或玻璃钢制成，长度 2～5m 不等。根据构造可分为直尺（又称双面尺）[图 3-9 (a)]、折尺 [图 3-9 (b)] 和塔尺 [图 3-9 (c)]。折尺和塔尺便于携带，但接头处易产生磨损，造成尺长误差，因此常用于精度要求不高的水准测量或碎部测量中。直尺多用于三等、四等水准测量或普通水准测量，采用以厘米为单位的区格式双面分划，尺长一般为 3m。双面尺的两面均有刻划，一面为黑白相间称黑面尺，另一面为红白相间称红面尺。双面尺要成对使用，成对使用的两根尺，黑面尺尺底起始刻划相同，均从零开始，红面尺尺底起始刻划不同，一根为 4.687m，另一根为 4.787m。

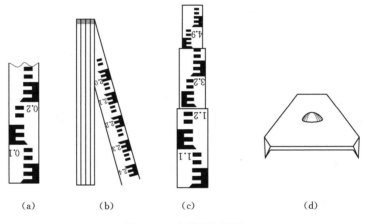

（a）	（b）	（c）	（d）

图 3-9　水准尺与尺垫
(a) 直尺；(b) 折尺；(c) 塔尺；(d) 尺垫

直尺在分米处标有尺面注记，由两位数构成，分别为米位和分米位，每分米以 "E" 开始。当测量地段土质不坚硬，较松软时，由于水准尺作用面小，容易下沉，使测量结果不精确，存在误差，此时需要使用尺垫，增大作用面积，避免水准尺下沉。

（二）尺垫

尺垫用生铁铸成，其形式有三角形、圆形等，其顶面中央有一凸起的半球体。水准测量时，尺垫放在转点上，起临时标志作用，踏稳后，把水准尺竖立在尺垫的半球顶上 [图 3-9 (d)]。

三、水准仪的使用

水准仪的使用步骤包括安置、粗平、瞄准、精平、读数等。

（一）安置

首先松开三脚架架腿的三个固定螺旋，伸长三脚架架腿至合适高度，拧紧固定螺旋，将三脚架腿张开放置在测站上。在平坦地面上，通长三脚架的三个脚在地面上大致成等边三角形，此时应注意保证三脚架架头大致水平，然后用脚踩实架腿，使三脚架稳定、牢固地安置在地面上；在斜坡地面上，应将两个架腿安置在坡下，另一个架腿安置在斜坡方向上，踩实各个架腿；在较光滑的地面上安置仪器时，三脚架的架腿不能分得太开，以防止滑动。三脚架安置好后，从仪器箱中取出水准仪，装到架头上，并用中心连接螺旋将水准仪与三脚架连接稳固。

（二）粗略整平

粗略整平简称粗平，是通过旋转三个脚螺旋使圆水准器气泡居中，进而使竖轴大致铅垂、视准轴大致水平。使用脚螺旋使圆水准器气泡居中的方法有两个，具体如下：

（1）先踏实三脚架中的两个脚，然后稍微提起第三个脚，并左右、前后摆动，使圆水准器的气泡接近居中，踏实第三个脚，再旋转脚螺旋使圆水准器的气泡居中。

（2）松开水平制动螺旋，旋转望远镜，使视准轴与其中两个脚螺旋连线垂直，一只手控制一个脚螺旋，根据气泡的位置，对向旋转这两个脚螺旋，使气泡移动到这两个脚螺旋连线的中间位置，此时根据气泡的位置旋转第三个脚螺旋，使圆水准器气泡居中。下面具体介绍第二种方法所示。

如图 3-10 所示，气泡不在圆水准器的中心而偏到 1 点，这表示脚螺旋 A 一侧偏高，此时可用双手按箭头所指的方向对向旋转脚螺旋 A 和 B，即降低脚螺旋 A，升高脚螺旋 B，则气泡便向脚螺旋 B 方向移动（气泡总是随着左手拇指运动的方向移动），直至气泡移至 A、B 两脚螺旋连线的垂直平分线上的 2 点位置时为止。再旋转脚螺旋 C，使气泡从 2 点移到圆水准器的中心。这时仪器的竖轴大致竖直，亦即仪器大致水平，视准轴粗略水平。注意：粗平过程中，三个脚螺旋不能同时旋转。第一种方法与经验和技术有关，适合资质较深的人员，可在几秒钟之内粗平仪器。第二种方法较适合初学者。

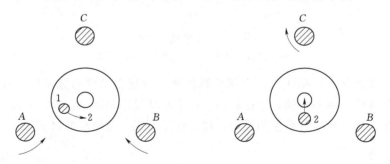

图 3-10　粗略整平

（三）瞄准水准尺

当仪器粗略整平后，松开望远镜的制动螺旋，利用望远镜筒上的缺口和准星概略地平分水准尺，在望远镜内看到水准尺后，关紧水平制动螺旋。然后转动目镜调节螺旋，使十字丝清晰，再转动对光螺旋，使水准尺的刻划在十字丝分划上成像清晰。最后利用水平微动螺旋使十字丝竖丝对准水准尺，一般要求利用竖丝平分尺面（图 3-11）。

瞄准水准尺后，若对光不好，则眼睛在目镜处上下运动时，十字丝与目标影像有相对移动的现象，即读数随之变动，这种现象称为视差。如图 3-12 所示，尺像如没有落在十

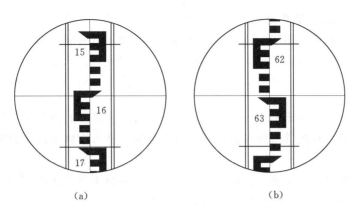

图 3-11 瞄准水准尺

(a) 黑面读数 1.608；(b) 红面读数 6.295

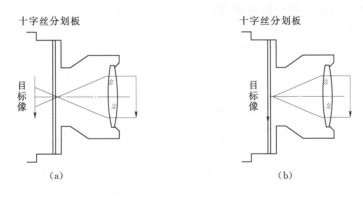

图 3-12 视差

（a）有视差；（b）无视差

字丝平面上时，随眼睛上下位置的不同，会读出不同读数，而产生读数误差，必须予以消除。消除方法是转动目镜调节螺旋使十字丝清晰，再转动物镜对光螺旋使尺像清晰，反复多次，直至十字丝和水准尺成像均清晰，眼睛上下运动读数不变为止。

（四）精平和读数

1. 精平

瞄准后，眼睛看符合气泡观察窗，看水准管气泡影像，此时会看到两个错开的半抛物影像，右手旋转微倾螺旋，使两个错开的半抛物影像吻合，即表示水准管的气泡居中（图 3-8），此时视准轴处于精确水平状态。

2. 读数

精平后立即利用十字丝中横丝读取尺上读数。若水准仪是倒像的望远镜，水准尺倒写的数字从望远镜中看到的是正写的数字，同时看到尺上刻划的注记是从上向下递增的，因此读数应由上向下，从小的数字向大的数字方向读取。根据中丝位置的尺上注记直接读取米位和分米位数，再由整分划格数定出厘米数，毫米位则估读。如图 3-11 中，从望远镜中读得的数据为黑面尺 1.608m，红面尺 6.295m，但习惯上不读小数点和单位，仅读

1548 四位数字，默认以毫米为单位。

应当注意，只有精平后才能读数，读数前必须精平，精平后仪器有任何的动作（如：目镜调焦螺旋的旋转、物镜调焦螺旋的旋转、脚螺旋的旋转、水准尺的重新瞄准等）都需重新进行精平，只有如此，才能保证读数时视准轴的水平，进而保证读数的正确。

四、水准仪使用注意事项

水准仪是精密的光学仪器，正确合理使用和保管对仪器精度和寿命有很大的作用。

（1）搬运仪器时应轻拿、轻放，避免碰撞，注意防潮、防霉。

（2）从箱内取仪器时，应先看清仪器在箱内的安放位置，以便使用完毕后照原样装箱。

（3）避免阳光直晒，避免雨淋，不可随便拆卸仪器。

（4）每个螺旋都应轻轻转动，不要用力过大。镜片、光学片不准用手触摸。

（5）仪器有故障，由熟悉仪器结构者或修理部修理。

（6）每次使用完后，应将仪器擦干净，保持干燥。

第三节　水准测量的一般方法和要求

一、水准点

我国水准测量共分五个等级，分别为一等、二等、三等、四等、五等水准测量，一等、二等水准测量精度最高，用于国家级水准点的测量，三等、四等水准测量稍低，五等水准测量精度最低，也称为等外水准测量。

用水准测量方法测定的高程控制点，称为水准点，简记为 BM。为了统一全国的高程系统和满足各种工程建设的需要，由测绘部门在全国各地测定并设置了各种等级的水准点。水准点分一等、二等、三等、四等共四个等级，其精度依次降低。在水利有关规范中还有五等水准，相当于城市有关规范中的等外水准。

水准点有永久性和临时性两种。国家等级水准点一般用石料或混凝土制成，埋在地面冻结线以下，顶面嵌入半球形标志 [图 3-13 (a)]，表示该水准点的点位。永久性水准

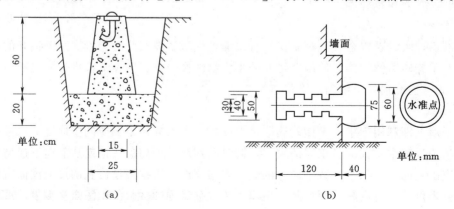

（a）　　　　　　　　　　　（b）

图 3-13　水准点

点也可用金属标志埋设在稳定的墙脚上，称为墙上水准点［图3-13（b）］。建筑工地上的永久性水准点一般用混凝土制成。临时性水准点可选择地面上突出的坚硬岩石或房屋勒脚等作为标志，也可用大木桩打入地下，在桩顶面钉入一半球形铁钉。埋设好水准点后，应绘制水准点的位置略图，写明水准点的编号及其与周围建筑物的距离，以便日后寻找与使用。

二、水准路线

为了便于观测和计算各点的高程，同时也便于检查和发现测量中可能发生的错误，应该将选定的各点组成一条适当的测量路线，这样的路线称为水准路线。水准路线通常可布设成三种形式。

（一）附合水准路线

如图3-14（a）所示，从一个已知高级水准点 BM_1 出发，经过各未知高程点1，2，3，…进行水准测量，最后附合到另一已知高级水准点 BM_2 上，这样构成的水准路线称为附合水准路线。

（二）闭合水准路线

如图3-14（b）所示，从一个已知高级水准点 BM_1 出发，经过各未知高程点1，2，3，4，…进行水准测量，最后回到原已知高级水准点 BM_1 上，这样构成的环形水准路线称为闭合水准路线。

（三）支水准路线

如图3-14（c）所示，从一个已知高级水准点 BM_1 出发，经过各未知高程点1、2进行水准测量，最后既不回到原已知高级水准点上，也不附合到另一已知水准点上，这样构成的水准路线称为支水准路线。

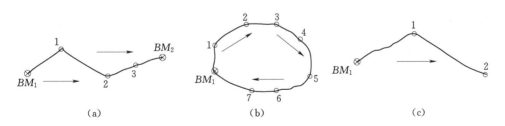

(a)　　　　　　　　　　　(b)　　　　　　　　　　(c)

图3-14　水准路线布设形式

三、水准测量的施测方法

为了统一高程系统，水准测量实施前，应向有关单位收集水准点的数据作为已知资料，以进一步测定待测高程点。当两点的高差较大或距离较远时，则需要在两点之间分成若干段，依次安置水准仪并测得各段高差，各段高差之和即为两点的高差。

如图3-15所示，已知 A 点的高程为25.814m，欲测定 B 点的高程，其观测步骤如下：

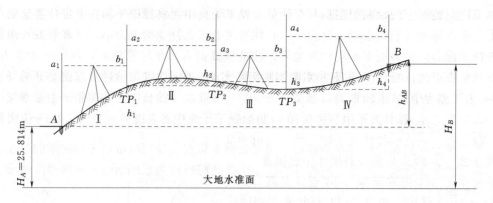

图 3-15　水准测量的实施

　　将水准尺立于 A 点上作为后视尺,根据水准测量等级所规定的标准视线长度在施测线路合适的位置安置水准仪,在施测线路的前进方向上,在仪器至后视大致相等的距离处设置转点 TP_1,放置尺垫,踏实后立尺作为前视尺。然后按照水准仪的使用方法,观测后视点 A 上的水准尺度数 a_1,旋转仪器,前视转点 TP_1 上的水准尺,读得前视读数 b_1,则后、前视读数之差(后-前),即为第一段的高差 h_1;然后,将水准仪迁至第Ⅱ站,转点 TP_1 的水准尺不动,旋转尺面,面向仪器作为第二站的后视,将 A 点上水准尺移至转点 TP_2,作为第二测站的前视,方法同第一步,进行观测和计算后,得到第二测站两点间的高差 h_2。这样依次沿水准线路施测至 B 点。每安置一次仪器,施测一个测站,便会得到一个高差:

$$h_1 = a_1 - b_1$$

$$h_2 = a_2 - b_2$$

$$h_3 = a_3 - b_3$$

$$h_4 = a_4 - b_4$$

由图可知,两点间的高差为各段高差之和,即

$$h_{AB} = \sum_{i=1}^{4} h_i = \sum_{i=1}^{4} a_i - \sum_{i=1}^{4} b_i \tag{3-5}$$

　　其中架设水准仪的地方(如Ⅰ,Ⅱ,…)称为测站;放置尺垫的地方(如 TP_1,TP_2,…)称为转点,简记为 TP,转点的作用是传递高程。可以不必求出转点的高程。

　　在实际测量过程中,应按一定的记录格式随测、随记、随算。以图 3-15 为例说明记录、计算的方法,水准仪安置于Ⅰ测站时,测得 a_1 和 b_1,分别记入表 3-1 中第一测站的后视读数及前视读数栏内,算得高差 $h_1 = a_1 - b_1$,记入高差栏内。水准仪搬至Ⅱ站,将测得的后、前视读数及算得的高差记入第二测站的相应各栏中。依次进行。所有观测值和计算见表 3-1,其中计算校核中算出的 $\sum h$ 与 $\sum a - \sum b$ 相等,表明计算无误,如不等则计算有错,应重算加以改正。

表 3-1　　　　　　　　　　　　　水 准 测 量 记 录 手 簿

测站	测点	后视读数（m）	前视读数（m）	高差（m） +	高差（m） −	高程（m）	备　注
I	A	1.455		0.212		25.814	
	TP_1		1.243				
II	TP_1	2.657		1.645			
	TP_2		1.012				
III	TP_2	1.563			−0.142		
	TP_3		2.705				
IV	TP_3	1.786		0.555		27.084	=25.814+1.270
	B		1.231				
计算校核	$\sum a=7.461$	$\sum b=6.191$	$\sum h=+1.270$	$\sum a-\sum b=7.461-6.191=+1.270$			

四、水准测量的校核方法和精度要求

在水准测量中，测得的高差总是不可避免地含有误差。为了避免错误、提高精度，必须对每一测站及水准路线进行校核。

（一）测站校核

1. 改变仪器高法

在一个测站上，测出两点间高差后，重新安置仪器（升高或降低仪器 1dm 以上）再测一次，两次测得高差之差不超过允许值，则认为此测站合格，取两次高差的平均值作为该测站的高差。对四等水准测量两次高差之差的绝对值应小于 5mm，否则应重测。与此相类似，在条件许可下，也可用两台仪器同时观测两点的高差，相互比较，精度要求与高差计算如上所述。

2. 双面尺法

在同一测站上仪器高度不变，分别用水准尺的黑、红面各自测出两点之间的高差，若两次测得的高差之差的绝对值对于四等水准测量小于 5mm，取两次测得的高差平均值作为最后结果。

测站校核可以校核本测站的测量成果是否符合要求，但整个路线测量成果是否符合要求或有错，则不能判定。例如，水准测量在野外作业，受着各种因果的影响，如温度、湿度、风力、大气不规则折光、尺子下沉或倾斜、仪器误差以及观测误差等。这些因素所引起的误差在一个测站上反映可能不明显，这时测站成果虽符合要求，但若干个测站的累积，使整个路线测量成果不一定符合要求，因此，还需要对水准路线进行校核。

（二）水准路线校核

水准路线的种类共分为三种，其路线校核对应也分为三种方法，具体如下。

1. 附合水准路线

设从已知水准点 BM_1 点出发，沿线进行水准测量，最后连测到另一已知高程点 BM_2 上，这样的水准路线称为附合水准路线，如图 3-16 所示。这时测得的高差总和 $\sum h_测$ 应等于两水准点的已知高差（$H_终 - H_始$）。实际上，由于不可避免存在误差，两者往往不相等，其差值 f_h 即为高差闭合差

$$f_h = \sum h_测 - (H_终 - H_始) \tag{3-6}$$

高差闭合差 f_h 的大小反映了测量成果的质量，闭合差的允许值 $f_{h允}$ 视水准测量的等级不同而异，对于等外水准测量

山地 $\qquad\qquad\qquad f_{h允} = \pm 40\sqrt{L}\,\mathrm{mm}$

或平地 $\qquad\qquad\qquad f_{h允} = \pm 10\sqrt{n}\,\mathrm{mm}$ $\qquad\qquad\qquad$ (3-7)

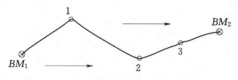

图 3-16 符合水准与支水准路线

式中：L 为路线长度，km，即为所有测站前后视距离之和；山地一般指每 km 测站数在 15 个以上的地形；n 为水准路线测站总数。

若高差闭合差的绝对值大于 $f_{h允}$，说明测量成果不符要求，应予重测。

2. 闭合水准路线

如图 3-17 所示，设水准点 BM_1 的高程为已知，由该点出发，依次测量，最后又回到起始点，这种路线称为闭合水准路线。理论上其高差代数之和 $\sum h_理 = 0$，但由于测量含有误差，往往所观测的高差代数之和 $\sum h_测 \neq 0$，而存在高差闭合差

$$f_h = \sum h_测 \tag{3-8}$$

高差闭合差的允许值与式（3-7）相同。

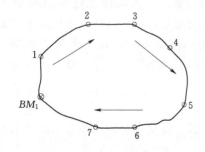

图 3-17 闭合水准路线

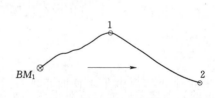

图 3-18 支水准路线

3. 支水准路线

如图 3-18 所示，从已知水准点 BM_1 开始。依次测定 1、2 点的高程后，既不附合到另一水准点，也不闭合到原水准点。为了校核，应从 2 点返测回到 BM_1。这时往测和返测的高差的绝对值应相等，符号相反。若往返测得高差的代数和不等于零即为闭合差

$$f_h = h_往 + h_返 \tag{3-9}$$

高差闭合差的允许值仍按式（2-7）计算，但路线长度或测站数以单程计。

以上高差闭合差的计算应在水准测量的现场完成，若发现高差闭合差超限，找出原因以及时重测。

（三）水准测量注意事项

（1）在水准测量前应对水准仪进行检验和校正，确保满足水准仪的轴线关系。

（2）水准测量过程中应尽量用目估或步测保持前、后视距基本相等，用以消除或减弱水准管轴不平行致使视准轴所产生的误差，同时选择适当的观测时间，限制视线长度和高度来减少折光的影响。

（3）仪器脚架要踩牢，观测速度要快，以减少仪器下沉的影响。转点处要用尺垫，取往、返观测结果的平均值来抵消转点下沉的影响。

（4）估读要准确，读数时要仔细对光，消除视差，必须使水准管气泡居中，读完以后，再检查气泡是否居中。

（5）如使用塔尺，应检查塔尺相接处是否严密，消除尺底泥土。扶尺者要身体站正，双手扶尺，保证扶尺竖直。为了消除两尺零点不一致对观测成果的影响，应在起、终点上用同一标尺。

（6）记录要原始，当场填写清楚，在记错或算错时，应在错字上划一斜线，将正确数字写在错字上方。

（7）读数时，记录员要复读，以便核对，并应按记录格式填写，字迹要整齐、清楚、端正，所有计算成果必须经校核后才能使用。

（8）观测时如果阳光较强要撑伞，给仪器遮太阳。

（9）测量者要严格执行操作规程，工作要细心，加强校核，防止错误。

第四节　水准路线闭合差的调整与高程计算

水准测量外业工作结束后，应对所有外业成果进行认真仔细的检查，确定无误后，方可进行水准测量的内业计算工作。水准测量的内业计算包括高差闭合差及允许闭合差的计算、高差闭合差调整和高程推算。闭合和附合水准路线高差闭合差的调整方法相同，调整后经检核无误，用改正后的高差，由起点开始，逐点推算各点高程，推算至终点，并与终点（闭合导线为起点）已知高程相等即可。

一、附合水准路线高差闭合差的调整

下面举例说明附合水准路线高差闭合差的调整方法。

例：已知水准点 BM_1 的高程 $H_{始}=21.348\text{m}$，BM_2 点的高程 $H_{终}=37.444\text{m}$。路线长度和测得的高差列于表 3-2 中，其计算方法如下。

（一）高差闭合差及允许闭合差的计算

闭合差

$$f_h=\sum h_{测}-(H_{终}-H_{始})=16.072-(37.444-21.348)=-24\ (\text{mm})$$

允许闭合差

$$f_{h允}=\pm10\sqrt{n}=\pm10\sqrt{12}=\pm34.6\ (\text{mm})$$

$f_h<f_{h允}$，说明精度符合要求，可进行闭合差调整，否则应重测。

（二）高差闭合差的调整

在同一水准路线中，其观测条件可以认为基本相同，即各测站或相同路线长度所产生的误差相等，则水准路线测量误差与其路线长度或测站数成正比。为此将闭合差反符号，按与路线长度或测站数成正比分配到各段高差观测值上。则高差改正值为

$$v_i = -\frac{f_h}{\sum L}L_i（与路线长度成正比分配）$$

或

$$v_i = -\frac{f_h}{\sum n}n_i（与测站数成正比分配）\qquad (3-10)$$

式中：$\sum L$ 为路线总长；L_i 为第 I 测段路线长度（$i=1,2,\cdots$）；$\sum n$ 为测站总数；n_i 为第 I 测段测站数。

在本例中，以测站数成正比分配，则 BM_1 至第 1 点高差改正值为

$$V_i = -\frac{f_h}{\sum n}\times n_i = -\frac{-24}{12}\times 4 = +8（mm）$$

同法可求得其余各段高差的改正值为 +10、+6mm，列于表 3-2 中第 4 栏内。然后检查高差改正值的总和是否与闭合差的数值相等而符号相反。在计算中，如因尾数取舍而不符合此条件，应通过适当取舍而令其符合。

表 3-2　　　　　　　附合水准路线高差闭合差的调整

点号	测站数	实测高差（m）	改正值（mm）	改正后高差（m）	高程（m）	备注
BM_1					21.348	
A	4	+6.028	+8	+6.036	27.384	
B	5	+10.758	+10	+10.768	38.152	
BM_2	3	−0.714	+6	−0.708	37.444	
	20	+16.072	+24	+16.096		
辅助计算	$f_h=-24mm$　　$-f_h/12=+2mm$　　$f_允=\pm10\sqrt{12}=\pm34.6mm$					

将各段实测高差值分别加上各自的改正值，即为改正后的高差：$h_{i测}+v_i$，列于表中第 5 栏内。

检查改正后的高差代数和是否与 BM_1、BM_2 两点间的已知高差相等，即 $\sum(h_{i测}+v_i)=H_{BM_2}-H_{BM_1}$。

（三）高程计算

由已知点 BM_1 开始，依次加上各段改正后的高差，分别推算得到各点的高程，一直到 BM_2 点的高程，列于表中第 6 栏内。若推算出来的 BM_2 点高程与已知的 BM_2 高程相等，则说明计算无误。计算完毕。

二、闭合水准路线高差闭合差的调整

闭合水准路线各测段高差的代数和等于零。如果不等于零，其代数和即为闭合水准线的闭合差 f_h，即

$$f_h = \sum h_{测}$$

闭合水准路线的允许闭合差计算、高差闭合差调整、高程计算与符合水准路线相同。

三、支水准路线高差闭合差的调整

支水准路线闭合差的调整是：取往测和返测高差绝对值的平均值作为两点的高差值，其符号与往测同；然后根据起点高程以各段平均高差推算各测点的高程。

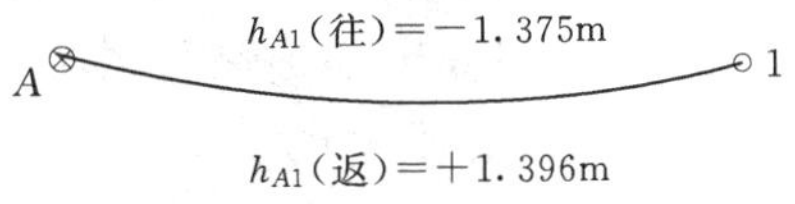

如图 3 - 19，已知水准点的高程为 $H_A =$ 86.785m，往、返测站共 16 站。高差闭合差为

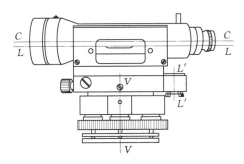

$$f_h = h_{往} + h_{返} = -1.375 + 1.396 = 0.021（m）$$

图 3 - 19 支水准路线

闭合差容许值为

$$f_{h容} = \pm 12\sqrt{n} = \pm 12\sqrt{16} = \pm 48（mm）$$

$|f_h| < |f_{h容}|$，说明符合普通水准测量的要求。

经检核符合精度要求后，可取往测和返测高差绝对值的平均值作为 A、1 两点之间的高差，其符号与往测高差符号相同，即

$$h_{A1} = \frac{-1.375 - 1.396}{2} = -1.386（m）$$

$$H_1 = 86.785 - 1.386 = 85.399（m）$$

第五节　微倾式水准仪的检验和校正

一、水准仪应满足的几何条件

如图 3 - 20 所示，DS_3 水准仪有四条轴线，即望远镜的视准轴 CC、水准管轴 LL、圆水准器轴 L_0L_0、仪器的竖轴 VV。

根据水准测量原理，要求水准仪能提供一条水平视线，那么水准仪的轴线之间应满足一定的几何关系。仪器出厂时这些几何关系都能得到满足，但由于水准仪属于精密仪器，任何的碰撞或振动，都有可能破坏原有的几何关系，使水准仪上某些部件的相对位置发生改变。为此，在水准测量之前，应对水准仪进行检验，如果不满足条件，并超过了规定要求，则应进行校正。

图 3 - 20　水准仪轴线关系

水准仪的轴线之间应满足的几何关系：

(1) 圆水准器轴平行于仪器的竖轴，即 $L_0L_0 // VV$。

(2) 十字丝横丝垂直于竖轴。

(3) 水准管轴平行于视准轴，即 $LL // CC$（主要条件）。

水准仪的检验校正工作应按上列顺序进行，以使前面检校项目不受后面检校项目的影响。

二、水准仪的检验与校正

(一)圆水准器轴的检验和校正

目的:使圆水准器轴平行于竖轴,即 $L_0L_0 // VV$。

圆水准器是用来粗略整平水准仪的,如果圆水准轴 L_0L_0 与仪器竖轴 VV 不平行,则圆水准器气居中时,虽然圆水准器轴铅垂了,而仪器竖轴不竖直。若竖轴倾斜过大,可能导致转动微倾螺旋到了极限位置还不能使水准管气泡居中(或超出自动安平水准仪的补偿范围),因此把此项校正做好,才能较快地使符合水准气泡居中。

检验方法:安置好水准仪后,将水平制动螺旋锁紧,转动脚螺旋使圆水准器的气泡居中,然后将水平制动螺旋松开,将望远镜旋转180°,如果气泡仍然居中,说明满足此条件,即 $L_0L_0 // VV$。如果气泡不居中,则需校正。

校正方法:如图3-21所示,设望远镜旋转180°后,气泡不在中心而在 a 位置,这表示这一侧的校正螺丝偏高。校正时,转动脚螺旋使气泡从 a 位置朝圆水准器中心方向移动偏离量的一半,到图示 b 的位置,这时仪器竖轴基本竖直,然后调节三个校正螺丝使气泡居中。由于校正时一次难以做到准确无误,需反复检验和校正,直至仪器转至任何位置,气泡始终位于中央为止。

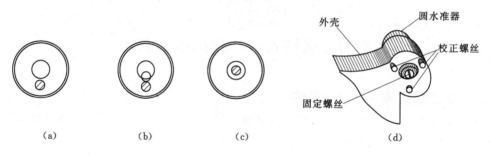

(a)　　　　　(b)　　　　　(c)　　　　　　　　　(d)

图3-21　圆水准器的检验与校正

(二)十字丝横的检验与校正

目的:使十字丝横丝垂直于竖轴。

水准测量是利用十字丝分划板中的横丝来读数的,当竖轴处于铅垂位置时,而横丝倾斜,显然读数将产生误差。

检验方法:安置好仪器后,将横丝的一端对准某一固定点状标志 M,如图3-22(a)所示,固定制动螺旋后,转动微动螺旋,使望远镜左右移动,若 M 点始终不离开横丝,如图3-22(c)所示,则说明十字丝横丝垂直于仪器竖轴,条件满足;若偏离横丝,如图3-22(b)所示,说明横丝不水平,需校正。

此外,由于十字丝纵丝与横丝垂直,因此可采用挂垂球的方法进行检验,即将仪器整平后,观察十字丝纵丝是否与垂球线重合,如不重合,则需校正。

校正方法:旋下目镜十字丝环护罩,可见两种形式:如图3-23(a)为旋下目镜十字丝环护罩后看到的一种情况,这时松开十字丝分划板座四颗固定螺丝,按横丝倾斜的反方向轻轻转动十字丝分划板座,使 M 点到横丝的距离为原偏离距离的一半,再进行检验,

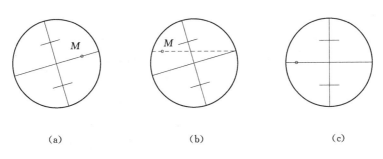

(a)   (b)   (c)

图 3-22 望远镜十字丝横丝的检验

直到使横丝水平，然后拧紧四颗螺丝，盖上护盖。另一种如图 3-23 （b）所示，在目镜端镜筒上有三颗固定十字丝分划板座的沉头螺丝，校正时松开其中任意两颗，轻轻转动分划板座，同法使横丝水平，再将螺丝拧紧。此项检校也需反复进行至合格为止。最后将固定螺丝拧紧，旋上护罩。

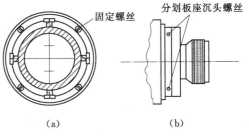

图 3-23 十字丝校正螺丝位置图

（三）水准管轴的检验和校正

目的：使水准管轴平行于视准轴，即 $LL//CC$。

由于水准仪上的水准管与望远镜固连在一起，若水准管轴与望远镜视准轴互相平行，则当水准管气泡居中时，视线也就水平了。因此水准管轴 LL 与视准轴 CC 互相平行是水准仪构造的主要条件。由于仪器在运输和使用的过程中，这种相互平行的关系被破坏，水准管轴 LL 与视准轴 CC 之间形成一 i 角。本次检验的目的，就是检验 i 角是否超限。

检验方法：如图 3-24 所示，在较平坦的地面上，选定相距约 80m 的两点 A 和 B。

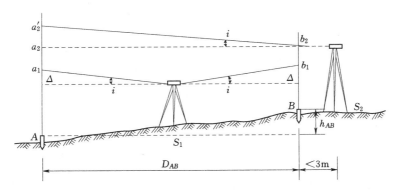

图 3-24 水准管的检验

（1）将水准仪安置于 AB 中点 S_1 处，用变动仪器高法，连续两次测出 A、B 两点的高差，若两次高差之差不超过 3mm，则取两次高差的平均值 h_{AB} 作为最后结果，由于前视距离等于后视距离，因此 i 角对前、后水准尺读数的影响 Δ 相同，则高差将不受水准管轴不平行于视准轴的影响，则得 A、B 两点的高差为正确高差，即

$$h_{AB} = (a_1 - \Delta) - (b_1 - \Delta) = a_1 - b_1$$

（2）将仪器安置于距 B 点约 $2\sim3m$ 的 S_2 处，读取 B 点上读数为 b_2，因仪器距离 B 尺很近，视准轴与管水准器轴不平行引起的读数误差可以忽略不计。因此，可根据 b_2 和 A、B 两点的正确高差 h_{AB} 计算出 A 尺上的应有正确读数 a_2 为

$$h_{AB}=a_2-b_2$$
$$a_2=h_{AB}+b_2$$

（3）瞄准 A 点水准尺，读出水平视线读 a_2'，如果 a_2' 与 a_2 相等，则说明两轴线平行。否则存在 i 角误差，其值可按下式计算

$$i''=\frac{\Delta h}{D_{AB}}\rho''=\frac{\Delta h}{80}\rho'' \tag{3-11}$$
$$\Delta h=a_2'-a_2$$

式中，$\rho''=206\ 265''$。

规范规定，对于 DS_3 等级微倾水准仪，其 i 角值不得大于 $20''$。如果超限，则需要校正。

校正方法：在水准仪不动的情况下，转动微倾螺旋使中丝对准应有正确读数 a_2，此时视准轴处于水平状态，但水准管气泡偏离中心位置。为了使水准管轴也处于水平状态，达到视准轴平行于水准管轴的目的，可先用拨针稍微松开水准管一端的左右两颗校正螺丝，再拨动上、下两个校正螺丝（图 3-25），使符合水准器的两个半像吻合。

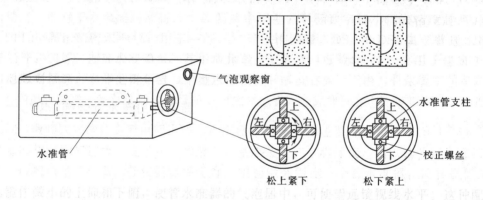

图 3-25　水准管的校正

设在图 3-24 中，在等距处测得 A、B 两点高差为 $h=1.200m$，仪器在 S_2 处读得 B 点尺上读数 b_2 为 $1.669m$，A 点尺上的读数 a_2' 为 $2.860m$。则 A 点尺上的视线水平时的读数应为

$$a_2=1.669+1.200=2.869m$$

此时，转动微倾螺旋使十字丝的中丝对准 A 点尺上读数 $2.869m$ 处，再用拨针调整水准管校正螺丝，使气泡居中。

此项检验校正也须反复进行，直至达到要求为止。两轴不平行所引起的误差对水准测量成果影响很大，因此校正时要认真仔细，校正时，也应遵守先松后紧的原则，校正要细心，用力不能过猛，所用校正针的粗细要与校正孔的大小相适应，否则容易损坏仪器。校正完毕，应使各校正螺丝与水准管的支柱处于顶紧状态。

由于仪器在运输和使用的过程中，这种相互平行的关系还会发生变化，所以在每次作

业前均应进行此项检验。

第六节　水准测量的误差及消减方法

水准测量的误差是不可避免的，测量误差主要来源于仪器误差、观测误差和外界条件等三个方面的影响。

一、水准仪和水准尺误差

（一）仪器校正不完善误差

水准仪在经过检验校正后，还可能存在一些残余误差，这些残余误差也会对测量成果产生一定的影响，其中主要是水准管轴不平行于视准轴的误差。这种误差大多具有系统性。可在测量过程中采取一定措施予以消除或减小。

如对于水准管轴不平行于视准轴误差，可采用将仪器安置于距前、后视尺等距离处，计算高差时就可消除这项误差。

（二）水准尺误差

水准尺误差包括水准尺上水准器误差、水准尺刻划误差、尺底磨损和尺身弯曲等误差，这些都会影响水准测量的精度。

经常对水准尺的水准器及尺身进行检验，避免在尺身上放置重物或休息，必要时予以更换。若在观测时使测站数成偶数，使水准尺用于前后视的次数相等，就可以消除或减弱尺底磨损及刻划不准带来的误差。

二、观测误差

（一）整平误差

水准管居中误差一般为水准管分划值 τ'' 的 ± 0.15 倍，即 $\pm 0.15\tau''$。当采用符合水准器时，气泡居中精度可提高一倍，故居中误差为 $\pm 0.075\tau''$，若仪器至水准尺的距离为 D，则在读数上引起的误差为

$$m_{\text{平}} = \frac{0.075\tau''}{\rho''} D \qquad (3-12)$$

由上式可知，整平误差与水准管分划值及视线长度成正比。若以 DS$_3$ 型水准仪进行等外水准测量，视线长 $D = 80\text{m}$，气泡偏离一格（$\tau'' = 20''/2\text{mm}$）时，$m_{\text{平}} = 0.58\text{mm}$。

在晴天观测，必须打伞保护仪器，更要注意保护水准管避免太阳光的照射；必须注意使符合气泡居中，且视线不能太长（对于四等水准测量，视线长度以 $80 \sim 100\text{m}$ 为宜）；后视完毕转向前视，应注意重新转动微倾螺旋令气泡居中才能读数，但不能转动脚螺旋，否则将改变仪器高而产生错差。

（二）估读误差

水准尺上的米、分米、厘米可精确读出，但毫米数是估读的，其估读误差与人眼的分辨能力、十字丝的粗细、望远镜放大倍率及视距长度有关。人眼的极限分辨力，通常为

60″，即当视角小于60″时就不能分辩尺上的两点，若用放大倍率为 V 的望远镜照准尺，则照准精度为 $60″/V$，由此照准距水准尺的估读误差为

$$m_{照} = \frac{60″}{V\rho″}D \qquad (3-13)$$

当 $V=30$，$D=80$mm 时，$m_{照} = \pm 0.78$mm；当 $V=30$，$D=100$mm 时，$m_{照} = \pm 0.97$mm。

因此若望远镜放大倍率较小或视线过长，则尺子成像小，并显得不够清晰，估读误差将增大。

对各等级的水准测量，必须按规定使用相应望远镜放大倍率的仪器和不超过视线的极限长度。

(三) 视差

产生视差的原因是十字丝平面与水准尺影像不重合，造成眼睛位置不同，便读出不同读数，而产生读数误差，必须予以消除。消除方法是仔细转动目镜调节螺旋使十字丝清晰，再转动物镜对光螺旋使尺像清晰，反复几次，直至十字丝和水准尺呈像均清晰，眼睛上下晃动时读数不变。

(四) 水准尺竖立不直的误差

水准尺不竖直，总是使尺上读数增大。如图 3-26 所示，若水准尺未竖直立于地面而倾斜时，无论是前倾或是后倾，其读数 b' 或 b'' 都比尺子竖直时的读数 b 要大，而且视线越高，误差越大。作业时应力求水准尺竖直，可借助安置在水准尺侧面的圆水准器，当圆水准器气泡居中时，即可保证水准尺竖直。

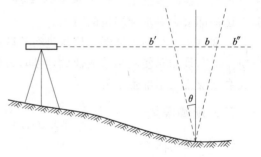

图 3-26 水准尺倾斜的影响

三、外界条件的影响

(一) 仪器升降的误差

由于仪器的自重，引起仪器下沉，使视线降低；或由于土壤的弹性因为观测人员的走动，引起仪器上升，使视线升高，都会产生读数误差。如图 3-27 所示，若后视完毕转向前视时，仪器下沉了 Δ_1，使前视读数 b_1 小了 Δ_1，即测得的高差 $h_1 = a_1 - b_1$，大了 Δ_1。设在一测站上进行两次测量，第二次先前视再后视，若从前视转向后视过程中仪器又下沉了 Δ_2，则第二次测得的高差 $h_2 = a_2 - b_2$，小了 Δ_2。如果仪器随时间均匀下沉，即 $\Delta_2 \approx \Delta_1$，取两次所测高差的平均值，这项误差就可得到有效地削弱。

为避免此项误差，观测中应采用"后前前后"的观测程序，即在一测站上水准仪器双面水准尺的顺序为：照准后视标尺黑面读数、照准前视标尺黑面读数、照准前视标尺红面读数、照准后视标尺红面读数。

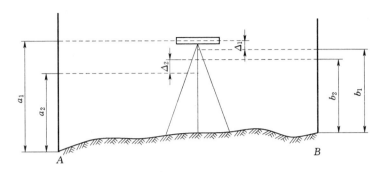

图 3 - 27 仪器下沉的影响

（二）尺垫升降的误差

与仪器升沉情况相类似。如转站时尺垫下沉，使测得的高差增大，如上升则使高差减小。致使前后两站高程传递产生误差。在观测时，选择坚固平坦的地点设置转点，将尺垫踩实，加快观测速度，减少尺垫下沉的影响；采用往返观测的方法，取成果的中数，这项误差也可以得到削弱。

（三）温度的影响

温度的变化不仅会引起大气折光的变化，而且当太阳照射水准管时会因为水准管本身和管内液体温度的升高，使气泡移动，而影响仪器水平。注意撑伞遮阳，保护仪器。

（四）地球曲率影响

大地水准面是一个曲面，而水准仪的视线是水平的，由第一章可知，用水平视线代替大地水准面在尺上读数产生的影响是不能忽略的。如图 3 - 28 所示，由于水准仪提供的是水平视线，因此后视和前视读数 a 和 b 中分别含有地球曲率误差 Δ_1 和 Δ_2，则 A、B 两点的高差应为 $h_{AB} = (a - \Delta_1) - (b - \Delta_2)$。若将仪器安置于距 A 点和 B 点等距离处，这时 $\Delta_1 = \Delta_2$，则 $h_{AB} = a - b$。将仪器安置于距 A 点和 B 点等距离处，就可消除地球曲率的影响。

（五）大气折光的影响

光线穿过大气层时由于密度不同将会发生折射，使观测产生误差，称为大气折光差。折光差的大小与大气层竖向温差大小有关；由于地面的吸热作用，在太阳辐射下，越接近地面温差越大，折光也越大，如图 3 - 29 所示。在水准测量中，如果前、后视线折射相

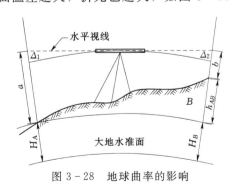

图 3 - 28 地球曲率的影响

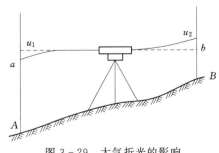

图 3 - 29 大气折光的影响

同，那么只要前、后视的距离相等，折光差对前、后视读数的影响也相等，在计算高差时可以互相抵消。但在一般情况下，前、后视线的离地高度往往互不一致，它们所经过地面的吸热情况也有差别，因此前、后视线的弯曲是不同的，从而使所测高差中带有大气折光的影响，为尽量减少这种误差，前后视距离相等，视线离地面应有足够的高度，一般最小读数应大于 0.3m。

第七节　自动安平水准仪

一、自动安平水准仪原理

自动安平水准仪依靠圆水准泡进行粗略调平，这项工作的目的是让水准仪的望远镜轴粗略地处于水平状态。自动安平水准仪与微倾水准仪的最大不同在于它的补偿器，我们知道微倾水准仪是依靠符合气泡来使望远镜视准轴精确处于水平位置，而自动安平的仪器则依靠补偿器来使视线轴处于水平位置。

图 3-30（a）是我国 DSZ$_3$ 型自动安平水准仪的外形（不含测微器），图 3-30（b）是它的剖面图。现以这种仪器为例介绍其结构原理和使用方法。

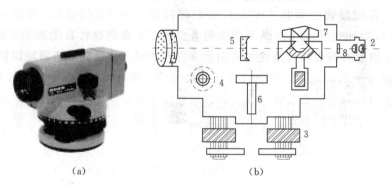

(a)　　　　　　　　　(b)

图 3-30　自动安平水准仪结构图

1—物镜；2—目镜；3—脚螺旋；4—水平微动螺旋；5—调焦镜；
6—竖轴；7—补偿器；8—十字丝分划板

补偿器的工作原理是利用地球引力进行工作的，将一组透镜用掉丝悬挂，在地球引力的作用下，悬挂的透镜始终垂直于地面，当仪器没完全整平时，也就是望远镜视准轴与水平线有一夹角 α，则相应的补偿器会始终垂直于地面，其也将与望远镜轴产生夹角为 $\alpha+90°$ 角。经过悬挂的透镜，我们的视线就会得到改正，从而得到正确的水平视线。

也就是说，自动安平的水准仪可以在不完全整平的情况下正常工作，但由于悬挂物的空间和精度限制，自动安平是有范围的，一般的补偿器的有效工作范围是 3′。这样，只要仪器是校正好了的，圆气泡没有必要完全居中，只要粗略地调整到中间位置（一般水准仪圆气泡中间都有个黑圈，只要在黑圈内就可以），就能进行测量。如图 3-31 所示，当视线水平时，水准尺上的 a 点水平光线恰好与十字丝交点所在位置 J' 重合，读数正确，当视线倾斜一个 α 角，十字丝交点移动一段距离 d 到达 J 处，这时按十字丝交点 J 读数，显然有偏差。设 f 为物镜的等效焦距，则

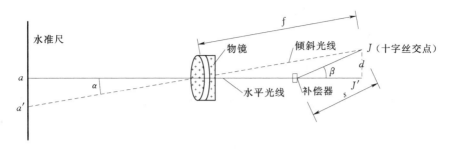

图 3-31　自动安平水准仪的原理

$$d = f\alpha$$

如果在距十字丝分划 S 处，安装一个补偿器，使水平光线偏转角 β，通过十字丝中心 J，则

$$d = s\beta$$

即

$$f\alpha = s\beta \tag{3-14}$$

设

$$\frac{\beta}{\alpha} = \frac{f}{s} = n \tag{3-15}$$

式中，n 为 β 与 α 的比值，称为补偿器的放大倍率。

在设计时，只要满足式（3-14）的关系，便可使通过补偿器点的光线，仍通过十字丝中心 J，从而达到自动补偿的目的。

二、自动安平水准仪补偿器

自动安平水准仪补偿器，按照阻尼方式可分为空气阻尼补偿器和磁阻补偿器。其中磁阻尼补偿器按照构造不同又可分为台式磁阻尼补偿器、交叉式磁阻尼补偿器。

空气阻尼补偿器，受环境周边磁场影响小，但由于装配工艺复杂，多应用于产量不大、精度要求高的自动安平水准仪。

交叉式磁阻尼补偿器，装配工艺简单，部件精度要求不是很苛刻，成本低廉。但该补偿器对于倒置后若经受较强烈振动，由于吊线弯折变形引起补偿功能失效的概率非常高，所以这种补偿器目前被广泛应用于中低档自动安平水准仪，而很少被应用于高档仪器当中。

台式磁阻尼补偿器，装配工艺相对复杂，对部件要求比较高，成本比较高。但由于抗震优于其他补偿器，多被应用于中、高档自动安平水准仪。

三、自动安平水准仪的使用

自动安平水准仪的基本操作与微倾式水准仪大致相同，只是少了精平一步。使用自动安平水准仪时，首先将圆水准器气泡居中，然后瞄准水准尺，等待 2～4s 后，即可进行读数。

为了检查补偿器是否起作用，在目镜下方安装有补偿器控制按钮，观测时，按动按钮，待补偿器稳定后，看尺上读数是否有变化，如尺上读数无变化，则说明补偿器处于正常的工作状态；如果仪器没有按钮装置，可稍微转动一下脚螺旋，如尺上读数没有变化，说明补偿器起作用，否则要进行修理。另外，补偿器中的金属吊丝相当脆弱，使用时要防止剧烈振动，以免损坏。对于自动安平水准仪补偿元件的质量以及补偿器装置的精密度都可以影响补偿器性能的可靠性。如果补偿器不能给出正确的补偿量，或是补偿不足，或是补偿过量，都会影响精密水准测量观测成果的精度。

四、自动安平水准仪优点

自动安平水准仪优于老式的微倾水准仪的地方在于：

（1）速度快。只需粗平、无需精平、操作简单，因此可以大大加快水准测量的速度。

（2）消除符合气泡误差。由于不需要调整符合气泡，则消除了因这项观测引起的视觉误差。

（3）精度有保证。地球引力是始终可靠的，除非仪器补偿器故障，它在大多数情况下都是实用的。

（4）减小了外界条件影响。减小了外界条件（如地面微小振动，仪器的不规则下沉，风力和温度变化）对测量成果的影响，从而提高了水准测量的精度。

因此自动安平水准仪在各种精度等级的水准测量中应用越来越普及，并将逐步取代微倾式水准仪。

第八节 精 密 水 准 仪

水准仪是高程测量的重要仪器，水准测量精度除了受外界诸因素影响外，主要取决于仪器的置平和照准精度，以及标尺分划标志的精度。我国常用的精密水准仪有 DS$_{05}$ 级水准仪、DS$_1$ 级水准仪、Zeiss Ni 004 水准仪、Wild N3 水准仪等，精密水准仪每公里测量中误差小于 ± 0.5mm 或 ± 1mm。精密水准仪主要用于国家一等、二等水准测量和高精度的工程测量中，例如建筑物沉降观测，大型精密设备安装等测量工作。一等、二等水准测量称为"精密水准测量"，是国家高程控制的全面基础，可为研究地壳形变等提供数据。中国国家水准点上的标石分为基岩水准标石、基本水准标石和普通水准标石。基岩水准标石埋设在一等水准路线上，大约每隔 500km 一座，作为研究地壳垂直运动的依据。基本水准标石埋设在一等、二等水准路线上，每隔 60km 左右一座，用于长期保存水准测量成果和研究地壳垂直运动。

一、精密水准仪的构造

精密水准仪的构造与 DS$_3$ 水准仪基本相同，也是由望远镜、水准器和基座三部分组成。但由于其高精度的要求，又有其自身特点，主要反映在以下几个方面。

（一）望远镜光学系统

为了能够清晰读数望远镜中的水准标尺上的读数，要求精密水准仪的望远镜亮度要好，必须具有足够的放大倍率。一般要求精密水准仪的放大倍率约为 40～50 倍，物镜的孔径应大于 50mm，视场亮度较高。十字丝的中丝刻成楔形，能较精确地瞄准水准尺的分划。

（二）仪器结构

仪器的结构应坚固，不易受外界条件的变化而发生改变，可靠地保证视准轴与水准管轴之间的联系。一般精密水准仪的主要构件均用特殊的合金钢制成，密封起来，受温度变化影响小，并在仪器上套有起隔热作用的防护罩。

（三）测微器装置

精密水准仪必须有精密的光学测微器装置，可以精密测定小于水准标尺最小分划线间格值的尾数，从而提高在水准标尺上的读数精度。一般精密水准仪的光学测微器可以读到0.1mm（或0.05mm），估读到0.01mm。

（四）管水准器

水准器具有较高的灵敏度，一般精密水准仪的管水准器的格值为 $10''/2mm$。由于水准器的灵敏度越高，观测时要使水准器气泡迅速置中也就越困难，为此，在精密水准仪上必须有微倾螺旋的装置，借以可以使视准轴与水准管轴同时产生微量变化，从而使水准管气泡较为容易地精确置中以达到视准轴的精确整平。

精密水准仪具有光学测微器装置，提高读数精度，如图3-32所示是其工作原理示意图，它由平行玻璃板、传动杆、测微轮和测微尺等部件组成。平行玻璃板装置在望远镜物镜前，其旋转轴与平行玻璃板的两个平面相平行，并与望远镜的视准轴成正交。平行玻璃板通过传动杆与测微尺相连。测微尺上有100个分格，它与水准尺上一个分格（1cm或5mm）相对应，所以测微时能直接读到0.1mm（或0.05mm）。当平行玻璃板与视线正交时，视线将不受平行玻璃板的影响，对准水准尺上 B 处，读数为 $a+b$。转动测微带动传动杆，使平行玻璃板绕旋转轴俯仰一个小角，这时视线不再与平行玻璃板面垂直，而受平行玻璃板折射的影响，使得视线上下平移。当视线下移对准水准尺上 a 分划时，从测微分划尺上可读出 b 的数值。

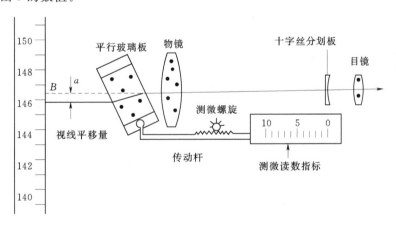

图3-32 光学测微器工作原理图

图3-33所示是我国北京测绘仪器厂生产的 DS_1 级水准仪，光学测微器最小读数为0.05mm。

二、精密水准尺

精密水准测量必须用带测微器的精密水准仪和膨胀系数小的钢瓦水准标尺，以提高读数精度、削弱温度变化对测量结果的影响。这种尺一般是在木质尺身的槽内，安有一根钢瓦合金带。带上标有刻划，数字注在木尺上，这样钢瓦合金带的长度不会受木质尺身伸缩变形影响。精密水准尺须与精密水准仪配套使用。水准标尺的分划必须十分正确与精密，

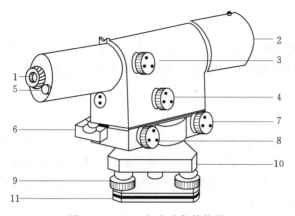

图 3-33 DS₁ 级水准仪结构图

1—目镜；2—物镜；3—物镜对光螺旋；4—测微轮；5—测微器
读数镜；6—粗平水准管；7—水平微动螺旋；8—微倾螺旋；
9—脚螺旋；10—基座；11—底板

分划的偶然误差和系统误差都应很小，这样才能得到精度高的数值。水准标尺分划的偶然误差和系统误差的大小主要决定于分划刻度工艺的水平，当前精密水准标尺分划的偶然中误差一般在 8～11μm，水准标尺在构造上应保证全长笔直，并且尺身不易发生长度和弯扭等变形。一般精密水准标尺的木质尺身均应以经过特殊处理的优质木料制作。为了避免水准标尺在使用中尺身底部磨损而改变尺身的长度，在水准标尺的底面必须钉有坚固耐磨的金属底板。在精密水准标尺的尺身上应附有圆水准器装置，作业时扶尺者借以使水准标尺保持在垂直位置。在尺身上一般还应有扶尺环的装置，以便扶尺者使水准标尺稳定在垂直位置。

如图 3-34 所示，精密水准尺上的分划注记形式一般有两种：一种是尺身上刻有左右两排分划，右边为基本分划，左边为辅助分划。基本分划的注记从零开始，辅助分划的注记从某一常数 K 开始，如 K 等于 3.01550m，K 称为基辅差。另一种是尺身上两排均为基本划分，其最小分划为 10mm，但彼此错开 5mm。尺身一侧注记米数，另一侧注记分米数。尺身标有大、小三角形，小三角形表示半分米处，大三角形表示分米的起始线。这种水准尺上的注记数字比实际长度增大了一倍，即 5cm 注记为 1dm。因此使用这种水准尺进行测量时，应将读数除以 2 才是正确读数，实际应用中通常是将观测高差除以 2 可得到正确高差。

三、精密水准仪的使用方法

精密水准仪的操作方法与一般水准仪基本相同，不同之处是读数时有区别，用光学测微器测出不足一个分格的数值。具体方法：在仪器精确整平（用微倾螺旋使目镜视场左面的符合水准气泡半像吻合）后，十字丝横丝往往不恰好对准水准尺上某一整分划线，这时就要转动测微轮使视线上、下平行移动，使十字丝的楔形丝正好夹住一个整分划线，如图 3-35 所示，被夹住的分划线读数为 2.87m。视线在对准整分划过程中平移的距离显示在目镜右下方的测微尺读数窗内，读数为 1.50mm。所以水准尺的全读数为 2.87＋0.0015＝2.8715（m），而其实际读数是全读数除以 2，即 1.43575m。

进行水准测量时水准仪至水准尺的距离约在 35～60m，且距前后标尺的距离基本相等，同时采用完善的观测程序，以削减水准仪残余的微小倾斜带来的影响和大气折光影响。水准测

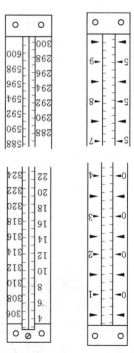

图 3-34 精密水准尺

量结果须按所采用的高程系统加入必要的改正，以求出精确的高程。

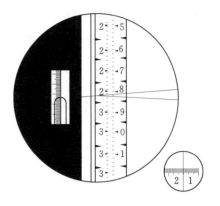

图 3 - 35　测微尺、管水准气泡观察窗、望远镜视场

四、精密水准仪操作注意事项及保养

（一）精密水准仪操作注意事项

精密水准仪属于精密仪器，为了保证测量结果的精度，应爱护仪器，主要表现在下面几方面：

（1）仪器和附件在搬运时应提在手上或者扛在肩上，不得在地上拖行。

（2）仪器开箱和装箱时要轻拿轻放。按仪器放置顺序装箱，未按仪器放置顺序放置时不得强行关箱。

（3）架设仪器时一定要把中心螺丝拧紧。仪器搬站时必须检查中心螺丝是否拧紧，确认后才能搬站。搬站时不得使仪器处于倒置状态，否则会使仪器补偿器损坏。

（4）仪器使用中，调焦手轮、微动手轮、视度调节和脚螺旋当其旋转有紧的感觉时说明其已经到顶了，应该回旋，不得强行旋动，否则容易使其损坏。

（二）精密水准仪保养

使用精密水准仪时，为了保证测量的精度及延长仪器的使用寿命，应经常进行精密水准仪的保养，具体应做到以下几点：

（1）擦拭镜片（目镜，物镜）。

（2）检查补偿器。

（3）检查各部件是否正常。

（4）检查气泡偏移情况（旋转望远镜部分，每45°观察气泡是否居中）。

第九节　数　字　水　准　仪

一、概述

前面介绍的水准仪都属于传统的机械光学仪器，尽管不同厂家生产的不同型号的仪器，外观不同、精度不同、构造不同，但共同的特点是都需要人工读数。人工读数容易出差错，速度慢，效率低。为了提高水准测量的精度，提高测量效率和精度，人们开始努力实现水准仪读数的数字化。

数字水准仪是在自动安平水准仪的基础上发展起来的。1990 年威特厂首先研制出世界上第一台数字水准仪 NA2000，大地测量仪器终于完成了从精密光机仪器向光机电测一体化的高技术产品的过渡，攻克了大地测量仪器中水准仪数字化读数的这一最后难关，至今人们已进行了 30 多年的研究和尝试。目前占据数字水准仪市场的主要是瑞士 Lelca 公司、德国 Zeiss 公司以及日本 Topcon 和 Sokkia 公司生产的几种型号的产品。

数字水准仪定位在中精度和高精度水准测量范围，分为两个精度等级，中等精度的标准差为：1.0～1.5mm/km，高精度的标准差为：0.3～0.4mm/km。

二、数字水准仪的基本原理

一个数字水准仪测量系统主要是由编码标尺、光学望远镜、补偿器、CCD 传感器以及微处理控制器和相关的图像处理软件等组成，如图 3－36 所示。工作基本原理是标尺上的条码图案经过光反射，一部分光束直接成像在望远镜分划板上，供目视观测，另一部分光束通过分光镜被转折到线阵 CCD 传感器的像平面上，经光电转换、整形后再经过模数转换，输出数字信号被送到微处理器进行处理和存储，并将其与仪器内存的标准码（参考信号）按一定方式进行比较，即可获得高度读数。

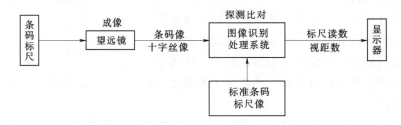

图 3－36　数字水准仪的测量原理

目前数字水准仪采用自动电子读数的原理有相位法、相关法和几何法三种。数字水准仪是以自动安平水准仪为基础，并采用铟瓦条码标尺和图像处理电子系统构成的光机电测一体化的高科技产品。但与其配套使用的标尺为条码标尺如图 3－37（a）所示，各厂家标尺编码的条码图案不相同，不能互换使用。它由玻璃纤维塑料或铟钢制成，全长为 2～4.05m。尺面上刻有宽度不同、黑白相间的条码，相当于普通水准尺上的分划。条码在望远镜视场中的情形如图 3－37（b）所示。通过数字编码水准仪的探测器来识别水准尺上的条形码，再经过数字影像处理，给出水准尺上的读数，取代了在水准尺上的目视读数。

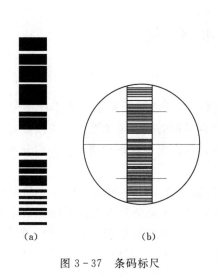

图 3－37　条码标尺

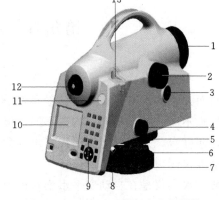

图 3－38　DINI03 数字水准仪结构
1—望远镜遮阳板；2—望远镜调焦螺旋；3—触发键；
4—水平微调；5—刻度盘；6—脚螺旋；7—底座；
8—电源/通讯口；9—键盘；10—显示器；
11—圆水准气泡；12—十字丝；
13—可以动圆水准气泡调节器

三、数字水准仪构造

(一) DINI03 数字水准仪构造

以 DINI03 天宝新型高精度数字水准仪为例,数字水准仪由基座、水准器、望远镜、操作面板和数据处理系统等部件组成,具体各部件名称如图 3-38 所示。

DINI03 数字水准仪是世界上精度最高的数字水准仪(DS_1 水准)之一,可全自动数据处理,可实现无纸化作业,自动出报表。适合做工程测量,结构,沉降观测,还可做高精度的水准网观测。

DINI03 数字水准仪基本参数为:每千米往返中误差 0.3mm,铟钢精密条码水准尺 0.3mm,工程条码水准尺 1.0mm,高程观测值分辨率 0.1mm,距离观测值分辨率 10mm,测量时间 2s,水平度盘刻度单位 360°,刻度间隔 1°,读数分辨率 0.1°,望远镜孔径 40mm,放大倍数 32 倍,补偿器倾斜范围 ±15′,圆水准精度 8′/2mm 带有照明。

DINI 数字水准仪的电池可以工作三天无需充电,可确保使用的方便性和高效率。工作完成后,可以使用 U 盘将数据从仪器中很方便地传输到计算机中,不必将仪器带回办公室。

(二) DINI03 数字水准仪的菜单、功能及键盘

1. DINI03 数字水准仪的菜单内容 (图 3-39)

部分子菜单功能描述如下:

(1) 工程菜单。

选择工程:选择已有工程。

新建工程:新建一个工程。

工程重命名:改变工程名称。

工程间文件复制:在两个工程间复制、粘贴信息。

(2) 编辑器:编辑已存数据、输入、查看数据、输入改变代码列表。

(3) 数据输入输出。

DINI 到 USB:将 DINI 数据传输到数据棒。

USB 到 DINI:将数据棒数据传入 DINI。

(4) 输入:输入大气折射、加常数、日期、时间。

(5) 限差/测试:输入水准线路限差(最大视距、最小视距高、最大视距高等信息)。

(6) 校正(Forstner 模式、Nabauer 模式、Kukkamaki 模式、日本模式):视准轴校正。

(7) 仪器设置:设置单位、显示信息、自动关机、声音、语言、时间。

(8) 记录设置:数据记录、记录附加数据、线路测量单点测量、中间点。

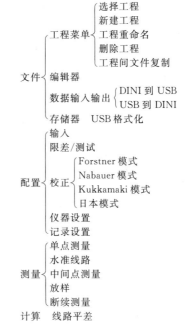

图 3-39 DINI03 数字水准仪的菜单

2. DINI03 数字水准仪键盘按键名称及相关功能

开关键：仪器开关机。

按 键对仪器进行开/关机（注：无意间关闭电源不会导致测量数据丢失）。为高精度测量，应使用右侧的 键进行测量，此按键可以减少由于按键造成仪器振动所带来的误差。

or 测量键：开始测量。

导航键：通过菜单导航/上下翻页/改变复选框。

回车键：确认输入。

ESC 退出键：回到上一页。

Alpha 键：按键切换、按键情况在显示器上端显示。

Trimble 按键：显示 Trimble 功能菜单。

后退键：输入前面的输入内容。

键逗号/句号第一功能：输入逗号句号，第二功能加减。

0 键：第一功能 0 或空格，第二功能空格。

1 键：第一功能 1，第二功能 PQRS。

2 键：第一功能 2，第二功能 TUV。

3 键：第一功能 3，第二功能 WXYZ。

4 键：第一功能 4，第二功能 GHI。

5 键：第一功能 5，第二功能 JKL。

6 键：第一功能 6，第二功能 MNO。

7 键：7。

8 键：第一功能 8，第二功能 ABC。

9 键：第一功能 9，第二功能 DEF。

四、数字水准仪的使用

观测时，数字水准仪在人工完成安置与粗平、瞄准目标（条形编码水准尺）后，按下测量键后约 3～4s 即显示出测量结果。另外，观测中如水准标尺条形编码被局部遮挡小于 30%，仍可进行观测。数字水准仪具有内藏应用软件和良好的操作界面，除可以自动显示观测数据外，还可以自动完成数据的记录、储存和处理。自动记录的数据可传输到计算机内进行后续处理，也可通过远程通信系统将测量数据直接传输给其他用户。

五、数字水准仪的特点

数字水准仪与传统水准仪相比有以下特点：

（1）读数客观：不存在误读、误记问题，没有人为读数误差。

（2）精度高：视线高和视距读数都是采用大量条码分划图像经处理后取平均得出来的，因此削弱了标尺分划误差的影响。多数仪器都有进行多次读数取平均的功能，可以削弱外界条件影响。

（3）速度快：整个观测过程在几秒钟内即可完成，由于操作简单，而且省去了报数、听记、现场计算的时间以及人为出错的重测数量，所以测量速度大大加快了。

（4）效率高：只需调焦和按键就可以自动读数，减轻了劳动强度。

（5）仪器还附有数据处理器及与之配套的软件，从而可将观测结果输入计算机进入后处理，实现测量工作自动化和流水线作业，大大提高功效。

六、数字水准仪的误差来源

数字水准仪是在自动安平水准仪基础上发展起来的，其基本结构由光学机械部分和电子设备两部分组成。自动安平水准仪的误差在数字水准仪上仍然存在，由于数字水准仪采用了 CCD 传感器等电子设备，许多误差明显减少。概括国内的研究成果和有关专家的意见，数字水准仪误差源可分为以下几点。

（1）自动补偿装置引起的误差。数字水准仪的补偿功能与自动安平水准仪原理相同，结构和工艺略有不同，它仍由重力摆和阻尼器构成，因此存在此项误差影响。

（2）圆水准器位置不正确误差。各种类型的数字水准仪上都安装有圆水准器，其灵敏度一般为 $8'/2mm \sim 10'/2mm$，如果圆水准器安装不正确，将导致水准仪的竖轴倾斜，与补偿器的补偿误差一起形成"水平面倾斜"误差。该项误差具有系统误差的特性，直接影响测量精度。

（3）电子设备引起的误差。数字水准仪是根据探测器（CCD）获取的条码影像进行测量的，CCD 的物理特性决定其在光线强弱变化、条码标尺表面光照不均匀、观测瞬间强光闪烁、外界气流抖动等情况下，可能会降低标尺成像的对比度而引起误差。

（4）视准轴误差（i 角误差）。数字水准仪具有光视准轴和电视准轴两个视准轴，光视准轴通常与光学水准仪视准轴相同，是光学分划板十字丝中心和望远镜物镜的光心连线，电视准轴是由 CCD 传感器中点附近的一个参考像素和望远镜物镜光心连线，因此，数字水准仪视准轴误差有光学 i 角误差和电子 i 角误差两种。

（5）水准尺分划误差。水准尺分划误差对任何一种水准仪的水准测量都会带来误差，数字水准仪也不例外。数字水准仪是指标尺条码分划误差，在对标尺条码进行检定后，将检定结果与条码的理论宽度进行对比，求得条码尺条码分划误差。由于仪器内部的数据处理软件可以对条码的分划误差进行修正，因此在分划误差修正之前，应与生产厂家联系，以确认数据处理软件是否已进行了条码分划误差改正。

（6）标尺零点误差。标尺底面是标尺分划的零位置，若不为零，其差值称为零点差。两根标尺的零点差一般很难相等，标尺零点差是由标尺制造过程或使用中的磨损产生的。一对标尺零点差不相等，就会对观测高差带来误差。在一个测段内，若将标尺交替前进，且设置偶数站，则两标尺零点差不等差的影响在测段高差中可以完全消除。

（7）读数误差。在测量时，由于测量信号受到遮挡、标尺的照度不均匀、标尺亮度不合适、视线位于标尺顶部或底部都会导致视场内的有效条码个数减少。调焦位置不正确、振动等外界因素及测量信号分析与图像处理误差等内在因素的影响，都会引起数字水准仪的读数误差。

（8）外界条件改变而引起的误差。数字水准仪与条码标尺组成的测量系统是处在时刻变化的外界条件下进行工作的，外界条件的变化将引起仪器各部件产生误差。这种影响常常表现为各部件及其组合的综合影响。外界因素的影响产生的误差主要有：温度变化对电子 i 角的影响、大气垂直折光的影响、仪器和标尺垂直位移的影响、地面振动的影响和地面电磁场的影响等。

思 考 与 练 习

1. 何谓视准轴？何谓水准管轴？它们之间应满足什么几何关系？

2. 在水准测量中，为什么在瞄准水准尺读数之前必须用微倾螺旋使水准管气泡居中？

3. 水准仪的使用包括哪些基本操作？试简述其操作要点。

4. 何谓视差？产生视差的原因是什么？如何消除视差？

5. 水准测量中，在测站上观测完后视读数，转动仪器瞄准前视尺时，圆气泡有少许偏移，此时能否重新转动脚螺旋使气泡居中，然后继续读前视读数？为什么？

6. 什么叫测站？什么叫转点？如何正确使用尺垫？

7. 水准测量的主要误差来源有哪些？采用什么方法可予以消除或减弱？

8. 设 A 点为后视点，B 点为前视点，A 点高程为 87.425m，当后视读数为 1.124m，前视读数为 1.428m 时，问 A、B 两点的高差是多少？A、B 两点哪点高？B 点高程是多少？并绘图说明。

9. 水准测量中前视距等于后视距可以消除哪些误差的影响？

10. 将图 3-40 中水准测量观测数据填入表 3-3 中，计算出各点的高差及 B 点的高程，并进行计算检核。

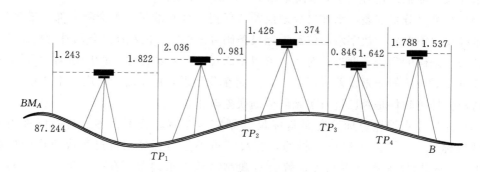

图 3-40 水准测量观测数据

表 3 - 3　　　　　　　　　　　水 准 测 量 手 簿

测站	点号	后视读数 （m）	前视读数 （m）	高差（m）		高程（m）
				+	−	
I	BM_A					
II	TP_1					
III	TP_2					
IV	TP_3					
V	TP_4					
	B					
计算检核						

11. 整理图 3 - 41 所示的闭合水准路线的观测成果，已知观测方向为：$BM_C - 1 - 2 - 3 - 4 - BM_C$，并求出各待定点高程。

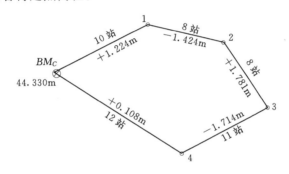

图 3 - 41　闭合水准路线的观测数据

12. 整理表 3 - 4 中附合水准路线等外水准测量成果，并求出各待定点高程。

表 3 - 4　　　　　　　　　　附合水准路线成果计算表

测段	测点	测站数	实测高差（m）	改正数（mm）	改正后高差（m）	高程（m）
$A-1$	BM_A	7	+4.363			57.967
$1-2$	1	3	+2.413			
$2-3$	2	4	−3.121			
$3-4$	3	5	+1.263			
$4-5$	4	6	+2.716			
$5-B$	5	8	−3.715			
	BM_B					61.819
辅助计算						

13. 如图 3 - 42 所示为支水准路线。设已知水准点 A 的高程为 48.305m，由 A 点往测至 1 点的高差为 −2.456m，由 1 点返测至 A 点的高差为 +2.478m，A、1 两点之间的水

准路线长度约为 1.6km，试计算高差闭合差，高差容许闭合差及 1 点的高程。

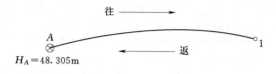

图 3-42　支水准路线

14. 在相距 100m 的 A、B 两点中央安置水准仪，测得高差 $h_{AB} = +0.306m$，仪器搬到 A 点近旁，读得 A 尺读数 $a_2 = 1.792m$，B 尺读数 $b_2 = 1.467m$。试计算仪器的 i 角，并判断此视准轴上倾还是下倾？

15. 设 A、B 两点相距 80m，水准仪安置在中点 C，测得 A、B 两点的高差 $h_{AB} = +0.224m$。仪器搬至 B 点附近处，测得 B 尺读数 $b_2 = 1.446m$，A 尺读数 $a_2 = 1.695m$。水准管轴是否平行于视准轴？如不平行，判断是上倾还是下倾？如何校正？

第四章 角 度 测 量

第一节 角 度 测 量 原 理

在测量工作中，为了确定地面点的位置，往往需要测量两种不同的角度，即水平角和竖直角（或天顶距），角度测量（Angulation）是测量的基本工作之一。为此必须先搞清楚各角度的概念以及测量角度的原理。

一、水平角的概念及测量原理

由一点到两个目标的方向线垂直投影到水平面上的夹角，称为水平角（Horizontal Angle），一般用 β 表示。如图 4-1 所示，由地面一点 A 到 B、C 两个目标的方向线 AB 和 AC，沿铅垂线方向垂直投影在水平面 H 上的两线段分别为 ab 和 ac，其夹角 β 即为 AB、AC 方向间的水平角。它等于通过 AB 和 AC 两线段所形成的两个竖直平面之间所夹的二面角。二面角的棱线 Aa 是一条铅垂线，根据其概念，垂直于 Aa 的任一水平面 P 与两竖直面 M、N 的交线均可用来度量其水平角 β 值。如在铅垂线 Aa 上的 O 点处水平地放置一个带有刻度的圆盘，并使度盘的中心位于 Aa 上，再用一个既能在竖直面内转动又能绕铅垂线 Aa 水平转动的望远镜去照准两目标 B 和 C，另能够将线段 AB、AC 垂直投影到这个刻度圆盘上，从而能够截得相应的数值 n 和 m。如果度盘刻划的注记是按顺时针方向由 $0°$ 递增到 $360°$，那么 AB 和 AC 两方向线间的水平夹角就能计算出来，$\angle bac = \beta = m - n$。

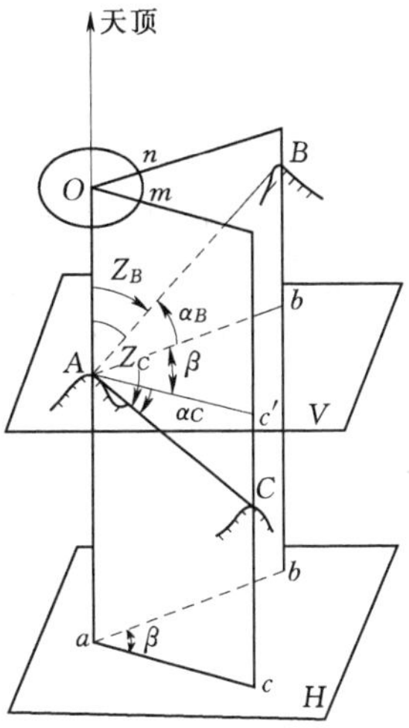

图 4-1 水平角、竖直角和天顶距

二、竖直角、天顶距的概念及测量原理

在同一竖直平面内视线与水平线之间的夹角称为竖直角（Vertical Angle），通常用"α"表示，如图 4-1 中的 α_B 和 α_C。而视线与铅垂线天顶方向之间的夹角，则称为天顶距（Zenith Angel），通常用"Z"表示，如图 4-1 中的 Z_B 和 Z_C 并规定当视线高于水平线时，α 取正值；此时的天顶距为小于 $90°$ 的锐角。当视线低于水平线时，α 取负值，此时的天顶距为大于 $90°$ 的钝角；当视线水平时，$\alpha = 0°$，$Z = 90°$。因而，竖直角 α 和天顶距 Z 之间存在的关系为：

$$\alpha = 90° - Z \tag{4-1}$$

在测量工作中，竖直角和天顶距往往只需测出一个即可。为了测得竖直角或天顶距，就必须根据其概念，在 A 点上设置一个可以在竖直平面内随望远镜一起转动又带有刻划的竖盘，并且使竖盘上的零刻划线与望远镜的视准轴在竖盘上的投影重合，再由通过竖盘中心的一条铅垂线（指标线）来指示出读数多少，这样便可将竖直角或天顶距测出。

第二节 光学经纬仪

根据水平角、竖直角和天顶距的概念及测量原理，做成了一种称为经纬仪（Theodolite）的仪器，用以测量水平角、竖直角和天顶距。经纬仪通常用字母"DJ"表示，D 和 J 分别为"大地测量"和"经纬仪"中第一个字的汉语拼音的第一个字母。按精度通常有 DJ_{07}、DJ_1、DJ_2、DJ_6 和 DJ_{15} 五个等级，脚标 07、1、2、6、15 分别为该仪器的精度指标。即表示该类经纬仪在测量角度时一个测回方向值的精度为 $\pm 07''\sim\pm 15''$。不论是何等级的经纬仪，它都是由望远镜、水平度盘、竖直度盘和一系列棱透镜等主要部件所构成。水平度盘、竖直度盘是用精密的光学玻璃制成，而用于读数的系统又是由一系列棱透镜所组成的复杂的光学系统，所以称为光学经纬仪。一般工程上常用的经纬仪有 DJ_6 型和 DJ_2 型两种类型，它们又常简称为"6 秒级"和"2 秒级"经纬仪。

一、DJ_6 型光学经纬仪的基本构造

DJ_6 型光学经纬仪是工程测量中最常用的一种经纬仪，它是由照准部、水平度盘和基座三大主要构件所组成。目前我国绝大部分的仪器生产厂家所生产的 DJ_6 型光学经纬仪都是采用分微尺测微装置进行读数的。图 4-2 是南京华东光学仪器厂生产的分微尺装置的 DJ_6 型光学经纬仪的三大主要部分、光路系统以及各部件、螺旋名称。

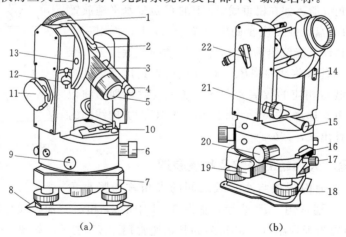

图 4-2 华光 DJ_6 型光学经纬仪

（a）三大主要部分及光路系统；（b）各部件、螺旋名称

1—望远镜物镜；2—粗瞄器；3—对光螺旋；4—读数目镜；5—望远镜目镜；6—换盘手轮；
7—基座；8—导向板；9、13—堵盖；10—水准器；11—反光镜；12—自动归零旋钮；
14—调指标差盖板；15—光学对点器；16—水平制动扳钮；17—固定螺旋；
18—脚螺旋；19—圆水准器；20—水平微动螺旋；
21—望远镜微动螺旋；22—望远镜制动扳钮

（一）照准部

照准部是指水平度盘以上，能绕竖轴旋转的部分，分别由望远镜、竖直度盘、光路系统、长水准管、读数显微镜、光学对中器、竖直度盘指标水准管等组成，其中望远镜、竖直度盘和水平横轴三者固连在一起，安装在 U 形支架上。当望远镜绕水平横轴转动时，竖直度盘也跟着一起转动，并由望远镜制动螺旋和微动螺旋所控制。竖直度盘是由光学玻璃制成，圆周上带有度数刻划线的圆盘，外面由金属外罩保护，可用来测量竖直角和天顶距。在竖直度盘的外侧是竖直度盘指标水准管和指标水准管的微动螺旋，它们是在观测竖直角和天顶距时用来保证读数指标线处在正确位置的。望远镜旁边还有一个用于读取竖直度盘和水平度盘读数的读数显微镜。在竖直度盘指标水准管的金属外壳上有一个反光镜，它可以将外面的光线反射到仪器的内部，将水平度盘和竖直度盘照亮，U 形支架下部的光学对中器和长水准管是在安置仪器时，用来精确对中和精确整平用的。

（二）水平度盘

水平度盘（Graduated Horizontal Circle）也是由光学玻璃制成，圆周上带有度数刻划线的圆盘，直径略比竖直度盘大一些，圆周上度数刻划一般是由 $0°$ 起按顺时针方向每隔 $1°$ 刻至 $360°$，用以测量水平角。水平度盘的中心有一个空心轴，照准部的内轴就插入到这空心轴内。空心轴与度盘的外轴连接，外轴再插入基座的轴套内。在水平度盘外侧的金属护罩上，还有可以控制水平度盘转动的度盘变换手轮或可以改变读数位置的复测扳手，采用变换手轮的仪器，水平度盘是和照准部分离的，不能随照准部一起转动；而采用复测扳手的仪器，水平度盘与照准部可合在一起转动，也可以分开转动。将复测扳手向上扳到位，水平度盘便与照准部离开，即照准部转动时水平度盘不动，读数随照准部转动而变化；将复测扳手向下扳到位，水平度盘便与照准部合在一起一同转动，此时的读数保持不变。另外，还有控制仪器在水平方向转动的水平制动和水平微动螺旋。

（三）基座

基座起着支承仪器上部并使仪器与三脚架（Tripod）连接的作用，它主要由轴座、脚螺旋和底板所组成。

仪器放在三脚架的架平面上，须用三脚架头上的中心连接螺旋，将之固紧在基座底板上。其中心连接螺旋是空心的，下端一般都挂有挂钩或细绳，是便于悬挂垂球粗略对中之用。基座的脚螺旋是用来整平仪器用的，其使用方法和水准仪的脚螺旋使用方法一样。

二、DJ₆ 型光学经纬仪的测微装置与读数方法

DJ₆ 型光学经纬仪水平度盘和竖直度盘度数的最小刻划一般只刻至 $1°$ 或 $30'$，但测角精度要求达到 $6''$，因此在读数时必须借助光学测微装置。DJ₆ 型光学经纬仪目前最常用的测微装置是分微尺，下面具体介绍分微尺和读数方法。

（一）分微尺

分微尺是刻划在指标水准管一侧的水平空心横轴内一块光学玻璃上的细小的尺子，尺子的全长正好和水平度盘及竖直度盘上每 $1°$ 刻划线的长度一样长。分微尺全长分六大格（0～6），每大格代表 $10'$，共 $60'$，每一大格中又分十小格，每小格代表 $1'$，如图 4-3 所示。

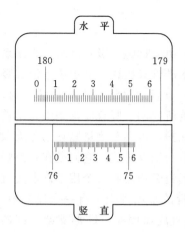

图 4－3　分微尺

（二）读数方法

在读数显微镜内同时看到的水平度盘和竖直度盘的影像一般是用加注的汉字"水平"和"竖直"来区别的，但也有用字母或符号来区别的；字母"H"和符号"—"都代表水平度盘，而竖直度盘则用字母"V"和符号"⊥"来表示。读数前应先调节读数显微镜的目镜，使度盘的影像清晰，然后，根据哪一条度数的刻划线落在分微尺上，就读取多少度。例如图4－3中的水平度盘为180°，竖直度盘为75°，再由分微尺零刻划线算起读出该度数刻划线到分微尺零刻线的分数，图4－3中的水平度盘为05′，竖直度盘为56′，最后估读出该度数刻划线距分微尺零刻划线方向的不足1′（一小格）的秒值，估读的精度为0.1小格（0.1×60″＝06″），即0.1′，图4－3中的水平度盘为06″，竖直度盘为12″，即最后估读的秒值应是6的倍数，否则就不对了。因此，图4－3中水平度盘的读数应为：180°05′06″，竖直度盘的读数应为75°56′12″。

三、DJ₂型光经纬的构造和读数方法

DJ₂型光学经纬仪也是工程中比较常用且精度高于DJ₆型的光学经纬仪，它的基本组成和构造与DJ₆型光学经纬仪基本相同，所不同的主要是读数装置和读数方法。下面就以我国苏州第一光学仪器厂生产的DJ₂型光学经纬仪为例来说明它的读数装置与读数方法。仪器中各部分构件与螺旋名称如图4－4所示。

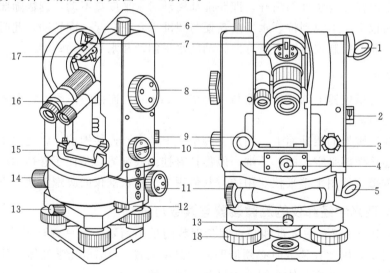

图4－4　DJ₂型光学经纬仪

1—竖盘反光镜；2—竖盘指标水准管观察镜；3—竖盘指标水准管微动螺旋；4—光学对中器；5—水平度盘反光镜；6—望远镜制动螺旋；7—光学瞄准器；8—测微手轮；9—望远镜微动螺旋；10—换像手轮；11—水平微动螺旋；12—水平度盘变换手轮；13—中心锁紧螺旋；14—水平制动螺旋；15—照准部水准管；16—读数显微镜；17—望远镜反光板手轮；18—脚螺旋

（一）读数装置

DJ₂ 型光学经纬仪一般采用对径分划线符合读数装置，即外部光线经反光镜进入仪器后，经一系列的棱镜、透镜反射、折射后，将水平或竖直度盘直径两端相差 180°的分划线，同时反映到读数显微镜内，并且分别位于一条横线的上、下方，成为正像和倒像，如图 4－5 所示。正像和倒像可以相对运动，由测微手轮控制，而测微手轮又与分微尺连接在一起，当转动测微手轮使正像和倒像的分划线重合在一起时，两分划线相对移动的角值就能反映到分微尺上，但在读数显微镜内不能同时显示出水平度盘和竖直度盘的影像，当需要显示水平度盘时就转动 U 形支架右侧的换像手轮，当手轮上的直线转至水平位置时，打开水平度盘的反光镜，就可以看见水平度盘了。当需要显示竖直度盘时，则将换像手轮的直线转至竖直位置，且打开竖直度盘的反光镜即可。水平度盘和竖直度盘的分划值均为20′，但按符合法读数只能计作 10′（即度盘实际分划值的一半）。度盘左边的小窗是分微尺，尺上每小格代表 1″；左边的注记是分数，右边的注记是秒数。横贯分微尺中间的一根直线是读取分秒的标线。

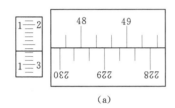 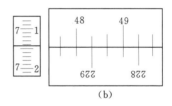

（a）　　　　　　　　　　　（b）

图 4－5　符合法读数窗

（二）读数方法

读数前应先转动测微轮，使正、倒像的分划线对齐，如图 4－5（b）所示，读数时先读出正像左边的完整度数［图 4－5（b）中的 48°］，再在倒像右边找到与所读度数相差180°的分划线［图 4－5（b）中的 228°］，数出此两条对径分划线间所夹的格数为几格，图4－5（b）中为 4 格，乘以按符合法计算的格值即得整分数。图 4－5（b）中为 40′；然后在分微尺上读取零星的分秒值，图 4－5（b）中的零星分秒值为 7′14.2″；总加起来即得应有的读数：48°47′14.2″。

为了便于读数并不易出错，近年来一些厂家生产的 DJ₂ 型光学经纬仪采用了数字化读数装置。如图 4－6 所示，上部是水平或竖直度盘的度数显示窗，显示窗中间向下突出的小方框，是显示整 10′的数字，中间是度盘中相差 180°对径度数分划线的影像，左下方是测微尺读数窗。测微尺的影像中，左侧是由 0′到 10′的分数值，右侧是整 10″的注记数，每小格为 1″，可估读到 0.1″。

转动测微轮，测微尺转动到 10′时，度盘正、倒像刻划线各移动半格。读数时，先转动测微手轮，使右下方的对径度数刻划线重合，然后在度盘读数窗的左边读取完整的度数值［如图 4－6（a）中的 151°而不是 150°和 152°；（b）中的 83°而不是 84°］。从向下突出的小方格内读出整 10′数［如图 4－6（a）中的 1×10′＝10′，（b）中的 4×10′＝40′］，再在测微尺读数窗内读取零星的分、秒值［如图 4－6（a）中的 1′54″和（b）中的 6′16″］，最后取三者之和得最后的读数。如图 4-6（a）为 151°11′54″，（b）为 83°46′16″。

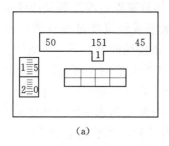
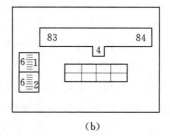

（a）   （b）

图 4-6　数字化读数示意图

四、光学经纬仪的使用

正确使用光学经纬仪的基本操作，一般细分为对中、整平、瞄准、读数和置数四个步骤。前两步又叫安置经纬仪。下面对每一步骤的操作方法和要求介绍如下。

（一）对中

对中（Centration）的目的是使经纬仪水平度盘分划中心与测站点位于同一条铅垂线上。操作时，先张开三脚架于测站上，并注意使三脚架的架平面高度适中（对具体的观测者来说）且大致水平，在连接螺旋上系挂好垂球（系挂时要系成活结，使垂球尖在不同的测站上能上下移动），移动三脚架使垂球尖大致对准测站点，并使垂球尖离测站点的高度在 1～3cm，如图 4-7 所示。将三个脚架的脚尖踩入土中，装上经纬仪，拧上连接螺旋（不要拧得过紧）双手可在架平面上移动基座，直至垂球尖对准测站点，这叫粗对中，而精对中是利用光学对中器来完成的。用手把垂球线拉起将垂球悬挂于脚架的箍套旋钮上（不挡住光学对中器的视线），拉推光学对中器（起到调焦的作用）使测站点成像清晰，同时可旋转光学对中器，使水平度盘分划中心的成像清晰，双手握住经纬仪的基座，眼睛看着光学对中器，在架平面上，边看边移动经纬仪，直至水平度盘的分划中心和测站点重合。

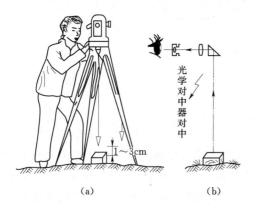

图 4-7　经纬仪安置高度与垂球对中

（二）整平

整平的目的是使水平度盘置于水平位置，竖直度盘处于竖直位置。整平时先转动三个脚螺旋使基座上的圆水准器气泡居中（粗平）。而精平的步骤是旋转照准部，使水准管大致平行于任一对脚螺旋，如图 4-8（a）所示，转动这两个脚螺旋，使水准管气泡居中，然后将照准部旋转 90°，转动第三个脚螺旋，使水准管气泡居中，如图 4-8（b）所示，重复以上步骤，直至水准管气泡在 360°的任一方向都居中为止。

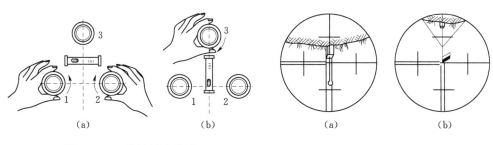

图 4-8 经纬仪精确整平   图 4-9 望远镜照准目标
                         （a）观测水平角时；（b）观测天顶距时

（三）照准

照准的目的是使照准目标点的影像与十字丝交点重合。照准时，将望远镜对向明亮背景，转动目镜对光螺旋，使十字丝成像清晰。松开照准部与望远镜的制动螺旋，转动照准部与望远镜，利用望远镜上的照门和准星对准目标，然后旋紧两制动螺旋。进行物镜对光，使目标成像清晰，并消除视差，最后，转动照准部和望远镜的微动螺旋，使十字丝交点精确照准目标。当观测水平角时，应尽可能照准目标的根部（底部）；而观测竖直角或天顶距时，应照准目标的顶部或一定的位置上，如图 4-9 所示。

（四）读数和置数

读数的目的是准确读出指标线所指度盘上的度、分、秒值。而置数是指按照预先给定的度盘读数去照准目标或照准目标后使度盘读数等于所需要安置的数值。它在角度测量和施工放样中经常用到。由于有不同的读数装置和度盘的转换方式，所以置数的方法也不太一样。

1. 装有度盘变换手轮的置数方法

对于装有水平度盘变换手轮的经纬仪，必须先照准目标，固紧水平制动螺旋，然后转动变换手轮，使所需安置的度数分划线对准分微尺上所需安置的分秒数。置完数后，关上变换手轮护盖或扳起保险手柄使之抵住手轮，以免碰动。然后松开水平制动螺旋，即可观测其他目标。

2. 装有离合器和测微轮的置数法

对于装有离合器和测微轮的经纬仪，则必须先置好数再去照准目标。例如：北京光学仪器厂生产的 DJ$_{6-1}$ 型经纬仪，当被照准的目标读数为 96°45′20″时，应先转动测微轮，使单线指标对准分微尺上 15′20″；再松开离合器和水平制动螺旋，一边转动照准部，一边观察水平度盘读数，当 96°30′的刻划线转至双线指标附近时，固紧水平制动螺旋，转动微动螺旋使这条分划线准确地落在双线指标正中央，然后扣紧离合器，松开水平制动螺旋，照准目标，照准目标后再松开离合器。当转动仪器观测其他目标时，离合器应处于松开位置，不能再去扳动。在安置竖盘读数时，应先转动竖盘指标水准管微动螺旋，使气泡居中，如果是分微尺读数的经纬仪，只需转动望远镜，使竖盘读数等于所需读数时，拧紧望远镜的制动螺旋，再调节微动螺旋即可。如果是采用测微轮读数的经纬仪，则应先转动测微轮，使分微尺上的读数等于所需的分、秒数；再转动望远镜，使竖盘读数等于所需的度数后，拧紧望远镜制动螺旋即可。

第三节　水 平 角 测 量

水平角测量最常用的方法有测回法和方向观测法（全圆测回法），测量时无论采用哪种方法进行观测，通常都要用盘左和盘右各观测一次，取平均值得出结果。所谓"盘左"就是当转动望远镜照准目标时，竖直度盘在望远镜的左边，又称为正镜；"盘右"就是竖直度盘在望远镜的右边，又称为倒镜，如果只用盘左或盘右对一个角度观测一次，称为半测回；如果用盘左和盘右对一个角度各观测一次，称为一个测回，这样用盘左（正镜）、盘右（倒镜）观测的结果取平均值的方法，可以自动抵消仪器本身的一些误差。从而提高了观测结果的质量。下面分别介绍测回法和方向观测法的观测、记录、计算与有关的限差规定。

一、测回法

用正、倒镜分别观测两个方向之间的水平角，取其平均值的方法，就称为测回法。如图 4 - 10 所示，欲观测水平角 AOB 的大小，可在角顶点 O 上安置经纬仪，经对中、整平后，一个测回的观测程序如下：

（1）以正镜（盘左）照准左边的目标 A，使水平度盘的置数于 $0°\sim1°$ 之间（通常置于 $0°05'$ 左右），将读数 L_A 记入手簿。

（2）按顺时针方向旋转照准部，照准右边目标 B，读取右边目标 B 的读数 L_B，记入手簿。由 A、B 两方向的盘左观测值即可算得上半测回的角值：$\beta_左 = L_B - L_A$。

（3）以倒镜（盘右）照准右边的目标 B，读取读数 R_B，计入手簿。

（4）按逆时针方向旋转照准部，照准左边的目标 A，读取读数 R_A，记入手簿。又可算得下半测回的角值：$\beta_右 = R_B - R_A$。

图 4 - 10　测回法观测水平角

对于 DJ$_6$ 型光学经纬仪，规范中的限差规定，上、下两个半测回所测的水平角之差应不超过 $\pm40''$，如超过此限差则应重测；如符合要求，则可取其平均值作为一个测回的观测结果，即

$$\beta=\frac{1}{2}(\beta_左+\beta_右)$$

具体记录与计算可见表 4-1。

表 4-1　　　　　　　　　　　　测回法观测记录手簿

测　站	竖盘位置	目标	水平度盘读数 (° ′ ″)	半测回角值 (° ′ ″)	一测回角值 (° ′ ″)	各测回平均角值 (° ′ ″)	备　注
O 第一测回	左	A	0　02　00	65　36　12	65　36　09	65　36　12	
		B	65　38　12				
	右	A	108　02　06	65　36　06			
		B	245　38　12				
O 第二测回	左	A	90　01　00	65　36　18	65　36　15		
		B	155　37　18				
	右	A	270　01　06	65　36　12			
		B	335　37　18				

应注意：由于水平度盘的度数刻划线都是按顺时针注记的，因此，在计算水平角值时都应以右边方向的读数减去左边方向的读数，通常是够减的，但如遇左边方向的读数大于右边方向的读数时，则应在右边方向的读数上加上 360°，再减去左边方向的读数。另外，为了减小度盘分划误差，提高测角的精度，一个角度可观测几个测回，但每个测回间应变动一下度盘的位置（即用度盘的不同位置去测量角度）。一般，如设测回数为 n，那么各测回间的起始方向的读数应按 $180°/n$ 递增。例如：某个角度需观测两个测回（$n=2$），则第二个测回的起始方向的读数就应在 90°～91°之间（一般置在 90°05′左右）。而各测回之间所测的角值之差称为测回差。规范中的限差规定应不超过 ±24″，经检验合格后，则取各测回角值的平均值作为最后的结果。

二、方向观测法

在一个测站上，当观测方向超过两个时，常采用方向观测法（全圆测回法）。

（一）观测步骤

如图 4-11 所示，O 点为测站点，A、B、C、D 为四个目标点，现欲测出 OA、OB、OC、OD 的方向值，然后计算它们之间的水平角，其观测步骤如下：

（1）在 O 点安置经纬仪，选定一个最清晰的目标（假定为 A 目标）作为起始方向，以盘左位置瞄准目标 A，将水平度盘置于 0°～1°之间，读取读数，并记入观测手簿，见表 4-2。

（2）松开照准部制动螺旋，顺时针方向转动照准部，依次瞄准目标 B、C、D，分别读数，并记入观测手簿。

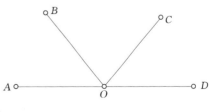

图 4-11　方向观测法

（3）继续顺时针转动照准部，再次瞄准目标 A，读取水平度盘读数，称为"归零"。

A 目标盘左两次读数之差称为"半测回归零差"，归零差的限差值可见表 3 - 4，如归零差超限，则说明观测过程中仪器位置可能发生变化或照准和读数有错误。那么该半测回应重测。至此，已完成了方向观测法的上半测回。

表 4 - 2   方向观测法观测、记录手簿

测站	测回数	目标	水平度盘读数		$2c$	平均读数 $\dfrac{L+(R+180°)}{2}$	一测回归零方向值	各测回平均方向值	水平角
			盘左（L）	盘左（R）					
			° ′ ″	° ′ ″	″	° ′ ″	° ′ ″	° ′ ″	° ′ ″
O	1					(0 02 06)	0 00 00	0 00 00	
		A	0 02 06	180 02 00	+6	0 02 03	51 13 30	51 13 28	51 13 28
		B	51 15 42	231 15 30	+12	51 15 36	131 52 00	131 52 02	80 38 34
		C	131 54 12	311 54 00	+12	131 54 06	182 00 18	182 00 22	50 08 20
		D	182 02 24	2 02 24	0	182 02 24			177 59 38
		A	0 02 12	180 02 06	+6	0 02 09			
O	2					(90 03 32)			
		A	90 03 30	270 03 24	+6	90 03 27	0 00 00		
		B	141 17 00	321 16 54	+6	141 16 57	51 13 25		
		C	221 55 42	41 55 30	+12	221 55 36	131 52 04		
		D	272 04 00	92 03 54	+6	272 03 57	182 00 25		
		A	90 03 36	270 03 36	0	90 03 36			

（4）倒转望远镜变成盘右位置。仍从目标 A 开始，但是逆时针方向转动照准部，依次瞄准并读取 A、D、C、B、A 各目标的读数，并记入观测记录手簿。至此，即完成了方向观测法的下半测回，上、下两半测回合为一个测回。

如需观测 n 个测回，则各测回间仍应按 $180°/n$ 变动水平度盘的位置。另外，当观测方向不超过 3 个或观测精度要求不高时，半测回也可不用归零。

（二）观测手簿的计算

1. 计算两倍照准差（$2c$）

$$2c = 盘左读数 - (盘右读数 \pm 180°)$$

其中：$\pm 180°$ 的 +、- 号的取法是根据盘右读数值来定的，当盘右读数大于 $180°$，则取 "-" 号，当盘右读数小于 $180°$ 时，则取 "+" 号，例如，表 4 - 2 中第一测回的 OC 方向

$$2c = 131°54'12'' - (311°54'00'' - 180°) = +12''$$

而 OD 方向则为 $2c = 182°02'24'' - (2°02'24'' + 180°) = 0''$

将各方向的 $2c$ 值算出后填入表格里。在同一测回中，各方向 $2c$ 值的变化大小，在一定程度上反映了观测的精度。规范中规定，使用 DJ$_2$ 型光学经纬仪时，一测回内 $2c$ 变化范围不得大于 $18''$，使用 DJ$_6$ 型光学经纬仪时，$2c$ 的变化范围仅供观测者自检，不作限差规定，见表 4 - 3。

表 4 - 3 方 向 观 测 法 的 限 差

经纬仪级别	半测回归零差（″）	2C变化范围（″）	同一方向各测回互差（″）
DJ$_2$	12	18	12
DJ$_6$	18	不作要求	24

2. 计算各方向的平均读数

$$平均读数 = \frac{1}{2}[盘左读数 + (盘右读数 \pm 180°)]$$

其中：$\pm 180°$的＋、－号的取法和$2c$值计算中取法一样，例如表 4 - 2 中第一测回OB方向的平均读数为

$$\frac{1}{2}[51°15'42'' + (231°15'30'' - 180°)] = 51°15'36''$$

由于起始方向OA有两个平均读数，故应再取其平均值作为OA方向的准确值，（又称为正式起始读数），并记入"平均读数"一栏的上方括号内。表 4 - 2 中第一测回OA方向的准确值为$0°02'06''$。

3. 计算归零方向值

当观测两个或两个以上测回时，为了便于将各测回的方向值进行比较和最后取平均值，应将各测回中起始方向的平均读数都化为$0°0'00''$，而其他各方向的平均读数都减去起始方向的平均读数，即得各方向的归零方向值。例如，表 4 - 2 中，OB、OC方向的归零方向值分别为

$$OB \quad 51°15'36'' - 0°02'06'' = 51°13'30''$$
$$OC \quad 131°54'06'' - 0°02'06'' = 131°52'00''$$

4. 计算各测回归零方向值的平均值

计算前应先检验各测回同一方向归零方向值之间的互差，其限差值可见表 4 - 3。如符合要求，则取各测回归零方向值的平均值作为最后的观测结果。例如，表 4 - 2 中OB方向两个测回归零方向值的平均值为

$$\frac{1}{2}(51°13'30'' + 51°13'25'') = 51°13'27.5'' = 51°13'28''$$

5. 计算各水平角值

将各相邻方向值相减，即可得相邻两方向之间的水平角值。例如：表 4 - 2 中的
$$\angle BOC = 131°52'02'' - 51°13'28'' = 80°38'34''$$

第四节 竖直角、天顶距的测量

在本章的第一节中已经讲述了竖直角和天顶距的概念，并且也已经指出竖直角和天顶距在观测时只需观测一个即可。下面分别介绍竖直角和天顶距的计算与观测方法。

一、竖盘读数系统的构造

要想搞清楚竖直角及天顶距的计算与观测，首先必须搞清楚竖直度盘读数系统的构

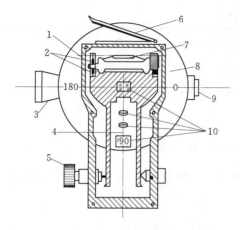

图 4-12 竖盘读数系统的构造

1—竖盘指标水准轴；2—竖盘指标水准管轴校正螺丝；3—望远镜；4—光是组光轴；5—竖盘指标水准管微动螺旋；6—反光镜；7—竖盘指标水准管；8—竖直度盘；9—目镜；10—竖盘指标（光是组的棱镜透镜）

造。DJ$_6$ 型光学经纬仪的竖直度盘（Elevation Circle）读数系统的构造如图 4-12 所示，主要是由竖直度盘，竖盘指标水准管，指标水准管的微动螺旋，棱、透镜所组成的光具组，以及指标水准管的反光镜等组成。竖直度盘 8，水平横轴与望远镜三者是固连在一起的，并且使竖盘上的 0°和 180°的对径分划刻度线与望远镜视准轴在竖盘上的正射投影重合。当望远镜转动，竖直度盘也跟着一起转动（同步转动）。竖盘分划线通过一系列棱镜和透镜组成的光具组 10，与分微尺一起成像于读数显微镜的读数窗内。光具组 10 和竖盘指标水准 7 固定在一个微动支架上（微动支架是由微动螺旋 5 控制的），并使其指标水准管轴 1 垂直于光具组的光轴 4。此光轴 4 就相当于竖盘的读数指标。当调节指标水准管的微动螺旋 5 使指标水准管气泡居中，指标水准管轴就处于水平位置，而光具组的光轴则处于竖直位置（正确位置）。此时就可以根据光轴照准的位置进行读数。

二、竖直角、天顶距的计算公式

光学经纬仪的竖直度盘上，刻有 0°~360°的分划注记，注记的形式有顺时针和逆时针两种，如图 4-13 所示，绝大多数厂家生产的都是顺时针注记的。竖直度盘的注记不同，竖直角和天顶距的计算公式也不同。所以，在竖直角和天顶距的测量之前，应首先判定所使用仪器的竖盘注记形式。判定方法是：使望远镜位于盘左位置，然后将望远镜视线抬高，使视线处于明显的仰角位置。此时，如

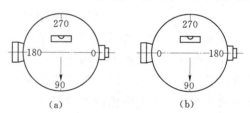

图 4-13 竖盘注记形式
(a) 顺时针注记；(b) 逆时针注记

竖盘读数小于 90°则该竖盘为顺时针分划注记；如大于 90°，则该竖盘为逆时针分划注记。

现以顺时针分划注记的竖盘为例，介绍竖直角的计算公式。

1. 盘左位置 [图 4-14 (a)]

当视线水平时，竖直度盘的读数正好等于 90°。当抬高视线观测某一目标时，设此时竖盘读数为 L，则

竖直角 $\alpha_L = 90° - L$

天顶距 $Z_L = L$ (4-2)

2. 盘右位置 [图 4-14 (b)]

当视线水平时，竖直度盘的读数为 270°，当抬高视线观测一目标时，假设此时竖盘读数为 R，则

竖直角 $\qquad\qquad\qquad\qquad \alpha_R = R - 270° \}$

天顶距 $\qquad\qquad\qquad\qquad Z_R = 360° - R \}$ $\qquad\qquad$ (4-3)

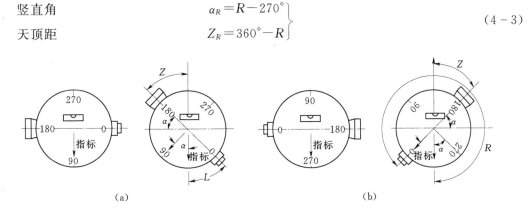

(a) $\qquad\qquad\qquad\qquad\qquad\qquad\qquad$ (b)

图 4-14　竖直角、天顶距计算示意图（顺时针注记）

(a) 盘左位置；(b) 盘右位置

对于逆时针分划注记的竖直度盘（图 4-15），可用上面类似的方法导出竖直角和天顶距的计算公式。

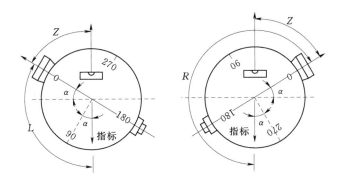

图 4-15　竖直角、天顶距计算示意图

盘左 $\qquad\qquad\qquad\qquad \begin{aligned} \alpha_L &= L - 90° \\ Z_L &= 180° - L \end{aligned} \}$ $\qquad\qquad$ (4-4)

盘右 $\qquad\qquad\qquad\qquad \begin{aligned} \alpha_R &= 270° - R \\ Z_R &= R - 180° \end{aligned} \}$ $\qquad\qquad$ (4-5)

三、竖盘指标差（Index Error）

通常，仪器正确时竖盘水准管轴与光具组的光轴（指标）是相互垂直的，即望远镜视线水平，竖盘水准管气泡居中时竖盘读数应为 90° 或 270°，但如果竖盘水准管轴与光具组的光轴不垂直，当水准管气泡居中时，竖盘读数指标就不在竖直位置，如图 4-16 所示，其所偏角度 x 称为竖盘指标差，简称指标差。如图 4-17（a）、(b) 所示：

盘左 $\qquad\qquad\qquad\qquad \alpha = 90° - L + x = \alpha_L + x$ $\qquad\qquad$ (4-6)

盘右 $\qquad\qquad\qquad\qquad \alpha = R - 270° - x = \alpha_R - x$ $\qquad\qquad$ (4-7)

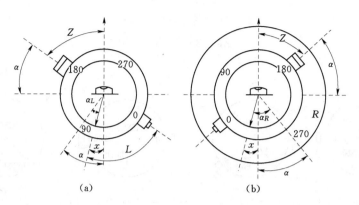

图 4-16　竖盘读数、指标差和竖直角的关系

两式相减，即可求得指标差：

$$x = \frac{1}{2}(\alpha_R - \alpha_L) \tag{4-8}$$

指标差有正、有负。当 x 为正时，指标偏于正确位置右侧；当 x 为负时，指标偏于正确位置左侧。

若将式（4-6）、式（4-7）两式相加，即可求得正确的竖直角值：

$$\alpha = \frac{1}{2}(\alpha_L + \alpha_R) \tag{4-9}$$

由此可知：倘若竖直度盘的读数中包含有指标差，但取盘左、盘右角值的平均值后，指标差 x 可自动抵消，仍能得到正确的竖直角值。但是在观测天顶距时，就必须要考虑指标差的影响。由图 4-17 可知：竖盘读数、指标差和天顶距之间的关系为：

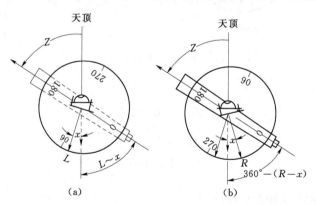

图 4-17　竖盘读数、指标差和天顶距的关系
(a) 正镜；(b) 倒镜

盘左：　　　　　　　　　　$Z = L - x$

盘右：　　　　　　　　　　$Z = 360° - (R - x)$ 　　　　　　　　(4-10)

将式（4-10）中的两式相减，移项后可得：

$$x = \frac{L + R - 360°}{2} \tag{4-11}$$

以上公式是按顺时针分划注记而导出的，如果竖盘是逆时针分划注记的，对于竖直角来说可以证明它们同样适用，但对于天顶距，公式则应变为：

盘左： $\qquad\qquad\qquad Z=180°-(L-x)\left.\right\}$

盘右： $\qquad\qquad\qquad Z=(R-x)-180°\left.\right\}$ $\qquad$ (4-12)

四、竖直角、天顶距的观测与计算方法

（一）竖直角的观测与计算

（1）在测站点上安置经纬仪。

（2）以盘左位置瞄准目标，以十字丝横丝精确地对准目标。

（3）调节竖盘水准管微动螺旋，使气泡居中，并读取竖盘读数 L 记入手簿，见表 4-4 中 A 目标（设为：$86°25'18''$）。

（4）以盘右位置同上法瞄准原目标，并读取竖盘读数 R 记入手簿，见表 4-4 中 A 目标（设为 $273°34'30''$）。

（5）按公式计算 α_L、α_R 及平均值 α，即

$$\alpha_L=90°-L=90°-86°25'18''=+3°34'42''$$

$$\alpha_R=R-270°=273°34'30''-270°=+3°34'30''$$

$$\alpha=(\alpha_L+\alpha_R)/2=(3°34'42''+3°34'30'')/2$$

$$=+3°34'36''$$

（6）按式（3-8）或式（3-11）计算出指标差：

$$x=(\alpha_R-\alpha_L)/2=(3°34'30''-3°34'42'')/2=-6''$$

$$x=(L+R-360°)/2=(86°25'18''+273°34'30''-360°)/2=-06''$$

表 4-4 $\qquad\qquad\qquad\qquad\qquad$ 竖直角观测记录手簿

测站	目标	竖盘位置	竖直读数 (° ′ ″)	半测回竖直角 (° ′ ″)	指标差 (″)	一测回竖直角 (° ′ ″)	备　注
O	A	左	86 25 18	3 34 42	−6	3 34 36	
		右	273 34 30	3 34 30			
O	B	左	95 3 12	−5 3 12	−18	−5 3 30	
		右	264 56 12	−5 3 48			

（二）天顶距的观测与计算

（1）在测站上安置经纬仪，并量取仪器高 i（即从测站桩顶至竖盘制动螺旋中心位置的高度）。

（2）以正镜中丝（横丝）照准目标，调节竖盘指标水准管微动螺旋使气泡居中，读取竖盘读数 L，并记录表格中，见表 4-5，例如：$79°31'12''$，即完成了上半测回。

（3）以倒镜中丝照准目标，调节竖盘指标水准管微动螺旋使气泡居中，读取竖盘读数 R，并记录表格中，见表 4-5，例如：$280°29'12''$，即完成了下半测回。

观测完后，先根据式（4-11）算出指标差，再按公式 $Z=L-x$，计算天顶距。各个

方向的指标差理论上应该相等。若不相等则是由于照准、整平和读数等误差所致。其中最大指标差与最小指标差之差称为指标差变动范围，一般应不超过 $\pm 24''$，为了提高天顶距观测结果的精度，对同一目标，往往要观测几个测回，各测回的天顶距之差亦不应超过 $\pm 24''$。

表 4-5　　　　　　　　　　　　天顶距观测记录手簿　　　　　　测站：A，仪器高 1.46m

觇点	觇标高 (m)	竖盘读数		指标差	天顶距	备注
		盘　左	盘　右			
		(° ′ ″)	(° ′ ″)	(″)	(° ′ ″)	
1	1.5	79 31 12	280 29 12	+12	79 31 00	
2	2.0	85 22 24	274 37 12	−12	85 22 36	
3	2.5	92 16 06	267 44 06	+06	92 16 00	

第五节　经纬仪的检验校正

经纬仪的几条主要轴线之间应满足四个几何条件，即照准部水准管轴垂直于仪器的竖轴（$LL \perp VV$），横轴垂直于视准轴（$HH \perp CC$），横轴垂直于竖轴（$HH \perp VV$），以及十字丝竖丝垂直于横轴，如图 4-18 所示。因仪器长期在野外被使用，其轴线关系有可能被破坏，从而产生测量误差。因此，测量工作中应按规范要求对经纬仪进行检验，必要时需对其可调部件加以校正，使之满足要求。对经纬仪的检验、校正项目很多，现以 DJ_6 级光学经纬仪为例，介绍常用检校项目。

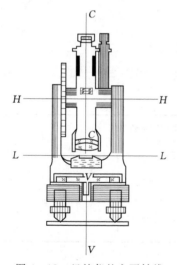

图 4-18　经纬仪的主要轴线

一、照准部水准管轴的检校

1. 检验

检验目的是使仪器满足照准部水准管轴垂直于仪器竖轴的几何条件。先将仪器整平，转动照准部使水准管平行于基座上一对脚螺旋的连线，调节该两个脚螺旋使水准管气泡居中。转动照准部 180°，此时如气泡仍然居中，则说明满足条件，如果偏离量超过一格，应进行校正。

2. 校正

如图 4-19（a）所示，水准管轴水平，但竖轴倾斜，设其与铅垂线的夹角为 α。将照准部旋转 180°，如图 4-19（b）所示，基座和竖轴位置不变，水准管轴与水平面的夹角为 2α，通过气泡偏离水准管零点的格数表现出来。校正时，先用拨针拨动水准管校正螺丝，使气泡退回偏离量的一半（等于 α），如图 4-19（c）所示，此时几何关系得到满足。再用脚螺旋调节水准管气泡居中，如图 4-19（d）所示，这时，若水准管轴水平，竖轴则垂直。

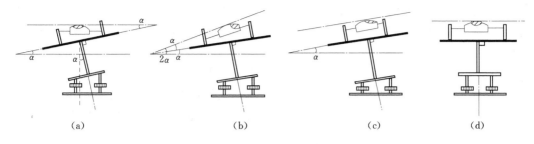

图 4-19　水准管轴的检校

此项检验校正需反复进行，直到照准部转到任何位置，气泡中心偏离零点均不超过一格为止。

二、十字丝竖丝的检校

1. 检验

检验目的是满足十字丝竖丝垂直于仪器横轴的条件。在水平角测量时，保证十字丝竖丝处于铅垂状态，以便精确瞄准目标。

用十字丝交点精确瞄准一个清晰目标点 A，然后固定照准部并旋紧望远镜制动螺旋；慢慢转动望远镜微动螺旋，使望远镜上下转动，如 A 点不偏离竖丝，则满足条件，否则需要校正，如图 4-20 所示。

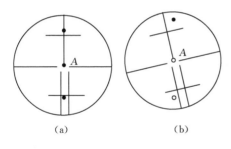

图 4-20　十字丝竖丝的检验

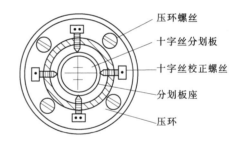

图 4-21　十字丝竖丝的校正

2. 校正

旋下目镜分划板护盖，松开四个压环螺丝，如图 4-21 所示，慢慢转动十字丝分划板座，使竖丝重新与目标点 A 重合，再做检验，直至条件满足。最后拧紧四个压环螺丝，旋上十字丝护盖。

三、视准轴的检校

1. 检验

检验的目的是使仪器满足视准轴垂直于横轴的条件。当横轴水平，望远镜绕横轴旋转时，其视准面应是一个与横轴正交的铅垂面。如果视准轴不垂直于横轴，此时望远镜绕横轴旋转时，视准轴的轨迹则是一个圆锥面。用该仪器观测同一铅垂面内不同高度的目标时，将有不同的水平度盘读数，从而产生测角误差。

检验时常采用四分之一法。如图 4-22 所示，在平坦地区选择相距约 60m 的 A、B 两点，在其中点 O 安置经纬仪，A 点设一标志，在 B 点横置一根刻有毫米分划的直尺，尺

子与 OB 垂直，且 A 点、B 点和仪器的高度应大致相同。先用盘左位置瞄准 A 点，固定照准部，纵转望远镜，在 B 尺上得读数 B_1，如图 4-22（a）所示。然后，转动照准部，用盘右位置照准 A 点，再纵转望远镜在 B 尺上得读数 B_2，如图 4-22（b）所示。若 B_1 与 B_2 重合，表示视准轴垂直于横轴。否则，条件不满足。从图 4-22（b）可以看出，视准轴不垂直于横轴，与垂直位置相差一个角度 c，称其为视准误差或视准差。B_1B、B_2B 分别反映了盘左、盘右的两倍视准误差 $2c$，且盘左、盘右读数产生的视准差符号相反。由此算得

$$c \approx \frac{B_1 B_2}{4D} \rho''$$

式中，D 为仪器 O 点到 B 尺之间的水平距离。对于 DJ_6 级经纬仪，仅当 $c > 60''$ 时，才需要进行校正。

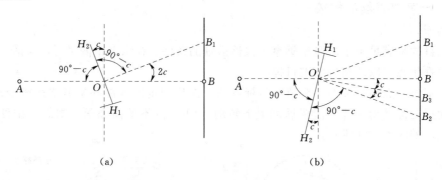

图 4-22 视准轴的检验

（a）盘左；（b）盘右

2. 校正

如图 4-22（b）所示，保持 B 尺不动，并在尺上定出一点 B_3，使 $B_2B_3 = \frac{1}{4}B_1B_2$，$OB_3$ 便和横轴垂直。用拨针拨动图 4-21 中的左右两个十字丝校正螺丝，一松一紧，平移十字丝分划板，直至十字丝交点与 B_2 重合。

四、横轴的检校

1. 检验

检验的目的是使仪器满足横轴垂直于竖轴的条件，以保证当竖轴垂直时，横轴保持在水平状态。否则，视准轴绕横轴旋转的轨迹就不是铅垂面，而是一个倾斜面。此时，望远镜瞄准同一竖直面内的不同高度的目标，就会得到不同的水平度盘读数，产生测角误差。

如图 4-23 所示，在距墙面约 30m 处安置经纬仪，用盘左位置瞄准墙上高处一

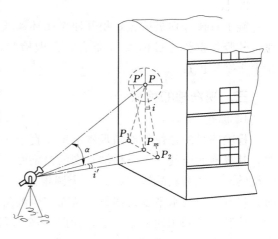

图 4-23 横轴的检验

明显目标 P（要求仰角 $\alpha > 30°$），固定照准部后，将望远镜大致放平，在墙上标出十字丝交点所对的位置 P_1；再用盘右位置瞄准 P 点，放平望远镜后，在墙上标出十字丝交点所对的位置 P_2。若 P_1 与 P_2 重合，表示横轴垂直于竖轴。否则，条件不满足，此时 P_1、P_2 两点应左右对称于 P 点的垂直投影点 P_m。

如果横轴不垂直于竖轴，与垂直位置相差一个 i 角，称为横轴误差或支架差，它对测量角度的影响，如图 4-23 所示，可得 i 角的计算公式为

$$i = \frac{P_1 P_2}{2D} \rho'' \cot\alpha$$

对于 DJ$_6$ 经纬仪，若 $i > 20''$，则需要校正。

2. 校正

用望远镜瞄准 P_1、P_2 直线的中点 P_m，固定照准部；然后抬高望远镜使十字丝交点上移到 P' 点，因 i 角误差的存在，P' 与 P 点必然不重合。校正时应打开支架护盖，放松支架内的校正螺丝，转动偏心轴承环，使横轴一端上升或下降，将十字丝交点对准 P 点。

因经纬仪横轴密封在支架内，校正的技术要求较高。经检验确需校正时，应递交专业维修部门在室内进行。

五、竖盘指标差检校

1. 检验

检验的目的是保证经纬仪在竖盘指标水准管气泡居中时，竖盘指标处于正确位置。安置经纬仪，用盘左、盘右观测同一目标点，分别在竖盘指标水准管气泡居中时，读取盘左、盘右读数 L 和 R。计算指标差 x 值，若 x 超出 $\pm 1'$ 范围，则需校正。

2. 校正

保持经纬仪位置不动，仍用盘右位置瞄准原目标。转动竖盘指标水准管微动螺旋，使竖盘读数为不含指标差的正确值 $R - x$，此时气泡不再居中。然后用拨针拨动竖盘指标水准管校正螺丝，使气泡居中。这项检校亦需反复进行，直至 x 值在规定范围内为止。

第六节　角度测量的误差来源及消减方法

在进行角度测量时，不论是水平角，还是竖直角或天顶距，总会受到各种因素的影响，而产生误差，下面来具体分析和研究误差的来源及消减的方法。

一、仪器误差

1. 由于仪器检校不完善而引起的误差

测量前虽对经纬仪进行了检验和校正，但仍会有不完善而残余的误差。如：望远镜视准轴不严格垂直于横轴，横轴不严格垂直于竖轴等，这类误差往往被限制在了一定的范围内，并可采用盘左、盘右观测取平均值的方法予以消除，但竖轴不垂直于水准管轴所引起的误差，则不能通过盘左、盘右取平均值的方法来消除，只有认真做好检验与校正来消减。

2. 由于仪器自身制造、加工不完善而引起的误差

由于仪器制造、加工工艺的限制，仪器自身就存在一定误差。如：水平和竖直度盘的

分划误差，照准部偏心差（照准部的旋转中心与水平度盘中心不重合误差）；竖盘偏心差（竖盘旋转中心与分划中心不重合而引起的读数误差）和指标差等。水平和竖直度盘的分划误差一般很小。竖盘分划误差虽无法减弱和消除，但本身很小可以忽略。水平度盘的分划误差可采用各测回间变换水平度盘位置进行观测来减弱这项误差。照准部偏心差和指标差可以通过盘左、盘右观测取平均值的方法予以消除。而竖盘偏心差则不行，它只能采用对向观测，即往、返各测一个测回，并使目标高（中丝读数）等于仪器高，且按公式

$$Z_{往} = \frac{Z'_{往} + (180° - Z'_{返})}{2}$$
(4-13)

计算出正确的天顶距。式中 $Z'_{往}$、$Z'_{返}$ 分别为含有竖盘偏心影响的往、返测天顶距值。

二、安置仪器误差

1. 对中误差

对中误差是由于安置时仪器中心没有安置在角顶的铅垂线上产生的。如图 4-24 所

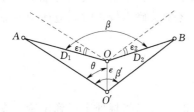

图 4-24 对中误差

示，设 O 点为测站点，A、B 为目标点，由于仪器安置时存在对中误差，仪器中心偏至 O' 点，OO' 的距离称为测站偏心距，通常用 e 表示。由图可知，实测角度 β' 与正确角值 β 之间的关系应为：

$$\beta = \beta' + (\varepsilon_1 + \varepsilon_2)$$

由于 ε_1、ε_2 很小，所以其正弦值可用弧度来代替，即

$$\varepsilon_1 = \frac{e\sin\theta}{D_1}\rho''$$

$$\varepsilon_2 = \frac{e\sin(\beta'-\theta)}{D_2}\rho'' \quad (\rho''=206265'')$$

因此，仪器对中误差对所测水平角的影响值为：

$$\Delta\beta = \beta - \beta' = \varepsilon_1 + \varepsilon_2 = e\rho''\left[\frac{\sin\theta}{D_1} + \frac{\sin(\beta'-\theta)}{D_2}\right]$$
(4-14)

由上式可知：

(1) $\Delta\beta$ 与偏心距 e 成正比，即 e 愈大，$\Delta\beta$ 也愈大。

(2) $\Delta\beta$ 与测站点到目标点的距离成反比，即距离愈短，$\Delta\beta$ 愈大。

(3) $\Delta\beta$ 与 β' 及 θ 的大小有关，当 $\beta'=180°$，$\theta=90°$ 时，$\Delta\beta$ 最大。

例如：当 $D_1=D_2=100m$，$e=3mm$，$\beta'=180°$，$\theta=90°$ 时，有

$$\Delta\beta = \frac{2\times3\times206265''}{100\times10^3} = 12.''4$$

因此，减弱对中误差的方法是尽可能在各测站上精确对中，一般要小于 3mm，并且对边长较短或角度接近 180° 时，更要注意仪器对中。

2. 整平误差

整平误差即竖轴不垂直而产生的误差。此项误差对观测角的影响是随目标点高差的增大而增大的，并且又不能用观测和计算的方法予以消除。因此，当观测目标较高或在山丘区观测水平角时，应特别注意认真整平仪器，当发现水准管气泡偏离零点超过一格时，应

重新整平，重新观测。

对于竖直角或天顶距观测中的竖盘指标水准管气泡居中误差，也应特别注意，因为，竖盘指标的位置正确与否，是靠指标水准管气泡居中与否来判断的，气泡居中误差直接反映成读数误差。因此，每次读取竖盘读数前，都必须严格地使指标水准管气泡居中。

三、目标偏心误差

测量水平角时，望远镜所瞄准的目标标志应处于铅直位置，如果标志发生倾斜，而又没能瞄准目标的底部，如图 4-25 所示，瞄准目标标志的上部 A' 与地面目标点 A 不在同一铅垂线上，而产生目标偏心误差。由图中可知，在测站 O 点上观测 $\angle AOB$ 的大小应该是 β，但由于观测者瞄准了 A 目标标志的上部，由此而测得的水平角将不是 β，而是 β'，两者的差值，即为目标偏心差

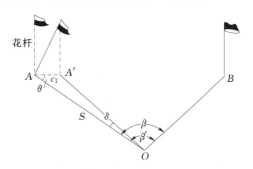

图 4-25　目标偏心误差

$$\Delta\beta = \beta - \beta' = \delta = \frac{e_1 \sin\theta}{S}\rho'' \qquad (4-15)$$

由式（4-15）可知，δ 与目标偏心距 e_1 成正比，与仪器至目标点的距离 S 成反比，当 $\theta = 90°$时，即目标偏心方向与观测方向垂直时，目标偏心影响最大。例如：当 $e_1 = 3mm$，$S = 100m$，$\theta = 90°$时，有

$$\delta = \frac{3 \times \sin90°}{100 \times 10^3} \times 206265'' = 6''.2$$

因此，为了减小目标偏心对水平角观测的影响，提高测角精度，竖在目标点上的标志应尽可能竖直，且瞄准时应尽可能瞄准目标点标志的底部。如遇角边短且看不到底部时，可以在目标点上悬挂垂球，瞄准垂球线进行读数。

四、观测误差

1. 照准误差

照准误差主要与望远镜的放大倍率 V 以及人眼的分辨能力有关，也受到对光时的视差、观测目标的形式以及大气温度、透明度等外界因素的影响。人眼的分辨力一般为 $60''$，即当两点对人眼构成的视角小于 $60''$时，就只能看成为一点。照准误差一般用 $60''/V$ 来计算，DJ_6 型光学经纬仪望远镜的放大倍率一般为 $26 \sim 30$ 倍，故照准误差约为 $2.0'' \sim 2.3''$。

2. 读数误差

读数误差主要与经纬仪所采用的读数设备有关，由于 DJ_6 型光学经纬仪一般只能估读到 $6''$，可能多估也可能少估，加上其他因素的影响，故读数误差一般可达 $12''$。因此，减弱观测误差的方法是尽可能精确照准目标，消除对光时产生的误差，估读时做到认真、细心。

五、外界条件的影响

外界自然条件对角度观测的影响比较复杂，一般无法控制。如强风、松软的土质会影

响仪器的稳定；受地面反射热的干扰，物像会跳动不稳定；受光线的强弱、雾气、灰尘等因素的影响会降低照准的精度。温度的变化会影响仪器的整平等。因此，要想减弱外界条件的影响，只有选择有利的观测时间和天气条件，尽量避开不利因素，使其对观测的影响降低到最小的程度。

思 考 与 练 习

1. 什么叫水平角、竖直角和天顶距？

2. 经纬仪主要由哪几部分组成？经纬仪上有哪些制动螺旋和微动螺旋？它们各起什么作用？

3. 正确使用经纬仪的步骤是什么？各步骤的目的和要求是什么？

4. 试述用测回法和方向观测法测量水平角的操作步骤及各项限差要求。

5. 用经纬仪观测水平角和竖直角时，采用盘左、盘右观测，取平均值可以消除哪些误差的影响？

6. 试整理水平角观测记录，见表4-6。

表4-6　　　　　　　　　　　　思考与练习题6表

测站	竖盘位置	目标	水平度盘读数 (° ′ ″)	半测回角值 (° ′ ″)	一测回角值 (° ′ ″)	备　注
O	左	A	155　50　10			B　　A ＼　／ O
		B	33　33　30			
	右	A	335　50　00			
		B	213　33　40			

7. 整理竖直角观测记录，见表4-7。

表4-7　　　　　　　　　　　　思考与练习题7表

测站	目标	竖盘位置	竖盘读数 (° ′ ″)	半测回竖直角 (° ′ ″)	指标差 (″)	一测回竖直角 (° ′ ″)	备　注
O	A	左	75　30　06				270 180　　0 90
		右	284　30　06				
O	A	左	82　00　24				
		右	277　59　30				

8. 试整理用方向观测法测量水平角的记录（DJ$_6$型经纬仪），见表4-8。

9. 用DJ$_6$经纬仪观测竖直角，盘左瞄准A点（望远镜上倾，读数减少），其竖盘读数为95°15′12″，盘右瞄准A点，读数为264°46′12″，求正确竖直角α_A，指标差x，盘右的正确读数是多少？

表 4 - 8   思 考 与 练 习 题 8 表

测站	测回数	目标	读 数		2c (″)	平均读数 (° ′ ″)	归零方向值 (° ′ ″)	各测回归零方向平均值 (° ′ ″)	水平角 (° ′ ″)
			盘左 (° ′ ″)	盘右 (° ′ ″)					
O	1	A	0 01 06	180 01 06					
		B	91 54 06	271 54 00					
		C	153 32 48	333 32 48					
		D	214 06 12	34 06 06					
		A	0 01 24	180 01 18					
O	2	A	90 01 24	270 01 18					
		B	181 54 06	1 54 18					
		C	243 32 54	63 33 06					
		D	304 06 24	124 06 18					
		A	90 01 36	270 01 36					

第五章 距离测量及直线定向

距离测量是确定地面点位时的基本测量工作之一。距离测量的方法有钢卷尺量距、视距测量和电磁波测距等。钢卷尺量距是用钢尺沿地面丈量，属于直接量距；视距测量是利用经纬仪或水准仪望远镜中的视距丝和标尺，按几何光学原理进行测距，属于间接测距；电磁波测距是用电子仪器和光学仪器向目标发射和接收反射回来的电磁波（光波或微波，前者称为光电测距，后者称为微波测距），或用电子仪器接收由目标发射的电磁波，按其传播速度和时间测定距离，都属于电子物理测距。

钢卷尺量距是传统的量距方法，工具简单，成本低廉；因易受地形限制，目前仅用于平坦地区的近距离测量，例如广泛用于地形测量中的细部丈量和建筑工地的细部施工放样等。视距测量为利用测量望远镜的光学性能和目标点上的标尺，以测定距离，适合于精度要求较低的近距离测量，例如水准测量中的测定前、后视距。电磁波测距中广泛采用的是光电测距，这种方法的仪器先进，测程远，精度高，操作方便；开始是用于控制测量中的高精度的远距离测量，逐步在近距离的细部测量、施工放样等工作中普及应用，目前已成为各种距离测量的主要方法。广义的电磁波测距应包括按卫星定位的 GPS 测量，GPS接收机接收卫星在空间轨道上发射的电磁波测距信号，同时测定测站至若干卫星的距离，再按空间距离交会原理确定地面点的点位或相对点位。

第一节 钢 卷 尺 量 距

一、钢卷尺和丈量工具

丈量距离所用的工具主要有钢卷尺及皮尺，其次还有花杆、测钎等辅助工具。

（一）钢卷尺

钢卷尺一般用薄钢片制成，如图 5-1 所示，其长度有 15m、20m、30m、50m 等，在刻划上有的全尺刻至 mm，有的只在 0~1dm 之间刻至 mm，其他部分刻至 cm。如以尺子的端点为零的称为端点尺，如图 5-2 (a) 所示，如以尺子的端部某一位置为零刻划的称为刻线尺。使用时应注意其零刻划线的位置，防止出错。钢卷尺用于较高精度的距离丈量，如控制测量及施工放样的距离丈量。

（二）皮尺

如图 5-3 所示，皮尺是用麻布织入金属丝制成，其长度有 20m、30m、50m 等，皮尺伸缩性较大，故使用时不宜浸于水中，不宜用力过大。皮尺丈量距离的精度低于钢卷尺，只适用于精度要求较低的丈量工作，如渠道测量、土石方测算等。

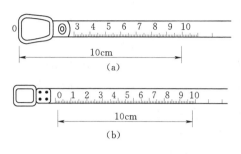

图 5-1　钢卷尺

图 5-2　端点尺和刻线尺

（a）端点尺；（b）刻线尺

（三）辅助工具

辅助工具有花杆和测钎等。花杆是用来标定点位及方向，测钎是用来标定尺子端点的位置及计算丈量过的整尺段数。

图 5-3　皮尺

二、直线定线

地面上两点之间距离较远时，用钢尺一次（一尺段）不能量完，就需要在直线方向上在地面标定若干个点，以便钢尺能沿此直线丈量，这项工作称为"直线定线"。一般情况下，可用标杆目测定线；对于定线精度要求较高的情况或距离很远时，需要用经纬仪定线。直线定线还包括延长一条直线。

（一）目测定线

1. 平坦地面定线

如图 5-4 所示，设 A、B 两点可以通视，需要在两点间的直线上标定出 1、2 等点。首先在 A、B 点上竖立标杆，甲站在 A 点标杆后面约 1m 处，指挥乙左右移动标杆，直到甲从 A 点沿标杆的同一侧看到 A、2 和 B 三支标杆在同一直线上为止。同法可定出直线上的其他点。两点间定线，一般应由远到近，应先定 1 点，再定 2 点。目测定线时，标杆应竖直，乙持标杆的方法为用食指和拇指夹住标杆的上部，稍稍提起，利用标杆的重心在手指下而使标杆自然竖直。

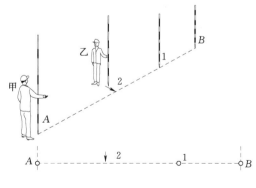

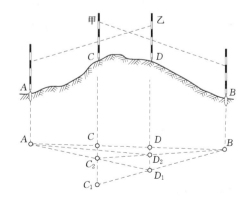

图 5-4　两点间目测定线

图 5-5　过高地定线

2. 过高地定线

如图 5-5 所示，在 A、B 两点之间有一高地，不能通视，此时可以采用逐渐趋近法

77

在两点间定直线。首先在 A、B 两点竖立标杆，甲、乙两人分持标杆站于高处 C_1、D_1，使甲可以看到 B 点的标杆，乙可以看到 A 点的标杆。然后，由甲指挥乙移动标杆，使 C_1、D_1、B 在同一直线上；再由乙指挥甲移动标杆，使 D_1、C_2、A 在同一直线上；这样逐渐趋近，直到 A、C、D、B 在同一直线上为止。

（二）经纬仪定线

1. 经纬仪在两点间定线

用经纬仪定线比用目估定线更为精确。如图 5-6 所示，欲在 AB 直线上定出 1、2、3、…、n 诸分段点的位置，可在 A 点安置一台经纬仪，对中、整平后，用望远镜中的十字丝竖丝瞄准 B 点处标杆底部，将水平制动螺旋制动。按观测员的指挥，使各待定点处的测钎落在十字丝的竖丝上，将测钎插入地下。然后在各测钎处分别钉一木桩，相邻两桩顶之间的距离应略小于丈量所有钢尺的一整尺长，桩高应露出地面数厘米，桩顶应水平，钉上一钢钉，钢钉与直线重合。

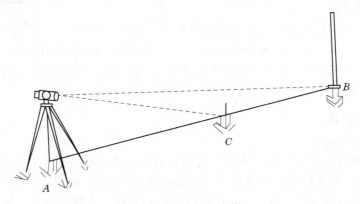

图 5-6　经纬仪法定线

2. 经纬仪延长直线

如图 5-7 所示，如果需要将 AB 直线精确延长至 C 点，置经纬仪于 B 点，经对中、整平后，在望远镜盘左位置以纵丝瞄准 A 点，水平制动照准部，倒转望远镜，在需要延长之处定出 C' 点；再在望远镜盘右位置以纵丝瞄准 A 点，水平制动照准部，倒转望远镜，在 C' 点旁定出 C'' 点；取 $C'C''$ 的中点，即为精确位于 AB 直线延长线的 C 点。这种延长直线的方法称为经纬仪"正倒镜分中法"，可以消除经纬仪可能存在的视准轴误差和横轴误差对延长直线的影响。

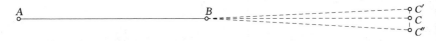

图 5-7　经纬仪正倒镜分中法延长直线

三、距离丈量

现在介绍用钢尺量距的方法。用钢尺丈量较长的距离一般需要三人，分别担任前尺手、后尺手和记录的工作。在地势起伏较大地区或行人车辆较多的地区，还需增加辅助人员。丈量的具体方法随地面情况而有所不同。

（一）平坦地面的丈量方法

如图 5-8 所示，丈量前，在直线两端点 A、B 竖立标杆；丈量时，后尺手（甲）持钢尺的末端在起点 A，前尺手（乙）持钢尺的前端（零点一端）和一束测钎沿直线方向前进；到一整尺段时，甲根据端点 B 的标杆指挥乙，将钢尺拉直在 AB 方向上，钢尺刻划面向上，平敷于地面，不使钢尺扭曲；对准直线方向和拉紧钢尺后，乙喊"预备"，甲把钢尺末端分划对准起点 A 后喊"好"，乙在听到"好"的同时，把测钎对准钢尺零点分划垂直地插入地面，如为硬性地面可用测钎或铅笔在地面画线作记号，这样完成第一尺段的丈量。甲、乙二人同时提尺离地前进，甲到达测钎或画线记号处，二人重复第一尺段的工作，量完第二尺段，甲拔起地上的测钎；依此操作，直至 AB 直线的最后一段，该段距离不会刚好是一整尺段的长度，称为"余长"。丈量余长时，乙将钢尺零点分划对准 B 点，甲在钢尺上读取余长值。在平坦地区，沿地面丈量的结果即为水平距离。A、B 两点间的水平距离为：

$$D=nl+q \tag{5-1}$$

式中：D 为直线的总长度；l 为尺子长度（尺段长度）；n 为尺段数；q 为不足一尺段的余长。

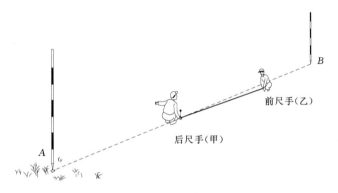

图 5-8　平坦地区的距离丈量

为了防止丈量错误和提高丈量精度，两点间的距离一般需要往返丈量。将往返丈量距离的差值（取绝对值），除以距离的平均值，并化为分子为 1 的分式，称为量距相对误差、相对较差。

$$K=\frac{|D_{往}-D_{返}|}{D_{平}}=\frac{1}{\dfrac{D_{平}}{|D_{往}-D_{返}|}} \tag{5-2}$$

其中
$$D_{平}=\frac{1}{2}(D_{往}-D_{返})$$

例如：一直线的距离，往测为 208.926m，返测为 208.842m，往返平均值 $D_{平}=208.884$m，则相对误差

$$K=\frac{|208.926-208.842|}{208.884}\approx\frac{1}{2487}$$

相对误差分母越大，它的值越小，量距精度越高。在平坦地区最距，相对误差一般应小于 1/3000，在困难的山地也不应大于 1/1000。量距的相对精度如未超限，则取往返量距的平均值作为两点间的最终结果。如达不到要求，应检查原因，重新丈量。

（二）倾斜地面的丈量方法

1. 平量法

如图 5 - 9 （a）所示，当地面坡度不大时或者当某些尺段的地面高低不平时，可将尺子拉平，然后用垂球在地面上标出其端点，则 AB 直线总长度可按下式计算

$$L = l_1 + l_2 + \cdots + l_n \tag{5-3}$$

但是这种量距的方法，产生误差的因素很多，因而精度不高。

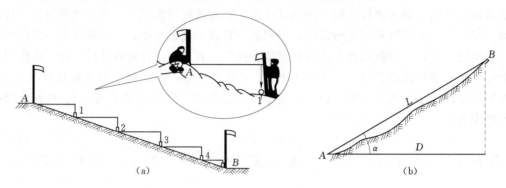

(a)　　　　　　　　　　　(b)

图 5 - 9　倾斜地面量距

2. 斜量法

如果地面坡度比较均匀，可沿斜坡丈量出倾斜距离 L，并测出倾斜角 α ［图 5 - 9 （b）］，然后按下式改算成水平距离 D

$$D = L\cos\alpha \tag{5-4}$$

（三）丈量距离的精密方法

前面介绍的用目测定线的一般丈量方法，量距精度可达 1/1000～1/4000，而对于小三角形测量中基线丈量和施工放样中有些部位的测设，常要求量距精度达到 1/10000～1/40000，这就要求用精密的方法进行丈量，现以小三角测量中的基线丈量为例（丈量的相对误差应小于 1/10000）介绍用钢卷尺进行精密量距的方法。

1. 定线

（1）清除在基线方向内的障碍物和杂草。

（2）按基线两端点的固定桩用经纬仪定线。沿定线方向用钢卷尺进行概量，每隔一整尺段打一木桩，木桩间的距离（尺段长）应略短于所使用钢卷尺的长度（例如短 5cm），并在每个桩桩顶按视线划出基线方向的短直线（图 5 - 10），另绘一正交的短线，其交点即为钢卷尺读数的标志。

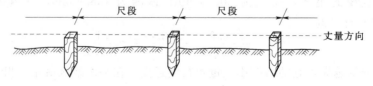

图 5 - 10　精密量距定线

2. 测定桩顶间高差

用水准仪测定各段桩顶间的高差，以便计算倾斜改正。

3. 量距

用检定过的钢卷尺丈量相邻木桩之间的距离。丈量时，将钢卷尺首尾两端紧贴桩顶，并用弹簧秤施以钢卷尺检定时相同的拉力（一般为100N），同时根据两端桩顶的十字交点读数，读至 mm；读完一次后，将钢卷尺前后移动 1~2cm，进行第二次读数；再前后移动 1~2cm，进行第三次读数；根据所读三对读数即可算得三次丈量结果，若三次长度间最大互差不超过 3mm，则取其平均值作为该尺段的丈量数值。每一尺段均应记录温度，估读到 0.1℃，以便计算温度改正数。依次逐段丈量至基线终点（不足整尺段的尾数同法丈量），即为往测（记录见表 5-1）。往测完毕后，应立即进行返测（若有两面三刀盘检定过的钢卷尺，可采用两尺同时丈量）。

4. 成果整理

每次往测和返测的成果，应进行尺长改正、温度改正和倾斜改正，以便计算出直线的水平距离。各项改正数的计算方法如下。

（1）尺长改正。将所使用的钢卷尺在一定温度和拉力下与标准尺比较，设钢尺的实际长度为 l，名义长度为 l_0，则钢尺的尺长改正数 Δl 为

$$\Delta l = l - l_0 \tag{5-5}$$

如表 5-1 给出的实例中，钢卷尺的名义长度为 30m，在标准温度 $t = 20℃$ 拉力为 100N 时，其实际长度为 30.0025m，则尺长改正数

$$\Delta l = 30002.5 - 30000 = +2.5 \text{（mm）}$$

所以每丈量一尺段 30m，应加上 2.5mm 尺长改正数；不足 30m 的尺段按比例计算尺长改正数。例如表 5-1 中，最后一段的尺段长为 1.8050m，其尺长改正值为

$$\Delta l = +\frac{2.5}{30} \times 1.8050 = +0.15 \text{（mm）}$$

必须指出，式（5-5）已考虑了改正数的正负，当 $l_0 < l$ 时，丈量一次就短了一个 Δl，改正数应加上去，按式（5-5）算得的 Δl 为正；反之，量一次距离长了一个 Δl，改正数应取负号。

（2）温度改正。设钢卷尺在检定时的温度为 t_0，而丈量时的温度为 t，则一尺段长度的温度改正数 Δl_t 为

$$\Delta l_t = \alpha(t - t_0)l \tag{5-6}$$

式中：α 为钢卷尺的膨胀系数，一般为 0.000012/℃；l 为该尺段的长度。

表 5-1 算例中，第一尺段 $l = 29.8650$m，$t = 25.8℃$，$t_0 = 20℃$，则该尺段的温度改正数为 $\Delta l_t = 0.000012 \times (25.8 - 20) \times 29.8650 = +2.1$ （mm）。

（3）倾斜改正。如图 5-5（b）所示，设一尺段两端的高差为 h，量得的倾斜长度为 l，将倾斜长度化为水平长度 d，应加的改正数为 Δl_h，其计算公式推导如下

$$h^2 = l^2 - d^2 = (l+d)(l-d)$$

$$\Delta l_h = l - d = \frac{h^2}{l + d}$$

表 5 - 1   **基线丈量记录与计算表**

尺段	次数	前尺读数（m）	后尺读数（m）	尺段长（m）	尺段平均长（m）	温度（℃）温度改正 Δl_t（mm）	高差（m）倾斜改正 Δl_h（mm）	尺长改正 Δl（mm）	改正后尺段长（m）	附注
A—1	1	29.930	0.064	29.866	29.8650	25.8	+0.272	+2.5	29.8684	
	2	40	76	64						
	3	50	85	65		+2.1	−1.2			
1—2	1	29.920	0.015	29.905	29.9057	27.6	+0.174	+2.5	29.9104	
	2	30	25	05						
	3	40	33	07		+2.7	−0.5			
...										
14—B	1	1.880	0.075	1.804	1.8050	27.5	−0.065	+0.2	1.8042	
	2	70	64	06						
	3	60	55	05		+0.2	−1.2			

往测长度 421.751m   返测长度 421.729m   基线长度 421.740m

钢尺名义长度为 30m，实际长度为 30.0025m；检定钢尺时的温度为 20℃，检定钢尺时拉力为 100N

因改正数 Δl_h 为一小值，上式分母内可近似地取 $d = l$，则

$$\Delta l_h = -\frac{h^2}{2l} \tag{5-7}$$

上式中的负号是由于水平长度总比倾斜长度要短，所以倾斜改正数总是负值。以表 5 - 1 中第一尺段为例，该尺段两端的高差为 +0.272m，倾斜长度 $l = 29.8650$m，则按式（5 - 7）算得倾斜改正数为

$$\Delta l_h = -\frac{(0.272)^2}{2 \times 29.8650} = -1.2 \text{（mm）}$$

每尺段进行以上三项改正后，即得改正后尺段的水平长度为

$$l = l_0 + \Delta l + \Delta l_t + \Delta l_h \tag{5-8}$$

将各个改正的尺段长度相加，即得往测（或返测）的全长。如往返丈量相对误差小于允许值，则取往测和返测的平均值作为基线的最后长度。有时要测量若干测回（往返各一次为一测回），则取各测回的平均值作为测量结果。

四、钢尺长度检定

钢尺两端点分划线之间的标准长度称为钢尺的实际长度，端点分划的注记长度称为名义长度。实际长度往往不等于名义长度，存在一个差值。用这样的尺子量距，每量一尺段就包含一个差值，随距离的增长而积累，属于系统误差。另外，钢尺丈量时的拉力和温度

对尺长也有影响。因此，需要进行钢尺的长度检定，以求得各项改正值。

1. 尺长方程式

钢尺的名义长度除了存在尺长误差以外，量距时受到不同的拉力，会使尺长有微小的变化。量距时一般规定：对 30m 钢尺，用 100N 拉力（弹簧秤指针读数为 10kg）；对 50m 钢尺，用 150N 拉力（弹簧秤指针读数为 15kg）。另外，在不同的温度下量距，由于钢尺的热胀冷缩，其尺长也有变化。因此，钢尺的实际尺长及其改正值应规定在一定的拉力下，以温度为自变量的函数来表示，这就是"尺长方程式"。

$$l = l_0 + \Delta l + \alpha l_0 (t - t_0) \tag{5-9}$$

式中：l_0 为钢尺的名义长度，m；Δl 为尺长改正值，mm；α 为钢的膨胀系数，其值约为 0.011 5～0.012 5mm/(m℃)；t_0 为标准温度，一般取 20℃；t 为丈量时温度，℃。

根据每个钢尺的尺方程式，才能求得实际长度。尺方程式中的尺长改正值要经过钢尺的尺长检定，再与标准长度相比较而求得。

2. 尺长检定方法

在经过人工整平的地面上，相距 120m 或者 150m 的直线两端点埋设固定标志，用高精度的距离测量仪器测定两标志间的精确水平长度作为标准长度，这种专供钢尺长度检定用的场地称为"钢尺检定场"，或称为"比尺场"。在两端标志之间的直线上，在每一尺段长度处（一般为 30m）地面埋设小块金属板，标明直线方向，在钢尺检定时，可以用铅笔按尺上端点分划画线，以标明尺段。

钢尺长度检定时，用弹簧秤施加规定拉力，用划线法在比尺场的金属板块上逐尺段丈量画线，最后一尺段量取余长。全长的一次往返丈量称为一测回，一般丈量三个测回。在每一测回中用温度计量取地面温度。

标准规定，钢尺尺长检定的相对精度不低于 1/10000。

五、距离丈量的误差及其消减方法

在进行距离丈量时，不可避免地存在误差。为了保证丈量所要求的精度，必须了解距离丈量中的主要误差来源，并采用相应的措施消减影响。现分述如下。

1. 尺长误差

钢尺本身存在着一定误差，按规定：国产 30m 长的钢尺，其尺长误差不应超过 ±8mm。如用未经检定的钢尺量距，以其名义长进行计算，则包含有尺长误差。对于 30m 长的距离而言，误差最大可达 ±8mm。而且有些钢尺的实际误差还超过了国家规定。因此，一般都应对所用钢尺进行检定，使用时加入尺长改正。若尺长改正数未超过尺长的 1/10000，丈量距离又较短，则一般量距可不加尺长改正。

2. 温度变化的误差

钢尺的膨胀系数 $\alpha = 0.0000125/℃$，对每米每度变化仅 1/80000。但当温度较大，距离很长时影响也不小。故精密量距应进行温度改正，并尽可能用点温计测定钢尺的温度。对一般量距，若丈量与检定时的温差超过 10℃，也应进行温度改正。

3. 拉力误差

如果丈量不用弹簧秤，仅凭手臂感觉，则与检定时的拉力产生误差。一般最大拉力误差可达 50N 左右，对于 30m 长的钢尺可产生 ±1.9mm 的误差，其影响比前两项小。但在精密量距时应用弹簧秤使其拉力与检定时的拉力相同。

4. 钢尺不水平的误差

钢尺不水平将使所量距离增长，对一 30m 的钢尺，若两端高差达 0.3m，则产生 1.5mm 的误差，其相对误差为 1/20000，在一般量距中，应使尺段两端基本水平，其差值应小于 0.3m。对精密量距，则应测出尺段两端高差，进行倾斜改正。

5. 定线误差

丈量时若偏离直线方向，则成一折线，使所量距离增长，这与钢尺不水平的误差相似。当用标杆目测定线，应使各整尺段偏离直线方向小于 0.3m，在精密量距中，应用经纬仪定线。

6. 风力影响

丈量距离时，若风速较大，将对丈量产生较大的误差，故在风速较大时，不宜进行距离丈量。

7. 其他

在一般量距方法中，采用测钎或垂球对点，均可能产生较大误差，操作时应加倍注意。

第二节 视 距 测 量

视距测量（Stadia Survey）是利用经纬仪同时测定测站点至观测点之间的水平距离和高差的一种方法。如图 5-11 所示，这种方法虽然精度较低，相对误差仅有 1/200～1/300，但比较简便而速度又较快，故在低精度测量工作中得到广泛应用。现将视距测量的原理和方法分述如下。

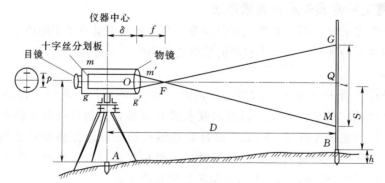

图 5-11 视线水平时视距测量

一、视距测量原理

（一）望远镜视线水平时

如图 5-11 所示，在 A 点上安装仪器，照准在 B 点上竖立的视距尺。当望远镜的视线水平时，望远镜的视线与视距尺面彼此垂直。对光后，视距尺的像落在十字丝分划板的平面上，这时尺上 G 点和 M 点的像与视距丝的 g 和 m 相重合。为便于说明，根据光学原理，可以反过来把 g 点和 m 点当作发光点，从该两点发出的平行于光轴的光线，经物镜折射后必定通过物镜的前焦点 F，而交视距尺于 G、M 两点。

由图 5-7 中的相似三角形 GFM 和 $g'Fm'$ 可以得出

$$\frac{GM}{g'm'} = \frac{FQ}{FO}$$

式中：$GM=l$，为视距间隔；$FO=f$，为物镜焦距；$g'm'=p$，为十字丝分划板上两视距的固定间距。

从图 5-11 可以看出，仪器中心离物镜前焦距点 F 的距离为 $\delta+f$，其中 δ 为仪器中心至物镜光心的距离。故仪器中心至视距尺的水平距离为

$$D = \frac{f}{p}l + (f+\delta) \tag{5-10}$$

式中，$\dfrac{f}{p}$ 和（$f+\delta$）分别称为视距乘常数和视距加常数。

令

$$\frac{f}{p} = K, \quad f+\delta = C$$

则式（5-10）可改写为

$$D = Kl + C$$

为了计算方便起见，在设计制造仪器时，通常令 $K=100$，对于内对光望远镜，由于设计仪器时使 C 值接近于零，故加常数 C 可以不计。这样，测站点 A 至立尺点 B 的水平距离为

$$D = Kl \tag{5-11}$$

从图 5-12 中可以看出，当视线水平时，为了求得 A、B 两点的高差，用尺子量出仪器高 i，用中丝读出视距尺的读数 S，则 A、B 两点的高差为

$$h = i - S \tag{5-12}$$

（二）望远镜视线倾斜时

在地形起伏较大的地区进行视距测量时，视线不再与视距尺面垂直，如图 5-12 所示，因而上面导出的公式就不再适用。为此下面将讨论当望远镜视线倾斜时的视距测量公式。

在图 5-12 中，当视距尺垂直立于 B 点时的视距间隔 $G'M'=l$，假定视线与尺面垂直时的视距间隔 $GM=l'$，按式（4-17）可得倾斜距离 $D'=Kl'$，则水平距离 D 为

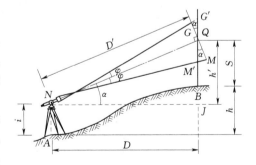

图 5-12　视线倾斜时视距测量

$$D = D'\cos\alpha = Kl'\cos\alpha \tag{5-13}$$

为此，应求得 l' 与 l 的关系。

在三角形 MQM' 和 $G'QG$ 中

$$\angle MQM' = \angle G'QG = \alpha, \quad \angle QMM' = 90° - \varphi, \quad \angle QGG' = 90° + \varphi$$

式中，φ 为上（或下）视距丝与中丝间的夹角，其值一般约为 $17'$ 左右，是一个小角，所以 $\angle QMM'$ 和 $\angle QGG'$ 可近似地认为是直角，这样可得：

$$l' = GM = QG'\cos\alpha + QM'\cos\alpha = (QG' + QM')\cos\alpha$$

而 $QG' + QM' = G'M' = l$，故有 $l' = l\cos\alpha$，代入式（4-19），得水平距离为

$$D = Kl\cos^2\alpha \tag{5-14}$$

从经纬仪横轴到 Q 点的高差 h'（称初算高差），由图可知

$$\left. \begin{array}{c} h' = D'\sin\alpha = Kl\cos\alpha\sin\alpha = \dfrac{1}{2}Kl\sin2\alpha \\[3mm] h' = D\tan\alpha \end{array} \right\} \tag{5-15}$$

或

而 A、B 两点的高差 h 为

$$h = h' + i - S \tag{5-16}$$

式中：i 为仪器高；S 为十字丝的中丝在视距尺上的读数。

如果把十字丝的中丝截在视距尺上的读数恰为仪器高 i，即 $S = i$，由式（5-16）得

$$h = h'$$

二、视距测量方法

视距测量的方法和步骤如下：

（1）将经纬仪安置在测站 A（图 5-12），进行对中和整平。

（2）量取仪器高 i（量至 cm 即可）。

（3）将视距尺立于欲测的 B 点上，观测者转动望远镜瞄准视距尺，并使中丝截视距尺上某一整数 S 或仪器高 i，分别读出上、下视距丝和中丝读数，将下丝读数减去上丝读数得视距间隔 l。

（4）在中丝不变的情况下读取竖直度盘读数（读数前必须使竖盘指标水准管的气泡居中），并将竖盘读数换算为竖直角 α。

（5）根据测得的 l、α、S 和 i 计算水平距离 D 和高差 h，再根据测站的高程计算出测点的高程。

记录和计算列于表 5-2。

表 5-2　　　　　　　　　　视 距 测 量 记 录 表

测站名称　A　测站高程　45.37m　仪器高　1.45m　仪器 DJ$_6$

测点	下丝读数 上丝读数 （m）	视距间隔 l（m）	中丝读数 S（m）	竖盘读数 ° ′ ″	竖直角 ° ′ ″	水平距离 D（m）	初算高差 h'（m）	高差 h （m）	测点高程 H（m）	备注
1	2.237 0.663	1.574	1.45	87 41 12	+2 18 48	157.14	+6.35	+6.35	51.72	盘左 观测
2	2.445 1.555	0.890	2.00	95 17 36	-5 17 36	88.24	-8.18	-8.73	36.64	

三、视距测量误差

（一）仪器误差

视距乘常数 K 对视距测量的影响较大，而且其误差不能采用相应的观测，故使用一架新仪器之前，应对 K 值进行检定。

竖直度盘指标差的残余部分，可采用盘左、盘右观测取其竖直角平均值的方法加以消除。

（二）观测误差和外界影响

进行视距测量，视距尺竖得不垂直，将使所测得距离和高差存在误差，其误差随视距尺的倾斜而增加，故测量时应注意将尺竖直。

由于风沙和雾气等原因造成视线不清晰，往往会影响读数的准确性，最好避免在这种天气进行视距测量。另外，从上、下两视距丝出来的视线，通过不同密度的空气层将产生垂直折光差，特别是接近地面的光线折射更大，所以上丝的读数最好离地面在 0.3m 以上。

此外，视距丝并非为绝对的细丝，其本身有一定的宽度，它掩盖着视距尺刻划的一部分，造成读数误差。为了消减这种误差，可适当缩短视距来补救。

总之，在一般情况下，读取视距间隔的误差是视距测量误差的主要来源，因为视距间隔乘以乘常数 K，其误差也随之扩大 100 倍，对水平距离和高差影响都较大，故进行视距测量时，应认真读取视距间隔。

从视距测量原理可知，竖直角误差对水平距离影响不显著，而对高差影响较大，故用视距测量方法测定高差时应注意准确测定竖直角。读取竖盘读数时，应严格使竖盘指标水准管气泡居中。

第三节　直　线　定　向

确定一条直线的方向称直线定向。要确定直线的方向，首先要选定一个标准方向线，作为直线定向的依据，然后由该直线与标准方向线之间的水平角确定其方向。

一、标准方向

在测量中常以真子午线、磁子午线、坐标纵轴作为直线定向的标准方向。

（一）真子午线（True Meridian）

通过地面上某点指向地球南北极的方向线，称为该点的真子午线。用天文观测的方法或陀螺经纬仪来测定。

（二）磁子午线（Magnetic Meridian）

磁针在地球磁场的作用下自由静止时所指的方向，即为磁子午线方向。由于地磁的南北极与地球的南北极并不重合，因此，地面上某点的磁子午线与真子午线也不一致，它们之间的夹角称为磁偏角 δ，如图 5-13 所示。磁针北端所指的方向线偏于真子午线东的称为东偏，规定为正，偏于西的称为西偏，规定为负。磁偏角的大小随地点的不同而异，即使在同一地点，由于地磁经常变化，磁偏角的大小也有变化，我国磁偏角的变化在＋6°（西北地区）和－10°（东北地区）之间。北京地区的磁偏角约为－6°。

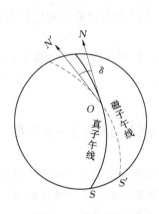

图 5-13　磁偏角

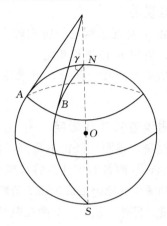

图 5-14　子午线收敛角

（三）坐标纵轴

经过地球表面上各点的子午线收敛于地球两极。地面上两点子午线方向间的夹角称为子午线收敛角，用 γ 表示，如图 5-14 所示。它给计算工作带来不少麻烦，因此，在测量上常采用高斯—克吕格平面直角坐标的坐标纵轴作为标准方向。优点是任何点的标准方向都平行于坐标纵轴。

二、直线方向的表示方法

测量中常用方位角或坐标方位角来表示直线的方向。

（一）方位角 （Azimuth Angle）

从标准方向的北端起，顺时针方向量至该直线所形成的水平角，称为该直线的方位角，角值从 $0°\sim360°$。如果以真子午线为标准方向，称为真方位角；以磁子午线为标准方向，称为磁方位角。如图 5-15 所示，A_{0-1}、A_{0-2}、A_{0-3}、A_{0-4} 分别为直线 01、02、03、04 的真方位角；如为磁方位角以 A' 表示。

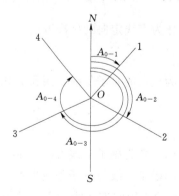

图 5-15　方位角

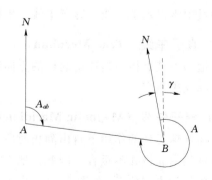

图 5-16　正、反方位角

同一条直线的不同端点其方位角也不同，如图 5-16 所示，在 A 点测的方位角为 A_{ab}，在 B 点测的方位角为 A_{ba}，则有

$$A_{ba} = A_{ab} + 180° \pm \gamma$$

测量中常以直线前进方向为正方向，反之则为反方向。设 A 点为直线的起始端，B 点为直线的终端，则 A_{ab} 为正方位角，A_{ba} 为反方位角。

（二）坐标方位角

从坐标纵轴的北端起，顺时针方向量至该直线所形成的水平角，称为直线的坐标方位角，用 α 表示。一直线的正、反坐标方位角相差 180°（因为两端点的指北方向互相平行）。

（三）坐标方位角的计算

测量工作中，各直线的坐标方位角通常不是直接测定的，而是测定各相邻边之间的水平夹角 β_i，然后通过已知坐标方位角和观测角推算出各边的坐标方位角。在推算时，β_i 角有左角和右角之分，其公式也有所不同。所谓左角（右角）是指该角位于前进方向左侧（右侧）的水平夹角，如图 5-17 所示。

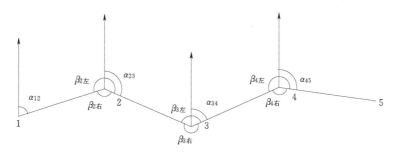

图 5-17　坐标方位角推算示意图

1. 观测导线左角时的方位角计算公式

如图 5-18 所示，A、B、C 为导线点。已知 α_{BA}、$\beta_{左}$，观测方向 $A \to B \to C$，求 α_{BC}。

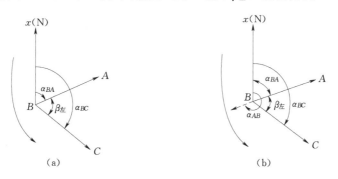

图 5-18　方位角计算图（左角）

根据正反方位角关系，可知

$$\alpha_{AB} = \alpha_{BA} + 180°$$

由该图可知

$$\alpha_{BC} = \alpha_{BA} + \beta_{左}$$

所以
$$\alpha_{BC} = \alpha_{AB} + 180° + \beta_{左}$$

由此可得一般计算公式为

$$\alpha_{前} = \alpha_{后} + 180° + \beta_{左} \qquad (5-17)$$

即导线前一边的方位角等于后一边的方位角加上 $180°$，再加上前后两条边所夹的左角。

2. 观测导线右角时的方位角计算公式

图 5-19（b）中，已知 α_{AB}、$\beta_{右}$，观测方向 $A \rightarrow B \rightarrow C$，求 α_{BC}。

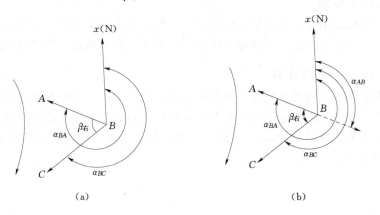

图 5-19　方位角计算图（右角）

由该图可得

$$\alpha_{BC} = \alpha_{AB} + 180° - \beta_{右}$$

由此可得一般计算公式为

$$\alpha_{前} = \alpha_{后} + 180° - \beta_{右} \qquad (5-18)$$

应当指出：由式（5-17）和式（5-18）计算的结果，如果大于 $360°$，则应减去若干 $360°$；如果小于 $0°$，则应加上 $360°$，以保证坐标方位角在 $0° \sim 360°$ 之间。

三、罗盘仪及其使用

罗盘仪是用来测定直线方向的仪器，它测得的是磁方位角，其精度虽不高，但具有结构简单、使用方便等特点，在普通测量中使用较为广泛。

（一）罗盘仪的构造

罗盘仪主要由磁针、刻度盘和望远镜等三部分组成，如图 5-20 所示。磁针位于刻度盘中心的顶针上，静止时，一端指向地球的南磁极，另一端指向北磁极。一般在磁针的北端涂以黑漆，在南端绕有铜丝，可以用此标志来区别北端或南端。磁针下有一小杠杆，不用时应拧紧杠杆一端的小螺丝，使磁针离开顶针，避免顶针不必要的磨损。刻度盘的刻划通常以 $1°$ 或 $30'$ 为单位，每 $10°$ 有一注记，刻度盘按反时针方向从 $0°$ 到 $360°$。望远镜装在刻度盘上，物镜端与目镜端分别在刻划线 $0°$ 与 $180°$ 的上面，如图 5-21 所示。罗盘仪在定向时，刻度盘与望远镜一起转动指向目标，当磁针静止后，度盘上由 $0°$ 逆时针方向到磁针北端所指的读数，即为所测直线的方位角。

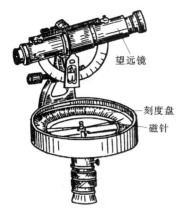

图 5-20　罗盘仪

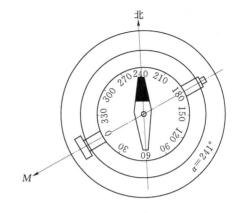

图 5-21　罗盘仪刻度及读数

（二）罗盘仪的使用

如图 5-22 所示，为了测定直线 AB 的方向，将罗盘仪安置在 A 点，用垂球对中，使度盘中心与 A 点处于同一铅垂线上，再用仪器上的水准管使度盘水平，然后放松磁针，用望远镜瞄准 B 点，待磁针静止后，磁针所指的方向即为磁子午线方向，按磁针指北的一端在刻度盘上的读数，即得直线 AB 的磁方位角。

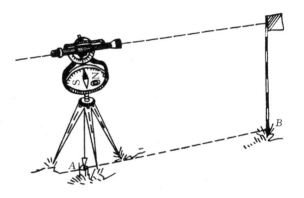

图 5-22　罗盘仪测定直线方向

使用罗盘仪进行测量时，附近不能有任何铁器，并要避免高压线，否则磁针会发生偏转，影响测量结果。必须等待磁针静止才能读数，读数完毕应将磁针固定以免磁针的顶针被磨损。若磁针摆动相当长时间还静止不下来，这表明仪器使用太久，磁针的磁性不足，应进行充磁。

第四节　电磁波测距

电磁波测距是利用电磁波作为载波传输测距信号以测定两点间距离的一种方法，具有测程远、精度高、作业快、不受地形限制等优点。目前已成为大地测量、工程测量和地形测量中距离测量的主要方法。电磁波测距的仪器按其所采用的载波可分为以下三种：

（1）用微波段的无线电波作为载波的微波测距仪。

（2）用红外光作为载波的红外测距仪。

（3）用激光作为载波的激光测距仪。

后两者又总称为光电测距仪，在工程测量和地形测量中得到广泛的应用。本节主要介绍光电测距仪的基本工作原理和测距方法。

一、光电测距仪的基本工作原理

光电测距的原理是：利用已知光速 C，测定它在两点间的传播时间 t，以计算距离。如图 5-23 所示，欲测定 A、B 两点间的距离时，将一台发射光波和接收光波的测距仪主机安置于一端点 A，另一端点 B 安置反光棱镜，经过光的发射、接收和时间测定，两点间的距离 S 可按式（5-19）计算。由于 A、B 两点一般不位于同一高程，光电测距直接测定的为倾斜距离。通过垂直角测定，将斜距 S 归算为平距 D 和高差 h。

$$S=\frac{1}{2}Ct \tag{5-19}$$

光在真空中的传播速度是一个重要的物理量，通过近代的物理实验，迄今所知在真空中光速的精确值 $C_0=(299\ 792\ 458\pm1.2)\text{m/s}$。光在大气中的传播速度为

$$C=\frac{C_0}{n} \tag{5-20}$$

式中：n 为大气折射率，它是光的波长 λ_g、大气温度 t、大气气压 p 等的函数，即

$$n=f(\lambda_g,t,p) \tag{5-21}$$

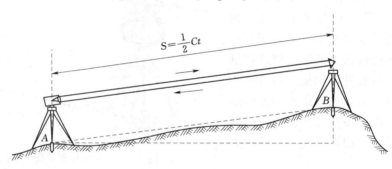

图 5-23　光电测距

各种光电测距仪所采用光波的波长有一定的数值，约为 $0.8\sim0.9\mu m$，而大气的气温和气压则随时在变。因此，在光电测距作业中，需测定气温和气压，对所测距离进行气象改正。

光速是一个很大的已知数，其影响测距的相对误差甚小，气象改正的影响也不大，光电测距的精度主要决定于测定光波往返传播时间的精度。根据测定时间方式的不同，光电测距仪又分为脉冲式测距仪和相位式测距仪。

（一）脉冲式测距仪

脉冲式测距仪的基本工作原理是：将发射光波的光强调制成脉冲光，射向目标并接收反射光，并据此测定光波传播时间。其工作原理如图 5-24 所示。

首先由光脉冲发射器将发射光的光强调制成具有一定频率的尖脉冲，通过发射接收透镜向目标定向发射；与此同时，由仪器内的取样棱镜取一小部分发射光送入光电接收器，将光脉冲转换为电脉冲，称为主波脉冲，由此打开电子门，让由时标振荡器发生的时标脉冲通过，时标脉冲计数器开始计数；从目标反射回来的反射光脉冲也被转换为电脉冲，称为回波脉冲，由此关闭电子门，时标脉冲计数器停止计数。设时标振荡器的振荡频率为

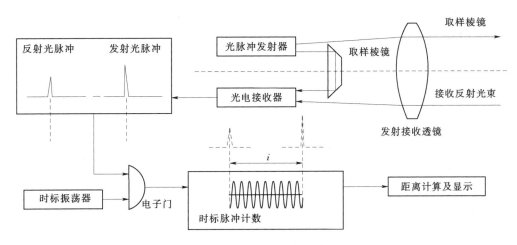

图 5-24　脉冲式测距仪工作原理

f_0（每秒振荡次数），周期 $T_0 = 1/f_0$（每振荡一次的时间），计数器所得时标脉冲为 m 个，则脉冲光波往返传播的时间 $t = mT_0$，代入式（5-19），得到所测距离

$$S = \frac{1}{2}CmT_0 \qquad\qquad (5-22)$$

脉冲式测距仪一般用固体激光器作光源，能发射高频的脉冲激光。向目标瞄准后，可以不用反射器（如反光棱镜），而接收目标体产生的激光漫反射进行测距。因此特别适用于地形测量和目标难以到达时的测距。但不用反射器的测距精度会略低于用反射器时的测距精度。

（二）相位式测距仪

相位式测距仪的基本工作原理如下：利用周期为 T 的高频电振荡将测距仪的发射光源进行振幅调制，使光强随电振荡的频率而周期性地明暗变化，如图 5-25 所示。调制光波在待测距离上往返传播，使在同一瞬间的发射光与接收光产生相位差 $\Delta\varphi$，如图 5-26 所示。根据相位差间接计算出传播时间，从而计算距离。

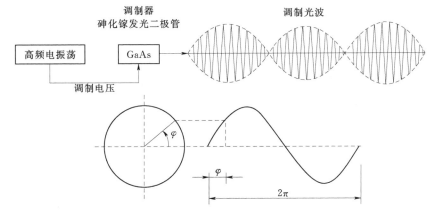

图 5-25　相位式测距光强调制

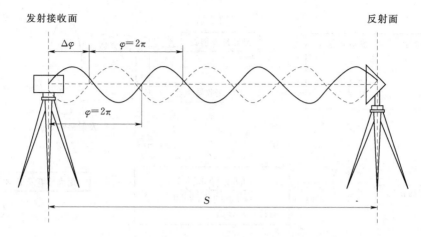

图 5-26 相位式测距的调制光波发射接收相位差

设光速为 C，调制信号的振荡频率为 f，振荡周期 $T = 1/f$，则调制光的波长为：

$$\lambda = CT = \frac{C}{f} \qquad (5-23)$$

因此

$$C = \lambda f = \frac{\lambda}{T} \qquad (5-24)$$

调制光在测程的往返传播时间 t 内，调制光的相位变化了 N 个整周（NT）和不足一整周的零数 ΔT，即

$$t = NT + \Delta T \qquad (5-25)$$

由于一整周相位差变化为 2π，不足一整周的零数为 $\Delta \varphi$，如图 5-26 所示，因此

$$\Delta T = \frac{\Delta \Phi}{2\pi} T \qquad (5-26)$$

$$t = T(N + \frac{\Delta \Phi}{2\pi}) \qquad (5-27)$$

将式（5-24）和式（5-27）代入式（5-19），得到相位式光电测距的基本公式：

$$S = \frac{\lambda}{2}(N + \frac{\Delta \Phi}{2\pi}) \qquad (5-28)$$

由此可见，相位式光电测距的原理有一点和钢尺量距相似，即相当于用一支长度为 $\lambda/2$（半波长）的"光波尺"来量距，N 为"整尺段数"，$(\lambda/2) \times (\Delta \varphi/2\pi)$ 为"余长"。

对于某种光源的波长 λ_g，在标准气象状态下（一般取气温 $t = 15℃$，气压 $p = 1013\text{mPa}$）可以计算而得〔参看式（5-20）和式（5-21）〕，因此，调制光的光尺长度可以由调制信号的频率 f 来决定。例如，近似地取光速 $C = 3 \times 10^8 \text{m/s}$，则调制频率（$f$）与调制光的光尺长度（$\lambda/2$）的近似关系见表 5-3。

表 5-3　　　　　　　　　　　　　　调制频率和光尺长度

调制频率（f）	15MHz	7.5MHz	1.5MHz	150kHz	75kHz
光尺长度（$\lambda/2$）	10m	20m	100m	1km	2km

在相位式测距仪中，用相位计只能测定发射与接收光波相位差的尾数（$\Delta\varphi$），而不能测定相位差的整周数（N），从而使式（5-28）产生多值解。只有当待测距离小于光尺长度时，才有确定的数值。此外，相位计的相位差测定也只能有 4 位有效数值。因而在相位式测距仪中设置有两种调制频率，产生两种光尺长度：精尺长度和粗尺长度。两种调制频率的联合使用，即可测得完整的距离值。

（三）反射器

用光电测距仪进行距离测量时，在目标点上一般需要安置反射器。反射器分为全反射棱镜和反射片，前者为最广泛采用的反射器，经常用于长距离的精密测距；后者用于近距离的测距。

全反射棱镜是用光学玻璃磨制成的四面体，如同正立方体上切下的一个角锥体，如图5-27 所示，角锥顶点为 D，底面为 ABC。ABC 面是反射棱镜的正面，而 ADB、ADC 和 BDC 三个反射面要求严格相互垂直。这样，入射光线 L_1 和经过三个垂直面的三次全反射后的反射光线 L_R 互相平行，也可以说是入射光线按原路线返回。在棱镜的实物加工时，磨去 ABC 的三个棱角，成为以 ABC 平面为底面的圆柱体和三个相互垂直的顶面，然后装入塑料外框，仅露出底面。实际应用的反射棱镜有单块棱镜的单棱镜和三块棱镜装在一起的三棱镜等，适合于远近不同的距离。

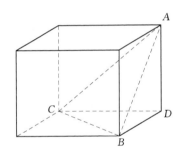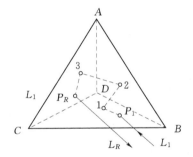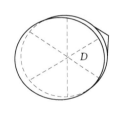

图 5-27　全反射棱镜的制造和反射原理

反射片为塑料制成的透明薄片，厚度小于 1mm，按全反射棱镜的反光原理，底面由许多正立方体的角锥陈列组成，同样能起到使入射光线与反射光线平行的作用。

（四）测距仪的常数改正

无论是脉冲式测距仪或相位式测距仪，对光调制的频率设计和成品的检验校正都应有正确的数值。在仪器使用过程中，由于电子元件的老化等原因，实际的调制频率与设计标准频率可能会有微小的差别，例 如尺长误差，其影响与所测距离的长度成正比。因此需要定时对测距仪进行检定，可以得到改正距离用的比例系数，称为测距仪的"乘常数"，据此对观测成果加以改正。

由于测距仪的距离起算中心与测距仪的安置中心不一致，以及反射棱镜的等效反射面与棱镜安置中心不一致，使测得的距离与实际距离有一个固定的差数，称为测距仪的"加常数"，此常数与所测距离的长短无关。当测距仪与反射棱镜构成一套固定的设备后，加常数为一个固定值，可以设置在仪器中，使其自动改正。一般以"棱镜常数"的名义设置加常数。但在仪器使用过程中，此常数可能会发生变化，因此需要定时进行检定，必要时，应对观测成果加以改正。

二、光电测距仪的使用

（一）短程红外测距仪

测程在5km以内的测距仪称为短程测距仪，一般采用红外光源，因此又称为短程红外测距仪，主要用于城市测量、工程测量和地形测量。国内外仪器厂有多种生产型号，表5-4所示为其中的一部分。

表5-4 短程红外测距仪

仪器型号	D11000	DM2000	ND3000	D3050
制造厂	瑞士徕卡厂	常州第二电子仪器厂	广州南方测绘仪器厂	常州大地仪器厂
测程（km）	1.6	2.0	3.0	4.5
测距精度	$\pm$（5mm$+5\times10^{-6}$）		$\pm$（5mm$+3\times10^{-6}$）	

（二）短程红外测距仪的使用

图5-28所示为D3050短程红外测距仪及其外部构件名称，使用时需安置于电子经纬仪的支架上方，如图5-29所示。

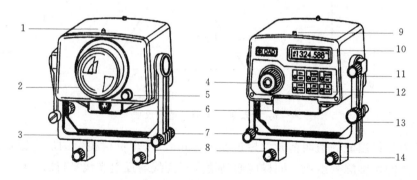

图5-28 D3050短程红外测距仪

1—瞄准准星；2—发射接收物镜；3—支架；4—目镜；5—连接电缆插口；6—电池；
7—水平微动螺旋；8—支架座；9—瞄准缺口；10—显示屏；11—垂直制动螺旋；
12—操作面板；13—垂直微动螺旋；14—支架固定螺旋

图5-30所示为与测距仪和电子经纬仪相配套的觇牌棱镜，当经纬仪瞄准觇牌中心时，测距仪的视准轴也已大致瞄准棱镜，只需转动测距仪上的水平和垂直微动螺旋，即可使精确瞄准棱镜中心。觇牌有光学对中器，可以精确对准地面点，因此一般用于精密的距离测量中。在地形测量中，为了节省对中地面点的时间，可用装于标杆上的棱镜，如图5-31所示。

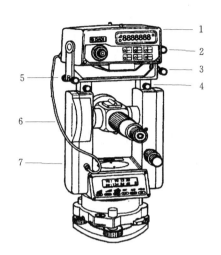

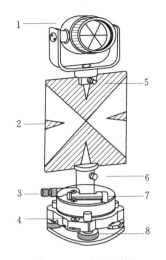

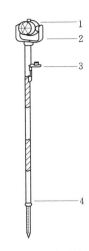

图 5-29   测距仪与电子经纬仪的连接
1—测距仪；2—垂直制动螺旋；3—垂直微动螺旋；
4—支架座制动螺旋；5—水平微动螺旋；
6—连接电缆；7—电子经纬仪

图 5-30   觇牌棱镜
1—反射棱镜；2—觇牌；3—光学对中器；
4—圆水准器；5—棱镜连接螺旋；6—方
向制动螺旋；7—水准管；8—脚螺旋

图 5-31   标杆棱镜
1—反射棱镜；2—棱镜
支架；3—圆水准器；
4—可伸缩标杆

进行光电测距时，将测距仪和反射棱镜分别在测线的两端进行对中和整平，需要测定高差时，还须量取仪器高和目标高。觇牌和棱镜面应对准测站。连接好电子经纬仪和测距仪，打开电源。用经纬仪瞄准觇牌，通过测距仪目镜用测距仪的水平和垂直微动螺旋瞄准棱镜中心，按测距钮开始测距。如果瞄准正确，测程上也无障碍，测距仪接收到足够的反光信号，则在显示屏上可以看到"＊"号，并显示所测定的斜距。斜距数据通过连接电缆传输至电子经纬仪后，按测定的垂直角，通过斜距、平距、高差按钮，可使其轮流显示斜距 S、平距 D 和测距仪与棱镜的高差 V。

为了防止出现错误和提高观测精度，一般经过一次瞄准，连续按测距钮并读数 2～4次，称为一测回。根据不同的精度要求和规范的规定确定测回数。

在距离观测的同时，要用温度计和气压计测定大气的气温和气压，以便在成果整理时进行改正。

三、光电测距的成果整理

（一）测距仪的乘常数和加常数改正

通过将测距仪在标准长度上的检定，可以得到测距仪的乘常数 R 和加常数 C。

光电测距的乘常数改正与所测距离的长度成正比。乘常数改正的单位取 mm/km，距离的乘常数改正值为：

$$\Delta S_R = RS' \tag{5-29}$$

光电测距的加常数改正值 ΔS_C 与距离的长短无关，即

$$\Delta S_C = C \tag{5-30}$$

（二）气象改正

影响光速的大气折射率 n 为光的波长 λ_g、气温 t、气压 p 的函数。对于某一型号的测

97

距仪，λ_g 为一定值。因此，根据距离测量时测定的气温和气压，可以计算距离的气象改正系数 A。距离的气象改正值与距离的长度成正比，因此，测距仪的气象改正系数相当于另一个乘常数，其单位也取 mm/km，因此可以与仪器的乘常数一起进行改正。距离的气象改正值为：

$$\Delta S_A = AS' \tag{5-31}$$

对于单位 mm/km，为每千米改正 1mm，是百万分之一，因此，又称"百万分率"，或者以 10^{-6} 来表示。例如，某测距仪说明书中给出该仪器的气象改正系数为：

$$A = \left(279 - \frac{0.2904p}{1+0.00366t}\right) \times 10^{-6} \tag{5-32}$$

四、光电测距的精度分析

(一) 光电测距的误差来源

1. 调制频率的误差

以式（5-23）代入式（5-28）得到：

$$S = \frac{C}{2f}\left(N + \frac{\Delta\Phi}{2\pi}\right) \tag{5-33}$$

为分析测距仪的调制频率误差对测距的影响，对上式中的距离 S 和频率 f 微分，可得：

$$\frac{\mathrm{d}S}{S} = -\frac{\mathrm{d}f}{f} \tag{5-34}$$

上式说明：频率的相对误差使测定的距离产生相同的相对误差，由此产生的距离误差与距离的长度成正比。由于仪器使用过程中电子元件的老化，会使原来设置的标准频率发生变化。通过测距仪的定期检定，测定乘常数 R，对距离进行改正，主要为了消除仪器的频率误差。测距时是否需要进行这项改正，可视乘常数的大小、距离的远近和测距所需的精度而定。

2. 气象参数测定误差

测距时测定的气象参数气温 t 和气压 p，假定在标准状态下（$t=15℃$，$p=1013\text{mPa}$），根据对式（5-21）的微分，可得：

$$\mathrm{d}A = 0.28\mathrm{d}p - 0.97\mathrm{d}t \tag{5-35}$$

由此可见，如果气温测定的误差为 $\pm1℃$，或气压测定的误差为 $\pm4\text{mPa}$，则对距离测定大约产生 1×10^{-6} 的相对误差。测距时是否需要进行这项改正，可视气象参数与标准状态差别的大小、距离的远近和测距所需的精度而定。

3. 相位测定和脉冲测定的误差

在相位式测距仪中相位差测定的误差，或脉冲式测距仪中脉冲个数测定的误差都影响距离测量的尾数，与距离的长短无关。误差的大小决定于仪器测相系统或脉冲计数系统的精度以及调制光信号在大气传输中的信噪比误差等。前者决定于仪器性能和精度，后者来源于测距时的自然环境，例如，天气的阴晴、大气的透明度、杂散光的干扰等。

4. 反射器常数误差

与测距仪配套的反射器其加常数都有确定的数值，例如，对于某一仪器厂的反射棱镜，一般为－30mm，对于反射片，为零。而且可在测距仪中预先设置加常数，测距时可自动加以改正。但是如果反射器与测距仪不配套，或设置有误，或瞄准不精确等原因，就会产生反射器常数误差。

5. 仪器和目标的对中误差

光电测距是测定测距仪中心至棱镜中心的距离，因此，仪器和棱镜的对中误差有多大，对测距的影响也有多大，与距离的长短无关。因此，对于仪器和棱镜的水准管和光学对中器，应事先进行检定；测距时，应进行仔细的整平和对中。

（二）光电测距仪的精度指标

根据以上对光电测距误差来源的分析可知，各种误差来源中，一部分由仪器本身产生，一部分由使用者的操作技术和测距的环境所引起。按各种误差的性质，一部分与所测距离成正比，一部分与所测距离的长短无关。这些误差总的形成光电测距的误差，或者说光电测距的精度决定于这些误差。在正确操作和正常环境下进行光电测距时，光电测距仪本身的误差是起主导作用的。

光电测距仪的"标称精度"是指测距仪本身引起的测距误差（用于厂商说明仪器本身的精度）。根据以上误差分析可知，其中仪器的测相误差、棱镜常数误差与测距的长短无关，称为常误差，或称固定误差，用"a"表示；而仪器的频率误差和正常大气状态下的气象因素误差则与测距的长度 S 成正比，称为比例误差，其比例系数用"b"表示。因此，测距仪的标称精度一般用下式表示：

$$m_s = \pm \sqrt{a^2 + S^2 b^2} \tag{5-36}$$

在仪器说明书中，比例系数 b 一般用 10^{-6} 表示。而且数值越小，测距仪的精度级别越高。

第五节　全站仪及其应用

一、全站仪概述

全站仪全称为全站型电子速测仪（Electronic Tachometer Total Station），是一种集自动测距、测角、测高于一体，实现对测量数据进行自动获取、显示、存储、传输、识别、处理计算的三维坐标测量与定位系统。它融光学、机械、电子等先进技术于一身，是由光电测距仪、电子经纬仪、微处理机、电源装置和反射棱镜等组成。可在一个测站上同时进行角度（水平角、垂直角）测量和距离（斜距、平距、高差）测量，能自动计算出待定点的坐标和高程，并能完成点的放样工作。由于只要一次安置仪器就可以完成本测站所有的测量工作，故被称为"全站仪"。全站仪对野外采集的数据自动进行记录并通过传输接口将数据传输给计算机，配以绘图软件以及绘图设备，可实现测图的自动化和数字化。测量作业所需要的已知数据也可以由计算机或仪器的键盘输入全站仪。这样，不仅使测量的外业工作高效化，而且可以实现整个测量作业的高度自动化。

全站仪已广泛应用于控制测量、地形测量、地籍与房产测量、施工放样、变形观测及近海定位等方面的测量作业中。

全站仪按其结构可分为整体型（Integrated）和积木型（Modular，有时又称作组合型）两类。整体型全站仪的测距、测角与电子计算单元以及仪器的光学、机械系统组合成一个整体，不可分开。积木型全站仪的电子测距仪（又称测距头）、电子经纬仪各为一独立的整体，既可单独使用，又可组合在一起使用。全站仪按其测角精度（方向标准偏差）可分为 0.5″、1.0″、1.5″、2.0″、3.0″、5.0″、7.0″等级别。

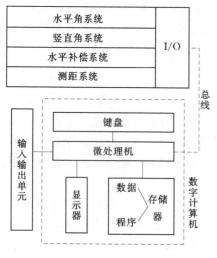

图 5-32 全站仪的功能组合框图

在全站仪发展初期，半站型电子速测仪（简称半站仪）较为普及。半站仪是一种以光学方法测角的电子速测仪，它也分为整体型与积木型两种。它工作时，通常情况下是在光学经纬仪上架装测距仪，再加上计算记录部分组成仪器系统，即形成积木型半站仪。也有的是将光学经纬仪与电子测距仪设计成一台独立的仪器，表面上看起来很像整体型全站仪，实际上却是整体型半站仪。在使用半站仪时可将光学角度读数通过键盘输入到测距仪里去，对斜距进行化算，最后得出平距、高差、方向角和坐标差，这些结果都可以自动传输到外部记录设备中去。

一般全站仪的功能组合框图如图 5-32 所示。

图中左侧部分包含有全站仪的四大光电系统，即测距、测水平角、测竖直角和水平补偿。电源是可充电池，供各部分运转、望远镜十字丝和显示器照明。键盘是测量过程的控制系统，测量人员通过键盘便可调用内部指令指挥仪器的测量工作过程和测量数据处理。以上各系统通过 I/O 接口接入总线与数字计算机系统联系起来。

微处理机是全站仪的核心部分，它如同计算机的中央处理机（CPU），主要由寄存器系列（缓冲寄存器、数据寄存器、指令寄存器等）、运算器和控制器组成。微处理机的主要功能是根据键盘指令启动仪器进行测量工作，执行测量过程的检核和数据的传输、处理、显示、储存等工作，保证整个光电测量工作有条不紊地完成。输入输出单元是与外部设备连接的装置（接口）。为便于测量人员设计软件系统，处理某种目的的测量工作，在全站仪的微型电脑中还提供有程序存储器。

图 5-33～图 5-36 为一些有代表性的全站仪及其操作面板：型号为 SET22D 的全站仪是日本索佳测绘仪器公司的产品，型号为 TCA2003 的全站仪是瑞士徕卡测量系统公司的产品。

二、全站仪的结构

（一）多功能同轴望远镜

全站仪的望远镜中，搜索和瞄准目标用的视准轴和发射、接收测距调制光的光轴是设计成同轴的，这样可以使仪器结构紧凑、操作方便、功效提高。与全站仪配套的反光棱镜装置于觇牌中心，如图 5-37（a）所示，图 5-37（b）为可以 360°照准的棱镜。这样，一次瞄准目标棱镜即能同时测得水平角、垂直角和斜距。望远镜也能作 360°纵转，需要时可安装直角目镜，测定大的仰角，甚至可以瞄准位于测站天顶的目标，测得其垂直距离（高差）。

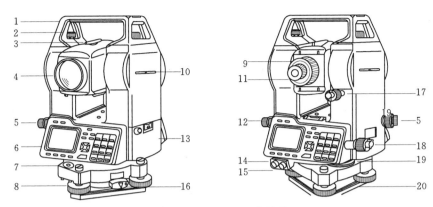

图 5-33　SET22D 全站仪

1—提柄；2—提柄固定螺旋；3—粗瞄准器；4—物镜；5—光学对中器；6—操作面板；7—圆水准器；8—脚螺旋；
9—物镜调焦环；10—横轴中心标志；11—目镜；12—水准管；13—电池盒；14—外接电源插口；15—通信接口；
16—基座制紧钮；17—垂直微动螺旋；18—水平微动螺旋；19—水平度盘变换轮；20—底板

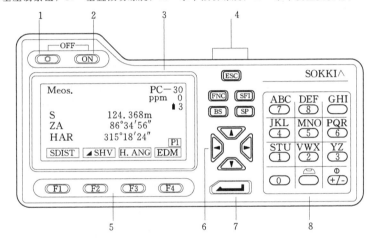

图 5-34　SET22D 全站仪操作面板

1—照明键；2—电源开关；3—显示屏；4—控制键；5—功能键；
6—光标移动键；7—回车键；8—输入键

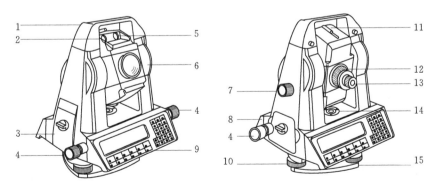

图 5-35　TCA2003 全站仪

1—提柄；2—左闪烁灯；3—储存卡盒；4—水平微动螺旋；5—右闪烁灯；6—物镜；7—垂直微动螺旋；8—电池盒；
9—操作面板；10—脚螺旋；11—粗瞄准器；12—物镜调焦环；13—目镜；14—圆水准器；15—底板

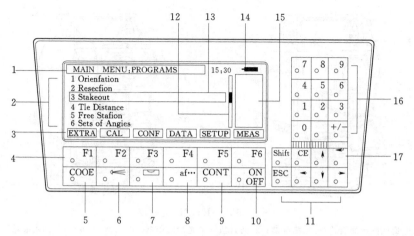

图 5-36 TCA2003 全站仪操作面板

1—显示屏标题行；2—滚动显示行；3—可变功能行；4—功能键；5—代码输入；6—照明；7—电子
水准；8—辅助功能；9—屏幕输入确认；10—电源开关；11—控制与光标移动键；12—滚动条；
13—选中光条；14—电池余量；15—状态图标；16—数字输入键；17—回车键

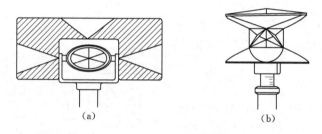

图 5-37 装置于觇牌中心的棱镜和可以 360°照准的棱镜

如图 5-38 所示为 TCA2003 全站仪望远镜的同轴光路。物镜、目镜和中间的调焦透镜构成望远镜视准轴及其瞄准系统。将红外测距、激光测距和自动目标识别（ATR，Automatic Target Recognition）的发射和接收三种光学系统，通过折射棱镜、分光棱镜和变换棱镜等集成到同一视准轴系统的光路之中，并对不同作用的光信号作有效的分离和识

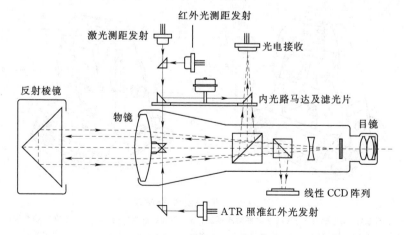

图 5-38 全站仪的同轴望远镜光路

102

别。红外光测距和激光测距按需要做变换，激光用于无棱镜测距。内光路马达及滤光片使内、外光路的光信号同时能为光电接收，以实现相位法测距。ATR 照准红外光发射和接收以及线性 CCD 阵列，另外构成自动目标识别的光路系统，它能传感目标位置的信息，并通过传动马达，指挥照准部自动瞄准目标。

（二）显示屏和键盘

全站仪的操作面板包括显示屏和操作键两部分（图 5-34、图 5-36）。全站仪一般都有大的显示屏，可显示 4×36~8×36 个字符（4~8 行），能充分表达全站仪的各种功能、已知数据、观测值和计算数据，并附有照明设备。操作键大致可分为开关键、照明键，功能键、输入键、控制键和回车键。输入键有一组，可以输入数字（含小数点、正负号）和英文字母；控制键分为移位键、变换键、空格键、退格键、取消键、光标移动键等；回车键一般用于输入数据的确认。全站仪的各种功能的主菜单一般以 4 个项目或 5 个项目为一页（Page），编号为 P1，P2，…功能名称以一页为一组列于显示屏的最下一行（称为功能行），并与显示屏下的各个功能键相对应；用功能变换键改变各功能页的显示。有些功能的主菜单下尚有若干级子菜单，可显示于屏幕，并用光标移动键选中调用。

（三）传感器

1. 度盘读数传感器

全站仪的度盘读数与电子经纬仪一样，一般采用增量式编码度盘，用光电传感器按通光量变化进行角度读数。较先进的有用条码编码度盘，用 CCD 传感器读数。角度的编码信息用发光管发光透过度盘，由一组线性 CCD 列阵和一个 8 位 A/D 转换器读出，如图 5-39 所示。为了确定读数指标相对于度盘的位置，一般需要在度盘上捕获至少 10 条编码线信息；在实际角度测量中，单次测量包括大约 60 条编码线，通过取平均值和内插的方法，以提高角度测量的精度。一般在度盘的对径上，设置一对线性 CCD 传感器，以消除度盘偏心差的影响。

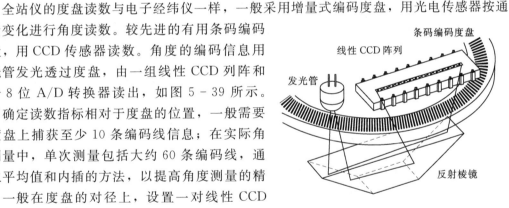

图 5-39　度盘读数的 CCD 传感器

2. 双轴倾斜传感器

全站仪的纵轴倾斜主要由于安置仪器时的置平误差引起的，它影响视准轴的瞄准、水平度盘和垂直度盘的读数。对于垂直度盘，形成竖盘指标差；对于水平度盘，则由纵轴倾斜引起横轴倾斜和视准轴的位置而影响读数。对此，全站仪设置有"双轴倾斜补偿器"。所谓"双轴"，是指视准轴在水平面上的投影，称为"纵向轴"（用 X 或 L 表示）；横轴在水平面上的投影，称为"横向轴"（用 Y 或 T 表示）。双轴倾斜补偿器的功能是用传感器测定纵轴倾斜角在纵向轴和横向轴方向上的分量，然后：

（1）显示纵向和横向的倾角，据此可以转动脚螺旋，精确置平仪器。

（2）置平后剩余的纵轴倾斜误差，仪器自动对垂直度盘和水平度盘读数进行改正。

双轴倾斜传感器有几种形式，有的根据内置的圆水准器的气泡作为传感源，有的根据内置容器内的液面作为传感源。后者如徕卡仪器厂的 TC 系列全站仪的液面补偿器，其原理如图 5-40 所示，液面补偿器安装在水平度盘中心上方的仪器纵轴线上，由发光二极管发出的光线，通过分划板反射棱镜和偏光棱镜在补偿器的液面下两次反射，最后通过成像透镜成像于线性 CCD 阵列，测定纵向（L）与横向（T）的偏移量。然后：

（1）可在显示屏显示仪器纵轴的纵、横向的倾斜角值和模拟水准气泡的图像，如图 5-41 所示，纵向偏移为 +24″，横向偏移为 +18″；如果超过置平精度所容许的数值，可据此调整脚螺旋以减小偏移量；双轴倾斜补偿器的这种具有纵轴倾斜角显示和模拟的水准气泡显示功能的装置称为"电子水准器"。

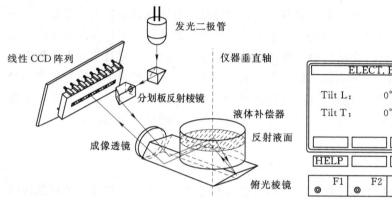

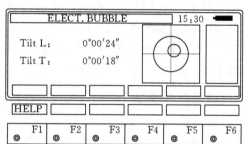

图 5-40　双轴倾斜传感器的 CCD 成像原理　　　图 5-41　倾斜传感器的倾斜角值和
　　　　　　　　　　　　　　　　　　　　　　　模拟气泡图形显示

（2）按剩余的纵轴倾斜偏移量，补偿器通过计算，自动改正垂直角值和水平方向值。

3. 目标棱镜搜索传感器

ATR 照准红外光的发射、接收反射光的线性 CCD 阵列（相当于相机的底片），构成自动目标识别传感器。ATR 的感应区在约占望远镜视场 1/3 的中心区，启动 ATR 测量时，如果目标棱镜在此区域内出现，ATR 可立即识别；感应区内如果没有出现目标棱镜，即进行螺旋式扫描，搜索目标，使感应区移向棱镜；当视场内出现棱镜时，即计算出 CCD 相机中心与接收光点的偏移量，用控制照准部的传动马达来纠正视准轴的水平方向和垂直方向，自动照准目标；当望远镜十字丝与棱镜中心达到容许偏差（≤5mm）时，停止转动马达，测出其偏移量，并对水平角和垂直角进行改正。

（四）储存器

全站仪的储存器有相当大的容量，可以储存已知数据、观测数据和计算数据。除了能将数据显示以外，可将其传输到外部设备上，这是全站仪的基本功能之一。

储存器分为机内储存器和储存卡两种。

1. 机内储存器

机内储存器相当于计算机的内存（RAM），用于存取各种数据，其中主要是观测值（角度、距离、仪器高、目标高、点号、编码等）和计算值（点的坐标和高程等）。观测值和计算值一般以一个细部点作一条记录，一般全站仪至少可记录 3000 个点。计算所必需的已知数据，可在观测前输入内存。为了便于存取，内存数据以文件为单元。内存的数据经传输至储存卡或计算机后，可以将其清除。

2. 储存卡

有些全站仪有储存卡设备，储存卡相当于计算机的磁盘，可以插入全站仪，记录观测和计算数据。在与计算机进行数据传输时，通常使用称为读卡机的专用设备。

（五）通信接口

全站仪可以将内存中的储存数据通过 RS－232C 串行接口和通信电缆传输给计算机，也可以接收从计算机传输过来的数据，称为双向通信。通信时，全站仪和计算机各自调用有关数据通信程序，先设置好相同的通信参数，然后启动程序，完成数据通信。

三、全站仪的功能和使用

全站仪的使用可分为观测前的准备工作、角度测量、距离测量、三维坐标测量、放样测量、导线测量、交会定点测量等。角度测量和距离测量属于最基本的测量工作。坐标测量和放样测量一般用得最多。导线测量、交会定点等都有专用的程序可用，配合基本测量工作，可以获得相应的测量成果。不同精度等级和型号的全站仪的使用方法大体上是相同的，但在细节上是有差别的，因为各种型号的全站仪都有本身的功能菜单系统（主菜单和各级子菜单）。下面以 SET22D 全站仪为例具体介绍全站仪的主要功能及其使用方法。

SET22D 全站仪的外形和操作面板如图 5－33 和图 5－34 所示。标称测角精度为 $\pm 2''$，标称测距精度为 $\pm (2+2\times 10^{-6}\times D)$ mm。基本测量功能有角度测量、距离测量和坐标测量等；高级测量功能有放样测量、后方交会、偏心测量、对边测量和悬高测量等；有测量数据记录和输入、输出功能。

（一）SET22D 全站仪的显示屏和操作键

1. 显示屏

显示屏如图 5－34 所示，屏上共有 8 行，每行 20 个字符。第一行为标题行，显示本次操作的主要内容。第 8 行为（可变的）功能菜单行，显示主菜单、子菜单和菜单项的名称。中间几行显示已知数据、观测数据以及供选择的功能菜单等。当进行角度和距离测量时，屏幕右上角显示棱镜常数（PC，即加常数）、气象改正等的乘常数的百万分率（10^{-6}）、电池余量、双轴倾斜改正等数据和信息。

2. 开机、关机和照明键

单独按电源开关键（ON）为开机，与照明键同时按下为关机。当外界光线不足时，可按照明键照明显示屏和望远镜中的十字丝分划板，再按一下为关闭照明。

3. 功能键

显示屏下的 F1～F4 为功能键，又称软件键，简称软键，与显示屏的功能菜单行相对应，按下即为选中该菜单或执行某项功能。

4. 控制、移动、回车键

操作面板中部靠上方的五个键总称为控制键，其中，"ESC"（escape）键为退出键。由于菜单的层层调用，屏幕显示也层层深入，如果要退回到上一层次的显示屏，则可用 ESC 键。"FNC"（function）为功能变换键。显示屏的功能菜单行一次可安排 4 个菜单项，称为一页，共有 3 页（P1，P2，P3）。仪器的功能主菜单共有 22 个菜单项，可选其常用的 12 项安排在 3 个页上，如图 5-27 所示显示屏的功能菜单行显示的 4 个菜单项为第 1 页（P1），需要变换为 P2、P3 则用 FNC 键。"SFT"（shift）为转换键，用于同一个输入键需要输入数字或字母时的功能转换。"BS"（back space）为退格键，用于取消刚才输入的一个数字或字母，可连续使用以消去一个输入错误的字符串。"SP"（space）为空格键，用于输入一个空格。

操作面板中部有三角形箭头的四个键为光标移动键，有上、下箭头的键可使光标在上下行移动，有左、右箭头的键可使光标在一行中左右移动，用于菜单项选定或输入数据的修改。回车键用于输入数据或字符串的确认。

5. 输入键

操作面板右边的 12 个键为数字或字符的输入键，第一功能为输入数字、小数点、正负号，第二功能为输入字母，用 SFT 键进行功能转换。小数点键的第二功能为使显示电子水准器的气泡和纵轴在纵、横方向的倾角，用于据此精确置平仪器。正、负号键的第二功能为使显示距离测量时回光信号（signal）的强度，以检验对目标棱镜的照准情况。

（二）SET22D 全站仪的功能菜单结构

SET22D 全站仪将其全部功能划分为设置模式、菜单模式、测量模式、记录模式和储存模式。五种模式的屏幕显示有一定的前后次序，形成功能菜单结构。"状态屏幕"和"测量屏幕"排在优先位置，由此按功能菜单键进入其他各种模式。因此，需要用一功能菜单结构图来说明进入各种工作模式的程序，如图 5-42 所示。

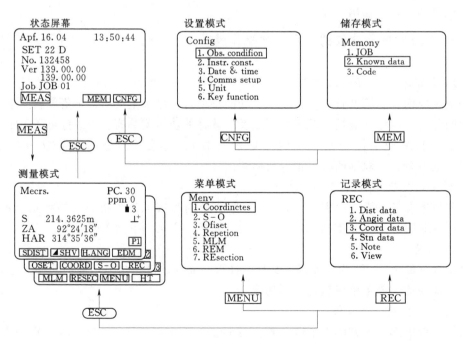

图 5-42　SET22D 全站仪功能菜单结构框图

　　按仪器显示屏显示内容先后次序应为：状态屏幕—测量屏幕（如仪器不久前曾使用，开机后会先显示测量屏幕，可用 ESC 键退回到状态屏幕）。在状态屏幕下按 CNFG 功能键进入设置模式屏幕，按 MEM 功能键进入储存模式屏幕；在测量屏幕下按 MENU 功能键进入菜单模式屏幕，按 REC 功能键进入记录模式屏幕。各种模式的屏幕上显示各项菜单，可用上、下光标移动键选取某项功能，使其文字泛白（图中以线框表示），按回车键确认执行。

　　各种全站仪都有如图 5-42 所示的用以指示如何应用仪器全部功能的"功能菜单结构框图"或称为"菜单树"（menu tree），是调用仪器功能的"路径"，若要掌握仪器的使用，这是必须了解的。全站仪有各种级别和用途，因此，菜单树也有内容繁简和层次多少之分，但首先应了解其主要内容。

　　SET22D 全站仪在出厂时，下列功能设置于显示屏的各页（P1，P2，P3）功能行，其功能如下：

　　P1　[S. DIST]——距离测量，显示测得的距离为斜距；

　　　　[◢ SHV]——显示斜距、平距、垂距的转换；

　　　　[H. ANG]——水平度盘读数设置，一般设置为照准方向的方位角；

　　　　[EDM]——光电测距参数（棱镜常数、气温、气压）设置；

　　P2　[OSET]——水平度盘读数置零，便于角度的计算或测设已知角度；

　　　　[COORD]——三维坐标测量，用于地形测量时的细部点测定；

　　　　[S-O]——放样测量，有按已知坐标放样或按边长和角度放样等方式；

　　　　[REC]——进入记录模式屏幕，用于记录和查阅观测值、坐标等；

　　P3　[MLM]——对边测量，测定两个目标点间的斜距、平距和高差；

　　　　[RESEC]——后方交会，可测距时，至少观测 2 个已知点，不可测距时，至少
　　　　　　　　　观测 3 个已知点，最多可观测 10 个已知点，以测定测站坐标；

　　　　[MENU]——进入菜单模式屏幕，用于调用各种测量功能；

　　　　[H T]——仪器高和目标高设置。

　　其他还有 10 种次要功能，必要时，可以按状态屏幕的 CNFG 功能键进入设置模式屏幕，选取"Key function"（键功能）菜单项，可将这些功能中的某项设置于 P1、P2 或 P3 页中以取代其中原有的某项功能。

　　设置模式屏幕中的菜单是用于设置仪器的各项参数，是仪器功能的配置。仪器出厂时按最常用的方式来配置，用户如果有特殊需要，可以通过设置屏幕的菜单改变原有配置。因此，在一般情况下，可以查看其配置情况而不需要去改变它。例如在菜单"1.0bs. condition"（观测条件）项下，有气象改正（气温、气压/气温、气压、湿度）、垂直角格式（天顶距/高度角）和双轴倾斜改正（对水平角和垂直角改正/不改正）等选项，括弧中第一选项为仪器原有设置，均符合一般要求，不需改变。但也有需要设置的，例如：角度值最小显示（1″/0.5″）、距离值最小显示（1mm/0.1mm）和距离值优先显示（斜距/平距/高差）等。

（三）SET22D 全站仪观测前的准备工作

　　将经过充电后的电池盒装入仪器，在测站上安置脚架，连接仪器，并按圆水准器对仪器进行初步的对中和整平。在操作面板上按 ON 键打开电源，仪器进行自检，屏幕显示

"Checking"，如果自检正常，显示水平度盘和垂直度盘的"等待指标设置"屏幕；放松水平和垂直制动螺旋，使照准部和望远镜各旋转一周，各发出一声鸣响，水平度盘和垂直度盘的指标设置完毕，屏幕显示测量模式，如图5-43（a）所示，"ZA"一行是当前视线的天顶距（竖盘读数），"HAR"一行是水平角（水平度盘读数）。如果此时仪器置平未达到要求，则度盘读数行显示"Out of range"（超限）警告，如图5-43（b）所示，应根据水准管气泡重新整平仪器并检查对中情况。在仪器置平精度要求较高时，可利用电子水准器的显示（按SFT键后按小数点键）以置平仪器。

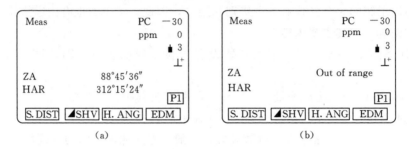

图5-43　指标设置后的测量屏幕

（四）SET22D全站仪的角度观测

全站仪开机后进入测量屏幕，用FNC键使功能行显示第二页功能菜单，盘左位置从测站S瞄准左目标L的觇牌中心，按OSET功能键使水平度盘读数为0°00′00″，天顶距读数为88°45′36″，屏幕显示如图5-44（a）所示；转动照准部瞄准右目标R，水平度盘读数为100°12′48″，天顶距读数为91°24′18″，如图5-44（b）所示。由于起始方向已归零，因此，盘左测得的水平角为α＝100°12′48″。

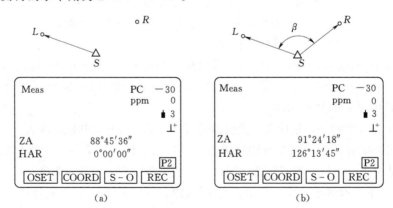

图5-44　角度测量模式

（五）SET22D全站仪的距离测量

1. 测距参数设置

距离测量之前，应设置好以下几项参数：测量当时的气温和气压，反射器类型和常数，距离测量模式。参数设置的方法为：在测量模式屏幕的功能菜单第一页中，按EDM

功能键，显示"光电测距参数设置屏幕"（共 2 页），如图 5 - 45（a）所示。

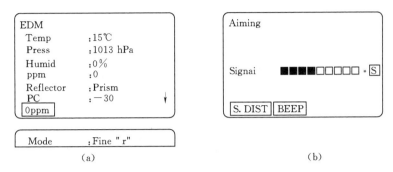

图 5 - 45　距离测量参数设置及回光信号检验

参数设置的名称及其选项如下：

（1）温度（Temp）、气压（Press）和湿度（Humid）。测距时大气温度（℃）按通风温度计读数，用数字键输入；大气气压（hPa）按气压计读数，用数字键输入；大气湿度（％）按湿度计读数，用数字键输入（在高精度的长距离测量时才需要）。

（2）百万分率（ppm）。百万分率改正包括上述的气象改正和仪器的测距乘常数改正。如果输入上述气象参数，则仪器自动计算出气象改正的百万分率，对所测距离进行改正（不需输入 ppm）；如果需要与已测定的仪器乘常数一并改正，则应按气象参数查仪器所提供的气象改正表查取气象改正的百万分率，与乘常数的百万分率合并，用数字键输入；设置后的百万分率会显示于屏幕。

（3）反射器（Reflector）和棱镜常数（PC，Prism Constant）。反射器设置的选项为：Prism（棱镜）/Sheet（反射片），用左右光标移动键选取；一般的棱镜常数为－30（mm），反射片常数为零，用数字键输入。

（4）测距模式（Mode）。可供选择的测距模式有：Fine "r"（重复精测）/Fine AVR "n＝"（多次精测取平均值）/Fine "s"（单次精测）/Rapid "r"（重复粗测）/Rapid "s"（单次粗测）/Tracking（跟踪测量），用左右光标移动键选取。

在所有参数设置完毕后，按回车键确认，回到测量模式屏幕。

2. 回光信号检测

回光信号检测用于检验经棱镜反射回来的光信号是否达到测距要求，一般用于长距离测量。检测方法如下：精确照准棱镜后，按 SFT 键后按正负号键，显示回光信号屏幕，如图 5 - 45（b）所示。Signal（信号）一行中显示的黑色方块越多，表示回光信号越强；如果该行末端出现"＊"号，表示回光信号已足以测距；如果不出现黑色方块或无"＊"号显示，应重新照准目标，并检查通视情况，排除障碍。检查完毕，按 ESC 键回到测量模式屏幕。

3. 距离和角度测量

照准目标棱镜中心，进行距离测量时，竖盘的天顶距读数和水平度盘读数同时显示，因此，距离和角度测量是可以同时进行的。若测距参数已按观测条件设置好，回光信号强度已适合于观测，即可开始测量。例如，设测距模式选择为"单次精测"（Fine "s"），距离优先显示为"斜距"，照准目标棱镜后按 S. DIST 功能键，开始距离测量，屏幕闪烁显示测距信息（棱镜常数、气象改正、测距模式）。距离测量完成时，仪器发出一声鸣响，屏幕显示斜距（S）、天顶距（ZA）、水平方向值（HAR），如图 5-46（a）所示。

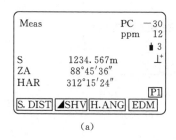 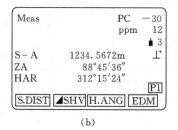 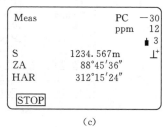

（a）　　　　　　　　　　（b）　　　　　　　　　　（c）

图 5-46　距离和角度测量屏幕

如果测距模式选择为"多次精测取平均值"，则按 S. DIST 功能键后，屏幕依次显示各次测得的斜距值 S-1，S-2，…完成所指定的测距次数后，屏幕显示各次所测得距离的平均值 S-A，如图 5-46（b）所示。如果测距模式选择为"重复精测"，则每完成一次测距后即显示距离值，并不断重复测距和显示，直至按 STOP 功能键时才停止，如图 5-46（c）所示。

完成距离测量后，按 ▲SHV 功能键可以使距离值在斜距（S）、平距（H）、垂距（V）间变换显示。按 ESC 键返回测量模式。

（六）SET22D 全站仪的三维坐标测量

全站仪的三维坐标测量功能主要用于地形测量的数据采集，即细部点坐标测定。根据测站点和后视点（定向点）的三维坐标或至后视点的方位角，完成测站的定位和定向；按极坐标法测定测站至待定点的方位角和距离，按三角高程测量法测定至待定点的高差，据此计算待定点的三维坐标，并可将其储存于内存文件。坐标测量的步骤如下：指定工作文件，测站点和后视点的已知数据输入，测站的定位和定向，极坐标法细部点测量和数据记录。

1. 指定工作文件

SET22D 全站仪内存中共有 24 个工作文件（JOB），文件的原始名 JOB01，JOB02，…，JOB24，可以按需要更改其名称。可以选取任何一个文件作为"当前工作文件"，用于记录本次测量成果。在"测量模式"屏幕按 ESC 键回到"状态屏幕"，按 MEM 功能键进入"储存模式"屏幕，如图 5-47（a）所示；选择选项"1. JOB"（文件），按回车键进入"文件管理"屏幕，如图 5-47（b）所示；选择选项"1. JOB selection"（文件选择），进入"文件选取"屏幕，如图 5-47（c）所示；文件选取屏幕共有 4 页，左边一列为文件名，右边一列为文件中已储存的数据个数，将光标移至选取的文件名上（例如 3 号文件 JOB03）按回车键，则该文件已选取作为当前测量的数据记录文件，即当前工作文件。屏幕末行的功能行，有上、下箭头和"P"的为改变光标的按行或按页选取，TOP 为显示第一页，LAST 为显示最后一页，EDIT 为用于改变文件名。当前文件选定后，用 ESC 键回到测量屏幕。

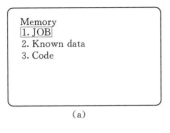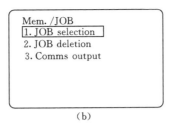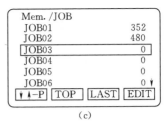

图 5-47　储存模式和文件选取屏幕

2. 测站数据输入

开始三维坐标测量之前，须先输入测站点坐标、仪器高和目标高，将这些数据记录在当前文件中。方法如下：在测量模式的功能行第二页按 COORD 功能键，进入"坐标测量菜单"屏幕，如图 5-48（a）所示；选取选项"2. Stn. data"（测站数据），按回车键后进入"测站数据输入"屏幕，图 5-48（b）为数据输入前情况；光标移至需输入的行，用数字键输入测站点的三维坐标 NO，EO，ZO，即（0，Yn，H），仪器高（Inst. h.）和目标高（Tgt. h.）。每输入一行数据后按回车键，输入完全部数据后按 REC 使其记录，按 OK 键结束测站数据输入，回到坐标测量菜单屏幕。如果测站点坐标在文件中已经存在，则可按 READ 功能键读取。

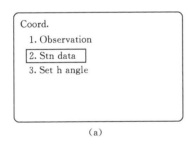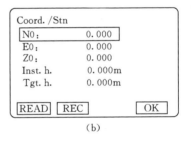

图 5-48　测站数据输入屏幕

3. 后视方位角设置

输入测站和后视点的坐标后，仪器会自动按坐标反算公式计算测站至后视点的方位角。照准后视点后，通过按键操作，完成水平度盘定向。

操作方法如下：在坐标测量菜单屏幕中选取"3. Set h angle"选项，按回车键进入"方位角设置"屏幕，如图 5-49（a）所示；按"BS"（Back sight 后视）功能键，进入"测站点和后视点坐标输入"屏幕，如图 5-49（b）所示；测站点坐标如已输入，则仅需输入后视点三维坐标（NBS，EBS，ZBS），方法同测站点坐标输入；若后视点坐标在文件中已经存在，可按 READ 功能键读取；输入完毕，按 OK 键进入"后视点照准"屏幕，如图 5-49（c）所示；仪器瞄准后视点后按 YES 键，回到方位角设置屏幕，此时，HAR 一行显示测站至后视点的方位角值，如图 5-49（d）所示；至此，完成测站的定位和水平度盘的定向。

4. 细部点三维坐标测量

完成测站数据输入和后视方位角设置（测站的定位和定向）后，可开始细部点的极坐

111

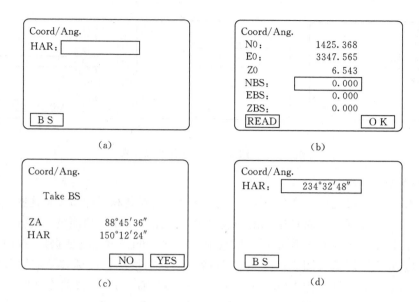

图 5-49　后视点坐标和方位角设置屏幕

标法三维坐标测量。瞄准目标点，通过对斜距 S、天顶距 Z_A 和目标方位角 H_{AR} 的测定，即可计算目标点 P_t 的三维坐标（N_p，E_p，Z_p），计算公式如下

$$N_p = N_0 + S\sin(Z_A)\cos(H_{AR})$$
$$E_p = E_0 + S\sin(Z_A)\cos(H_{AR}) \tag{5-37}$$
$$Z_p = Z_0 + S\cos(Z_A) + h_i - h_t$$

式中：h_i 为仪器高；h_t 为目标高。坐标计算由仪器自动完成，显示于屏幕，并能记录于当前工作文件。

三维坐标测量的操作如下：精确瞄准目标点的棱镜中心后，在"坐标测量菜单"屏幕中选择"1. Observation"（观测）选项，按回车键，显示"开始坐标测量"屏幕，如图 5-50（a）所示，内容为棱镜常数和气象改正的百万分率和测量模式。坐标测量完成后，屏幕显示目标点的三维坐标和距离角度观测值，如图 5-50（b）所示。如果需要将细部点的观测值和坐标数据记录于文件，按 REC 功能键，进入"坐标数据记录"屏幕，如图 5-50（c）所示，其中，右上角显示的为已记录的细部点数，以下为点的三维坐标，再以下为该细部点的点号（Pt）和点的代码（Code），需要用数字和字母键输入，每输完一项数据按回车键；其中代码一项为点的特征码（地形点的分类、连线信息等），可以预先储存在仪器内存中，需要时，用"↑"、"↓"功能键调出选用；按 OK 键完成坐标数据记录，回到坐标测量屏幕。瞄准下一个目标，按 OBS 功能键继续进行三维坐标测量。

（七）SET22D 全站仪的放样测量

放样测量是在实地测设由设计数据所指定的点。全站仪的放样测量功能如下：根据输入的已知数据和照准目标时的观测数据，自动计算并显示出照准点和待放样点的方位角差和距离差，如图 5-51 所示，同时也可显示其高差。据此移动目标棱镜，使上述

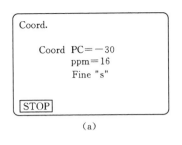
(a)

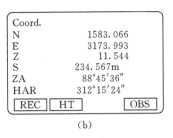
(b)

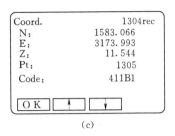
(c)

图 5-50　坐标测量和记录屏幕

三项差值为零或在容许范围以内。以下介绍按待放样点的设计坐标和高程进行点位放样的方法。

在测量模式屏幕的第二页功能菜单中，按"S-O"（set out）功能键，进入"放样测量菜单"屏幕，如图 5-52（a）所示；选择"3.Stn data"（测站数据）选项后按回车键，进入测站数据设置屏幕，如图 5-52（b）所示；输入测站点的三维坐标、仪器高和目标高，每输完一项数据按回车键，输完全部数据按 OK 键，回到放样测量菜单屏幕；选择"4.Set h angle"选项，进入后视点方位角设置屏幕，用输入后视点坐标和照准后视点的方

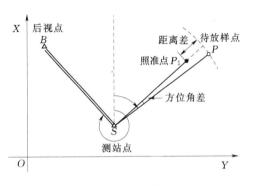

图 5-51　坐标放样测量

法，进行方位角设置，其方法和三维坐标测量时完全相同；然后回到放样测量菜单屏幕，如图 5-52（a）所示。

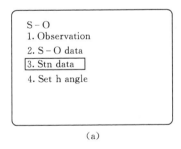
(a)

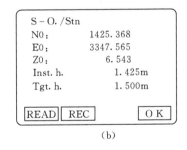
(b)

图 5-52　坐标放样测站数据输入屏幕

选择"2.SO data"（放样数据）选项按回车键，进入"放样数据设置"屏幕，如图 5-53（a）所示；输入待放样点的三维坐标，每项输入后按回车键，输完后显示放样数据"SO dist"（放样距离）和"SO H ang"（放样方位角）；按 OK 键进入"放样观测"屏幕，如图 5-53（b）所示。

按"← →"键，进入"平面（方位角和距离）放样引导"屏幕，如图 5-54（a）所示；第二行为方位角引导，箭头及其后面的角度值指示目标棱镜移动方向及范围，直至左右双箭头出现，如图中所示；第三行为距离引导，指示目标棱镜在此方向上前后移动的距

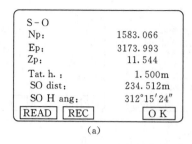 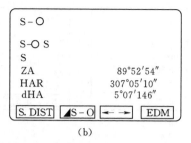

(a)　　　　　　　　　　　　　(b)

图 5-53　放样数据设置及观测屏幕

离，箭头向上为远离测站，箭头向下为靠近测站，直至上下双箭头出现；此时的棱镜位置即待放样点的平面位置，如图 5-54（b）所示。

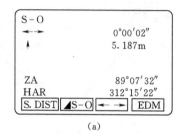 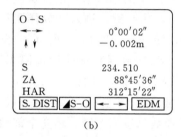

(a)　　　　　　　　　　　　　(b)

图 5-54　平面放样引导屏幕

为了放样点的高程，按"◢ S-O"（放样模式）功能键，使"S. DIST"的功能显示改变为 COORD；按 COORD 功能键，回到放样观测屏幕，如图 5-55（a）所示；按"←→"键后再按 COORD 键，显示"高程放样引导"屏幕，如图 5-55（b）所示；按第四行的双三角形指示，目标棱镜应向上移动 0.135m，使该行出现上下指向的双三角形，后面的数值为零，如图 5-55（c）所示，此时，棱镜标杆底部的尖端即为待放样点的空间位置。

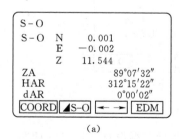 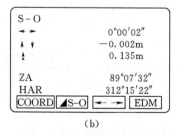 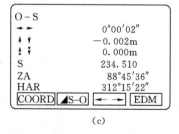

(a)　　　　　　　　　(b)　　　　　　　　　(c)

图 5-55　高程放样引导屏幕

四、全站仪使用的注意事项和养护

全站仪是一种结构复杂、价格昂贵的精密测量仪器。如果仪器损坏或发生故障，都会给生产带来直接影响。因此必须严格遵守操作规程，正确使用。在使用仪器前应认真阅读仪器使用说明书，最大限度地熟悉仪器操作方法。在作业时经常会有一些不安全因素，会对测量工作带来危险，如交通车辆、建筑工地和工业设备安装现场等，必须熟悉安全规则，保证测量现场符合安全规定。同时注意下列几点：

（1）日光下测量应避免将物镜直接瞄准太阳。若在太阳下作业应安装滤光器。

（2）避免在高温和低温下存放仪器，亦应避免温度骤变；若仪器工作处的温度与存放处的温度差异太大，应先将仪器留在箱内，直至它适应环境温度后再使用仪器。

（3）仪器不使用时，应将其装入箱内，置于干燥处，注意防震、防尘和防潮；仪器长期不使用时，应将仪器上的电池卸下分开存放。电池应每月充电一次。

（4）仪器运输应将仪器装于箱内进行，运输时应小心避免挤压、碰撞和剧烈振动，长途运输最好在箱子周围使用软垫。

（5）仪器安装至三脚架或拆卸时，要一只手先握住仪器，以防仪器跌落。

（6）作业前应仔细全面检查仪器，确信仪器各项指标、功能、电源、初始设置和改正参数均符合要求时再进行作业。

（7）即使发现仪器功能异常，非专业维修人员不可擅自拆开仪器，以免发生不必要的损坏。

思 考 与 练 习

1. 用钢尺量距前，要做哪些准备工作？

2. 视距测量有哪些特点？适用于何种场合？

3. 光电测距的基本原理是什么？脉冲式和相位式光电测距有何异、同之处？

4. 光电测距有哪些误差来源？光电测距仪的精度指标是什么？

5. 进行光电测距时有何要点？光电测距成果整理时，要进行哪些改正？

6. 全站仪的名称含义是什么？

7. 全站仪有哪些测量功能？

8. 什么是同轴望远镜和双轴倾斜改正？

9. 什么是全站仪的菜单树以及自动目标识别？

10. 试述三维坐标测量的基本过程。

11. 丈量两段距离，其中一段往测为 182.135m，返测为 182.101m；另一段往测为 280.212m，返测为 280.246m，试问哪段精度高？

12. 已知钢尺的尺长方程为 $30m+0.007+1.25\times10^{-5}\times30m(t-20℃)$。用它来丈量 A、B 两点的距离是 25.524m，A、B 两点间的高差 0.45m，量距时的温度 14℃，求该直线的水平距离。

13. 钢尺量距的精度受哪些因素的影响？如何消减其影响？

第六章 测量误差的基本知识

第一节 概　述

测量工作的实践表明，在进行距离、角度或高差测量时，尽管采用了精密的仪器，合理的观测方法，认真负责的态度，但在相同的条件下，对同一量的多次观测，其各次观测结果总是有些差别，如：对同一段距离重复丈量若干次，量得的长度经常不完全相等；水准测量闭合路线的高差总和往往不等于零；观测水平角时，两个半测回测得的角值不完全相等；这说明观测结果中总是含有误差。

本章的任务是分析测量误差、减弱或消除测量误差、求得最可靠值和正确评价测量成果的精度。

一、测量误差及其产生原因

1. 测量误差定义

对未知量进行测量的过程称为观测，测量所得到的结果即为观测值。测量中的被观测量，客观上都存在一个真实值，简称真值。一般情况下，观测值与真值之间存在差异，观测值与真值之差，称为真误差。用 L_i 代表观测值，X 代表真值，则真误差 Δ_i 为

$$\Delta_i = L_i - X \quad (i=1,2,\cdots,n) \tag{6-1}$$

2. 测量误差的来源

测量误差的产生主要有以下三个途径：

（1）仪器。由于仪器构造不完善和精密度的限制，仪器本身的这些误差，必然使观测结果受到一定的影响；另外测量所用的仪器，尽管事先经过了检验校正，但还存在残余误差没有完全消除，同样使观测结果受到一定的影响。

（2）观测者。在观测的过程中，由于人感官能力的限制，虽然观测者认真仔细，但在仪器的安置、照准、读数时都会产生一定的误差。当然观测者技术水平的高低和工作态度的好坏，也会使观测成果的质量受到不同的影响。

（3）外界条件。观测时所处的外界条件发生变化，如温度、湿度、风力、明亮度、大气折光和地球曲率等，它们对观测结果都会产生直接影响。

因此，测量所用的仪器、观测者以及观测时所处的外界条件等三方面的因素是引起测量误差的主要来源，通常称为观测条件。观测条件相同的各次观测，称为等精度观测；而观测条件不同的各次观测，称为非等精度观测。显然，观测条件的好坏与观测成果的质量密切相关。

二、测量误差的分类

测量误差按性质可分系统误差和偶然误差。

（一）系统误差（Regular Error）

在相同的观测条件下，对某量作一系列观测，如果出现的误差其符号和大小相同或按一定规律变化，这种误差称为系统误差。产生系统误差的原因很多，主要是由于使用的仪器不够完善及外界条件所引起的。例如，用名义长度为 30m，而实际长度为 30.005m 的钢尺进行距离测量，则每丈量一个整尺段就会产生 0.005m 的误差。

系统误差具有同一性（误差的大小相等）、单向性（误差的正负号相同）和累积性等特性。

一般地，系统误差具有较明显的规律性，可以采取有效的方法进行消除或削减。

（1）采用合理的观测方法和观测程序，限制和削弱系统误差的影响。如水准测量时保持前后视距相等，角度测量时采用盘左盘右观测等。

（2）利用系统误差产生的原因和规律对观测值进行改正，如对距离测量值进行尺长改正、温度改正等。

（3）对仪器设备必须进行必要的检验与校正，并选择有利的观测条件等。

（二）偶然误差（Irregular Error）

在相同的观测条件下，对某量进行一系列观测，如果出现的误差其符号和大小均不一致，即从表面上看，没有什么规律性，这种误差称为偶然误差。

偶然误差的产生，是由于人的感觉器官和仪器的性能受到一定的限制以及观测条件中不稳定和难于严格控制的多种随机因素引起的，因此，每次观测前不能预知误差出现的符号和大小，即误差呈现出偶然性。例如，用望远镜瞄准目标时，由于观测者眼睛的分辨能力和望远镜的放大倍数有一定限度，以及观测时光线强弱等的影响，致使照准目标不能绝对正确，可能偏左一些，也可能偏右一些。这种偏离的出现纯属偶然，数学上称随机性，所以偶然误差也称随机误差。

偶然误差不能用计算来改正或用一定的观测方法简单地加以消除。为了减小偶然误差的影响可采取提高仪器等级、增加观测次数、建立良好的网形结构等措施。

系统误差和偶然误差是观测误差的两个方面，在观测过程中总是同时产生的。由于系统误差可采取一定的观测方法或通过计算的方法加以消除或减小到可以忽略的程度，所以，在观测结果中就仅含有偶然误差或是偶然误差占主导地位，因此，偶然误差是对观测结果影响最大的误差。

在测量过程中，除了上述两类性质的误差外，有时会由于观测者在工作中粗心大意发生错误，产生粗差（gross error），如测错、读错、记错等。凡含有粗差的观测值应舍去不用，并需要重测。为了杜绝错误，除加强作业人员的责任心，提高技术水平外，还应采取必要检核、验算措施，防止和及时发现粗差。

第二节　偶然误差的特性

从单个偶然误差来看，其符号和大小没有任何规律性，但是，如果进行多次观测，对大量的偶然误差进行分析，则呈现出一定的明显的统计规律性。

　　为了阐明偶然误差的规律性，在相同观测条件下，对 217 个三角形的内角进行了独立观测，由于观测存在误差，每个三角形的内角和不等于 $180°$，而产生真误差 Δ_i

$$\Delta_i = (L_1 + L_2 + L_3)i - 180° \quad (i = 1, 2, \cdots, n) \tag{6-2}$$

式中，$(L_1 + L_2 + L_3)_i$ 为第 i 个三角形内角观测值之和。

　　因按观测顺序排列的真误差，其大小、符号没有任何规律，为了便于说明偶然误差的性质，将真误差按其绝对值的大小排列于表 6-1 中，误差区间间隔 $d\Delta = 3.0''$，K 为误差在各间隔内出现的个数，K/n 为误差出现在某间隔的频率。

　　由表 6-1 中可以看出大小误差和出现的个数之间有一定规律性，若以误差大小为横坐标，各区间的频率除以区间的间隔值（此处间隔值为 $3''$）为纵坐标绘成直方形图，如图 6-1 中长方条面积代表误差出现在该区间的频率，这种图通常称直方图，它形象地表示了误差的分布情况。如果各区间无限缩小，则可以想到，图中各长方形顶边所形成的折线将变成光滑的曲线，如图中的虚线，称为误差分布曲线。

表 6-1　　　　　　　　　　　　　　　真 误 差 频 率 分 布 表

误差区间 $d\Delta$	Δ 为 负 值			Δ 为 正 值		
	个数 K	频率 K/n	$\dfrac{K}{n}/d\Delta$	个数 K	频率 K/n	$\dfrac{K}{n}/d\Delta$
$0''\sim3''$	29	0.134	0.044	30	0.138	0.046
$3''\sim6''$	20	0.092	0.031	21	0.097	0.032
$6''\sim9''$	18	0.083	0.028	15	0.069	0.023
$9''\sim12''$	16	0.074	0.025	14	0.064	0.022
$12''\sim15''$	10	0.046	0.015	12	0.055	0.018
$15''\sim18''$	8	0.037	0.012	8	0.037	0.012
$18''\sim21''$	6	0.028	0.009	5	0.023	0.007
$21''\sim24''$	2	0.009	0.003	2	0.009	0.003
$24''\sim27''$	0	0	0	1	0.005	0.002
$27''$以上	0	0	0	0	0	0
Σ	109	0.503		108	0.497	

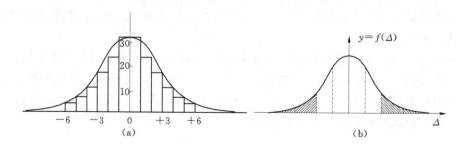

图 6-1　误差分布曲线

　　通过上面的实例，可以概括偶然误差的特性如下：

　　（1）有限性。在一定条件下的有限观测值中，其误差的绝对值不会超过一定的界限，或者说超过一定限值的误差，其出现的概率为零。

（2）密集性。绝对值较小的误差比误差绝对值较大的误差出现的次数多，或者说，小误差出现的概率大，大误差出现的概率小。

（3）对称性。绝对值相等的正误差与负误差出现的次数大致相等，或者说，它们出现的概率相等。

（4）抵偿性。由对称性可知，当观测次数无限增多时，其算术平均值趋近于零，即

$$\lim \frac{\sum\limits_{i=1}^{n}\Delta_i}{n} = \lim \frac{[\Delta]}{n} = 0 \tag{6-3}$$

式中，$[\Delta]$ 为误差总和。换言之，偶然误差的理论均值为零。凡有抵偿性的误差，原则上都可按偶然误差处理。

如果继续观测更多的三角形，即增加误差的个数，当 $n \to \infty$ 时，各误差出现的频率也就趋近于一个完全确定的值，这个数值就是误差出现在各区间的概率。此时如将误差区间无限缩小，那么图 6-1（a）中各长方条顶边所形成的折线将成为一条光滑的连续曲线，如图 6-1（b）所示，这条曲线称为误差分布曲线，也称正态分布曲线。曲线上任一点的纵坐标 y 均为横坐标 Δ 的函数，其函数形式为

$$y = f(\Delta) = \frac{1}{\sqrt{2\pi}\sigma} e^{-\frac{\Delta^2}{2\sigma^2}} \tag{6-4}$$

式中：e 为自然对数的底（＝2.7183）；σ 为观测值的标准差（将在下节讨论）；其平方 σ^2 称为方差。

图 6-1（b）中小长方条的面积 $f(\Delta)\,\mathrm{d}\Delta$，代表误差出现在该区间的概率，即

$$P = f(\Delta)\,\mathrm{d}\Delta \tag{6-5}$$

由上式可知，当函数 $f(\Delta)$ 较大时，误差出现在该区间的概率也大，反之则较小，因此，称函数 $f(\Delta)$ 为概率密度函数，简称密度函数。图中分布曲线与横坐标所包围的面积为 $\int_{-\infty}^{+\infty} f(\Delta)\,\mathrm{d}\Delta$ ＝（直方图中所有长方条面积总和也等于1），即偶然误差出现的概率为 1，是必然事件。

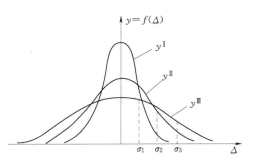

图 6-2　误差分布曲线评定观测质量

图 6-2 中，有三条误差分布曲线 y^{I}、y^{II} 及 y^{III}，代表不同标准 σ_1、σ_2 及 σ_3 的三组观测。由图中看出，曲线 Ⅰ 较高而陡峭，表明绝对值较小的误差出现的概率大，分布密集；曲线 Ⅱ、Ⅲ 都较平缓，分布离散。因此，前者的观测精度高，后两者则较低。由误差分布的密集和离散的程度，可以判断观测的精度。但是求误差分布曲线的函数式比较困难，可以由分布曲线的标准差来比较精度。当 $\Delta = 0$ 时，y 的最大值 $y_0^{\mathrm{I}} = \dfrac{1}{\sqrt{2\pi}\sigma_1}$，$y_0^{\mathrm{II}} = \dfrac{1}{\sqrt{2\pi}\sigma_2}$，$y_0^{\mathrm{III}} = \dfrac{1}{\sqrt{2\pi}\sigma_1}$，且 $y_0^{\mathrm{I}} > y_0^{\mathrm{II}} > y^{\mathrm{III}}$，则 $\sigma_1 < \sigma_2 < \sigma_3$。

表明标准差愈小，误差分布愈密集，观测精度高，所以观测的好坏常用标准差来衡

量。标准差在分布图上的几何意义是分布曲线拐点的横坐标，即 $\sigma = \pm \Delta_{拐}$，可以由 $f(\Delta)$ 的二阶导数等于零求得。

第三节 衡量精度的标准

为了鉴定观测结果的质量，就要有正确的判断成果质量的方法，而测量成果优劣的主要标志就是指其精度的高低。因此必须有一个衡量精度的标准。

精度是指该组误差分布的密集或离散的程度，即离散度的大小。而误差分布的离散度大小，可以用标准差 σ 的数值来量度。

衡量精度的标准有多种，这里仅介绍几种常用的精度指标。

一、标准差和中误差（Mean Square Error）

观测误差的标准差为 σ，则其定义为

$$\sigma^2 = \lim_{n \to \infty} \frac{[\Delta\Delta]}{n} \qquad (6-6)$$

用上式求 σ 值要求观测数 n 趋近无穷大，但实际上是不现实的。在实际测量工作中，观测数总是有限的，为了评定精度，一般采用下述公式

$$m = \pm\sqrt{\frac{[\Delta\Delta]}{n}} \qquad (6-7)$$

式中：m 为中误差；$[\Delta\Delta]$ 为等精度观测误差 Δ_i 自乘的总和；n 为观测数。

式（6-7）中 Δ_i 既可以是同一个量观测值的真误差，也可以不是同一个量观测值的真误差，但必须都是等精度的同类量观测值的真误差，计算时 m 值只需取 2～3 位有效数字，数值前应冠以"±"号，数值后注明单位。

标准差 σ 与中误差 m 的不同在于观测个数的区别。标准差为理论上的观测精度指标，而中误差则是观测数 n 为有限时的观测精度指标。所以，中误差实际上是标准差的近似值，统计学上称为估值，随着 n 的增加，m 将趋近 σ。它们均是代表一组等精度真误差的某种平均值，它们愈小，即表示该组观测中，绝对值较小的误差愈多，则该组观测值的精度愈高。精度相等的观测值而其真误差彼此并不相等，有的差异还比较大，这是由于真误差具有偶然误差的性质。

【例 6-1】 设有甲、乙两组，对一三角形的内角和分别进行了 5 次观测，其真误差分别为甲组：$-4''$、$-3''$、$1''$、$-2''$、$-3''$；乙组：$+5''$、$-5''$、0、$+2''$、$-1''$。则两组观测值的中误差分别为

$$m_{甲} = \sqrt{\frac{16+9+1+4+9}{5}} = \pm 2''.8$$

$$m_{乙} = \sqrt{\frac{25+25+0+4+1}{5}} = \pm 3''.3$$

由此可以看出甲组观测值比乙组观测值的精度高，因为乙组观测值中有较大误差，用平方能反映较大误差的影响，因此，测量工作中采用中误差作为衡量精度的标准。

因此，中误差 m 是反映误差分布的密集或离散程度的，即表示一组观测值的精度，

不是代表个别误差的大小。例如，$m_甲$ 是表示甲组观测值中所有观测值的精度，而不能用每次观测所得的真误差（$-4''$、$-3''$、$1''$、$-2''$、$-3''$）与中误差（$\pm2''.8$）相比较，来说明一组中哪一次的精度高或低。

二、相对误差（Fractional Error）

测量工作中，有时只用中误差还不能完全表达测量成果的精度高低。例如，分别丈量了 600m 及 60m 两段距离，其中误差均为 ±30mm，并不能认为两者的测量精度是相同的。为此，通常采用中误差或真误差与观测值之比，并将分子化为 1 的无名数 $\dfrac{1}{N}$ 表示测量精度，称为相对中误差或相对误差。例如上述两段距离的相对中误差分别为 $\dfrac{0.03}{600}=\dfrac{1}{20000}$，后者则为 $\dfrac{0.03}{60}=\dfrac{1}{2000}$，前者分母大比值小，丈量精度高。

相对误差不用于评定测角精度，因为角度观测的误差与角度大小无关。

三、允许误差——极限误差（Allowable Error）

由偶然误差的特性（有限性）可知，在一定的观测条件下，误差的绝对值不会超过一定的限值。在等精度观测的一组误差中，误差落在区间 $(-\sigma，+\sigma)$、$(-2\sigma、+2\sigma)$、$(-3\sigma、+3\sigma)$ 的概率分别为

$$\left.\begin{array}{l} P(-\sigma<\Delta<+\sigma)\approx68.3\% \\ P(-2\sigma<\Delta<+2\sigma)\approx95.5\% \\ P(-3\sigma<\Delta<+3\sigma)\approx99.7\% \end{array}\right\} \tag{6-8}$$

其概率分布曲线如图 6-2 所示。

也就是说，绝对值大于两倍中误差的误差，其出现的概率为 4.6%，特别是绝对值大于三倍中误差的误差，其出现的概率仅 0.3%，已经是概率接近于零的小概率事件，或者说实际上的不可能事件。因此，为确保观测成果的质量，在测量工作中通常规定三倍中误差作为偶然误差的限值，称为极限误差或容许误差，即

$$\Delta_允(\Delta_限)=3m \quad 或 \quad \Delta_允(\Delta_限)=2m \tag{6-9}$$

如果实际工作要求较严格，有时也采用两倍中误差作为容许误差。即测量工作中，某误差若超过了容许误差，则认为它是错误，应舍去该观测值不用。超过上述限差的观测值应舍去不用，或返工重测。

第四节　误差传播定律

以上是根据一组等精度独立的真误差求观测值的中误差的。但在测量工作中，有些未知量往往不能直接测得，而是由某些直接观测值通过一定的函数关系间接计算而得，例如水准测量中，测站的高差是由测得的前、后视读数求得的，即 $h=a-b$。式中高差 h 是直接观测值 a、b 的函数。由于观测值 a、b 客观存在误差，必然使得 h 也受其影响而产生误差，这就是误差传播。阐述观测值中误差与函数中误差之间关系的定律，称为误差传播定律。

以下对线性函数的误差传播定律进行讨论。

一、线性函数

设有线性函数

$$y = k_1 x_1 \pm k_2 x_2 \tag{6-10}$$

式中：x_1、x_2 为独立观测值，其中误差分别为 m_1、m_2；k_1、k_2 为常数。设函数 y 的中误差为 m_y，下面来推导函数中误差 m_y 与观测值中误差 m_1、m_2 的关系。

若 x_1 和 x_2 的真误差为 Δx_1 和 Δx_2，则函数 y 必有真误差 Δy，即

$$y + \Delta y = k_1 (x_1 + \Delta x_1) \pm k_2 (x_2 + \Delta x_2) \tag{6-11}$$

式 (6-11) 减式 (6-10) 得真误差的关系式为

$$\Delta y_1 = k_1 \Delta x_1 \pm k_2 \Delta x_2 \tag{6-12}$$

设对 x_1 及 x_2 各观测了 n 次，则有

$$\left.\begin{array}{l} \Delta y_1 = k_1 (\Delta x_1)_1 \pm k_2 (\Delta x_2)_1 \\ \Delta y_2 = k_1 (\Delta x_1)_2 \pm k_2 (\Delta x_2)_2 \\ \vdots \qquad\quad \vdots \qquad\qquad \vdots \\ \Delta y_n = k_1 (\Delta x_1)_n \pm k_2 (\Delta x_2)_n \end{array}\right\} \tag{6-13}$$

对式 (6-13) 两边自身平方求和，并除以 n，则得

$$\frac{[\Delta y^2]}{n} = \frac{k_1^2 [\Delta x_1^2]}{n} + \frac{k_2^2 [\Delta x_2^2]}{n} \pm 2 \frac{k_1 k_2 [\Delta x_1 \cdot \Delta x_2]}{n} \tag{6-14}$$

由于 Δx_1、Δx_2 均为独立观测值的偶然误差，因此乘积 $\Delta x_1 \cdot \Delta x_2$ 也必然呈现偶然性，根据偶然误差的第四特性，有

$$\lim_{n \to \infty} \frac{k_1 k_2 [\Delta x_1 \cdot \Delta x_2]}{n} = 0$$

根据中误差的定义，得中误差的关系

$$m_y^2 = k_1^2 m_1^2 + k_2^2 m_2^2 \tag{6-15}$$

线性函数的一般形式为

$$y = k_1 x_1 \pm k_2 x_2 \pm \cdots \pm k_n x_n$$

推广之，可得线性函数中误差的关系式

$$m_y^2 = k_1^2 m_1^2 + k_2^2 m_2^2 + \cdots + k_n^2 m_n^2 \tag{6-16}$$

即观测值线性函数的中误差，等于各观测值的中误差分别与相应的系数平方乘积之和。

二、几种特殊函数关系的误差传播定律

1. 和差关系函数

$$y = x_1 \pm x_2$$

其中误差关系为

$$m_y^2 = m_1^2 + m_2^2 \quad \text{或} \quad m_y = \pm \sqrt{m_1 + m_2} \tag{6-17}$$

若 $m_1 = m_2 = m$，则

$$m_y^2 = 2m_2^2 \text{ 或 } m_y = \pm m\sqrt{2}$$

当观测值为多个时，

$$y = x_1 \pm x_2 \pm \cdots \pm x_n$$

则其中误差关系为

$$m_y = \pm \sqrt{m_1^2 + m_2^2 + \cdots + m_n^2} \qquad (6-18)$$

若 $m_1 = m_2 = \cdots = m_n = m$ 时，则

$$m_y = \pm m \sqrt{n} \qquad (6-19)$$

即 n 个同精度独立观测值代数和的中误差，等于观测值中误差的 $\sqrt{n}$ 倍。

2. 倍数函数

$$y = kx$$

其中误差关系为

$$m_y = km_x \qquad (6-20)$$

3. 算术平均值函数

$$x = \frac{1}{n}(L_1 + L_2 + \cdots + L_N)$$

式中：L_1，L_2，$\cdots$，L_n 为观测值；x 为其算术平均值。

M 为其算术平均值的中误差，其中误差关系为

$$M^2 = \frac{1}{n^2}m_1^2 + \frac{1}{n^2}m_2^2 + \cdots + \frac{1}{n^2}m_n^2$$

若 $m_1 = m_2 = \cdots = m_n = m$ 时，则

$$M = \frac{m}{\sqrt{n}} \qquad (6-21)$$

上式说明，算术平均值的中误差为观测值中误差的 $\frac{1}{\sqrt{n}}$。因此，增加观测次数可以提高算术平均值的精度。

注意：根据函数 $M = \frac{m}{\sqrt{n}}$ 可知，当观测值的中误差 $m=1$ 时，观测次数 n 增加到 10 以后，算术平均值精度的提高效果就不再明显了。所以，不能单纯以增加观测次数来提高测量成果的精度。

【例 6-2】　有一矩形，两条边的测量长度为 $a = 50.00 \pm 0.04\mathrm{m}$，$b = 30.00 \pm 0.02\mathrm{m}$，试求矩形的周长 p 及其中误差 m_p。

解：矩形的周长为

$$p = 2a + 2b = (2 \times 50.00) + (2 \times 30.00) = 150.00 \ (\mathrm{m})$$

由式（5-15）得

$$m_p = \pm \sqrt{(2m_a)^2 + (2m_b)^2} = \pm \sqrt{(2 \times 0.04)^2 + (2 \times 0.02)^2} = 0.09 \ (\mathrm{m})$$

【例 6-3】　在 1:1000 比例尺地形图上，量得 A、B 两点间的距离 $d = 232.5\mathrm{mm}$，其中误差 m_d 为 $\pm 0.1\mathrm{mm}$，求 A、B 间的实际长度 D 及其中误差 m_D。

解：A、B 间的实际长度与图上量得长度之间是倍数函数关系，即

$$D = kd = 1000 \times 232.5\mathrm{mm} = 232.5(\mathrm{m})$$

$$mD = km_d = 1000 \times 0.1\mathrm{mm} = 0.1(\mathrm{m})$$

最后结果为

$$D=(232.5\pm0.1)\text{m}$$

【例 6 - 4】 自水准点 BM_1 向水准点 BM_2 进行水准测量，设各段所测高差分别为 $h_1=+3.758\pm5\text{mm}$，$h_2=+6.415\pm4\text{mm}$，$h_3=-2.452\pm3\text{mm}$，求 BM_1、BM_2 两点间的高差及其中误差。

解： BM_1、BM_2 之间的高差

$$h=h_1+h_2+h_3=+7.721(\text{m})$$

高差中误差

$$m_h=\pm\sqrt{m_1^2+m_2^2+m_3^2}=\pm\sqrt{5^2+4^2+3^2}=\pm7.1\ (\text{mm})$$

【例 6 - 5】 设同精度测得某三角形的三个内角 α、β、γ，其测角中误差均为 m。三角形闭合差为 $\omega=\alpha+\beta+\gamma-180°$，则改正后的内角 $\alpha'=\alpha-\dfrac{\omega}{3}$，求三角形闭合差 ω 及改正后内角 α' 的中误差 $m\omega$ 与 m_α。

解： 因为三内角均为独立等精度观测值，闭合差与三内角的函数关系式为和差函数，则有

$$m_\omega^2=m_\alpha^2+m_\beta^2+m_\gamma^2=3m^2$$

所以

$$m_\omega=\pm m\sqrt{3}$$

求 α' 的中误差时，因为 $\omega=\alpha+\beta+\gamma-180°$，则式 $\alpha'=\alpha-\dfrac{\omega}{3}$ 中的 α 与 ω 并非独立观测值，不能直接套用公式，为此应消去 ω，得 α' 与独立观测（三内角）的函数关系式为

$$\alpha'=\alpha-\frac{1}{3}(\alpha+\beta+\gamma-180°)=\frac{2}{3}\alpha-\frac{1}{3}\beta-\frac{1}{3}\gamma+60°$$

由此得

$$m_{\alpha'}^2=\left(\frac{2}{3}m_\alpha\right)^2+\left(\frac{1}{3}m_\beta\right)^2+\left(\frac{1}{3}m_\gamma\right)^2=\frac{2}{3}m^2$$

$$m_{\alpha'}^2=\pm\sqrt{\frac{2}{3}}m$$

第五节 测量精度分析举例

一、水准测量的精度

（一）在水准尺上的读数中误差

对水准尺读数影响较大的误差主要有整平误差、照准误差（估读误差）。

若四等水准用 DS$_3$ 水准仪施测，DS$_3$ 水准仪望远镜放大倍率一般为 28 倍，符合水准器水准管分划值为 $20''/2\text{mm}$，视距不超过 80m。

整平误差 $\quad m_{\text{平}}=\pm\dfrac{0.075\tau}{\rho''}D=\pm\dfrac{0.075\times20''}{206265''}\times80\times1000=\pm0.58\ (\text{mm})$

照准误差 $\quad m_{\text{照}}=\dfrac{60}{v\rho''}D=\dfrac{60}{28\times206265}\times80\times1000=\pm0.86\ (\text{mm})$

综合上述影响，读一个数的中误差 $m_读$ 为

$$m_读 = \pm \sqrt{m_平^2 + m_照^2} = \pm \sqrt{0.58^2 + 0.86^2} = \pm 1.04 \text{（mm）}$$

（二）一个测站高差的中误差

一个测站上测得的高差等于后视读数减前视读数

$$h = a - b$$

因为是等精度观测，则前、后视读数中误差均为 $m_读 = \pm 1.04 \text{mm}$，所以一个测站的高差中误差为

$$m_站 = \pm \sqrt{m_a^2 + m_b^2} = \pm \sqrt{2} \, m_读 \approx 1.47 \text{（mm）}$$

（三）水准路线的高差中误差及允许误差

设在 A、B 两点间进行水准测量，共测了 n 个测站，求得高差为 $h_{AB} = h_1 + h_2 + \cdots + h_n$ 若每个测站高差的中误差为 $m_站$，由式（6-15）得，h 的中误差为

$$m_{hAB} = \pm m_站 \sqrt{n}$$

以 $m_站 = \pm 1.47 \text{mm}$ 代入，得

$$m_{hAB} = \pm 1.47 \sqrt{n} \text{（mm）}$$

设两测站间的水准路线长为 D，且前、后视距均为 d，因为 $D = n \cdot (2d)$，则 $n = \dfrac{D}{2d}$；

又 $\quad m_{hAB} = \pm m_站 \sqrt{n}$，令 $\mu = \dfrac{m_站}{\sqrt{2d}}$

则 $\qquad m_{hAB} = \pm m_站 \sqrt{n} = \pm m_站 \sqrt{\dfrac{D}{2d}} = \pm \dfrac{m_站}{\sqrt{2d}} \sqrt{D} = \pm \mu \sqrt{D}$

当 $D = 1$ 单位长度时，$\mu = \pm m_{hAB}$，若 D 以 km 为单位，则 μ 为 1km 水准路线的高差中误差。按城市测量规范规定：四等水准测量 1km 的高差中误差 $\mu = \pm 10 \text{mm}$，则 D km 的高差中误差 $m_{hAB} = \pm 10 \sqrt{D} \text{mm}$，若取 2 倍中误差为四等水准的高差闭合差的容许值时，则四等水准的在平地的闭合差限差为：

$$f_{h允} = \pm 20 \sqrt{D} \text{（mm）}$$

即水准路线高差的中误差与水准路线长度的平方根成正比。

二、水平角观测的精度分析

若用 DJ$_6$ 型经纬仪观测水平角，按我国经纬仪系列标准，DJ$_6$ 型经纬仪观测一个方向一个测回的中误差为 $\pm 6''$，它是指望远镜在盘左、盘右位置观测该方向的平均值的中误差，设为 $m_方$。

（一）一测回的测角中误差

水平角是由两个方向值的差值所得

$$\beta = a - b$$

由和差函数的关系得

$$m_\beta^2 = m_a^2 + m_b^2$$

由于等精度观测两个方向，因此 $m_a = m_b = m_{方} = \pm 6''$，则一测回的测角中误差为

$$m_\beta^2 = 2m_{方}^2 = \pm 72''$$

即

$$m_\beta = \pm \sqrt{72''} = \pm 8.5''$$

（二）上、下两个半测回的限差

因为上、下两个半测回的角值的平均值为一测回的角值

$$\beta = \frac{\beta_{左} + \beta_{右}}{2}$$

则

$$m_\beta^2 = \pm \frac{1}{4}(m_{\beta左}^2 + m_{\beta右}^2)$$

因为等精度观测，有 $m_{\beta左} = m_{\beta右} = m_{\beta半}$，则由上式可得

$$m_{\beta半} = \pm m_\beta \sqrt{2} = \pm 8''.5\sqrt{2} = \pm 12''$$

又上、下两个半测回角值之差的函数式为

$$\Delta\beta = \beta_{左} - \beta_{右}$$

则上、下两个半测回角值之差的中误差为

$$m_{\Delta\beta}^2 = m_{\beta左}^2 + m_{\beta右}^2 = 2m_{\beta半}^2$$

即

$$m_{\Delta\beta} = \pm m_{\beta半}\sqrt{2} = \pm 12\sqrt{2} = \pm 17''$$

取 2 倍中误差作为允许误差，则两个半测回的限差为

$$\Delta\beta_{允} = \pm 2m_{\Delta\beta} = \pm 34''$$

考虑其他因素的影响，规范规定两个半测回的限差 $36''$。

（三）测回差的限差

两个测回角值之差为测回差，它的中误差为

$$m_{\beta测回差} = \pm m_\beta \sqrt{2} = \pm 8''.5\sqrt{2} = \pm 12''$$

取两倍中误差作为允许误差，则测回差的限差为

$$f_{\beta测回差} = 2 \times 12'' = \pm 24''$$

三、根据实际要求确定观测精度和观测方法

以上讨论的是：如果已知观测值的精度，就可以按照误差传播定律求取其函数精度。但在实际测量工作中，往往需要根据观测值函数预定的精度要求，而反求观测值应具有的精度。方法还是利用误差传播定律来实现的。

【例 6 - 6】 设利用某经纬仪测水平角时，每一测回角度中误差为 $\pm 9''$。若用该仪器测一角度，且要求测角中误差不超过 $\pm 5''$，问至少需要测几个测回？

解：根据测角原理，最后的角值等于各测回的角度的平均值，即

$$\beta_{均} = \frac{\beta_1 + \beta_2 + \cdots + \beta_n}{n}$$

由于各测回间为独立的等精度观测值，设最后的角值及各测回的角度的中误差分别为 M 和 m，则其中误差关系式为

$$M=\pm\frac{m}{\sqrt{n}}$$

式中，$M=\pm5''$，$m=\pm9''$，所以

$$n=\frac{m^2}{M^2}=\frac{(\pm9)^2}{(\pm5)^2}=4\ \text{测回}$$

第六节　等精度观测的平差

在相同的观测条件（人员、仪器设备、观测时的外界条件）下进行的观测，称为等精度观测。在不同的观测条件下进行的观测，称为不等精度观测。若对某一量进行多次观测时，只有等精度观测，才可根据偶然误差的特性取其算术平均值作为最终观测结果。若非等精度观测，则不然。

一、算术平均值

设在相同的观测条件下某量进行了 n 次等精度观测，其观测值为 L_1，L_2，$\cdots$，L_n。该量的真值设为 X，观测值的真误差则为

$$\Delta_i=L_i-X \quad (i=1,2,\cdots,n) \tag{6-22}$$

将上式求和后除以 n，得

$$\frac{[\Delta]}{n}=\frac{[L]}{n}-X$$

当 $n\rightarrow\infty$ 时，根据偶然误差的第 4 特性，有

$$X=\lim_{n\rightarrow\infty}\frac{[L]}{n} \tag{6-23}$$

此时观测值的算术平均值为该量的真值，但在实际工作中观测次数 n 总是有限的，因此，算术平均值只是接近于真值，但却是比任何观测值都可靠的值，故通常把算术平均值称为最可靠值（或最或是值）。

算术平均值的中误差，已在【例 6-5】中说明。

二、观测值的中误差

本章第三节中给出了评定精度的中误差的公式

$$m=\pm\sqrt{\frac{[\Delta\Delta]}{n}}$$

式中
$$\Delta=L_i-X \quad (i=1,2,\cdots,n) \tag{6-24}$$

真值 X 有时是知道的，例如三角形三个内角之和为 $180°$，但更多的情况下，真值是不知道的，因此，真误差也就无法求得，这时如何求出观测值的中误差呢？由上述可知算术平均值 $\overline{X}$ 是最可靠的数值，因此可将每个观测值加一改正数 v_i，使其等于最或是值 $\overline{X}$（所以误差与改正数的符号应相反）

$$v_i=\overline{X}-L_i \quad (i=1,2,\cdots,n) \tag{6-25}$$

由式（6-26）和式（6-27）合并得

$$\Delta_i+v_i=\overline{X}-X \quad (i=1,2,\cdots,n)$$

令 $\overline{X}-X=\delta$，则

$$\Delta_i+v_i=\delta \quad \text{或} \quad \Delta_i=-v_i+\delta$$

上式等号两边平方求和再除以 n

$$\frac{[\Delta\Delta]}{n}=\frac{[vv]}{n}-2\delta\frac{[v]}{n}+\delta^2$$

顾及 $[v]=0$ 得

$$\frac{[\Delta\Delta]}{n}=\frac{[vv]}{n}+\delta^2 \tag{6-26}$$

其中

$$\delta=\overline{X}-X=\frac{[L]}{n}-\left(\frac{[L]}{n}-\frac{[\Delta]}{n}\right)=\frac{[\Delta]}{n}$$

$$\delta^2=\frac{1}{n^2}(\Delta_1+\Delta_2+\cdots+\Delta_n)=\frac{[\Delta^2]}{n^2}+2\frac{[\Delta_i\Delta_i]}{n^2}$$

当 $n\to\infty$ 时，上式右端第二项趋于 0，则

$$\delta^2=\frac{[\Delta\Delta]}{n^2}=\frac{m^2}{n}$$

将上式代入式（6-26）中，并顾及中误差定义公式，得

$$\frac{[vv]}{n}=m^2-\frac{m^2}{n}$$

所以

$$m=\pm\sqrt{\frac{[vv]}{n-1}} \tag{6-27}$$

这就是用改正数求等精度观测值中误差的公式。以此式代入式（6-23），得算术平均值的中误差公式

$$m=\pm\sqrt{\frac{[vv]}{n(n-1)}} \tag{6-28}$$

【例 6-7】 对某段距离进行了 5 次等精度测量，观测数据载于表 6-2 中，试求该距离的算术平均值，一次观测值的中误差，算术平均值的中误差及相对中误差。

表 6-2 　　　　　　　　　　　　　　[例 6-7] 计 算 表

编号	观测值	ΔL (m)	v (mm)	vv	精 度 评 定
1	219.945	0.045	-4	16	$X=219.941\text{m}$
2	219.935	0.035	$+6$	36	$m=\pm\sqrt{\dfrac{[vv]}{N-1}}=\pm\sqrt{\dfrac{218}{4}}=\pm7.4\ (\text{mm})$
3	219.943	0.043	-2	4	
4	219.950	0.050	-9	81	$M=\pm\dfrac{m}{\sqrt{n}}=\pm\dfrac{7.4}{\sqrt{5}}=\pm3.3\ (\text{mm})$
5	219.932	0.032	$+9$	81	相对中误差：$\dfrac{M}{x}=\dfrac{3.3}{219941}\approx\dfrac{1}{66500}$
Σ	$L_0=219.900$	0.205	0		

　　解： 在测量的计算工作中，经常采用列表进行计算，将观测数据顺序填入表 6-2 中，

然后开始计算。

首先是求算术平均值，但在实际计算中，为了运算方便，往往选择一适当的近似值 L_0（本例中选 219.900），以减少冗长数字参加运算，算术平均值的计算公式如下，式中 $L_i - L_0 = \Delta L$。

$$x = L_0 + \sum_{i=1}^{n}(L_i - L_0)\Big/n = 219.900 + 0.205/5 = 219.941 \text{（m）}$$

其余按顺序在表内逐一进行计算。

第七节　不等精度观测的平差

在对某量进行不等精度观测时，各观测结果的中误差不同。显然，不能将具有不同可靠程度的各观测结果简单地取算术平均值作为最或是值并评定精度。此时，需要选定一个比值来比较各观测值的可靠程度，此比值称为权。

一、权的概念

权是权衡轻重的意思，其应用比较广泛。在测量工作中权是一个表示观测结果的质量与可靠度的相对性数值，用 P 表示。

1. 权的定义

一定的观测条件，对应着一定的误差分布，而一定的误差分布对应着一个确定的中误差。对不同精度的观测值来说，显然中误差越小，精度越高，观测结果越可靠，因而应具有较大的权。故可以用中误差来定义权。

设一组不同精度观测值为 l_i。相应的中误差为 $m_i(i=1, 2, \cdots, n)$，选定任意大于零的常数 λ，定义权 P_i 为

$$P_i = \frac{\lambda}{m_i^2} \tag{6-29}$$

称 P_i 为观测值 l_i 的权。对一组已知中误差的观测值而言，选定一个 λ 值，就有一组对应的权。

由式（6-29）可以定出各观测值的权之间的比例关系为：

$$P_1 : P_2 : \cdots : P_n = \frac{\lambda}{m_1^2} : \frac{\lambda}{m_2^2} : \cdots : \frac{\lambda}{m_n^2} = \frac{1}{m_1^2} : \frac{1}{m_2^2} : \cdots : \frac{1}{m_n^2} \tag{6-30}$$

2. 权的性质

由式（6-29）、式（6-30）可知，权具有如下性质：

（1）权和中误差都是用来衡量观测值精度的指标，但中误差是绝对性数值，表示观测值的绝对精度；权是相对性数值，表示观测值的相对精度。

（2）权与中误差平方成反比，中误差越小，权越大，表示观测值越可靠，精度越高。

（3）权始终取正号。

（4）由于权是一个相对性数值，对于单一观测值而言，权无意义。

（5）权的大小随 λ 的不同而不同，但权之间的比例关系不变。

（6）在同一个问题中只能选定一个 λ 值，否则将破坏权之间的比例关系。

二、确定权的常用方法

1. 利用观测值中误差来确定权的大小

设一组不等精度观测值为 l_1，l_2，$\cdots$，l_n，其相应的中误差为 m_1，m_2，$\cdots$，m_n。

根据权的性质，权可以用式（6-29）来定义。

例如，某两个不等精度的观测值 l_1，l_2，其中误差分别为 $m_1=\pm 2mm$，$m_2=\pm 8mm$，则它们的权可以确定为

$$P_1=\frac{\lambda}{m_1^2}=\frac{\lambda}{2^2}=\frac{\lambda}{4}$$

$$P_2=\frac{\lambda}{m_2^2}=\frac{\lambda}{8^2}=\frac{\lambda}{64}$$

若取 $\lambda=1$，则 $P_1=1$，$P_2=\frac{1}{16}$；取 $\lambda=64$，则 $P_1=16$，$P_2=1$。

而
$$P_1:P_2=1:\frac{1}{16}=16:1$$

因此，选择适当的 λ 值，可以使权成为便于计算的数值。

2. 从实际观测情况出发来确定权的大小

在水准测量中，由于实际上存在着水准路线越长，测站数越多，观测结果的可靠程度就越低的情况，因此，可以取不同的水准路线长度 L_i 的倒数或测站数 n_i 的倒数来定权，可记为

$$P_i=\frac{C}{L_i}\ (i=1,2,\cdots,n) \tag{6-31}$$

或
$$P_i=\frac{C}{n_i}\ (i=1,2,\cdots,n) \tag{6-32}$$

式中，C 为任意常数。

为说明上述关系，设进行多条水准路线测量，水准测量每千米的高差中误差为 m_0，按和差关系函数的误差传播定律，可得各条水准路线的高差中误差为

$$m_1=m_0\sqrt{L_1}$$

$$m_2=m_0\sqrt{L_2}$$

$$\cdots$$

$$m_n=m_0\sqrt{L_n}$$

按中误差与权的关系 $P_i=\frac{\lambda}{m_i^2}$，得

$$P_1=\frac{\lambda}{m_0^2 L_1},\ P_2=\frac{\lambda}{m_0^2 L_2},\ \cdots,\ P_n=\frac{\lambda}{m_0^2 L_n}$$

若令 $C=\frac{\lambda}{m_0^2}$，则

$$P_1=\frac{C}{L_1},\ P_2=\frac{C}{L_2},\ \cdots,\ P_n=\frac{C}{L_n}$$

同理可证明

$$P_1 = \frac{C}{n_1}, \quad P_2 = \frac{C}{n_2}, \cdots, \quad P_n = \frac{C}{n_n}$$

"权"表示的是不等精度观测值的相对可靠程度,因此,可取任一观测值的权作为标准,以求得其他观测值的权。在权与中误差关系式 $P_i = \frac{\lambda}{m_i^2}$ 中,若以 P_1 为标准,并令其值为1,即取 $\lambda = m_1$,则

$$P_1 = \frac{m_1^2}{m_1^2} = 1, \quad P_2 = \frac{m_1^2}{m_2^2}, \cdots, \quad P_n = \frac{m_1^2}{m_n^2}$$

三、不等精度观测的最或是值——加权平均值的计算

设对某量进行 n 次不等精度观测,观测值为 l_1,l_2,$\cdots$,l_n,其相应的权为 P_1,P_2,$\cdots$,P_n,取加权平均值 x 为该量的最或是值,即

$$x = \frac{P_1 l_1 + P_2 l_2 + \cdots + P_n l_n}{P_1 + P_2 + \cdots + P_n} = \frac{[Pl]}{[P]} \tag{6-33}$$

不等精度观测的改正数为

$$v_i = x - l_i$$

将等式两边乘以相应的权

$$P_i v_i = P_i x - P_i l_i$$

若进行 n 次观测,等式相加得

$$[Pv] = [P]x - [Pl]$$

顾及式(6-33),得

$$[Pv] = 0 \tag{6-34}$$

上式可以用作计算中的检核。

四、不等精度观测的精度评定

1. 最或是值的中误差

由式(6-33)可知,不等精度观测值的最或是值为

$$x = \frac{[Pl]}{[P]} = \frac{P_1}{[P]}l_1 + \frac{P_2}{[P]}l_2 + \cdots + \frac{P_n}{[P]}l_n$$

按中误差传播定律,最或是值 x 的中误差为

$$M^2 = \frac{1}{[P]^2}(P_1^2 m_1^2 + P_2^2 m_2^2 + \cdots + P_n^2 m_n^2) \tag{6-35}$$

式中:m_1,m_2,$\cdots$,m_n 为相应观测值的中误差。

若令单位权中误差 μ 等于第一个观测值 l_1 的中误差,即 $\mu = m_1$,则各观测值的权为

$$P_i = \frac{\mu^2}{m_i^2} \tag{6-36}$$

将式(6-36)代入式(6-35),得

$$M^2 = \frac{P_1}{[P]^2}\mu^2 + \frac{P_2}{[P]^2}\mu^2 + \cdots + \frac{P_n}{[P]^2}\mu^2$$

则

$$M = \pm \frac{\mu}{\sqrt{[P]}} \tag{6-37}$$

式（6-37）为不等精度观测值的最或是值中误差的计算公式。

2. 单位权观测值中误差

由式（3-36）可知

$$\mu^2 = m_1^2 P_1$$
$$\mu^2 = m_2^2 P_2$$
$$\vdots \quad \vdots$$
$$\mu^2 = m_n^2 P_n$$

相加得

$$n\mu^2 = m_1^2 P_1 + m_2^2 P_2 + \cdots + m_n^2 P_n = [Pmm]$$

则

$$\mu = \pm \sqrt{\frac{[Pmm]}{n}}$$

当 n 趋向于无穷大时，用真误差 Δ 代替中误差 m，衡量精度的意义不变，则可将上式改写为

$$\mu = \pm \sqrt{\frac{[P\Delta\Delta]}{n}} \tag{6-38}$$

式（6-38）为用真误差计算单位权观测值中误差的公式。同时，通过对类似公式（6-27）的推导，可以得出用观测值改正数来计算单位权中误差的公式，即

$$\mu = \pm \sqrt{\frac{[Pvv]}{n-1}} \tag{6-39}$$

将式（6-39）代入式（6-37），得

$$M = \pm \sqrt{\frac{[Pvv]}{(n-1)[P]}} \tag{6-40}$$

式（6-40）即为用观测值改正数计算不等精度观测值最或是值中误差的公式。

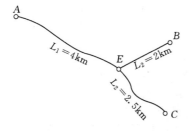

图 6-3　单节点水准路线

【例 6-8】 在水准测量中，已知从三个已知高程点 A、B、C 出发，分别测量 E 点的高程观测值，L_i 为各水准路线的长度，求 E 点高程的最或是值及其中误差（图 6-3）。

解： 取各水准路线的长度 L_i 的倒数乘以 C 为权，并令 $C=1$，计算见表 6-3。

表 6-3　　　　　　　　　[例 6-8] 计 算 表

测段	高程观测值（m）	水准路线长度 L_i（km）	权	v	Pv	Pvv
AE	42.347	4.0	0.25	17.0	4.2	71.4
BE	42.320	2.0	0.50	−10.0	−5.0	50.0
CE	42.332	2.5	0.40	2.0	0.8	1.6
			$[P]=1.15$		$[Pv]=0$	$[Pvv]=123.0$

E 点高程的最或是值为

$$H_E = \frac{0.25 \times 42.347 + 0.50 \times 42.320 + 0.40 \times 42.332}{0.25 + 0.50 + 0.40} = 42.330 \text{ (m)}$$

单位权观测值中误差为

$$\mu = \pm \sqrt{\frac{[Pvv]}{n-1}} = \pm \sqrt{\frac{123.0}{3-1}} = \pm 7.8 \text{ (mm)}$$

最或是值中误差为

$$M = \pm \frac{\mu}{\sqrt{[P]}} = \pm \frac{7.8}{\sqrt{1.15}} = \pm 7.3 \text{ (mm)}$$

思 考 与 练 习

1. 偶然误差与系统误差有何区别？举例说明。

2. 在相同的观测条件下，对同一量进行了若干次观测，问这些观测值的精度是否相同？此时能否将误差小的观测值理解为比误差大的观测值的精度高？

3. 设在同样的观测条件下，对一距离进行了 6 次观测，其结果为：341.752m，341.784m，341.766m，341.773m，341.795m，341.774m。试求其算术平均值、一次丈量中误差、算术平均值中误差和相对中误差。

4. 对某角观测了 5 次，得观测值为 139°12′18″，139°12′36″，139°12′06″，139°12′06″，139°12′24″。试求观测值的算术平均值、每一次观测中误差及算术平均值中误差。

5. 若一方向的观测中误差为 ±6″，且每个角度都是作为两个方向之差求得的，求五边形中五个内角和的中误差。

6. 在 1∶500 地形图上量取 A、B 两点间距离 6 次，得下列结果：67.8mm，67.4mm，67.6mm，67.5mm，67.4mm，67.7mm。求一次测量的中误差及算术平均值中误差，并求出地面距离及相应的中误差。

7. 设 x、y、z 的关系式为 $z = 3x + 4y$，现独立观测 y、z，它们的中误差分别为 $m_y = \pm 3$mm，$m_z = \pm 4$mm，求 x 的中误差 m_z。

8. 在三角形 ABC 中，测得 $BC = 149.22 \pm 0.06$，$\angle ABC = 60°24′ \pm 20″$，$\angle BCA = 45°20′ \pm 20″$。求三角形 AC 边长及其中误差。

9. 在同精度观测中，对某角观测 4 个测回，得其平均值的中误差为 ±15″，若使平均值的中误差小于 ±10″，至少应观测多少测回？

第七章 平面控制测量

第一节 概　　述

为防止误差累积和分幅测图时每幅图都能具有同等的精度，必须按测量原则首先进行控制测量。

控制测量（Control Surey）是为建立测量控制网而进行的测量工作。测量控制网（Network of Control）是指由相互联系的控制点以一定几何图形所构成的网，简称控制网。控制点是指按一定精度测定其几何、天文和重力数据，为进一步测量及其他科学技术工作（如地壳形变等）提供依据，具有控制作用的固定点。

依据测量的目的不同，控制测量可分为平面控制测量（确定控制点平面坐标的测量工作）和高程控制测量（确定控制点高程值的测量工作）。依据控制网的作用不同，控制网可分为平面控制网（Horizontal Control Survey Net）和高程控制网（Vertical Control Net）。依据控制网的测量精度不同，又可分为国家基本控制网、城市控制网、小区域控制网和图根控制网，现分述于下。

一、国家基本控制网

国家测绘部门在全国范围内建立的测量控制网，称为国家基本控制网。是全国地形测量和施工测量的依据。

（一）平面控制网

国家平面控制网的建立通常采用三角测量（图 7-1）和精密导线测量（图 7-2）。

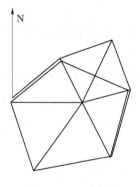

图 7-1　三角网

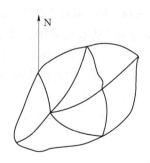

图 7-2　导线网

一等三角锁是国家平面控制网的骨干。二等三角网布设于一等三角锁环内，是国家平面控制网的全面基础。三等、四等三角网为二等三角网的进一步加密。建立国家平面控制网，主要采用三角测量的方法。在通视比较困难的森林隐蔽地区和城镇区，通常采用导线测量。

国家把平面控制网依据其精度不同分为一等、二等、三等、四等。

（二）高程控制网

全国高程控制网主要采用水准测量。依其精度不同，也分为一等、二等、三等、四等。

二、城市控制网

城市控制网是在国家基本控制网的基础上建立起来的，目的在于为城市规划、市政建设、工业与民用建筑设计和施工放样服务。城市控制网建立的方法与国家基本控制网相同，只是控制网精度有所不同。为了满足不同的目的要求，城市控制网也是分级建立的。

三、小区域控制网

小区域控制网是指在面积小于 $15km^2$ 范围内建立的控制网。小区域控制网原则上应与国家或城市控制网相连，形成统一的坐标系和高程系。但当关联有困难时，为了建设的需要，也可以建立独立控制网。小区域控制网也要根据面积大小分级建立。

四、图根控制网

在等级控制点基础上测定图根控制点（直接用于测绘地形图的控制点）的工作称为图根控制测量。

图根控制测量分为图根平面控制测量和图根高程控制测量。

（一）图根平面控制测量

图根平面控制测量通常采用导线测量（图根导线测量）、小三角测量（图根三角测量）和交会法。

（二）图根高程控制测量

图根高程控制测量一般采用三等、四等、五等水准测量和三角高程测量。

五、水利水电工程建设中的平面控制测量

根据 SL 197—97《水利水电工程测量规范》（勘测设计阶段）规定水利工程测量中的平面控制测量分为以下三种：

（1）基本平面控制测量。国家二等、三等、四等三角测量和导线测量，还有五等三角测量和导线测量。

（2）图根平面控制测量。测角图根（线形锁、单三角形、交会法）、测边图根（二边、三边交会）、测边测角图根（二边二角交会等）和图根导线。

（3）测站点平面控制测量。根据基本平面控制点和图根平面控制点，用解析法或图解法测定。

第二节　导　线　测　量

导线测量（Traverse Survey）是在测区内按一定要求（具有代表性和控制作用）选定一系列的点（导线点）依相邻次序连成折线（导线），并测量各线段的边长（导线边）

和转折角，再根据起始数据确定各点平面位置的测量方法。它适用于地物复杂的建筑区、视线障碍物较多的隐蔽区和带状地区。本节介绍经纬仪和全站仪导线测量。

导线布设有以下三种形式。

1. 闭合导线（Close Traverse）

起止于同一已知点间的导线，如图 7-3（a）所示。

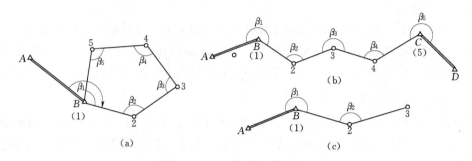

图 7-3　经纬仪导线布设形式

（a）闭合导线；（b）附合导线；（c）支导线

2. 附合导线（Connecting Traverse）

起止于两个已知点间的单一导线，如图 7-3（b）所示。A、B、C、D 为高一级的控制点，从控制点 B（作为附合导线的第 1 点）出发，经 2、3、4 等点附合到另一控制点 C（作为附合导线的最后一点 5），布设成附合导线。

3. 支导线（Open Traverse）

仅有一端连接在高级控制点上的自由伸展导线，如图 7-3（c）所示。支导线在测量中若发生差错，不便校核。故一般只允许从高一级控制点引测一点，对 1 : 2000、1 : 5000 比例尺测图，可引测两点。

边长用视距测量、钢尺量距和电磁波测距的导线，分别称为视距导线、钢尺量距导线和电磁波测距导线。三者之间仅测距方式不同，其余工作完全相同

一、经纬仪导线测量的外业工作

经纬仪导线测量的外业包括：踏勘选点、边长测量、水平角测量和导线的定向。

（一）踏勘选点

踏勘选点的任务就是根据测图的要求和测区的具体情况，拟定导线的布设形式，实地选定导线点位和建立标志。选点时应注意以下几点：

（1）导线点应均匀分布在测区内，边长视测图比例尺而定，对 1 : 500～1 : 2000 比例尺的测图，一般在 40～300m 之间（表 7-1），相邻导线边的长度应大致相等，以避免测角时带来较大的误差。

（2）相邻导线点间通视良好，便于测角量距。

（3）选择的导线点应视野开阔，便于地形测图。

（4）导线点应选在土质坚实、便于安置仪器和保存标志的地方。

（5）导线点应有足够的密度。

选好导线点后，一般打入木桩或埋设水泥桩（水泥路面打入水泥钉），桩顶做出标记（打入小铁钉或刻"＋"），表示点位。每一桩上应按前进方向顺序编号。为了便于寻找，每一导线点还应量出与附近明显固定地物的距离，绘出点位草图。

表 7 - 1　　　　　　　　　　**图根控制点点数和图根导线边长规定**

测图比例尺	点数（点/km²）	边长（m）	平均边长（m）
1：500	120	40～10	75
1：1000	40	80～250	110
1：2000	15	100～300	180

（二）边长测量

（1）钢尺量距。用经过检定的钢尺直接丈量各相邻导线点之间的水平距离，图根导线采用钢尺量距时可用单尺双拉（往返）或双尺单拉，一般应加尺长、温度和倾斜改正。两次丈量值较差的相对误差一般不得超过 1/2000，在特殊困难地区也不得超过 1/1000。

（2）电磁波测距仪测距。用经过检定的电磁波测距仪测距采用单向二组观测，每组读数两次，各组互差不得超过 3cm。观测时应将温度计悬挂伞下与仪器大致同高处，每测定一组数据，通知反射镜站同时读温度、气压一次。还要观测垂直角，以便将观测所得斜距进行气象改正和倾斜改正，求出水平距离。

（三）水平角测量

导线的转折角一般采用测回法观测，附合导线一般测量导线的左角（位于导线测量前进方向左侧的角）；闭合导线测量其导线的内角，导线点按逆时针方向顺序编号；对于支导线分别观测左、右角，以资检核。对于图根导线测角所用仪器、测回数和限差列于表 7 - 2。

表 7 - 2　　　　　　　　　　**图根导线转折角观测和限差**

比例尺	仪器	最多转折角数	测回数	测角中误差	半测回差	测回差	角度闭合差（方位角闭合差）
1：500～1：2000	DJ2	15	两个"半测回"	±30″	±18″		±60″$\sqrt{n}$
	DJ6		2			±24″	
1：5000～1：10000	DJ2	30	两个"半测回"	±20″	±18″		±40″$\sqrt{n}$
	DJ6		2			±24″	

注　1. n 为转折角数。

　　2. 两个"半测回"测角在下半测回开始时，将水平度盘读数略加改变。

（四）导线的定向

定向的目的是确定整个导线的方向，也就是导线必须与高级控制点连接，以获取坐标和方位角的起始数据。附合导线的两端点均为已知点，只要在已知点 B 及 C［图 7 - 3 (b)］上测出 β_1 及 β_5，就能获得起始数据，β_1 及 β_5 称为连接角。

闭合导线的连接测量分两种情况：对于独立测区需要在第 1 点上测出第一条边的磁方

位角，并假定第 1 点的坐标，就具有了起始数据。如果闭合导线中只有一个已知点，则需要与另外一个已知点联测出连接角，才具有起始数据。

二、经纬仪导线测量的内业工作

导线测量的内业工作，就是根据起始点的坐标和起始边的坐标方位角，以及所测得的导线边长和转折角，计算各导线点的坐标。

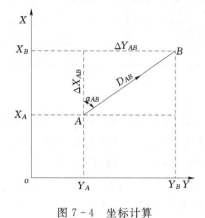

图 7-4 坐标计算

（一）坐标计算的基本公式

1. 坐标正算

根据已知坐标、已知边长及该边的坐标方位角，计算未知点的坐标，称为坐标的正算。如图 7-4 所示，已知 A 点的坐标 X_A、Y_A 和 AB 边的边长 D_{AB} 及坐标方位 α_{AB}，则未知点 B 的坐标为

$$X_B = X_A + \Delta X_{AB}$$
$$X_B = Y_A + \Delta Y_{AB} \tag{7-1}$$

式（7-1）中的 ΔX_{AB}、ΔY_{AB} 称为坐标增量，也就是直线两端点 A、B 的坐标值之差。根据图 7-4 中三角学原理，可写出坐标增量的计算公式为

$$\Delta X_{AB} = X_B - X_A = D_{AB} \cos\alpha_{AB}$$
$$\Delta Y_{AB} = Y_B - Y_A = D_{AB} \sin\alpha_{AB} \tag{7-2}$$

应当指出：式（7-2）中方位角方向应由已知坐标点朝向未知坐标点。

2. 坐标反算

根据两个已知点的坐标，求算两点间的边长及其方位角，称为坐标反算。当导线与已知高级控制点连测时，一般应利用高级控制点的坐标，反算出高级控制点间的坐标方位角或边长，作为导线的起算数据与校核数据。此外，施工放样中经常也要利用坐标反算求出放样数据。

如图 7-4 所示，若 A、B 为两已知点，其坐标分别为 X_A、Y_A 和 X_B、Y_B。根据三角学原理有

$$D_{AB} = \sqrt{\Delta X_{AB}^2 + \Delta Y_{AB}^2} \tag{7-3}$$

$$\alpha_{AB} = \tan^{-1} \frac{\Delta Y_{AB}}{\Delta X_{AB}} = \tan^{-1} \frac{Y_B - Y_A}{X_B - X_A} \tag{7-4}$$

应当指出：式（7-4）中计算直线 AB 方向的方位角时，应由方位角箭头指向点（B）的坐标减去起始点（A）的坐标。计算 α_{AB} 的步骤如下

先计算 α_{AB} 相应的象限角

$$R_{AB} = \tan^{-1} \left| \frac{Y_B - Y_A}{X_B - X_A} \right|$$

然后根据 ΔX（$X_B - X_A$）和 ΔY（$Y_B - Y_A$）的符号判定 α_{AB} 所在象限，然后由 R_{AB} 求算 α_{AB}。也可根据计算器上直角坐标求算极坐标的有关功能键进行。

【例 7-1】 已知 $X_A = 287.36\text{m}$，$Y_A = 364.25\text{m}$，$X_B = 303.62\text{m}$，$Y_B = 338.29\text{m}$，试

计算 D_{AB} 和 α_{AB}。

解：
$$D_{AB} = \sqrt{(X_A - X_B)^2 + (Y_A - Y_B)^2} = 30.63\text{m}$$

$$R_{AB} = \tan^{-1}\left|\frac{Y_B - Y_A}{X_B - X_A}\right| = 57°56'21''$$

因为 $\Delta X > 0$ 和 $\Delta Y < 0$，所以 α_{AB} 在第四象限，即

$$\alpha_{AB} = 360° - R_{AB} = 302°03'39''$$

（二）闭合导线内业计算

现以图 7-5 为例，结合表 7-3 的使用，说明闭合导线坐标计算的步骤。闭合导线坐标计算必须满足两个条件：一个是多边形内角和的条件；一个是坐标条件，即由起始点出发，经过各边、角推算出起始点坐标应与起始点已知坐标一致。

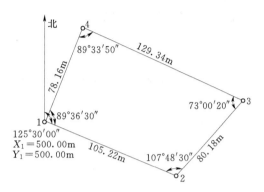

图 7-5 闭合导线坐标计算

1. 检查、填写外业观测的资料，绘略图

导线测量外业工作完成之后，应仔细检查所有外业记录、计算是否齐全正确，各项误差是否在限差之内，以保证原始数据的正确性。同时绘制导线略图，标明点号和相应的角度和边长，以及已知点坐标和方位角等，以便进行导线点的坐标计算。

2. 角度闭合差的计算、调整与校核

根据几何定理，具有 n 条边的闭合导线，内角和的理论值应为

$$\sum\beta_{理} = (n-2) \times 180° \tag{7-5}$$

设观测值的内角和为 $\sum\beta_{测}$，由于观测角不可避免地含有误差，使实测的内角和 $\sum\beta_{测}$ 不等于理论值 $\sum\beta_{理}$，其两者的差值，称为闭合导线角度闭合差，以 f_β 表示，其计算公式为

$$f_\beta = \sum\beta_{测} - \sum\beta_{理} = \sum\beta_{测} - (n-2) \times 180° \tag{7-6}$$

角度闭合差 f_β 的大小标志着测角的精度，不同等级的导线，规定有相应的容许值 $f_{\beta容}$（表 7-2）。

当 $f_\beta \leqslant f_{\beta容}$ 时，可将闭合差按相反符号平均分配到各观测角中，每个角度的改正值 $\Delta\beta$ 为

$$\Delta\beta = -f_\beta/n \tag{7-7}$$

应当指出：如果 f_β 的数值，不能被导线角度数整除而有余数时，可将其分配在短边所夹的角上，这是因对中和照准误差与边长成反比例的缘故。如果角度闭合差超过容许值，应及时分析原因，局部或全部重测。算例载于表 7-3 中的②栏。

改正后角值 $\sum\beta_{测'} = \beta_{测} + \Delta\beta$（表 7-3 中的③栏）。

调整后的内角总和应等于 $\sum\beta_{理}$，即

$$\sum\beta_{测'} = (n-2) \times 180°$$

3. 导线边方位角的推算与校核

根据起始边的方位角和经角度闭合差改正后的各内角，推算其他各边的方位角。

其一般公式为

$$\alpha_{前}=\alpha_{后}+180°+\beta_{左} \qquad (7-8)$$

$$\alpha_{前}=\alpha_{后}+180°-\beta_{右} \qquad (7-9)$$

为了检核方位角计算有无错误，方位角应推算至起始边，且数值应与原来起始边方位角一致，否则应查明原因。方位角算例列入表 7-3 中的④栏。

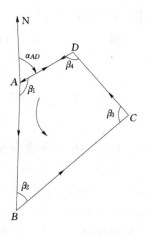

图 7-6　导线方位角计算

【例 7-2】 如图 7-6 所示，已知 $\alpha_{AD}=129°30'36''$，$\beta_1=135°00'24''$，$\beta_2=36°15'45''$，$\beta_3=89°54'36''$，$\beta_4=98°49'15''$，试求 α_{AB}、α_{BC}、α_{CD}、α_{DA}。

解：画出导线测量前进方向和所求方位角方向，如图 7-6 中箭头所示。

根据正反方位角关系

$$\alpha_{DA}=\alpha_{AD}+180°=309°30'36''$$

则

$$\alpha_{AB(前)}=\alpha_{AD(后)}+180°+\beta_{1(左)}=264°31'00''$$

$$\alpha_{BC(前)}=\alpha_{AB(后)}+180°+\beta_{2(左)}=120°46'45''$$

$$\alpha_{CD(前)}=\alpha_{BC(后)}+180°+\beta_{3(左)}=30°41'21''$$

$$\alpha_{DA(前)}=\alpha_{CD(后)}+180°+\beta_{4(左)}=309°30'36''$$

4. 坐标增量的计算和坐标增量闭合差的计算、调整与校核

$$\left.\begin{array}{l}\Delta X=D\cos\alpha\\ \Delta Y=D\sin\alpha\end{array}\right\} \qquad (7-10)$$

计算实例见表 7-3 的⑥、⑦栏。计算取位一般与边长位数相同。图根导线计算位数取到厘米。坐标增量计算无校核，应多算一次，确保计算的正确性。

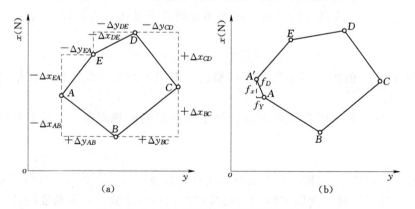

图 7-7　闭合导线的坐标增量闭合差

图 7-7 (a) 是由 A、B、C、D、E 五个点组成的闭合导线，从该图中可以看出闭合导线各边纵、横坐标增量的代数和在理论上应等于零，即

$$\left.\begin{array}{l}\sum\Delta X_{理}=0\\ \sum\Delta Y_{理}=0\end{array}\right\}$$

实际上由于边长丈量存在误差，尽管角度经过调整，但改正后的角值还会有残余误差，因此计算出来的纵、横坐标增量，其代数和 $\sum \Delta X_{测}$、$\sum \Delta Y_{测}$ 往往不等于零，而等于某一个数值，此数值称为闭合导线纵、横坐标增量闭合差，用 f_X、f_Y 表示。

$$
\left. \begin{aligned} f_X &= \sum \Delta X_{测} \\ f_Y &= \sum \Delta Y_{测} \end{aligned} \right\} \tag{7-11}
$$

由于 f_X、f_Y 的存在，使由导线的起点推算至终点的位置与原有已知点位置产生差值 f_D，如图 7-7（b）所示，f_D 称为导线全长闭合差，其计算式为

$$
f_D = \sqrt{f_x^2 + f_y^2} \tag{7-12}
$$

一般要求图根导线全长闭合差，不得超过地形图上 0.4mm。但只根据 f_D 的大小还不能正确评定导线的精度，通常采用 f_D 与导线全长 $\sum D$ 之比值 K，表示导线全长相对闭合差来衡量导线的精度，即

$$
K = \frac{f_D}{\sum D} = \frac{1}{\sum D / f_D} = \frac{1}{N} \tag{7-13}
$$

一般要求，K 值不应超过 1/2000，困难地区不应超过 1/1000。

若 K 值不超限，可将坐标增量闭合差以相反的符号，按与边长成正比例的方法分配于各坐标增量中，使改正后的 $\sum \Delta X'$、$\sum \Delta Y'$ 都等于零。设第 i 边边长为 D_i，其纵、横坐标增量改正值分别以 v_{X_i}、v_{Y_i} 表示，则

$$
\left. \begin{aligned} v_{X_i} &= -\frac{f_x}{\sum D} D_i \\ v_{Y_i} &= -\frac{f_y}{\sum D} D_i \end{aligned} \right\} \tag{7-14}
$$

改正值位数与坐标增量取位相同。

$\sum v_{X_i} = -f_x$、$\sum v_{Y_i} = -f_Y$，若不等，应再进行调整，余数给长边。

改正后坐标增量为

$$
\left. \begin{aligned} \Delta X_i' &= \Delta X_i + v_{X_i} \\ \Delta Y_i' &= \Delta Y_i + v_{Y_i} \end{aligned} \right\} \tag{7-15}
$$

坐标增量改正值见表 7-3 中的⑥、⑦栏。

$$
\left. \begin{aligned} \sum \Delta X' &= 0 \\ \sum \Delta Y' &= 0 \end{aligned} \right\}
$$

5. 坐标的计算与校核

根据起始点的已知坐标（独立测区是假设坐标）和调整后的坐标增量，计算各导线点的坐标，计算公式为

$$
\left. \begin{aligned} X_{前i} &= X_{后i} + \Delta X_i' \\ Y_{前i} &= Y_{后i} + \Delta Y_i' \end{aligned} \right\} \tag{7-16}
$$

式（7-16）中的 $X_{前i}$、$Y_{前i}$ 为第 i 边前一点的坐标；$X_{后i}$、$Y_{后i}$ 为第 i 边后一点的坐标；$\Delta X_i'$、$\Delta Y_i'$ 为第 i 边改正后的坐标增量。

按式（7-16），由起始点依次计算各点坐标，最后还应再推算出起始点的坐标，其值

应该与已知坐标相符，以检查计算是否正确。各导线点的坐标计算见表 7-3 中的⑩、⑪栏。

表 7-3　　　　　　　　　　　　　　闭合导线坐标计算表

点号	水平角		方位角 (° ′ ″)	距离 (m)	增量计算值		改正后增量值		坐标		点号
	观测值	改正后角值			Δx (m)	Δy (m)	$\Delta x'$ (m)	$\Delta y'$ (m)	x (m)	y (m)	
①	②	③	④	⑤	⑥	⑦	⑧	⑨	⑩	⑪	⑫
1	(左角)								500.00	500.00	A
2	+13 107 48 30	107 48 43	125 30 00	105.22	−2 −61.10	+2 +85.66	−61.12	+85.68	438.88	585.68	B
3	+12 73 00 20	73 00 32	53 18 43	80.18	−2 +47.90	+2 +64.30	−47.88	+64.32	486.76	650.00	C
4	+12 89 33 50	89 34 02	306 19 15	129.34	−3 +76.61	+2 −104.21	+76.58	−104.19	563.34	545.81	D
1	+13 89 36 30	89 36 43	215 53 17	78.16	−2 −63.32	+1 −45.82	−63.34	−45.81	500.00	500.00	E
2			125 30 00								
	359 59 10	360 00 00		392.90	+0.09	−0.07	0.000	0.000			

$\sum \beta_{测} = 359°59'10''$　　　　$f_{\beta容} = \pm 60'' \sqrt{4} = \pm 120''$　　　　$f_D = \sqrt{f_x^2 + f_y^2} = \pm 0.11$

$\sum \beta_{理} = 360°00'00''$　　　　$f_x = +0.09$　　　　$K = f/\sum D = 0.11/392.9 \approx 1/3500$

$f_{\beta} = -50''$　　　　$f_y = -0.07$　　　　$K_{容} = 1/2000$

（三）附合导线内业计算

图 7-8 中，1-2-3-…-n 为一附合导线，已知：α_{AB}，α_{CD}，β_1，β_2，…，β_n，D_1，D_2，…，D_{n-1} 以及 B、C 两点坐标。求导线点 2，3，…，n−1 的坐标。为此，它必须满足两个条件：一个是方位角条件，即根据起始边的方位角和观测角，推算出的终了边的方位角，应与已知终了边方位角相等；另一个是坐标条件，即由起始点的已知坐标，经过各边、角推算出终点的坐标，应与已知终点的坐标一致。附合导线与闭合导线的计算步骤基本相同。但由于几何条件不同，角度闭合差和坐标增量闭合差的计算方法有所不同，现叙述如下。

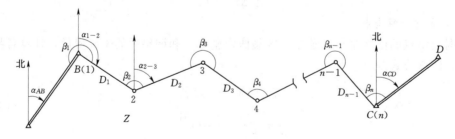

图 7-8　附合导线坐标计算

1. 角度闭合差的计算

根据已知两端方位角的条件，可由导线起始边的方位角 α_{AB} 和 β_i，推算出终了边的方

位角 α'_{CD}，即

$$\alpha_{12} = \alpha_{AB} \quad + 180° \quad + \beta_1$$

$$\alpha_{23} = \alpha_{12} \quad + 180° \quad + \beta_2$$

$$\vdots \qquad \vdots \qquad \vdots \qquad \vdots$$

$$\alpha'_{CD} = \alpha_{(n-1)n} + 180° + \beta_n$$

将以上各式相加，则得

$$\alpha'_{CD} = \alpha_{AB} + n \times 180° + \sum \beta_{测}$$

写成一般公式为

$$\alpha'_{终} = \alpha_{始} + n \times 180° + \sum \beta_{测} \tag{7-17}$$

由于测角误差的存在，推算出的终边方位角 $\alpha'_{终}$，往往不等于终边已知方位角 $\alpha_{终}$，其差值称为附合导线角度（或方位角）闭合差，其计算公式为

$$f_\beta = \alpha'_{终} - \alpha_{终} \tag{7-18}$$

以上推导是按照连接角为左角进行的，如考虑到右角的情况，则一般公式为

$$f_\beta = \alpha'_{终} - \alpha_{终} = \alpha_{始} \pm \sum \beta_{测} - \alpha_{终} + n \times 180° \tag{7-19}$$

应当指出，用式（7-17）计算 α' 终，其结果如超出 360°，应减去若干个 360°，保证坐标方位角在 0°～360°之间。观测左角时，改正值与 f_β 反号；观测右角时改正值与 f_β 同号。

2. 坐标增量闭合差的计算

附合导线的两个端点，起始点 B 及终点 C 都是精度较高的高级控制点，误差可忽略不计，故

$$\left. \begin{array}{l} \sum \Delta X_{理} = X_C - X_B \\ \sum \Delta Y_{理} = Y_C - Y_B \end{array} \right\} \tag{7-20}$$

写成一般公式为

$$\left. \begin{array}{l} \sum \Delta X_{理} = X_{终} - X_{始} \\ \sum \Delta Y_{理} = Y_{终} - Y_{始} \end{array} \right\} \tag{7-21}$$

由于测角和量边误差的存在，故坐标增量代数和 $\sum \Delta X_{测}$、$\sum \Delta Y_{测}$ 不能满足理论上的要求，其差值称为附合导线坐标增量闭合差，计算公式为

$$\left. \begin{array}{l} f_x = \sum \Delta X_{测} - (X_{终} - X_{始}) \\ f_y = \sum \Delta Y_{测} - (Y_{终} - Y_{始}) \end{array} \right\} \tag{7-22}$$

附合导线坐标增量闭合差的调整方法和其他计算均与闭合导线相同，表7-4为附合导线坐标计算的算例。

表 7 - 4　　　　　　　　　　　　附合导线坐标计算表

点号	水 平 角		方位角 (° ′ ″)	距离 (m)	增量计算值		改正后增量值		坐 标		点号
	观测值	改正后角值			Δx (m)	Δy (m)	$\Delta x'$ (m)	$\Delta y'$ (m)	x (m)	y (m)	
①	②	③	④	⑤	⑥	⑦	⑧	⑨	⑩	⑪	⑫
A			237 59 30								A
B	+6	99 01 08							507.69	215.63	B
			157 00 36	222.85	+5 −207.91	−4 +88.21	−207.86	+88.17			
1	+6 167 45 36	167 45 42							299.83	303.80	1
			144 46 38	139.03	+3 −113.57	−3 +80.20	−113.54	+80.17			
2	+6 123 11 24	123 11 30							186.29	383.97	2
			87 57 48	172.7	+3 +6.13	−3 +172.46	+6.16	+172.43			
3	+6 189 20 36	189 20 42							192.45	556.40	3
			97 18 30	100.07	+2 −12.73	−2 +99.26	−12.71	+99.24			
4	+6 179 59 18	179 59 24							179.74	655.40	4
			97 17 54	102.48	+2 −13.02	−2 +101.65	−13.00	+101.63			
C	+6 129 27 24	129 27 30							166.74	757.27	C
			46 45 24								
D											D
Σ	888 45 18	888 45 54		740.00	−341.10	+541.78	−340.95	+541.64			

$\alpha'_{\text{终}} = 46°44'48''$　　　$f_\beta = \alpha'_{\text{终}} - \alpha_{\text{终}} = -36''$　　　$f_{\beta允} = \pm60''\sqrt{6} = \pm146''$

$f_x = -0.15$　　$f_y = +0.14$　　$f_D = \sqrt{f_x^2 + f_y^2} = \pm0.20\text{m}$　　$K = f/\sum D = 0.20/740.00 \approx 1/3700$　　$K_允 = 1/2000$

应当指出：闭合导线所需已知控制点少，甚至没有已知控制点也可布设，在水利工程测量中广泛应用。但其检核条件少，可能出现假闭合现象，即角度和坐标增量闭合差均较小，而所算得坐标不一定正确，产生的原因是连接角误差大或粗差，如图 7 - 9（a）所示；或测边存在系统误差等，如图 7 - 9（b）所示。图 7 - 9 中实线为正确位置，虚线为不正确位置。

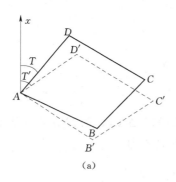

（a）

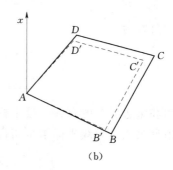

（b）

图 7 - 9　闭合导线假闭合示意图

附合导线所需已知控制点多，条件较难满足，但不会出现假附合现象，所算得坐标较可靠。

三、全站仪导线测量

全站仪导线测量是一种自动化程度高的测量方式，它是集数据自动记录、自动计算功能为一体的无纸化测量方式。由全站仪本身采集数据、记录在内存里，处理后传入计算机，配合专业测量软件（如清华三维 EPSW 软件），可以一次解算出某点的 X、Y、H 坐标。

测量仪器工具有：全站仪 RS-232C 电缆、棱镜、电子手簿（HP-200、笔记本电脑等）和专业测量软件。

1. 计算公式

用全站仪测得导线的斜距 S 和垂直角 α 后，导线边的水平距离 D 为

$$D = S\cos\alpha = S\sin Z \qquad (7-23)$$

其中，天顶距 $Z = 90° - \alpha$，则导线点高程的计算公式为

$$H_B = H_A + S\sin\alpha + i - v + f$$
$$H_B = H_A + S\cos Z + i - v + f \qquad (7-24)$$

2. 观测方法

全站仪导线测量宜采用三联脚架法的测量方式。图 7-10 中 A、B、1 点分别安放棱镜、全站仪、棱镜。全站仪通过 RS-232C 通信电缆与笔记本电脑相连接，量取仪器高 i 和觇标高 v。一般仪器高和觇标高应各量取 3 次，当较差不超过 3mm 时取平均数。测量顺序如下：

（1）正镜照准 A 点棱镜，打开笔记本电脑上的清华三维 EPSW 软件的导线测量对话框，按提示依次测距及测角，软件自动记录水平度盘、竖直度盘和距离的显示读数。

（2）照准 1 点棱镜，依次测定各项数据，完成上半个测回的观测。

（3）倒镜依次照准 1、A，重复（1）～（2）项测量操作。完成一个测回的观测。根据需要一般可测 1～2 个测回。计算合格后迁站。

（4）迁站时将棱镜与基座分开，按 B、1、2 点分别安放棱镜、全站仪、棱镜顺序排放，固定好后继续观测。

应当指出：在棱镜、全站仪照准部从基座里抽出并相互对调时，三脚架连同基座不能动，并注意严格对中，尽量保证一测回里两次照准目标的一致。

（5）采用三联脚架法依次测量其余各点，直到测完 C 点。

（6）调出清华三维平差计算软件，解算 1、2 点坐标后，传回测图软件作为地形测图的控制点。

（7）测量过程中，分别记录各站温度和气压（地形控制可不测定）。

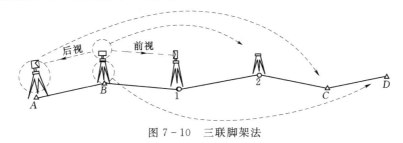

图 7-10　三联脚架法

3. 记录内容

全站仪导线测量的记录有测站、仪器高、觇标高、盘位以及气象情况等。

第三节　小三角测量

在地面上选定一系列点，构成连续三角形，测定三角形各顶点水平角，并根据起始边长、方位角和起始点坐标，经过数据处理确定各顶点平面位置的测量方法称为三角测量（Triangulation Network）。三角测量根据观测的内容不同，有测角网、测边网和边角网三种。

小三角测量是在面积小于 $15km^2$ 测区内布设边长较短的三角测量。它适用于没有测距仪时量距困难的山丘区和通视良好的开阔地区。

图 7-11 为一条两端有基线的小三角锁。下面介绍其外业工作和内业计算。

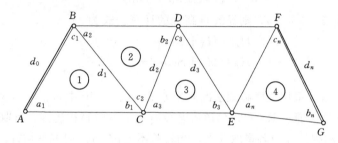

图 7-11　两端有基线的小三角锁

一、小三角锁测量的外业工作

小三角测量的外业工作包括：踏勘选点、基线边测量、水平角测量及基线边方位角的测定。

1. 踏勘选点

踏勘选点的任务是根据测区的地形及测区附近高级控制点的情况，确定三角锁网的布置形式，并选定基线位置及小三角点的位置。选点时应注意以下几点：

（1）小三角点应均匀分布在测区内。

（2）小三角点应选在视野开阔的高处，便于地形测图。相邻小三角点应通视，便于测角。三角形边长按测图比例尺而定，一般为图上的 $100\sim200mm$。

（3）基线边应选在地势比较平坦而便于测量距离的地方。当布设小三角锁时，三角形的个数超过 5 个（不得超过 12 个），一般应在锁的两端各选一条基线边。

（4）为了保证推算边长的精度，三角形内角一般应不小于 $30°$，不大于 $120°$。

小三角点选好后，应埋设标志并编号，为便于寻找需绘制点位图。

2. 基线边测量

基线长度是推算小三角锁其他各边长的起始数据，要求相对误差不超过 1/10000。可用所述的钢尺量距的精密方法进行丈量。也可用测距仪，按 SL 197—97《水利水电工程测量规范》规定进行测距，观测时应测定温度、气压，并观测垂直角，进行气象改正和倾斜改正，求得水平距离。

3. 水平角测量

小三角锁的水平角观测，因测站上观测的方向往往多于两个，一般采用方向观测法观

测。测角图根的主要技术要求见表 7 - 5

表 7 - 5 测角图根的主要技术要求

测图比例尺	测角中误差	测 回 数		三角形闭合差
		DJ$_2$	DJ$_6$	
1：500～1：2000	20″	2 个 "半测回"	2	60″
1：5000～1：10000	15″	2 个 "半测回"	2	45″

4. 基线边方位角的测定

独立小三角锁采用罗盘仪测定起始边的磁方位角。与高级控制点连接的小三角锁，只需测定连接角，就有起始方位角。

二、小三角测量的内业计算——测角网近似平差

小三角网（锁）采用测角网，数据处理一般用近似平差，虽布设网（锁）的图形条件不同，但计算大同小异。

图 7 - 11 为两端有基线的小三角锁，丈量了两条基线 AB、GF 的长度为 d_0、d_n，又观测了方位角 α_{AB} 和所有三角形的内角 a_i、b_i、c_i（$i=1, 2, \cdots, n$）。因此，各三角形的内角应满足内角和的条件，称为图形条件。另外应满足基线条件，也叫边长条件，即由起始边边长 d_0 及三角形的内角可算得终了边的边长 d_n'，它应等于直接测量的长度 d_n，如不等则产生基线闭合差（也称边长闭合差），一般认为基线丈量的精度较高，基线闭合差是由推算边长时所用角度的误差引起的。

计算时，将三角形内角的编号作如下规定：在每一个三角形内，已知边所对的角为 b_i，待求边（在下一个三角形中为已知边，也称传边距）所对的角为 a_i，由于这两个角用来推算边长，故称为传距角；第三个角为 c_i 不作推算边长之用，称为间隔角。

（一）三角形角度闭合差的调整

三角形的角度闭合差为

$$f_i = a_i + b_i + c_i - 180° \quad (i=1, 2, \cdots, n)$$

设 V_a，V_b，V_c 为三内角的第一次改正值，因角度为精度观测，故角度改正值为

$$V_{ai} = V_{bi} = V_{ci} = -\frac{f_i}{3} \quad (i=1, 2, \cdots, n) \tag{7-25}$$

经过第一次改正后的内角分别为

$$a_i' = a_i + V_{ai}$$
$$b_i' = b_i + V_{bi}$$
$$c_i' = c_i + V_{ci}$$

（二）基线闭合差的计算及调整

用第一次改正后的角值，按正弦定理由起始边边长 d_0 推算终了边长，得

$$d_n' = \frac{d_0 \sin a_1' \sin a_2' \cdots \sin a_n'}{\sin b_1' \sin b_2' \cdots \sin b_n'}$$

如果与终了边实测长度 d_n 相等，即 $d_n' = d_n$，则得基线条件

$$\frac{d_0 \sin a_1' \sin a_2' \cdots \sin a_n'}{\sin b_1' \sin b_2' \cdots \sin b_n'} = d_n$$

如果不满足基线条件，则产生基线闭合差 w 为

$$w = \frac{d_0 \sin a_1' \sin a_2' \cdots \sin a_n'}{d_n \sin b_1' \sin b_2' \cdots \sin b_n'} - 1 \tag{7-26}$$

为了满足基线条件，必须再对 a_i' 及 b_i' 进行改正，设 $v_{ai}' v_{bi}'$ 为角度的第二次改正值，则有

$$\frac{d_0 \sin(a_1' + v_{a1}') \sin(a_{a2}' + v_{a2}') \cdots \sin(a_{an}' + v_{an}')}{d_n \sin(b_{b1}' + v_{b1}') \sin(b_{b2}' + v_{b3}') \cdots \sin(b_{bm}' + v_{bm}')} - 1 = 0 \tag{7-27}$$

令

$$F = \frac{d_0 \sin(a_1' + v_{a1}') \sin(a_{a2}' + v_{a2}') \cdots \sin(a_{an}' + v_{an}')}{d_n \sin(b_{b1}' + v_{b1}') \sin(b_{b2}' + v_{b3}') \cdots \sin(b_{bm}' + v_{bm}')}$$

由于 v_{ai}' 及 v_{bi}' 一般只有几秒，因此，按泰勒公式将 F 展开取一次项得

$$w + F_0 \left(\frac{1}{\rho''} \sum_{i=1}^{n} \cot'_i v_{ai}' - \frac{1}{\rho''} \sum_{i=1}^{n} \cot b_i' v_{bi}' \right) = 0 \tag{7-28}$$

由于 $F_0 \approx 1$，而且在等精度观测的情况下，所有传距角的第二次改正值大小应相等，同时为了不破坏已满足的三角形内角和条件，令其符号相反，代入式（7-28）得

$$v' = v_{ai}' = -v_{bi}' = \frac{-w\rho''}{\sum_{i=1}^{n}(\cot a_i' + \cot b_i')} \tag{7-29}$$

三角形内角的最后角值为

$$\left. \begin{array}{l} a_i'' = a_i + v_{ai} + v_{ai}' \\ b_i'' = b_i + v_{bi} + v_{bi}' \\ v_{ci}' = c_i + v_{ci} + v_{ci}' \end{array} \right\} \tag{7-30}$$

【例 7-3】 图 7-11 中，基线 $d_0 = 423.292\text{m}$，$d_5 = 474.512\text{m}$，各三角形内角的观测值列于表 7-6，按表内顺序对观测角值进行两次改正，然后用正弦定律由 d_0 及 a_i''、b_i'' 及 c_i'' 计算各边的边长，列于表 7-6 的第⑩栏。

各点的坐标可按闭合导线 $A-C-E-G-F-D-B-A$ 进行计算。

如果小三角锁仅起始端有一条基线，它只有三角形内角和的条件，那么角度只进行一次改正。

表 7-6　　　　　　　　　　　两端有基线的小三角锁近似平差计算表

三角形编号	点号	角号	角度观测值	第一次改正值	第一次改正后角值	$\cot b_i$ $\cot a_i$	第二次改正值	改正后的角值	边长	边号
			° ′ ″	″	° ′ ″		″	° ′ ″	m	
①	②	③	④	⑤	⑥	⑦	⑧	⑨	⑩	⑪
	C	b_1	45 34 38	+7	45 34 45	0.980	+4	45 34 49		d_0
	B	c_1	70 30 42	+8	70 30 50			70 30 50	423.292	s_2
I	A	a_1	63 54 18	+7	63 54 25	0.490	−4	63 54 21	558.708	d_2
		Σ	179 59 38		180 00 00			180 00 00	532.246	
			$f_1 = -22''$							

续表

三角形编号	点号	角号	角度观测值	第一次改正值	第一次改正后角值	$\cot b_i$ $\cot a_i$	第二次改正值	改正后的角值	边　长	边号
			° ′ ″	″	° ′ ″		″	° ′ ″	m	
①	②	③	④	⑤	⑥	⑦	⑧	⑨	⑩	⑪
II	D	b_2	59 05 0	+3	59 05 08	0599	+4	50 44 17	532.246	d_1
	C	c_2	61 14 22	+4	61 14 26			61 14 26	543.848	s_2
	B	a_2	59 40 23	+3	59 40 25	0585	−4	59 40 22	535.478	d_2
		Σ	179 59 50		180 00 00			180 00 00		
			$f_2 = -10''$							
III	E	b_2	50 44 10	+3	50 44 13	0.814	+4	50 44 17	535.478	d_2
	D	c_2	62 13 41	+3	62 13 44			62 13 44	611.938	s_2
	C	a	67 02 00	+3	67 02 03	0.424	4	67 01 59	636.776	d_3
		Σ	179 59 50		180 00 00			180 00 00		
			$f_3 = -9''$							
IV	F	b_4	69 22 03	−4	69 21 59	0.377	+4	69 22 03	36.7666	d_3
	E	c_4	45 19 49	−4	45 19 45			45 19 45	483.885	s_4
	D	a_4	65 18 20	−4	65 18 16	0.460	−4	65 18 12	618.182	d_4
		Σ	180 00 12		180 00 00			180 00 00		
			$f_4 = -12''$							

$$v' = \frac{-1.123 \times 10^{-4} \times 206265}{5.788} = -4'', \quad v'_{ai} = -4'', \quad v'_{bi} = +4''$$

第四节　交　会　测　量

交会法是根据两个以上已知点，用方向或距离交会，确定待定点的坐标和高程的方法。当已有控制点的数量不能满足测图或放样需要时，可采用前方交会法（Forward Intersection）加密控制点。

一、测角前方交会

如图 7-12 所示，用经纬仪在已知点 A、B 上测出 α 和 β 角，计算待定点 P 的坐标。计算公式如下

$$\left.\begin{aligned}
x_p - x_A &= \frac{D_{AP}}{D_{AB}} \sin\alpha [(x_B - x_A)\cot\alpha + (y_B - y_A)] \\
y_p - y_A &= \frac{D_{AP}}{D_{AB}} \sin\alpha [(y_B - y_A)\cot\alpha + (x_A - x_B)]
\end{aligned}\right\}$$

$$(7-31)$$

由 $\triangle ABP$ 可得

$$\frac{D_{AP}}{D_{AB}} = \frac{\sin\beta}{\sin(\alpha + \beta)}$$

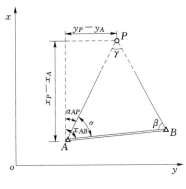

图 7-12　测角前方交会

上式等号两边乘以 $\sin\alpha$，得

$$\frac{D_{AP}}{D_{AB}}\sin\alpha=\frac{\sin\beta\sin\alpha}{\sin\alpha\cos\beta+\cos\alpha\sin\beta}=\frac{1}{\cot\alpha+\cot\beta}$$

将式（6-30）代入式（6-29），经整理后得

$$\left.\begin{aligned}X_P=\frac{x_A\cot\beta+x_B\cot\alpha-(y_A-y_B)}{\cot\alpha+\cot\beta}\\Y_P=\frac{y_A\cot\beta+y_B\cot\alpha+(x_A-x_B)}{\cot\alpha+\cot\beta}\end{aligned}\right\}\tag{7-32}$$

为了提高精度，交会角最好在 90°左右，一般不应小于 30°或大于 120°。同时为了校核所定点位正确性要求由三个已知点进行交会，其校核方法有以下两种。

（1）分别在已知点 A、B、C 上观测角 α_1、β_1 及 α_2、β_2，见表 7-7 算例中图，由两组图形算得待定点 P 的坐标（X_{P1}、Y_{P1}）及（X_{P2}、Y_{P2}）。如两组坐标的较差 $f[\pm\sqrt{(x_{p1}-x_{p2})^2+(y_{p1}-y_{p2})^2}]\leqslant0.2M$（mm）或 $0.3M$（mm），则取平均值。式中 M 为比例尺的分母（下同），前者用于 1：5000～1：10000 的测图；后者用于 1：500～1：2000 的测图。

（2）观测一组角度 α_1、β_1，计算坐标，而以另一方向检查，即在 B 点观测检查角 $\varepsilon_{测}=\angle PBC$，如图 7-13 所示。由坐标反算检查角 $\varepsilon_{算}$，与实测检查角 $\varepsilon_{算}$ 之差 $\Delta\varepsilon''$ 进行检查，$\varepsilon''\leqslant\pm\frac{0.15M\rho''}{s}$ 或 $\pm\frac{0.2M\rho''}{s}$，式中 s 为检查方向的边长。上式前者用于 1：5000～1：10000 的测图，后者用于 1：500～1：2000 的测图。算例见表 7-7。

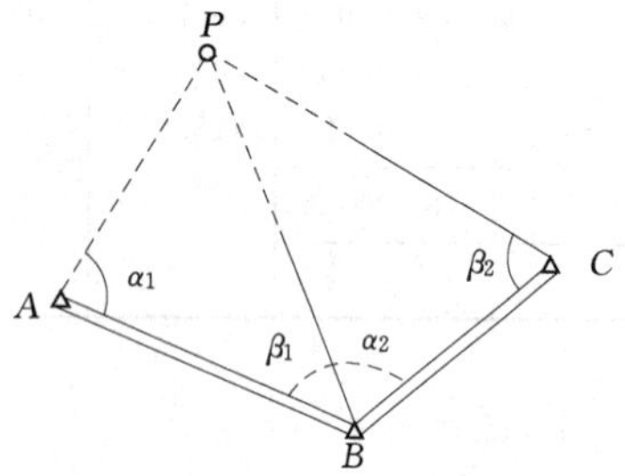

图 7-13 前方交会定点

表 7-7　　　　　　　前 方 交 会 计 算 表

略图与公式	$X_{P1}=\frac{X_A\cot\beta_1+X_B\cot\alpha_1-(Y_A-Y_B)}{\cot\alpha_1+\cot\beta_1}$，$X_{P2}=\frac{X_B\cot\beta_2+X_C\cot\alpha_2-(Y_B-Y_C)}{\cot\alpha_2+\cot\beta_2}$						
	$Y_{P1}=\frac{Y_A\cot\beta_1+Y_B\cot\alpha_1-(X_A-X_B)}{\cot\alpha_1+\cot\beta_1}$，$Y_{P2}=\frac{Y_B\cot\beta_2+Y_C\cot\alpha_2+(X_B-X_C)}{\cot\alpha_2+\cot\beta_2}$						
	$X_P=\frac{1}{2}(X_{P1}+X_{P2})$，　　$Y_P=\frac{1}{2}(Y_{P1}+Y_{P2})$						
已知数据	X_A	1659.232m	Y_A	2355.537m	X_B	1406.593	Y_B	2654.051m
	X_B	1406.593m	Y_B	2654.051m	X_C	1589.736	Y_C	2987.304m
观测值	α_1	69°11′04″	β_1	59°42′39″	α_2	51°15′22″	β_2	76°44′30″
	X_{P1}	1869.200m	Y_{P1}	2735.228m	X_{P2}	1869.208m	Y_{P2}	2735.226m
计算与校核	测图比例尺 1：500　　$f_容=\pm0.3\times500=\pm150$（mm）　　$f=\sqrt{8^2+2^2}=\pm8$mm$<\pm150$mm						
	$X_P=1869.204$m　　$Y_P=2735.227$m						

二、全站仪交会测量

全站仪交会测量一般有两种方式：一种是应用全站仪本身具有的自由设站功能（常用的有 $2-P$ 和 $3-P$ 方法）；另一种是全站仪配合交会测量软件一起完成的交会测量（如清华三维 EPSW 地形测量软件）。

1. 全站仪 $2-P$ 自由设站方法

只要观测自由设站以外的两已知坐标点的边长和角度，就可以获得自由设站的坐标。全站仪 $2-P$ 测量操作如下：

（1）全站仪任意设站，棱镜立于已知点 A，输入已知点 A 的坐标值和标杆高 H_T。照准棱镜测距。

（2）照准第二个已知点 B，输入其坐标值和标杆高 H_T。照准棱镜测距，仪器比较显示已知点的可靠性，有时还需要进行高程测量。

（3）依照提示输入设站点点号，屏幕显示所需的测点三维坐标。

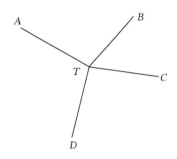

图 7-14 自由设站

2. 测量软件自由设站方法

自由设站即后方交会，其原理如图 7-14 所示，A、B、C、D 为已知点，在未知点 T_2 上架设仪器，在相应的对话框输入测站点号、仪器高、编码，通过测量 T_2 到 A、B、C、D 各点的方向值、垂直角，并输入各点标杆高 H_T，软件自动计算出 T_2 点的三维坐标。

思 考 与 练 习

1. 控制测量的目的是什么？建立平面控制网的方法有哪些？各有何优缺点？

2. 怎样衡量导线测量的精度？导线测量的闭合差是怎样规定的？

3. 交会定点有哪几种交会方法？采取什么方法来检查交会成果正确与否？

4. 平面控制网有哪几种形式？各在什么情况下采用？

5. 导线的布设形式有哪几种？选择导线点应注意哪些事项？导线的外业工作包括哪些内容？

6. 简述闭合导线坐标计算的步骤。

7. 如图 7-15 所示根据已知点 A，其坐标为 $x_A = 500.00\text{m}$，$y_A = 1000.00\text{m}$，布设闭合导线 $ABCDA$，观测数据标在图中，按表 7-3 格式计算 B、C、D 三点的坐标。

8. 在图 7-16 的附合导线 $B23C$ 中，已标出

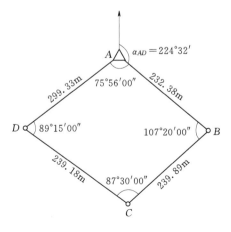

图 7-15 思考与练习题 7 图

已知数据和观测数据，按表 7 - 4 格式计算 2、3 两点的坐标。

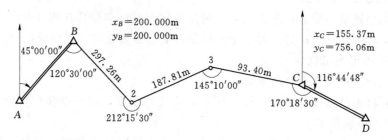

图 7 - 16　思考与练习题 8 图

第八章 高程控制测量

第一节 概　述

控制测量的目的是在整个测区范围内用比较精密的仪器和严密的方法测定少量大致均匀分布的点位的精确位置，包括点的平面位置和高程，前者称为平面控制测量，后者称为高程控制测量。

一、国家高程基准

布测全国统一的高程控制网，首先必须建立一个统一的高程基准面，所有水准测量测定的高程都以这个面为零起算，也就是以高程基准面作为零高程面。用精密水准测量联测到陆地上预先设置好的一个固定点，定出这个点的高程作为全国水准测量的起算高程，这个固定点称为水准原点。

（一）高程基准面

高程基准面就是地面点高程的统一起算面，由于大地水准面所形成的体形——大地体是与整个地球最为接近的体形，因此通常采用大地水准面作为高程基准面。

大地水准面是假想海洋处于完全静止的平衡状态时的海水面延伸到大陆地面以下所形成的闭合曲面。事实上，海洋受着潮汐、风力的影响，永远不会处于完全静止的平衡状态，总是存在着不断的升降运动，但是可以在海洋近岸的一点处竖立水位标尺，长期观测海水面的水位升降，根据长期观测的结果可以求出该点处海水面的平均位置，人们假定大地水准面就是通过这点处实测的平均海水面。

长期观测海水面水位升降的工作称为验潮，进行这项工作的场所称为验潮站。

根据各地的验潮结果表明，不同地点的平均海水面之间还存在着差异，因此，对于一个国家来说，只能根据一个验潮站所求得的平均海水面作为全国高程的统一起算面——高程基准面。

在新中国成立前，我国曾在不同时期以不同方式建立坎门、吴淞口、青岛和大连等地验潮站，得到不同的高程基准面系统。在新中国成立后的 1956 年我国根据基本验潮站应具备的条件，对以上各验潮站进行了实地调查与分析，认为青岛验潮站位置适中，地处我国海岸线的中部，而且青岛验潮站所在港口是有代表性的规律性半日潮港，又避开了江河入海口，外海海面开阔，无密集岛屿和浅滩，海底平坦，水深在 10m 以上等有利条件，因此，在 1957 年确定青岛验潮站为我国基本验潮站，验潮井建在地质结构稳定的花岗石基岩上，以该站 1950～1956 年 7 年间的潮汐资料推求的平均海水面作为我国的高程基准面。以此高程基准面作为我国统一起算面的高程系统称为"1956 年黄海高程系统"，水准原点的高程为 72.289m。

"1956 年黄海高程系统"的高程基准面的确立，对统一全国高程有其重要的历史意义，对国防和经济建设、科学研究等方面都起了重要的作用。但从潮汐变化周期来看，确立"1956 年黄海高程系"的平均海水面所采用的验潮资料时间较短，还不到潮汐变化的一个周期（一个周期一般为 18.61 年），同时又发现验潮资料中含有粗差，因此有必要重新确定新的国家高程基准。

新的国家高程基准面是根据青岛验潮站 1952～1979 年 28 年间的验潮资料计算确定，根据这个高程基准面作为全国高程的统一起算面，称为"1985 国家高程基准"。

（二）水准原点

为了长期、稳定地表示出高程基准面的位置，作为传递高程的起算点，必须建立稳固的水准原点，用精密水准测量方法将它与验潮站的水准标尺进行联测，以高程基准面为零推求水准原点的高程，以此高程作为全国各地推算高程的依据。在"1985 国家高程基准"系统中，我国水准原点的高程为 72.2604m。

我国的水准原点网建于青岛附近，其网点设置在地壳比较稳定、质地坚硬的花岗岩基岩上。水准原点网由 1 个主点—原点、3 个参考点和 2 个附点共 6 个点组成。水准原点的标石构造如图 8-1 所示。

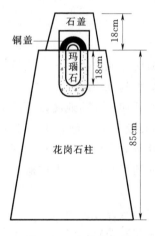

图 8-1 水准原点的标石构造

"1985 国家高程基准"从 1988 年 1 月 1 日开始启用，今后凡涉及高程基准时，一律由原来的"1956 年黄海高程系统"改用"1985 国家高程基准"。由于新布测的国家一等水准网点是以"1985 国家高程基准"起算的，因此，今后凡进行各等级水准测量、三角高程测量以及各种工程测量，尽可能与新布测的国家一等水准网点联测，即使用国家一等水准测量成果作为传算高程的起算值，如不便于联测时，可对"1956 年黄海高程系统"的高程值进行改正，得到以"1985 国家高程基准"为准的高程值。

必须指出，我国在新中国成立前曾采用过不同地点的平均海水面作为高程基准面。由于高程基准面的不统一，使高程比较混乱，因此在使用过去旧有的高程资料时，应弄清楚当时采用什么地点的平均海水面作为高程基准面。

二、高程控制网的布设

（一）国家高程控制测量

国家高程控制测量主要是用水准测量方法进行国家水准网的布测。国家水准网是全国范围内施测各种比例尺地形图和各类工程建设的高程控制基础，并为地球科学研究提供精确的高程资料，如研究地壳垂直形变的规律，各海洋平均海水面的高程变化，以及其他有关地质和地貌的研究等。

国家水准网的布设也是采用由高级到低级、从整体到局部逐级控制、逐级加密的原则。国家水准网分 4 个等级布设，一等、二等水准测量路线是国家的精密高程控制网。一等水准测量路线构成的一等水准网是国家高程控制网的骨干，同时也是研究地壳和地面垂直运动以及有关科学问题的主要依据，每隔 15～20 年沿相同的路线重复观测一次。构成一等水准网的环线周长根据不同地形的地区，一般在 1000～2000km 之间。在一等水准环内布设的二等水准网是国家高程控制的全面基础，其环线周长根据不同地形的地区在 500～750km 之间。一等、二等水准测量统称为精密水准测量。

我国一等水准网由 289 条路线组成，其中 284 条路线构成 100 个闭合环，共计埋设各类标石近 2 万余座。

二等水准网在一等水准网的基础上布设。我国已有 1138 条二等水准测量路线，总长为 13.7 万 km，构成 793 个二等环。

三等、四等水准测量直接提供地形测图和各种工程建设所必需的高程控制点。三等水准测量路线一般可根据需要在高级水准网内加密，布设附合路线，并尽可能互相交叉，构成闭合环。单独的附合路线长度应不超过 200km；环线周长应不超过 300km。四等水准测量路线一般以附合路线布设于高级水准点之间，附合路线的长度应不超过 80km。

（二）城市和工程建设高程控制测量

城市和工程建设高程控制网是各种大比例尺测图、城市工程测量和城市地面沉降观测的高程控制基础，又是工程建设施工放样和监测工程建筑物垂直形变的依据。

城市和工程建设高程控制网一般按水准测量方法来建立。为了统一水准测量规格，考虑到城市和工程建设的特点，城市测量和工程测量技术规范规定其等级分为二等、三等、四等 3 个等级。首级高程控制网，一般要求布设成闭合环形，加密时可布设成附合路线和结点图形。各等级水准测量的精度和国家水准测量相应等级的精度一致。

高程控制测量的实施，其工作程序主要包括以下几个环节：水准网的图上设计、水准点的选定、水准标石的埋设、水准测量观测、平差计算以及成果表的编制。

1. 水准网的图上设计

水准网的布设应力求做到经济合理，因此，首先要对测区情况进行调查研究，搜集和分析测区已有的水准测量资料，从而拟定出比较合理的布设方案。如果测区的面积较大，则应先在 1：25000～1：100000 比例尺的地形图上进行图上设计。图上设计应遵循以下各点：

（1）水准路线应尽量沿坡度小的道路布设，以减弱前后视折光误差的影响。尽量避免跨越河流、湖泊、沼泽等障碍物。

（2）水准路线若与高压输电线或地下电缆平行，则应使水准路线在输电线或电缆 50m 以外布设，以避免电磁场对水准测量的影响。

（3）布设首级高程控制网时，应考虑到便于进一步加密。

（4）水准网应尽可能布设成环形网或结点网，个别情况下亦可布设成附合路线。水准点间的距离：一般地区为 2～4km；城市建筑区和工业区为 1～2km。

（5）应与国家水准点进行联测，以求得高程系统的统一。

（6）注意测区已有水准测量成果的利用。

2. 水准点的选定

根据上述要求，首先应在图上初步拟定水准网的布设方案，再到实地选定水准路线和水准点位置。在实地选线和选点时，除了要考虑上述要求外，还应注意使水准路线避开土质松软地段；确定水准点位置时，应考虑到水准标石埋设后点位的稳固安全，保证水准点能长期保存，便于施测。为此，水准点应设置在地质上最为可靠的地点，避免设置在水滩、沼泽、沙土、滑坡和地下水位高的地区；埋设在铁路、公路近旁时，一般要求离铁路的距离应大于50m，离公路的距离应大于20m，应尽量避免埋设在交通繁忙的岔道口；墙上水准点应选在永久性的大型建筑物上。

3. 水准标石的埋设

水准点选定后，就可以进行水准标石的埋设工作。我们知道，水准点的高程就是指嵌设在水准标石上面的水准标志顶面相对于高程基准面的高度，如果水准标石埋设质量不好，容易产生垂直位移或倾斜，那么即使水准测量观测质量再好，其最后成果也是不可靠的，因此务必十分重视水准标石的埋设质量。

国家水准点标石的制作材料、规格和埋设要求，在 GB 29—91871《国家一、二等水准测量规范》（以下简称水准规范）中都有具体的规定和说明。工程测量中常用的普通水准标石是由柱石和盘石两部分组成，如图8-2所示，标石可用混凝土浇制或用天然岩石制成。水准标石上面嵌设有铜材或不锈钢金属标志，如图8-3所示。

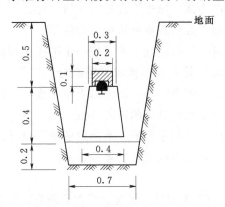

图8-2　普通水准标石（单位：m）

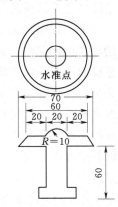

图8-3　水准标石标志（单位：mm）

首级水准路线上的结点应埋设基本水准标石，基本水准标石及其埋设如图8-4所示。

墙上水准标志如图8-5所示，一般嵌设在地基已经稳固的永久性建筑物的基础部分，水准测量时，水准标尺安放在标志的突出部分。

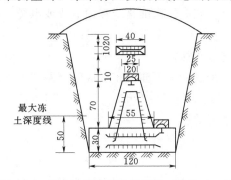

图8-4　基本水准标石及其埋设（单位：cm）

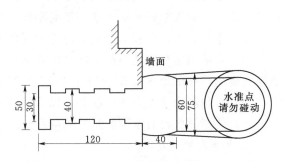

图8-5　墙上水准标志（单位：mm）

埋设水准标石、标志时，一定要将底部及周围的泥土夯实，标石、标志埋设后，应绘制点之记，并办理托管手续。

（三）水利工程中的高程控制测量

根据 SL 197—97《水利水电工程测量规范》（勘测设计阶段）规定，水利工程测量中的高程控制测量分为以下三种：

（1）基本高程控制测量。一等、二等、三等、四等、五等水准测量和三等、四等、五等电磁波测距三角高程测量。

（2）图根高程控制测量。图根水准测量、图根电磁波测距三角高程测量和图根经纬仪三角高程测量。

（3）测站点高程控制测量。测图水准、电磁波测距交会法和支距法、经纬仪交会法、经纬仪视距支导线法和视距高程。

第二节　三等、四等水准测量

在地形测图和施工测量中，多采用三等、四等水准测量作为首级高程控制。在进行高程控制测量之前，必须事先根据精度和需要在测区布置一定密度的水准点。水准点标志及标石的埋设应符合有关规范要求。

三等、四等水准测量的技术要求

三等、四等水准测量除了用于国家高程控制网的加密外，还用于建立基本高程控制测量。三等、四等水准点的高程一般应从附近的一等、二等水准点引测，若测区内或附近没有国家一等、二等水准点，可建立测区独立基本高程控制网。三等、四等水准路线的布设，在加密国家控制点时，多布设为附合水准路线，结点网的形式。在独立测区作为首级高程控制时，应布设成闭合水准路线形式；而在山区、带状工程测区，可布设为水准支线。三等、四等水准测量的主要技术要求详见表8-1和表8-2。

表 8-1　　三等、四等水准测量的主要技术

等级	水准仪型号	视线长度（m）	前后视距差（m）	前后视距累计差（m）	视线离地面最低高度（m）	基本分划、辅助分划（黑红面）读数差（mm）	基本分划、辅助分划（黑红面）所测高差之差（mm）
三	DS₁	100	2	5	0.3	1.0	1.5
	DS₃	75				2.0	3.0
四	DS₃	100	3	10	0.2	3.0	5.0
五	DS₃	100	大致相等				
图根	DS₁₀	≤100					

注　1. 当成像显著清晰、稳定时，视线长度可按表中规定放长20%。
　　2. 当进行三等、四等水准测量观测，采用单面标尺变更仪器高度时，所测量两高差之差的要求相同。

表 8-2 三等、四等水准测量的高差闭合差

等级	水准仪型号	水准尺	路线长度 (km)	观测次数		每千米高差中误差 (mm)	往返较差、附合或环线闭合差	
				与已知点联测	附合或环线		平地(mm)	山地(mm)
三	DS_1	铟瓦	≤50	往返各一次	往一次	6	$12\sqrt{L}$	$4\sqrt{n}$
	DS_3	双面			往返各一次			
四	DS_3	双面	≤16	往返各一次	往一次	10	$20\sqrt{L}$	$6\sqrt{n}$
五	DS_3	单面		往返各一次	往一次	15	$30\sqrt{L}$	
图根	DS_{10}	单面	≤5	往返各一次	往一次	20	$40\sqrt{L}$	$12\sqrt{n}$

注 1. 结点之间或结点与高级点之间，其路线的长度，不应大于表中规定的 0.7 倍。

2. L 为往返测段、附合或环线的水准路线长度，km；n 为测站数。

三等、四等水准测量的方法

国家三等、四等水准测量的精度要求较普通水准测量的精度高，因此除仪器的技术参数有具体规定外，对观测程序、操作方法、视线长度及读数等都有严格的技术指标，见表 8-1、表 8-2。用于三等、四等水准测量的水准尺，通常采用木质的两面有分划的红黑面双面尺。

三等水准测量应沿路线进行往返观测，四等水准测量当两端点为高等级水准点或自成闭合环时只进行单程测量。四等支水准则必须进行往返测量，每一测段的往测与返测，其测站数均应为偶数，否则要加入标尺零点差改正。由往测转向返测时，必须重新安置仪器，两根水准尺也应互换位置。

工作间歇时，最好能在水准点上结束观测，否则应选择两个稳固可靠、便于放置标尺的固定点作为间歇点，并作标记。间歇后，应进行检测，若检测结果符合表 8-1 的限差要求，即可继续前测。

1. 测站观测程序

三等、四等水准测量在每一测站上按以下观测顺序进行，数据填入记录表 8-3 中相应位置：

（1）照准后视尺黑面，读取下、上、中丝读数①、②、③。

（2）照准前视尺黑面，读取下、上、中丝读数④、⑤、⑥。

（3）照准前视尺红面，读取中丝读数⑦。

（4）照准后视尺红面，读取中丝读数⑧。

以上①，②，…，⑧代表数据观测与记录的顺序。这样的顺序简称为"后前前后"（黑、黑、红、红）。四等水准测量每测站上的观测顺序也可为"后后前前"（黑、红、黑、红）。

观测结束后，应立即进行测站上的计算。如果所有计算满足表 8-1 中的技术要求，可迁站前进，否则应重新观测。

2. 测站计算与校核

三等、四等水准测量的观测记录及计算的示例见表 8-3。表内带圈的号码代表观测读数和计算的顺序，其中①~⑧为观测数据，其余为计算所得。

表 8-3　　　　　　　　　　三等、四等水准测量记录手簿

测站编号	点号	后尺 下丝 上丝	前尺 上丝 下丝	方向及尺号	中丝读数（m）		K+黑－红（mm）	高差中数（m）
		后距（m）	前距（m）		黑面	红面		
		视距差 d（m）	∑d（m）					
		①	④	后1	③	⑧	⑬	
		②	⑤	前2	⑥	⑦	⑭	⑱
		⑨	⑩	后－前	⑮	⑯	⑰	
		⑪	⑫					
1	BM₁－TP₁	1.954	1.276	后2	1.664	6.350	+1	
		1.373	0.693	前1	0.985	5.773	-1	+0.6780
		58.1	58.3	后－前	+0.679	+0.577	+2	
		-0.2	-0.2					
2	TP₁－TP₂	1.146	1.744	后1	1.024	5.811	0	
		0.903	1.499	前2	1.622	6.308	+1	-0.5975
		24.3	24.5	后－前	-0.598	-0.497	-1	
		-0.2	-0.4					
3	TP₂－TP₃	1.479	0.982	后2	1.171	5.859	-1	
		0.864	0.373	前1	0.678	5.465	0	+0.4935
		61.5	60.9	后－前	+0.493	+0.394	-1	
		+0.6	+0.2					
4	TP₃－BMₐ	1.536	1.030	后1	1.242	6.030	-1	
		0.947	0.442	前2	0.736	5.422	+1	+0.5070
		58.9	58.8	后－前	+0.506	+0.608	-2	
		+0.1	+0.3					
每页校核		∑⑨=202.8 （－）∑⑩=202.5 =+0.3 ⑫=+0.3	∑（⑮+⑯）=+2.162 2∑⑱=+2.162 ∑⑨+∑⑩=405.3m					

注　$K_1=4.787m$；$K_2=4.687m$。

（1）视距计算。

后视距：　　　　　　　　　　⑨$=100×[①-②]$

前视距：　　　　　　　　　　⑩$=100×[⑤-⑥]$

后、前视距差：　　　　　　　⑪$=⑨-⑩≤±5m$

后、前视距累积差：　　　　　⑫$=$上站之⑫+本站⑪$≤±10m$

（2）同一水准尺黑、红面中丝读数的检核（K+黑－红）。同一水准尺红、黑面中丝读数之差，应等于该尺的尺常数 K（红面的起始读数，一般为 4.687 和 4.787），其差值为

前视尺：　　　　　　　　　　⑬$=⑥+K-⑦≤±3mm$

后视尺：$\qquad$ ⑭＝③＋K－⑧≤±3mm

（3）高差计算及检核。

黑面所测高差：$\qquad$ ⑮＝③－⑥

红面所测高差：$\qquad$ ⑯＝⑧－⑦

黑、红面所测高差之差：$\qquad$ ⑰＝⑮－⑯±0.100)≤±5mm

其中 0.100 为单、双号两根水准尺尺常数之差，以 m 为单位。其±符号的确定：若⑮＞⑯，则用"＋"；若⑮＜⑯，则用"－"。

计算校核：$\qquad$ ⑰＝⑭－⑬

高差中数：$\qquad$ ⑱＝$\frac{1}{2}$×(⑮＋⑯±0.100)

（4）每页计算的检核。

视距计算检核：$\qquad$ $\sum$⑨－$\sum$⑩＝末站⑫

高差计算检核：$\qquad$ $\sum$⑮＋$\sum$⑯±0.100＝2×$\sum$⑱

检核无误后，算出水准路线总长：$\qquad$ 水准路线总长＝$\sum$⑨＋$\sum$⑩

（5）成果计算。在完成一测段单程测量后，须立即计算其高程总和。完成一测段往、返观测后，应立即计算高差闭合差，进行成果检核。其高差闭合差应符合表 8-2 的规定。然后对闭合差进行调整。最后按调整后的高差计算各水准点的高程。

第三节　三 角 高 程 测 量

在高程测量中，除了采用水准测量外，在地形起伏较大进行水准测量较困难的地区，还可应用经纬仪进行三角高程测量。随着测距仪的广泛应用，测距仪三角高程测量也得到广泛的应用。新的 GB 50026—2007《工程测量规范》也对其主要技术要求作出了规定。测距仪三角高程测量的精度完全可以达到四等水准测量的要求。

一、经纬仪三角高程测量

利用经纬仪测定两点间的竖直角，并根据已知距离确定点的高程的测量工作。

（一）测量原理

1. 单向观测计算高差的计算公式

如图 8-6 所示，欲测 A、B 两点间的高差 h，将经纬仪置于 A 点，量取仪器横轴至 A 点的铅垂高度即仪器高 i。B 点竖立目标，量取目标照准点的高度 v。由图不难看出

$$h_{AB}=h'+c+i-r-v \qquad (8-1)$$

由于 A、B 两点间的距离与地球半径之比值极小，故可认为 $\angle INM = 90°$。在 $\triangle INM$ 中

$$h'=D\tan\alpha \qquad (8-2)$$

式中：α 为目标照准点的竖直角；D 为 A、B 之间的水平距离；c 为地球曲率的影响；r 为

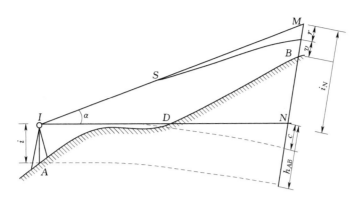

图 8 - 6　三角高程测量

大气折光的影响。

其中

$$c = \frac{D^2}{2R} \qquad\qquad (8-3)$$

$$r = \frac{D^2}{2R'} \qquad\qquad (8-4)$$

式中：R 为地球半径；R' 为折光曲线 IQ 的曲率半径。

设 $K = \frac{R}{R'}$，称为大气折光系数，则

$$\gamma = \frac{D^2}{2\dfrac{R}{K}} = \frac{KD^2}{2R} \qquad\qquad (8-5)$$

将式（8-2）、式（8-3）和式（8-5）代入式（8-1），则有

$$h_{AB} = D\tan\alpha + \frac{1-K}{2R}D^2 + i - v$$

令 $p = \dfrac{1-K}{2R}$，p 称为地球曲率及大气折光改正系数。则

$$h = D\tan\alpha + pD^2 + i - v \qquad\qquad (8-6)$$

此为单向观测计算高差的基本公式。

用不同的 D 值为引数，计算出改正值列于表 8-4。

由表 8-4 可知，当两点水平距离 $D < 300\text{m}$ 时，其影响不足 1cm，可忽略不计；一般规定当 $D > 300\text{m}$ 时，才考虑球气差的影响。

表 8 - 4　　　　　　　　　　　　　　球 气 差 查 取 表

D（m）	1	2	3	4	5	6	7	8	9	10
pD^2（cm）	0.1	0.2	0.6	1.1	1.7	2.5	3.4	4.5	5.7	7.0

2. 对向观测计算高差的公式

对向观测即是将仪器置于 A 点观测 B 点测取高差，再将仪器置于 B 点观测 A 点测取高差，然后取两高差的中数作为观测结果。按照式（8-6），由 A 点观测 B 点的高差

$$h_{AB} = D_{AB}\tan\alpha_{AB} + c_{AB}D_{AB}^2 + i_A - v_B \qquad\qquad (8-7)$$

由 B 点观测 A 点的高差

$$h_{BA} = D_{BA} \tan\alpha_{BA} + c_{BA} D_{BA}^2 + i_B - v_A \tag{8-8}$$

式中：D_{AB}、α_{AB} 和 D_{BA}、α_{BA} 分别为仪器在 A 点和 B 点所测的平距和竖直角（如果 A、B 两点间的平距为已知，则 $D_{AB} = D_{BA}$）；i_A、v_A 和 i_B、v_B 分别为 A、B 点的仪器高和目标高。

由于对向观测一般是在相同的大气条件下进行的，也可在同一时间进行，故可认为 $K_{AB} = K_{BA}$，亦即 $p_{AB} = p_{BA}$，又 $D_{AB} = D_{BA}$，则

$$p_{AB} D_{AB}^2 \approx p_{BA} D_{AB}^2$$

往、返测高差取平均，得

$$h_{AB(平均)} = \frac{1}{2}(D_{AB} \tan\alpha_{AB} + D_{BA} \tan\alpha_{BA}) + \frac{1}{2}(i_A + i_B) - \frac{1}{2}(v_A + v_B) \tag{8-9}$$

此为对向观测计算高差的基本公式。由此看来，对向观测可抵消地球曲率和大气折光的影响，因而精测均应采用对向观测。

（二）三角高程测量中距离的测量

利用三角高程测量的方法测定两点间的高差，除须观测竖直角外，还需知道两点间的水平距离，一般可以通过以下两种途径获得：

（1）利用平面控制测量的结果。无论是以导线还是三角作为平面控制，平面控制点的坐标均为已知，所以各边长均可通过坐标反算求得。

（2）直接测定距离。如使用红外测距仪或全站仪进行观测，则在观测竖直角的同时，可以直接测定出两点间的距离。

（三）大气折光系数 K 的确定

我们知道，提高三角高程测量精度的最大障碍是大气折光问题。多年来，世界各国测绘部门对大气折光系数 K 值进行了大量的试验研究。但由于大气折光受所在地区的高程、地形条件、气象、季节、时间、地面覆盖物以及光线离地面的高度诸多因素的影响，要精确确定光线经过时的折光系数是难以做到的。因此，在测量中，通常是根据所在地区的观测条件取一平均的 K 值。

根据目前的研究资料表明，K 值在晴朗的白天取 0.13～0.15；阴天白天和夜间取 0.16～0.20；晴朗的夜间取 0.26～0.30 为宜。

在精密测量中，由于大气折光对三角高程测量的精度影响极大，因此一方面实地测出适合该地区情况的 K 值；另一方面在实际测量中采取一些措施，如对向观测、选择有利的观测时间以及以短视线传递高程等。

（四）三角高程测量的观测方法

（1）在测站上安置好仪器，量取仪器高 i。

（2）盘左位置瞄准目标，使十字丝的中丝切目标于某一位置，如为标尺，则读出中丝在尺上截的数字，若照准的是觇标上某个位置，则应量取该中丝所截的位置至地面点的高

度，这就是目标高 v。转动竖盘水准管微动螺旋，使竖盘水准管气泡居中，读取竖盘读数 L。

（3）同样，以盘右位置照准原目标，使竖盘水准管气泡居中，读取竖盘读数 R，此为一测回。

（4）根据精度需要观测 2～3 个测回。

（5）按表 8-5 进行记录及计算。

表 8-5　　　　　　　　　　　　三角高程测量记录计算手簿

所求点	B	
起算点	A	
觇法	直	反
平距 D（m）	286.36	286.36
垂直角 α	$+10\degree32'26''$	$-9\degree58'41''$
$D\tan\alpha$（m）	$+53.28$	-50.38
仪器高 i（m）	$+1.52$	$+1.48$
觇标高 v（m）	2.76	3.20
两差改正数 f（M）		
高差 h（m）	$+52.04$	-52.10
平均高差（m）	$+52.07$	
起算点高程（m）	105.72	
所求点高程（m）	157.79	

二、电磁波测距三角高程测量

随着光电技术的发展，用电磁波测距仪来进行三角高程测量也越来越方便。

1. 计算公式

如图 8-7 所示，当测距仪测得 AB 间的斜距 S 和竖直角 α 后，AB 边的水平距离 D 为

$$D=S\cos\alpha=S\sin Z \qquad (8-10)$$

式中，Z 为天顶距，$Z=90\degree-\alpha$。

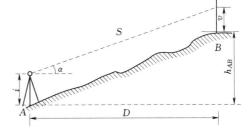

图 8-7　红外测距三角高程测量原理图

导线点高程的计算公式为

$$H_B=H_A+S\sin\alpha+\frac{1}{2R}S^2\cos^2\alpha+i-v \qquad (8-11)$$

或

$$H_B=H_A+S\cos\alpha+\frac{1}{2R}S^2\sin^2\alpha+i-v \qquad (8-12)$$

式中，R 为地球半径，为 6371km。

在实际工作中，只要将测定的斜距和竖盘读数输入测距仪计算系统内，即可显示出水平距离与初算高差值。

2. 观测方法

如图 8-7 所示，A、B 为两三角点，在 A 点安置测距仪，在 B 点安置反射棱镜，量取仪器高和目标高。一般仪器高和目标高应在观测前后各量取两次至 1mm，较差 2～4mm，取用两次的平均数记入手簿中。观测可按如下步骤进行：

(1) 盘左，照准 B 点反射镜。

(2) 启动测距仪，测定 AB 斜距三次，读取竖直度盘读数。

(3) 倒转望远镜成盘右位置，照准 B 点棱镜，读取竖直度盘读数。

(4) 以上完成一个测回的观测，根据需要一般要测 2～3 个测回。

3. 记录手簿

红外测距仪三角高程测量的记录手簿，见表 8-6，表中①～④栏记录测站、测点、仪器高、目标高、测回数、盘位以及气象情况，⑤、⑥栏为竖盘读数与竖盘指标差计算，取第⑦栏三项斜距的平均值与竖盘读数的平均值输入测距仪计算系统，即可计算出平距及初算高差，填入表中第⑧、⑨栏，第⑩栏为仪器高、目标高之差和球气差，第⑪栏为改正高差值。

表 8-6   红外测距仪三角高程测量手簿

测站 仪器高 气温	测回数	测点 中丝读数	盘位	竖直度盘		斜距 (m)	平距 D (m)	初算高差 (m)	$i-v$ 球气差 (m)	改正高差 (m)
				竖盘读数 (° ′ ″)	指标差 (″)					
①	②	③	④	⑤	⑥	⑦	⑧	⑨	⑩	⑪
B 1.435 21℃	1	A 1.600	左	91 18 26	−1	201.660 201.662 201.661	201.608	−4.603	−0.165 +0.003	−4.768
			右	268 41 32						
	2	A 1.600	左	91 18 28	−3					
			右	268 41 26						

表 8-7 为测距仪进行三角高程测量的主要技术指标。

表 8-7   红外测距仪三角高程测量技术要求

等级	仪器型号	竖直角 测回数	较差		对向观测高差较差 (mm)	备注
			指标差 (″)	指标差 (″)		
四等	DJ$_2$	3	7	7	±30 $\sqrt{D}$	仪器高量至 mm
五等	DJ$_2$	2	10	10	±40 $\sqrt{D}$	

注 D 为测距仪的测距长度。计算对向观测高差较差时，应考虑球气差影响。

三、三角高程测量的误差来源

三角高程测量的误差来源主要有以下四个方面。

1. 竖直角的测角误差

测角误差中包括观测误差、仪器误差及外界条件影响。观测误差中有照准误差、读数误差及竖盘指标水准管气泡居中的误差等。仪器误差中有单指标竖盘偏心误差及竖盘分划误差等。外界条件影响主要是大气折光，有时空气对流、空气能见度等也影响照准精度。

目前经纬仪竖盘指标有自动归零补偿装置，这样可以减弱气泡居中误差的影响，从而提高了测角精度。

一般认为 DJ$_6$ 型经纬仪用中丝法两测回的测角中误差约为 $6''\sim8''$。

2. 边长误差

边长误差的大小决定于测量的方法。例如解析法测定的平面控制点，根据其坐标反算而得的边长其精度是比较高的。如果是利用其展点位置在图上量得的边长，则边长精度就差些，一般认为相当于图上的 0.2mm，一般不宜采用。如果是一般视距法测定的边长，其精度仅达到边长的 1/300。若为图解法获得的边长，再从图上量得其长度，在不利的情况下，误差可能达到图上的 0.3mm。用光电测距仪测距，则可达到较高精度。

3. 折光系数的误差

在前面的章节中讲到大气折射影响时曾认为其情况与地球曲率影响相似，即 $r=\dfrac{S^2}{2R'}$ $=0.16\dfrac{S^2}{2R}$，这里的 0.16 称为折射系数，主要决定于空气的密度。空气密度，从早到晚在不定地变化着，一般认为早、晚变化较大。中午附近比较稳定，阴天与夜间空气的密度亦较稳定。所以折光系数是个变数，通常采用其平均值来计算大气折光的影响，故系数值是有误差的，曾有实验说明折光系数的中误差约为 $\pm$（0.03～0.04）。折射系数的误差对于短距离的三角高程测量的影响不是主要的；但是对于长距离三角高程测量而言，其影响是很显著的，应予注意。

4. 仪器高及目标高的测定误差

对于测定地形控制点高程的三角高程测量，仪器高及目标高的测定，仅要求精确到厘米级。因此，测量仪器高、目标高的精度一般容易达到要求。总的来说，这两项误差不构成主要影响。但是仪器高和目标高的测定仍应认真，以防操作马虎而使误差过大，甚至发生错误。

对于用光电测距的三角高程测量代替四等水准测量时，仪器高和目标高的测定要求达到毫米级，其量取误差不可忽视。

第四节 跨河精密水准测量

水准测量规范规定，当一等、二等水准路线跨越江河、峡谷、湖泊、洼地等障碍物的视线长度在 100m 以内时，可用一般观测方法进行施测，但在测站上应变换一次仪器高度，观测两次的高差之差应不超过 1.5mm，取用两次观测的中数。若视线长度超过 100m时，则应根据视线长度和仪器设备等情况，选用特殊的方法进行观测。

一、跨河水准测量的特点及跨越场地的布设

（一）跨河水准测量的特点

由于跨越障碍物的视线较长，使观测时前后视线不能相等，仪器 i 角误差的影响随着视线长度的增长而增大，致使由短视线后视减长视线前视读数所得高差中包含有较大的 i

角误差影响；跨越障碍的视线大大加长，必然使大气垂直折光的影响增大，这种影响随着地面覆盖物、水面情况和视线离水面的高度等因素的不同而不同，同时还随空气温度的变化而变化，因而也就随着时间而变化；视线长度的增大，水准标尺上的分划，在望远镜中观察就显得非常细小，甚至无法辨认，因而也就难以精确照准水准标尺分划和无法读数。

（二）跨河地点的选取

为了尽可能使往返跨越障碍物的视线受着相同的折光影响，对跨越地点的选择应特别注意。

（1）尽可能选到路线附近、江河最狭处，以便使用最短的跨河视线。

（2）视线不得通过草丛、干丘、沙滩的上方。草丛、沙滩、芦苇等受日光照射后，上面空气层中的温度分布情况变化很快，产生的折光影响很复杂，所以要力求避免通过它们的上方。

（3）两岸仪器视线离水面的高度应相等，当跨河视线长度小于300m时，视线离水面高度应不低于2m；大于300m时，应不低于 $4\sqrt{s}$ （m），s 为跨河视线的公里数。若视线高度不能满足上述要求时，须埋设高木桩并建造牢固的观测台。

（4）两岸仪器至水边的一段河滩，其距离应相等，并应大于2m，其地形与土质也应相似。

（5）仪器位置应选择在开阔、通风之处，不能靠近墙壁、砖堆、石堆等处。

（三）跨河水准的布设形式

（1）跨河水准测量测站点和标尺点的位置，一般布设成如图8-8～图8-10所示的Z字形、平行四边形、等腰三角形等形式。

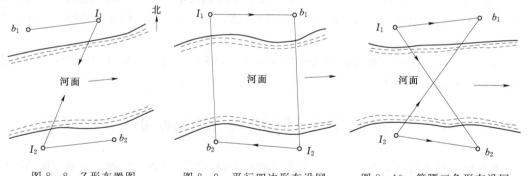

图 8-8　Z形布置图　　　　图 8-9　平行四边形布设网　　　图 8-10　等腰三角形布设网

（2）图中 I_1、I_2 及 B_1、B_2 分别为两岸仪器安置和标尺位置（即立尺点）。跨河视线 I_1B_2 与 I_2B_1 长度应力求相等，岸上视线 I_1B_1 与 I_2B_2 长度不得短于10m，且应彼此相等。

（3）当用一台仪器观测时，仪器及标尺的位置以采用图8-9的Z形布设为佳。I_1、I_2、B_1、B_2 四点均应设立标尺（此时 B_1B_2 两标尺点间上、下半测回的高差 $h_{B_1B_2}$ 应分别由两岸所测得高差 $h_{B_1I_2}$，$h_{B_2I_1}$ 分别加上对岸两标尺点间的高差 $h_{I_2B_2}$，$h_{I_1B_1}$ 求得）。

（4）为了传算高程和检查标尺点高程是否发生变化，应在跨河点不远于200～300m的水准路线上埋设普通水准标石，并绘制水准点草图。

（四）跨河水准测量的原理

跨河水准测量场地如按图 8-8 布设，水准路线由北向南推进，必须跨过一条河流。此时可在河的两岸选定立尺点 b_1、b_2 和测站 I_1、I_2。I_1、I_2 同时又是立尺点。选点时使 $b_1 I_1$ 与 $b_2 I_2$ 相等。

观测时，仪器先在 I_1 处后视 b_1，在水准标尺上读数为 B_1，再前视 I_2（此时 I_2 点上竖立水准标尺），在水准标尺上读数为 A_1。设水准仪具有某一定值的 i 角误差，其值为正，由此对读数 B_1 的误差影响为 Δ_1，对于读数 A_1 的误差影响为 Δ_2，则由 I_1 站所得观测结果，可按下式计算 b_2 相对于 b_1 的正确高差：

$$h'_{b_1 b_2} = (B_1 - \Delta_1) - (A_1 - \Delta_2) + h_{I_2 b_2}$$

将水准仪迁至对岸 I_2 处，原在 I_2 的水准标尺迁至 I_1 作后视尺，原在 b_1 的水准标尺迁至 b_2 作前视尺。在 I_2 观测得后视水准标尺读数为 B_2，其中 i 角的误差影响为 Δ_2 前视水准尺读数为 A_2，其中 i 角的误差影响为 Δ_1。则由 I_2 站所得观测结果，可按下式计算 b_2 相对于 b_1 的正确高差

$$h''_{b_1 b_2} = h_{b_1 I_1} + (B_2 - \Delta_2) - (A_2 - \Delta_1)$$

取 I_1、I_2 测站所得高差的平均值，即

$$
\begin{aligned}
h_{b_1 b_2} &= \frac{1}{2}(h'_{b_1 b_2} + h''_{b_1 b_2}) \\
&= \frac{1}{2}\left[(B_1 - A_1) + (B_2 - A_2) + (h_{b_1 I_1} + h_{I_2 b_2})\right]
\end{aligned}
$$

由此可知，由于在两个测站上观测时，远、近视距是相等的，所以由于仪器 i 角误差对水准标尺上读数的影响，在平均高差中得到抵消。

仪器在 I_1 站观测为上半测回观测，在 I_2 站观测为下半测回观测，由此构成一个测回的观测。观测测回数，跨河视线长度和测量等级在水准规范中有明确规定。跨河水准测量的全部观测测回数，应分别在上午和下午观测各占一半。或分别在白天和晚间观测。测回间应间歇 30min，再开始下一测回的观测。

事实上，按上述方式解决问题是有条件的，因为仪器的 i 角并不是不变的固定值。只有当跨越的视距较短（小于 500m）、渡河比较方便，可以在较短时间内完成观测工作时，上述布点方式才是可行的。另外，为了保证跨越两岸的视线 $I_1 I_2$ 在相对方向上具有相同的折光影响，因此，对 I_1 和 I_2 的点位选择，应特别注意，这主要是为了解决由于折光影响的问题。

为了更好地消除仪器 i 角的误差影响和折光影响，最好用两架同型号的仪器在两岸同时进行观测，两岸的立尺点 b_1、b_2 和仪器观测站 I_1、I_2 应布置成如图 8-9 和图 8-10 所示的两种形式。布置时尽量使 $b_1 I_1 = b_2 I_2$，$I_1 b_2 = I_2 b_1$。

（五）跨河水准测量应注意的事项

（1）最好在风力微弱以及气温变化较小的阴天进行。

（2）晴天时，观测应在日出 1h 开始至地方时上午 9 时 30 分止；下午自地方时 15 时起至日落 1h 止，但是可根据地区季节情况适当变通。阴天时，只要成像清晰稳定，即可

观测。

（3）在仪器调岸时，必须采取一切谨慎动作和措施，不得碰动对光螺旋和目镜，以保证两次观测对岸标尺时望远镜视准轴不变。

（4）在仪器调岸时，标尺也应随之调岸，但当一对标尺零点差不大时，也可只在全部测回进行一半时调岸一次。

（5）跨河水准的全部测回数，应平均分配于上午与下午，每一上午与下午的观测应尽可能连续观测偶数测回。后一测回的观测，应在前一测回结束的河岸上开始。

（6）为了传算高程，跨河水准测量前必须在普通水准标石与标尺点间进行联测。在跨河水准进行过程中，为了检查标尺高程有无变动，还须在每日观测前用单程进行检查。

二、跨河水准测量观测方法

1. 光学测微法

若跨越障碍的距离在500m以内，则可用这种方法进行观测。为了能照准较远距离的水准标尺分划并进行读数，要预先制作有加粗标志线的特制觇板，如图8-11所示。

觇板可用铝板制作，涂成黑色或白色，在其上画有一个白色或黑色的矩形标志线，如图8-12所示。矩形标志线的宽度按所跨越障碍物的距离而定，一般取跨越障碍距离的1/25000，如跨越距离为250m，则矩形标志线的宽度为1cm。矩形标志线的长度约为宽度的5倍。

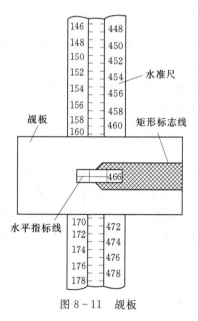

图8-11　觇板

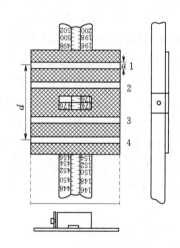

图8-12　倾斜螺旋法觇板1

觇板中央开一矩形小窗口，在小窗口中央装有一条水平的指标线。指标线可用马尾丝或细铜丝代之。指标线应恰好平分矩形标志线的宽度，即与标志线的上、下边缘等距。觇板的背面装有夹具，可使觇板沿水准标尺尺面上下滑动，并能用螺旋将觇板固定在水准标尺上的任一位置。

在测站上整平仪器后，先对本岸近标尺进行观测，接连照准标尺的基本分划两次，使用光学测微器进行读数。

向对岸水准标尺读数的方法是：将仪器置平，对准对岸水准标尺，并使符合水准气泡精密符合（此时视线精确水平），再使测微器读数置于分划全程的中央位置，即平行玻璃板居于垂直位置。然后按预先约定的信号或通过无线电话指挥对岸人员将觇板沿水准标尺上下移动，直至觇板上的矩形标志线被望远镜中的楔形丝平分夹住为止，这时觇板指标线在水准标尺上的读数，就是水平视线在对岸水准标尺上的读数。为了测定读数的精确值，再移动觇板，使觇板指标线精确对准水准标尺上最邻近的一条分划线，则根据水准标尺上分划线的注记读数和用光学测微器测定的觇标指标线的平移量，就可以得到水平视线在对岸水准标尺上的精确读数了。

为了精确测定觇板指标线的平移量，一般规定要多次用光学测微器使楔形丝照准觇板的矩形标志线，按多次测定结果的平均数作为觇板指标线的平移量。

2. 倾针螺旋法

当跨越障碍的距离很大（500m 以上甚至 1～2km）时，上述光学测微器法的照准和读数精度就会受到限制，在这种情况下，必须采用其他方法来解决向对岸水准标尺的照准和读数问题。目前所采用的是"倾斜螺旋法"。

所谓倾斜螺旋法，就是用水准仪的倾斜螺旋使视线倾斜地照准对岸水准标尺（一般叫远尺）上特制觇板的标志线（用于倾斜螺旋法的觇板上有 4 条标志线），利用视线的倾角和标志线之间的已知距离来间接求出水平视线在对岸水准标尺上的精确读数。视线的倾角可用倾斜螺旋分划鼓的转动格数（指倾斜螺旋有分划鼓的仪器，如 N3 精密水准仪）或用水准器气泡偏离中央位置的格数（指水准器管面上有分划的仪器，如 Ni 004 精密水准仪）来确定。

用于倾斜螺旋法的觇板，一般有 4 条标志线或两条标志线，觇板中央也有小窗口和觇板指标线，借觇板指标线可以读取水准标尺上的读数，如图 8-12、图 8-13 所示。

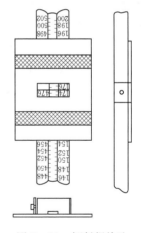

图 8-13 倾斜螺旋法觇板 2

根据实验，当仪器距水准标尺为 25m 时，水准尺分划线宽以取 1mm 为宜。仿此，如果跨河宽度为 s_m，则觇板标志线的宽度为

$$a = \frac{1}{25} s_m \quad （mm） \tag{8-13}$$

觇板上、下相距最远的两条标志线，也就是标志线 1、4 的中线之间的距离 d，以倾斜螺旋转动一周的范围（对 N3 水准仪而言约为 100″）或不大于气泡由水准管一端移至另一端的范围（对 Ni 004 水准仪而言约为 110″）为准，一般取 80″ 左右，故

$$d = \frac{80″}{\rho″} s \tag{8-14}$$

式中：s 为跨河距离。

在图 8-12 中，觇板的 2、3 标志线可适当地对称安排。觇板的宽度 b 一般取 $s/5$，跨河距离 s 以 m 为单位，觇板宽度 b 的单位为 mm。

倾斜螺旋法的基本原理是：通过观测对岸水准标尺上觇板的 4 条标志线，并根据倾斜螺旋的分划值来确定标志线之间所张的夹角，然后通过计算的方法求得相当于水平视线在对岸水准标尺上的读数，而本岸水平视线在水准标尺上的读数可用一般的方法读取。

设在本岸水准标尺上的读数为 b，对岸水准标尺上相当于水平视线的读数为 A，则两岸立尺点间的高差为 $(b-A)$。

为了求得 A 值，在远尺上安置觇板，以便对岸仪器照准，如图 8－14 所示。

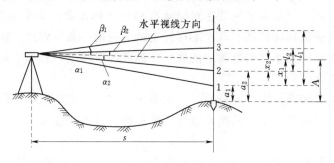

图 8－14　觇板观测

图 8－14 中：l_1 为觇板标志线 1、4 间的距离；l_2 为觇板标志线 2、3 间的距离；a_1 为水准标尺零点至觇板标志线 1 的距离；a_2 为水准标尺零点至觇板标志线 2 的距离；x_1 为标志线 1 至仪器水平视线的距离；x_2 为标志线 2 至仪器水平视线的距离。

α_1、α_2、β_2、β_1 为仪器照准标志线 1、2、3、4 的方向线与水平视线的夹角。这些夹角的值根据仪器照准标志线 1、2、3、4 时倾斜螺旋读数与视线水平时倾斜螺旋读数之差（格数），乘以倾斜螺旋分划鼓的分划值 μ 而求得。图中 s 为仪器至对岸水准标尺的距离。

由于 α_1、α_2、β_2、β_1 都是小角，所以按图 8－15 可写出下列关系式

$$s\frac{\alpha_1}{\rho}=x_1$$

$$s\frac{\beta_1}{\rho}=l_1-x_1$$

由上两式可得

$$x_1=\frac{l_1\alpha_1}{\alpha_1+\beta_1} \qquad (8-15)$$

同理可得

$$x_1=\frac{l_2\alpha_2}{\alpha_2+\beta_2} \qquad (8-16)$$

由图 8－15 又知

$$\left.\begin{array}{l} A_1=a_1+x_1 \\ A_2=a_2+x_2 \end{array}\right\} \qquad (8-17)$$

则取其平均数即为仪器水平视线在对岸水准标尺上的读数 A，即

$$A=\frac{1}{2}(A_1+A_2) \qquad (8-18)$$

A 值求出后，即可按一般方法计算两岸立尺点间的高差。设在本岸水准标尺（近尺）上读数为 b，则高差为

$$h=b-A \qquad (8-19)$$

式（8-15）和式（8-16）中的 l_1、l_2，可在测前用一级线纹米尺精确测定；式（8-17）中的 a_1 和 a_2 是由觇板指标线在水准标尺上的读数减去觇板标志线1、2的中线至觇板指标线的间距求得。

一测回的观测工作和观测程序如下：

（1）观测近尺。直接照准水准标尺分划，用光学测微器读数。进行两次照准并读数。

（2）观测远尺。先转动光学测微器，使平行玻璃板置于垂直位置，并在观测过程中保持不动。旋转倾斜螺旋，由觇板最低的标志线开始，从下至上用楔形丝依次精确照准标志线1、2、3、4，并分别读取倾斜螺旋分划鼓读数（对于 Ni 004 水准仪，读取水准气泡两端的读数），称为往测；然后，从上至下依相反次序用楔形丝照准标志线4、3、2、1，同样分别读取倾斜螺旋分划鼓读数，称为返测。必须指出，在往、返测照准4条标志线中间（往测时，照准标志线1、2之后；返测时，照准标志线4、3之后），还要旋转倾斜螺旋，使符合水准气泡精确符合两次（往、返测各两次）并进行倾斜螺旋读数，此读数就是当视线水平时倾斜螺旋分划鼓的读数。

由往、返测合为一组观测，观测的组数随跨河视线长度和水准测量的等级不同而异。各组的观测方法相同。

由（1）、（2）的观测组成上半测回。

（3）上半测回结束后，立即搬迁水准标尺和水准仪至对岸进行下半测回观测。此时，观测本岸与对岸水准标尺的次序与上半测回相反，观测方法与上半测回相同。由上、下半测回组成一个测回。

从前面所述的观测方法知道，近尺的读数是用光学测微器测定，而照准远尺的觇板标志线时，只是在倾斜螺旋分划鼓上进行读数，最后通过计算得到相当于视线水平时在水准标尺上的读数，并没有使用光学测微器。因此，必须在远尺读数中预先加上平行玻璃板在垂直位置时的光学测微器读数 C（对于 N3 为 5mm），然后与近尺读数相减得到近、远尺立尺点的高差，即

$$h = b - (A + C)$$

在 I_1 岸时，由 $(b-A)$ 所得的是立尺点 b_2 对于立尺点 b_1 的高差 h_1；在 I_2 岸时由 $(b-A)$ 所得的是立尺点 b_1 对于立尺点 b_2 的高差 h_2。它们的正负号相反，所以一测回的高差中数为：

$$h = \frac{1}{2}(h_1 - h_2)$$

用两台仪器在两岸同时观测的两个结果，称为一个"双测回"的观测成果，双测回的高差观测值 H 是取两台仪器所得高差的中数，即

$$H = \frac{1}{2}(h' + h'')$$

取全部双测回的高差中数，就是最后的高差观测值 H_0。

一个双测回的高差观测的中误差 m_H 和所有双测回高差平均值的中误差 m_{H_0} 可按下列公式计算

$$m_H = \pm\sqrt{\frac{[vv]}{N-1}} \tag{8-20}$$

$$m_{H_0} = \pm \frac{m_H}{\sqrt{N}} \qquad\qquad (8-21)$$

式中：N 为双测回数；$v_i = H_0 - H_i (i = 1, 2, \cdots, N)$。

按水准规范规定，各双测回高差之间的差数应不大于按下式计算的限值

$$\mathrm{d}H_{限} \leqslant 4m_\Delta \sqrt{Ns} \ (\mathrm{mm})$$

式中：m_Δ 是相应等级水准测量所规定的每公里高差中数的偶然中误差的限值（如二等水准测量 $m_\Delta \leqslant 1.0\mathrm{mm}$）；$s$ 为跨河视线的长度，按图 5-30 可写出计算 s 的公式为

$$s = \frac{l_1}{\alpha_1 + \beta_1} \rho''$$

3. 经纬仪倾角法

当跨越障碍物的距离在 500m 以上时，按水准规范规定，也可用经纬仪倾角法。此法最长的适应距离可达 3000m。经纬仪倾角法的基本原理是：用经纬仪观测垂直角，间接求出视线水平时中丝在远、近水准标尺上的读数，两者之差就是远、近立尺点间的高差。

观测近尺时，直接照准水准标尺上的分划线。观测远尺时，则照准安置在水准标尺上的觇板，用于此法的觇板只需两条标志线。

对近尺观测时，如图 8-15 所示，使望远镜中丝照准与水平视线最邻近的水准标尺基本分划的分划线 a，此时的垂直角为 α。则相当于水平视线在水准标尺上的读数为

$$b = a - x = a - \frac{\alpha}{\rho} d$$

式中：a 为望远镜中丝照准水准标尺上基本分划的分划线注记读数；d 为仪器至水准标尺的距离；α 为倾斜视线的垂直角，用经纬仪的垂直度盘测定。

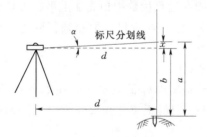

图 8-15 观测近尺

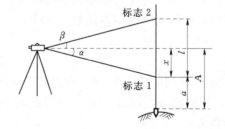

图 8-16 观测远尺

对远尺观测时，如图 8-16 所示，使觇板的两标志线对称于经纬仪望远镜的水平视线，并将觇板固定在水准标尺上。将望远镜中丝分别照准觇板上的两标志线，则相当于水平视线在远尺上的读数为

$$A = a + x = a + \frac{\alpha}{\alpha + \beta} l$$

式中：a 为觇板的下标志线在水准标尺上的读数，可按觇板指标线求得；α、β 为照准觇板标志时倾斜视线的垂直角，用经纬仪的垂直度盘测定；l 为觇板两标志线之间的距离，可用一级线纹米尺预先精确测定。

用此法观测时，应选用指标差较为稳定而无突变的经纬仪，并且在观测前，应对仪器

进行下列两项检验与校正：

（1）用垂直度盘测定光学测微器行差。

（2）测定垂直度盘的读数指标差。

有关此方法的观测程序、限差要求等，在水准规范中均有规定。

跨越水面的高程传递，在某种特定的条件下，还可以采用其他方法。例如在北方的严寒季节，可以在冰上进行水准测量。在跨越水流平缓的河流、静水湖泊等，当精度要求不高时，可利用静水水面传递高程。

近几年来，激光技术在测量上的应用日益广泛，可以预料，用激光水准仪进行跨越障碍物的水准测量将逐渐显示其优越性，从而在技术装备、观测方法以及成果整理等方面将有一个较大的革新。

通常在布设各等级水准路线时，应尽量避免通过江河、湖塘、宽沟、洼地、山谷等障碍物。如受现场条件限制，必须通过上述障碍物，且其宽度超过 200m，以致不能用一般水准测量方法进行观测时，必须用跨河水准测量的方法进行测量。

思 考 与 练 习

1. 高程基准面指的是哪个水准面？

2. 在全国范围内，高程控制网是如何布设的？

3. 用三等、四等水准测量建立高程控制时，如何观测？如何记录的？

4. 如图 8−17 所示，按四等水准测量填表 8−8 计算。

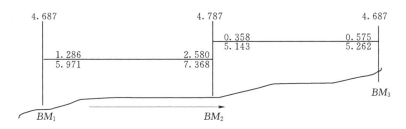

图 8−17　思考与练习题 4 图

表 8−8　　　　　　　　　　　　思 考 与 练 习 题 4 表

测站编号	方向及尺号	水准尺读数		K＋黑−红（mm）	高差中数
		黑面（m）	红面（m）		
	后				
	前				
	后−前				
	后				
	前				
	后−前				

5. 在什么情况下采用三角高程测量？它如何观测、记录和计算？

6. 三角高程测量的误差来源有哪些？

7. 用测距仪来进行三角高程测量的观测方法是什么？

8. 跨河水准测量的规定有哪些？

9. 跨河水准测量的测量方法是什么？

10. 跨河水准的布设方法有哪些？

第九章 大比例尺地形图测绘

第一节 地形图的基本知识

一、平面图和地形图

地面的高低起伏形态如高山、丘陵、平原、洼地等称地貌（gromorphy），而地表面天然或人工形成的各种固定建筑物如河流、森林、房屋、道路和农田等总称为地物（feature）。

将地面上的地物和地貌按水平投影的方法（沿铅垂线方向投影到水平面上），并按一定的比例尺缩绘到图纸上，这种图称为地形图。如只有地物，不表示地貌内容的图称为平面图。

二、地形图比例尺

1. 比例尺的表示方法

图上任一线段的长度与其地面上相应线段的水平距离之比，称为地形图的比例尺。比例尺的表示形式有数字比例尺和图式比例尺两种。

（1）数字比例尺。以分子为1分母为整数的分数形式表示的比例尺称为数字比例尺。设图上一直线段长度为 d，其相应的实地水平距离为 D，则该图的比例尺为：

$$\frac{d}{D} = \frac{1}{M} \tag{9-1}$$

式中：M 为比例尺分母。

M 越小，比例尺越大，地形图表示的内容越详尽。例如，实地测出的水平距离为 500m，画到图上的长度为 1m，那么这张图的比例尺为 1：500，也称 1/500 的图。

（2）图示比例尺。常用的图示比例尺是直线比例尺。在绘制地形图时，通常在地形图上同时绘制图示比例尺，图示比例尺一般绘于图纸的下方，具有随图纸同样伸缩的特点，从而减小图纸伸缩变形的影响。如图 9-1 所示为 1：2000 的直线比例尺，其基本单位为 2cm。使用时从直线比例尺上直接读取基本单位的 1/10，估读到 1/100。

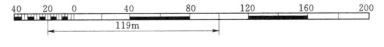

图 9-1 直线比例尺

2. 比例尺的分类

通常把 1：500、1：1000、1：2000、1：5000、1：1 万比例尺的地形图称为大比例尺图；1：2.5 万、1：5 万、1：10 万比例尺的地形图称为中比例尺图；1：20 万、1：50 万、1：100 万比例尺的地形图称为小比例尺图。

水利工程规划设计中常用的地形图，其比例尺有 1：500、1：2000、1：5000、1：1 万、1：2.5 万、1：5 万等几种。

3. 比例尺精度

人眼的分辨率为 0.1mm，在地形图上分辨的最小距离也是 0.1mm。因此把相当于图上 0.1mm 的实地水平距离称为比例尺精度。比例尺大小不同其比例尺精度也不同，见表 9 - 1。

表 9 - 1　　　　　　　　　　　　　　　比 例 尺 精 度

比例尺	1：500	1：1000	1：2000	1：5000	1：1 万
比例尺精度（m）	0.05	0.1	0.2	0.5	1.0

比例尺精度的概念，对测绘和用图有重要意义。例如，在测 1：2000 图时，实地只需取到 0.2m，因为量得再精细在图上也表示不出来。又如在设计用图时，要求在图上能反映地面上 0.05m 的精度，则所选图的比例尺不能小于 1：500。图的比例尺越大，图上的地物地貌越详细，精度也越高，但测绘工作量将成倍增加，所以应根据规划、设计、施工的实际需要选择测图的比例尺。

三、地物的表示方法

地物投影缩绘到图上，按其特性和大小分别用比例符号、非比例符号、线性符号及注记符号表示。

1. 比例符号

根据实际地物的大小，按比例尺缩绘于图上。

2. 非比例符号

尺寸太小的地物，不能用比例符号表示，而用一种形象符号表示，如三角点、水准点、独立树、里程碑、钻孔、水井等，仅表示其位置。

3. 线性符号

对于一些带状延伸的地物，其横向宽度不能按比例显示，可用一条与实际走向一致的线条表示，如道路、小河、通信线及管道等。

4. 注记符号

有些地物除用一定的符号表示外，还需要说明和注记，如河流和湖泊的水位，村、镇、工厂、铁路、公路的名称。

常见的 1：500 及 1：1000 地形图图式示例见表 9 - 2。

表 9 - 2 　　　　　　　　　　**地 形 图 图 式**

编 号	符 号 名 称	符 号 式 样			符 号 细 部 图	多色图色值
		1:500	1:1000	1:2000		
4.1	测量控制点					
4.1.1	三角点 a. 土堆上的 张湾岭、黄土岗— 点名 156.718、203.623—高程 5.0—比高	3.0 △ $\frac{张湾岭}{156.718}$ a 50 ⦻ $\frac{黄土岗}{203.623}$				K100
4.1.2	小三角点 a. 土堆上的 摩天岭、张庄— 点名 294.91、156.71—高程 4.0—比高	3.0 ▽ $\frac{摩天岭}{294.91}$ a 4.0 ⧈ $\frac{张庄}{156.71}$				K100
4.1.3	导线点 a. 土堆上的 116、123—等级、 点号 84.46、94.40—高程 2.4—比高	2.0 ⊙ $\frac{I_{16}}{84.46}$ a 2.4 ⊕ $\frac{I_{23}}{94.40}$				K100
4.1.4	埋石图根点 a. 土堆上的 12、16—点号 275.16、175.64—高程 2.5—比高	2.0 ⊞ $\frac{12}{275.46}$ a 2.5 ⊕ $\frac{16}{175.64}$				K100
4.1.5	不埋石图根点 19—点号 84.47—高程	2.0 ⊡ $\frac{19}{84.47}$				K100
4.1.6	水准点 Ⅱ—等级 京石 5—点名点号 32.805—高程	2.0 ⊗ $\frac{Ⅱ京石5}{32.805}$				K100
4.1.7	卫星定位等级点 B—等级 14—点号 495.263—高程	3.0 ⏁ $\frac{B14}{495.263}$				K100
4.4.16	阶梯路					K100
4.4.17	机耕路（大路）					K100

续表

编号	符号名称	符号式样			符号细部图	多色图色值
		1:500	1:1000	1:2000		
4.4.18	乡村路 a. 依比例尺的 b. 不依比例尺的	a ⊔ 4.0 ⊔ 1.0 ⊔ ─── 0.2 b ⊔ 8.0 ⊔ 2.0 ⊔ ─── 0.3				K100
4.4.19	小路、栈道	⊔ 4.0 ⊔ 1.0 ⊔ ─── 0.3				K100
4.4.20	长途汽车站（场）	3.0 ⊖ 110.0				K100
4.4.21	汽车停车站	2.0 3.0 ⊥ 1.0 1.0				K100
4.4.22	加油站、加气站 油—加油站	油 ●			3.8 ● 1.4 ⊔ 1.0	K100
4.4.23	停车场	3.3 Ⓟ			1.1 ⊥ 0.4 1.1 Ⓟ 1.4 0.4 0.25 0.8	K100
4.4.24	街道信号灯 a. 车道信号灯 b. 人行横道信号灯	1.3 8 1.0 ▯ a	3.8 8 b ▯ ─11			K100
4.4.25	收费站、服务区 a. 依比例尺的收费站 b. 服务区 c. 率比例尺收费站	b─ 砖 ─ 费 a b─ 砖 ─ 费 c 2.5				K100

四、地貌的表示方法

（一）等高线

地貌投影缩绘到图上是用等高线表示的。图9-2为一山头，设想当水面高程为90m时与山头相交得一条交线，线上各点高程均为90m。若水面向上涨5m，又与山头相交得一条高程为95m的交线。若水面继续上涨至100m，又得一条高程为100m的交线。将这些交线垂直投影到水平面得三条闭合的曲线，这些曲线称为等高线，注上高程，就可在图上显示出山头的形状。

两条相邻等高线称为等高距。常用的等高距有1m、2m、5m、10m等几种，根据地形图的比例尺和地面起伏的情况确定。在一张地形图上，

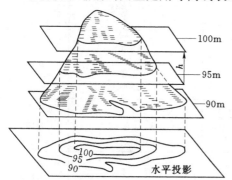

图9-2 用等高线表示地貌的方法

一般只用一种等高距，如图9-2的等高距h为5m。

在图上两相邻等高线之间水平距离称为等高线平距，简称平距。

地形图上按规定的等高距勾绘的等高线，称为首曲线或基本等高线。为便于看图，每隔四条首曲线描绘一条加粗的等高线，称为计曲线。例如等高距为1m的等高线，则高程为5m、10m、15m、20m等5m倍数的等高线为计曲线。一般只在计曲线上注记高程。在地势平坦地区，为更清楚地反映地面起伏，可在相邻两首曲线间加绘等高距一半的等高线，称为间曲线。

（二）几种典型地貌等高线的特征

图9-3（a）和（b）所示为山丘和盆地的等高线，是由若干圈闭合的曲线组成，根据注记的高程才能把两者加以区别。自外圈向里圈高程逐步升高的是山丘，自外圈向里圈高程逐步降低的是盆地。图中垂直于等高线顺山坡向下画出的短线，称为示坡线，指示的是高程降低的方向。

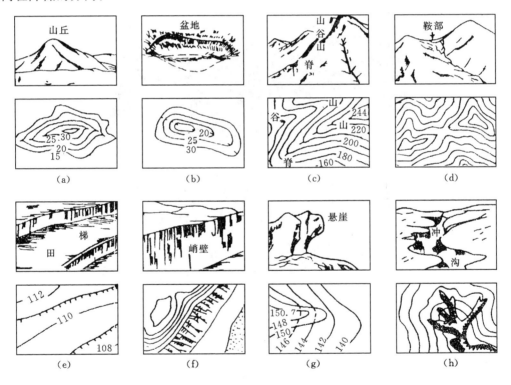

图9-3　几种典型地貌的等高线

（a）山丘；（b）盆地；（c）山脊山谷；（d）鞍部；（e）梯田；（f）峭壁；（g）悬崖；（h）冲沟

图9-3（c）所示为山脊与山谷的等高线，均与抛物线形状相似。山脊的等高线是凸向低处的曲线，各凸出处拐点的连线称为山脊线或分水线。山谷的等高线是凸向高处的曲线，各凸出处拐点的连线称为山谷线或集水线。山脊或山谷两侧山坡的等高线近似于一组平行线。

鞍部是介于两个山头之间的低地，呈马鞍形，其等高线的形状近似于两组双曲线簇，如图 9-3（d）所示。

在悬崖这种特殊地貌状况下，其等高线出现相交的情况，被覆盖部分为虚线，如图 9-3（g）所示。

对于某些无法用等高线表示，或表示起来比较困难的特殊地貌，也可采用规定的符号去表示。如图 9-3（e）、（f）、（h）所表示的梯田、峭壁、冲沟等地貌。

上述每一种典型的地貌形态，可以近似地看成由不同方向和不同斜面所组成的曲面，相邻斜面相交的棱线，在特别明显的地方，如山脊线、山谷线、山脚线等，称为地貌特征线或地性线。由这些地性线构成了地貌的骨骼，地性线的端点或其坡度变化处，如山顶点、盆底点、鞍部最低点、坡度变换点，称为地貌特征点，它们是测绘地貌的重要依据。

图 9-4 是各种典型地貌的综合及相应的等高线。

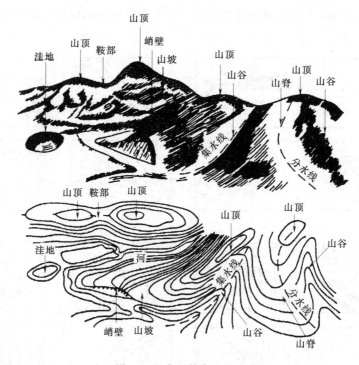

图 9-4 典型等高线特征

（三）等高线的特性

从上面的叙述中，可概括出等高线具有以下几个特性：

（1）在同一等高线上，各点的高程相等。

（2）等高线应是自行闭合的连续曲线，不在图内闭合就在图外闭合。

（3）除在悬崖处外，等高线不能相交。

（4）地面坡度是指等高距 h 及平距 d 之比，用 i 表示，即

$$i = \frac{h}{d}$$

在等高距 h 不变的情况下，平距 d 愈小，即等高线愈密，则坡度愈陡。反之，如果

平距 d 愈大，等高线愈疏，则坡度愈缓。当几条等高线的平距相等时，表示坡度均匀。

（5）等高线通过山脊线及山谷线，必须改变方向，而且与山脊线、山谷线垂直相交。

五、地形图的分幅与编号

为了便于测绘、管理和使用地形图，需将同一地区的地形图进行统一的分幅和编号。地形图的编号简称为图号，它是根据分幅的方法而定的。地形图分幅有两种方法：一种是按经纬线分幅的梯形分幅（trapezoid map-subdivision）法，用于国家基本地形图的分幅；另一种是按坐标格网划分的矩形分幅（rectangular map-subdivision）法，用于工程建设的大比例尺地形图的分幅。

（一）梯形分幅和编号方法

我国的基本比例尺地形图的分幅与编号采用国际统一的规定，它们都是以 1：100 万比例尺地形图为基础，按规定的经差和纬差划分图幅。

1. 1：100 万地形图的分幅和编号

1：100 万地形图的分幅和编号是国际统一的。如图 9 - 5 所示，从赤道向北或向南分别按纬差 4°各分成 22 个横列，各列依次用 A，B，C，$\cdots$，V 表示，以两极为中心，以纬度 88°为界的圈，则单独用 Z 标明。从经度 180°起自西向东按经差 6°分成 60 个纵行，每行依次用 1，2，3，$\cdots$，60 表示。这样，每幅 1：100 万地形图就是由纬差 4°和经差 6°的经纬线所划分成的梯形图幅，其编号采用行列式编号法，由"横行－纵列"格式组成。例如，北京所在地的经度为东经 116°28′13″，纬度为北纬 39°54′23″，则其所在的 1：100 万的编号为 J—50。

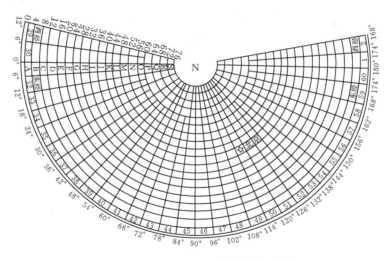

图 9 - 5　1：100 万地形图分幅与编号

上述规定分幅适用于纬度在 60°以下的情况，当纬度在 60°～76°时，则以经差 12°、纬差 4°分幅；纬度在 76°～88°时，则以经差 24°、纬差 4°分幅。

由于南北半球的经度相同而纬度对称，为了区别南北半球对应图幅的编号，规定在南半球的图号前加一个 S。如 SL—50 表示南半球的图幅，而 L—50 表示北半球的图幅。

2. 1:50 万、1:25 万、1:10 万地形图的分幅和编号

如图 9-6 所示,将一幅 1:100 万地形图按经差 3°、纬差 2°分成 4 幅 1:50 万地形图,分别以 A、B、C、D 表示。如 J-50-A。

将一幅 1:100 万地形图按经差 1°30′、纬差 1°分成 16 幅 1:25 万地形图,从左至右、从上至下依次以 [1],[2],[3],…,[16] 表示。如 J-50- [2]。

将一幅 1:100 万地形图,按经差 30′、纬差 20′分成 144 幅 1:10 万地形图,从左至右、从上至下依次以 1,2,3,…,144 表示。如 J-50-5。

1:50 万、1:25 万、1:10 万地形图的分幅与编号,都是以 1:100 万地形图的分幅和编号为基础的,各自独立地与 1:100 万地形图的图号联系。

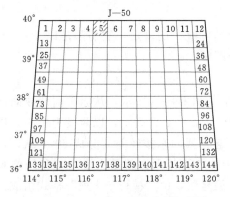

图 9-6 1:10 万地形图分幅与编号

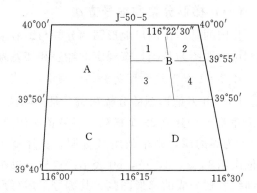

图 9-7 1:5 万、1:2.5 万地形图分幅与编号

3. 1:5 万、1:2.5 万、1:1 万地形图的分幅与编号

这三种比例尺地形图的分幅和编号都是在 1:10 万地形图基础上进行的。

如图 9-7 所示,一幅 1:10 万的地形图按经差 15′、纬差 10′分成 4 幅 1:5 万的地形图,分别以 A、B、C、D 接在 1:10 万的图号后面表示,如 J-50-5-B。一幅 1:5 万的地形图按经差 7′30″、纬差 5′分成 4 幅 1:2.5 万的地形图,分别以 1、2、3、4 接在 1:5 万的图号后面表示,如 J-50-5-B-4。

如图 9-8 所示,一幅 1:10 万的地形图按经差 3′45″、纬差 2′30″分成 64 幅 1:1 万的地形图,分别以 (1),(2),(3),…,(64) 接在 1:10 万的图号后面表示,如 J-50-5- (24)。

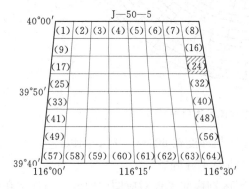

图 9-8 1:1 万地形图分幅与编号

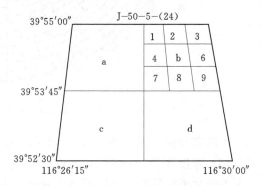

图 9-9 1:5000、1:2000 地形图分幅与编号

4. 1：5000、1：2000 地形图的分幅和编号

这两种比例尺的地形图是在 1：1 万地形图的基础上分幅编号的。如图 9－9 所示，将一幅 1：1 万的地形图按经差 1′52.5″，纬差 1′15″分成 4 幅 1：5000 的地形图，以 a、b、c、d 接在 1：1 万的图号后面表示。如 J－50－5－（24）－b。

将一幅 1：5000 的地形图按经差 37.5″，纬差 25″分成 9 幅 1：2000 的地形图，以 1、2、3、…、9 接在 1：5000 的图号后面表示。如 J－50－5－（24）－b－4。

以上梯形分幅与编号的方法是我国 20 世纪 70～80 年代的分幅与编号系统。为了图幅编号的数字化处理，1991 年我国制定了《国家基本比例尺地形图分幅与编号方法》，其主要特点是：分幅仍然以 1：100 万地形图为基础，经纬差不变，但划分全部由 1：100 万地形图逐次加密划分，编号也以 1：100 万地形图编号为基础，由下接相应比例尺的行、列代码所组成，并规定了比例尺代码，见表 9－3，所有地形图的图号均由 5 个元素 10 位编码组成，如图 9－10 所示。

表 9－3　　　　　　　　　　地形图比例尺代码表

比例尺	1：50 万	1：25 万	1：10 万	1：5 万	1：2.5 万	1：1 万	1：5000
代　码	B	C	D	E	F	G	H

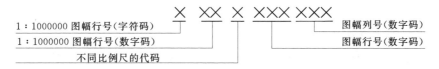

图 9－10　1：50 万～1：5000 比例尺地形图图号的构成

值得一提的是，我国基本比例尺地形图的分幅与编号曾有过几次变化，而且有的至今还在混合使用，现将各种比例尺地形图分幅与编号方法列于表 9－4，以供参考。

表 9－4　　　　　　　　　　梯形分幅与编号

比例尺	图幅大小		图幅数	图幅代码	甲地所在图幅编号	
	经差	纬差			旧编号系统	1991 年的国家标准编号系统
1：100 万	6°	4°			J－50	
1：50 万	3°	2°	4	A～D	J－50－A	J50B001001
1：25 万	1°30′	1°	16	[1]～[16]	J－50－[2]	J50C001002
1：10 万	30′	20′	144	1～144	J－50－5	J50D001005
1：5 万	15′	10′	4	A～D	J－50－5－B	J50E001010
1：2.5 万	7′30″	5′	4	1～4	J－50－5－B－4	J50F002020
1：1 万	3′45″	2′30″	64	(1)～(64)	J－50－5－(24)	J50G003040
1：5000	1′37.5″	1′15″	4	a～d	J－50－5－(24)－b	J50H005080

（二）矩形或正方形的分幅和编号

图幅的图廓线是平行于纵、横坐标轴的直角坐标格网线，以整公里或整百米进行分

幅，正方形图幅的大小见表 9-5。

表 9-5   **大比例尺地形图图幅大小**

比例尺	图幅大小（cm×cm）	实地面积（km²）	1：5000 图幅内的分幅数
1：5000	40×40	4	1
1：2000	50×50	1	4
1：1000	50×50	0.25	16
1：500	50×50	0.0625	64

大面积测图时，矩形或正方形图幅的编号一般采用坐标编号法。即由图幅西南角的纵、横坐标（以公里为单位）表示为"x—y"。1：2000 比例尺地形图图号的坐标值取到整 km 位；1：1000 取至 0.1km；1：500 取至 0.01km。例如，西南角坐标为 $x=81000$m、$y=35000$m 的不同比例尺的图幅号：1：2000，81—35；1：1000，81.0—35.0；1：500，81.00—35.00。

测区范围较小时，可采用比较简便的流水编号法或行列编号法。流水编号法是将测区各图幅从左到右，自上而下用阿拉伯数字顺序编号，如 1，2，…行列编号法是从上到下，从左到右给横列和纵行编号，用"列—行"表示图幅编号。例如：A—1，A—2，…，C—1，…

六、地形图的图外注记

对于一幅标准的大比例尺地形图，图廓外应注有图名、图号、接图表、比例尺、图廓、坐标格网和其他图廓外注记等，如图 9-11 所示。

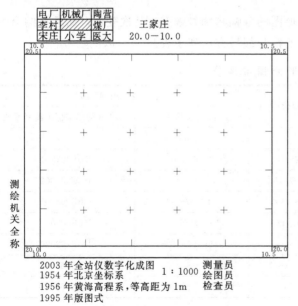

图 9-11 地形图的图外注记

（一）图名、图号、接图表

图名通常是用图幅内具有代表性的地名、村庄或企事业单位名称命名。图名和图号均标注在北图廓上方的中央。接图表在图幅外图廓线左上角，表示本图幅与相邻图幅的连接关系，各邻接图幅注上图名或图号。

1. 图廓和坐标格网

地形图都有内、外图廓。内图廓较细，是图幅的范围线；外图廓较粗，是图幅的装饰线。矩形图幅的内图廓线是坐标格网线，在图幅内绘有坐标格网交点短线，图廓的四角注记有坐标。梯形图幅的内图廓是经纬线，图廓的四角注记有经纬度，内、外图廓之间还有分图廓，分图廓绘有经差和纬差，用 1′间隔的黑白分度带表示，只要把分图廓对边相应的分度线连接，就构成经差和纬差为 1′的地理坐标格网。梯形图幅内还绘有 1km 的直角坐标格网，称为公里格网。内图廓和外图廓之间注有公里格网坐标值，如图 9－12 所示。

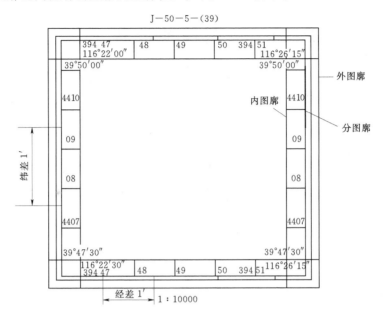

图 9－12　梯形图幅的坐标格网

2. 三北方向线

在图廓的左下方绘有真子午线、磁子午线和坐标纵轴，这三个北方向线之间的角度关系图，如图 9－13（a）所示，绘制时，真子午线垂直下图廓边，按磁针和坐标纵线对真子午线的偏角，绘出磁子午线和坐标纵轴，注记磁偏角、子午线收敛角，供各种方位角之间的换算和图幅定向用。

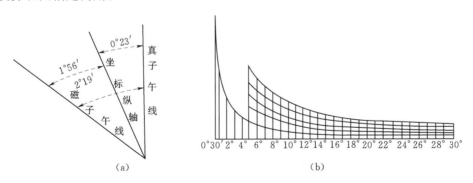

图 9－13　三北方向线和坡度比
（a）三北方向；（b）坡度比例尺

3. 直线比例尺和坡度比例尺

在图廓正下方注记图的数字比例尺。在数字比例尺下方绘制直线比例尺，以便图解距离，消除图纸伸缩的影响。

在梯形图幅左下方绘制坡度比例尺，如图 9－13（b）所示，用以度量 2 条或 6 条等

185

高线上两点的直线坡度。坡度比例尺按等高距和等高线平距之比的关系绘制。利用分规量出相邻等高线的平距后，在坡度比例尺上即可读出地面坡度值 i。

第二节　测图前的准备工作

控制测量工作结束后，就可根据图根控制点测定地物、地貌特征点的平面位置和高程，并按规定的比例尺和符号缩绘成地形图。测图前，除做好仪器、工具及资料的准备工作外，还应着重做好测图板的准备工作。它包括图纸的准备、绘制坐标格网及展绘控制点等工作。

一、图纸准备

为了保证测图的质量，应选用质地较好的图纸。对于临时性测图，可将图纸直接固定在图板上进行测绘，对于需要长期保存的地形图，为了减少图纸变形，应将图纸裱糊在锌板、铝板或胶合板上。

目前，各测绘部门大多采用聚酯薄膜，其厚度为 $0.07 \sim 0.1$ mm，表面经打毛后，便可代替图纸用来测图。聚酯薄膜具有透明度好、伸缩性小（伸缩率小于 0.3‰）、不怕潮湿、牢固耐用等优点，如果表面不清洁，还可用水洗涤，并可直接在底图上着墨复晒蓝图。但聚酯薄膜有易燃、易折和老化等缺点，故在使用过程中应注意防火防折。

二、绘制坐标格网

为了准确地将图根控制点展绘在图纸上，首先要在图纸上精确地绘制 $10\text{cm} \times 10\text{cm}$ 的直角坐标格网。绘制坐标格网可用坐标仪或坐标格网尺等专用仪器工具，如无上述仪器工具，则可按下述对角线法绘制。

如图 9-14 所示，先在图纸上画出两条对角线，以交点 M 为圆心，取适当长度为半径画弧，与对角线相交得 A、B、C、D 点，用直线连接各点，得矩形 $ABCD$。再从 A、D 两点起分别沿 AB、DC 方向每隔 10cm 定一点，连接各对应边的相应点，即得坐标格网。坐标格网画好后，要用直尺检查各格网的交点是否在同一直线上（如图 9-14 中 ab 直线），其偏离值不应超过 0.2mm。检查 10cm 小方格网对角线长度（14.14cm）误差不应超过 0.3mm。如超限，应重新绘制。

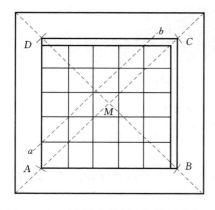

图 9-14　对角线法绘制坐标格网示意图

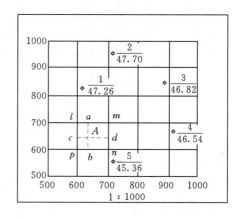

图 9-15　展绘控制点示意图

三、展绘控制点

图纸展点前，要按本图的分幅，将格网线的坐标值注在左、下格网边线外测的相应格网线处（图 9-15）。展点时，先要根据控制点的坐标，确定所在的方格。如控制点 A 的坐标 $x_A = 647.43$，$y_A = 634.52$m，可确定其位置应在 plmn 方格内。然后按 y 坐标值分别从 l、p 点按测图比例尺向右各量 34.52m，得 a、b 点。同法，从 p、n 点向上各量 47.43m，得 c、d 两点。连接 ab 和 cd，其交点即为 A 点的位置。同法将图幅内所有控制点展绘在图纸上，并在点的右侧以分数形式注明点号及高程（分子为点号、分母为高程），如图中 1、2、3、4、5 点。最后用比例尺量出各相邻控制点之间的距离，与相应的实地距离比较，其差值不应超过图上 0.3mm，若超过限差应查找原因，修正错误的点位。

第三节　测量碎部点平面位置的基本方法

一、碎部点平面位置的测绘原理及方法

1. 极坐标法

如图 9-16 所示，设 A、B 为实地已知控制点，欲测绘碎部点 P 在图纸上的位置 p，若在 A 点安置仪器，测量 AP 方向与 AB 方向之夹角 β 及 AP 的长度 D，并且将 D 换算为水平距离，再按测图比例尺缩小为图上距离 d，即可得极坐标法定点位的两个参数 β（极角）和 d（极半径），然后在图纸上借助绘图工具即可以 a 为极点，ab 为极轴（后视方向），由 β、d 绘出 P 点在图纸上的位置 p。

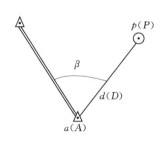

图 9-16　极坐标法测绘碎部点示意图

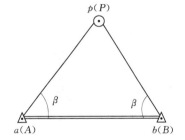

图 9-17　角度交会法

2. 角度交会法

如图 9-17 所示，角度交会法是在实地已知控制点 A、B 上分别安置测角仪器，测得 AP 或 BP 方向与后视方向（A→B 或 B→A）之夹角 β_A、β_B，然后在图纸上借助于绘图工具由角度交会出 P 的点位 p。

3. 距离（边长）交会法

如图 9-18 所示，距离交会法是在实地已知控制点 A、B 上分别安置测距仪器，测得 A 至 P 和 B 至 P 的距离（D_1、D_2），并且换算为水平距离，再按测图比例尺缩小为图上距离 d（d_1、d_2），然后在图纸上借助于绘图工具用边长交会出 P 的点位 p。

4. 直角坐标法

如图 9-19 所示，直角坐标法是以实地已知控制点 A、B 为 x 轴，并找出碎部点 P 在

AB 连线上的垂足 P_0，然后测量出 AP_0（x）和 PP_0（y）的长度，再按测图比例尺缩小为图上长度，然后在图纸上借助于绘图工龄用几何作图方法求得 P 的点位 p。

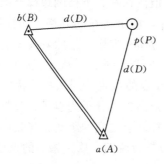

图 9-18　距离（边长）交会法

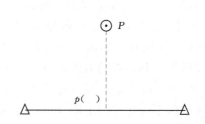

图 9-19　直角坐标法示意图

二、碎部点的选择

碎部点应选择地物和地貌特征点，亦即地物和地貌的方向转折点和坡度变化点。碎部点选择是否得当，将直接影响到成图的精度和速度。若选择正确，就可以逼真地反映地形现状，保证工程要求的精度；若选择不当或漏选碎部点，则将导致地形图失真走样，影响工程设计或施工用图。

1. 地物特征点的选择

地物特征点一般是选择地物轮廓线上的转折点、交叉点，河流和道路的拐弯点，独立地物的中心点等。连接这些特征点，便得到与实地相似的地物形状和位置。测绘地物必须根据规定的测图比例尺，按测量规范和地形图图式的要求，经过综合取舍，将各种地物恰当地表示在图上。

图 9-20　地貌特征点及地性线示意图

2. 地貌特征点的选择

最能反映地貌特征的是地性线（亦称地貌结构线，它是地貌形态变化的棱线，如山脊线、山谷线、倾斜变换线、方向变换线等，因此地貌特征点应选在地性线上（图 9-20）。例如，山顶的最高点，鞍部、山脊、山谷的地形变换点，山坡倾斜变换点，山脚地形变换点等。

3. 碎部点间和视距的最大长度

碎部点间距和视距的最大长度一般应符合表 9-6 的规定。

表 9-6　　　　　　　碎部点间距和视距的最大长度

测图比例尺	地貌点间距（m）	最 大 视 距（m）	
		地物点	地貌点
1∶500	15	40	70
1∶1000	30	80	120
1∶2000	30	150	200

注　1. 1∶500 比例尺测图时，在城市建筑区和平坦地区，地物点距离应实量，其最大长度为 50m。

2. 山地、高山地地物点的最大视距可按地貌点来要求。

3. 采用电磁波测距仪测距时，距离可适当放长。

4. 地形图的等高距

等高距的选择与地面坡度有关，当基本等高距为 0.5m 时，高程注记点的高程应注至厘米（cm）；基本等高距大于 0.5m 时可注至分米（dm）。

第四节　经纬仪测绘法

碎部测量的传统方法有：经纬仪测绘法、全站仪测绘法、大平板测图法、小平板仪与经纬仪（或水准仪）联合测图法等。目前，应用较为普遍的是经纬仪、全站仪测绘法。本节介绍经纬仪测绘法。

如图 9-21 所示，将经纬仪安置于测站点 A，将测图板（不需置平，仅供作绘图台用）安置于测站旁，用经纬仪测定碎部点方向与已知（后视）方向之间的夹角，用视距测量方法测定测站到碎部点的水平距离和高差，然后根据测定数据按极坐标法（参见图 9-16），用量角器和比例尺把碎部点的平面位置展绘于图纸上，并在点位的右侧注明高程，再对照实地勾绘地形图。这个方法的特点是在野外边测边绘，优点是便于检查碎部有无遗漏及观测、记

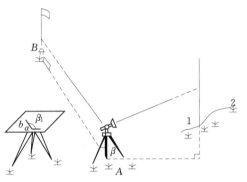

图 9-21　经纬仪测绘法示意图

录、计算、绘图有无错误；就地勾绘等高线，地形更为逼真。此法操作简单灵活，适用于各类地区的测图工作。现将经纬仪测绘法在一个测站上的作业步骤简述如下。

一、安置仪器

（1）安置经纬仪于图根控制点 A 上，对中、整平，量取仪器高 I，记入碎部测量手簿（表 9-7）。

（2）定向。将水平度盘读数置为 $0°00'$，后视另一个控制点 B（图 9-21），方向 AB 称为零方向（或称后视方向）。

表 9-7　　　　　　　　　　碎部测量手簿

测站：$\underline{A}$　后视点：$\underline{B}$　仪器高：$i=1.45\text{m}$　指标差：$x=0$　测站高程：$H=243.76\text{m}$

点号	视距（m）	中丝高 l（m）	竖盘读数 L	竖直角 $\pm\alpha$	初算高差 $\pm h'$（m）	改正数 $(i-l)$（m）	改正高差 $\pm h$（m）	水平角 β	水平距离 D（m）	高程 H（m）	点位
1	38.0	1.45	$93°28'$	$-3°28'$				$150°25'$	37.9	241.47	山脚
2	51.4	1.45	$87°26'$	$+2°34'$				$135°50'$	51.3	246.06	山顶
⋮	⋮	⋮	⋮	⋮	⋮	⋮	⋮	⋮	⋮	⋮	⋮
100	37.5	2.45	$93°00$	$-3°00'$				$204°30'$	$37.4°$	240.80	电杆

注　望远镜视线水平时，盘左竖盘读数为 $90°$，视线向上倾斜时，盘、左竖盘读数减少。

（3）测定竖盘指标差 x，记入手簿；或利用竖盘指标水准管一端的校正螺丝将 x 校正

为 0。若使用竖盘指标自动安平的经纬仪，应检查自动安平补偿器的正确性。

二、测定碎部点

（1）立尺。立尺员依次将视距尺立在选好的地物和地貌特征点上。

（2）观测。按顺序读出上、中、下、三丝读数及竖直角、水平角，记入手簿（表9 - 7）。

三、计算水平距离、高差和高程

（1）按第四章视距测量公式计算相应的水平距离及高差值，并记入手簿（表 9 - 7）。

（2）高差之正、负取决于竖直角之正、负。当中丝瞄准高与仪器不等时，须加（$i-l$）改正数。

（3）计算高程：测点高程＝测站高程＋改正高差。

四、展绘碎部点（俗称上点）和勾绘地形图

1. 展绘碎部点

绘图员根据水平角和水平距离按极坐标法把碎部点展绘到图纸上。图 9 - 22 为测图中常用的半圆形量角器，在分划线上注记两圈度数，外圈为 0°～180°，红色字；内圈为 180°～360°，黑色字。展点时，凡水平角在 0°～180°范围内，用外圈红色度数，并用该量角器直径上一端以红色字注记的长度刻划量取水平距离 D；凡水平角在 180°～360°范围内，则用内圈黑色度数，并用该量角器直径上另一端以黑色字注记的长度刻划量取水平距离 D。

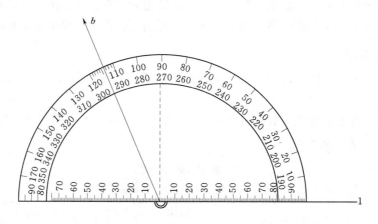

图 9 - 22 半圆形量角器示意图

展绘时，用细针将量角器的圆心插在图纸上的测站点 a 上，转动量角器，使在量角器上对应所测碎部点 1 的水平角度（如 114°00′）的分划线对准零方向线 ab，再用量角器直径上的刻划尺或借助三棱比例尺，按测得的水平距离（如 $D_{A1}=37.9\text{m}$）在图纸上展绘出点 1 的位置。

在绘图纸上展绘碎部点时，可用一种专用细针刺出点位，在聚酯绘图薄膜上展绘碎部点时，可用 5H 或 6H 铅笔直接点点位。并在点位右侧注记高程 $H_1=241.47\approx241.5$。同法展绘其他各点。高程注记的数字，一般字头朝北，书写清楚整齐。

2. 勾绘等高线（Contour Line）

一边上点，一边参照实地情况进行勾绘。所有的地物、地貌都应按地形图图式规定的符号绘制。城市建筑区和不便于绘制等高线的地方，可不绘等高线。其他地区的地貌，则应根据碎部点的高程来勾绘等高线。由于地貌点是选在坡度变化和方向变化处，相邻两点的坡度可视为均匀坡度，所以通过该坡度的等高线之间的平距与高差成反比，这就是内插等高线依据的原理。

内插等高线的方法一般有计算法、图解法和目估法三种。现以图 9-23 为例，说明利用计算法勾绘等高线的方法。

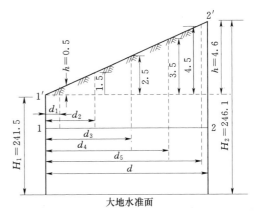

图 9-23　内插等高线原理
示意图（单位：m）

$1'$、$2'$ 为地面上的点位，1、2 为其图上位置，其高程分别为 $H_1 = 241.5$m，$H_2 = 246.1$m。设 1、2 两点的图上距离为 d、基本等高距为 1m，则 1、2 两点之间必有高程为 242m、243m、244m、245m 和 246m 的 5 条等高线通过，其在 1-2 连线上的具体通过位置 d_1、d_2、d_3、d_4 和 d_5 可按下列公式计算：

$$因为 \frac{0.5}{4.6} = \frac{d_1}{d} \quad 所以 \quad d_1 = \frac{0.5}{4.6}d = \frac{5}{46}d$$

$$因为 \frac{1.5}{4.6} = \frac{d_2}{d} \quad 所以 \quad d_2 = \frac{1.5}{4.6}d = \frac{15}{46}d$$

上述方法仅说明内插等高线的基本原理，而实用时都是采用目估法内插等高线的。目估法内插等高线的步骤：

（1）定有无（即确定两碎部点之间有无等高线通过）。

（2）定根数（即确定两碎部点之间有几根等高线通过）。

（3）定两端［如图 9-24（a）中的 a、g 点］。

（4）平分中间［图 9-24（a）中的 b、c、d、e、f 点］。

如图 9-24（a）、（b）所示，设两点的高程分别为 201.6m 和 208.60m，勾绘等高距为 1m，根据目估法定出两点间有 202~208m 7 根等高线通过，具体通过位置用 a、b、c、d、e、f、g 表示。用光滑的曲线将高程相等的相邻点连接起来即成等高线。

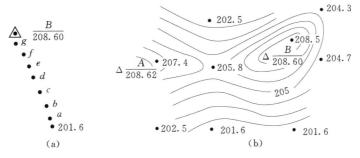

图 9-24　目估法勾绘等高线示意图

五、测绘碎部点过程中应注意的事项

（1）全组人员要互相配合，协调一致。绘图时做到站站清、板板清、有条不紊。

（2）观测员读数时要注意记录者、绘图者是否听清楚，要随时把地面情况和图面点位联系起来。观测碎部点的精度要适当，重要地物点的精度较地貌点要求高些。一般竖直角读到 $1'$，水平角读到 $5'$ 即可。

（3）立尺员选点要有计划，分布要均匀恰当，必要时勾绘草图，供绘图参考。

（4）记录、计算应正确、工整，清楚，重要地物应加以注明，碎部点水平距离和高程均计算到厘米。不要搞错高差的正负号。

（5）绘图员应随时保持图面整洁。抓紧在野外对照实际地形勾绘等高线，做到边测、边绘；注意随时将图上点位与实地对照检查，根据距离、水平角和高程进行核对。

（6）检查定向。在一个测站上每测 20～30 个碎部点后或在结束本站工作之前均应检查后视方向（零方向）有无变动，若有变动应及时纠正，并应检查已测碎部点是否移位。

（7）为了检查测图质量，仪器搬到下一测站时，应先观测上一测站所测的某些明显碎部点，以检查由两个测站测得该点平面位置和高程是否相符。如相差较大，则应查明原因，纠正错误，再继续进行测绘。

（8）若测区面积较大，可分成若干图幅，分别测绘，最后拼接成全区地形图。为了相邻图幅的拼接，每幅图应测出内图廓线外 5～10mm。

第五节　地形图的拼接、整饰、检查与验收

外业测图完成后还要进行图面整饰、图边拼接、图的检查验收和清绘等项工作，这些工作与最后的成图质量有密切关系，必须认真做好。

一、图面整饰

1. 线条、符号

图内一切地物、地貌的线条都应整饰清楚。若有线条模糊不清、连接不整齐，或错连、漏连以及符号画错等，都要按地形图图式规定加以整饰，但应注意不能把大片的线条擦光重绘，以免产生地物、地貌严重移位，甚至造成错误。

2. 文字注记

名称、地物属性及各种数字注记的字体要端正清楚，字头一般朝北，位置及排列要适当，既要能表示其所代表的对象或范围，又不应压盖地物地貌的线条。一般可适当空出注记的位置。

3. 图号及其他记载

图幅编号常易在外业测图中被摩擦而模糊不清，要先与图廓坐标核对后再注写清楚，防止写错。其他如图、接图表（相邻图幅的图号）、比例尺、坐标及高程系统、测图方法、图式版本、测图单位、人员和日期等也应记载清楚。

二、图边拼接

在较大面积的测图中，整个测区划分为若干幅图，由于测量误差等原因，使相邻图幅衔接处的地物轮廓、等高线往往不能完全吻合。因此，为了图幅拼接的需要，每幅图的四个图边都要测出图廓 5～10mm。接图时，若所用图纸是聚酯绘图薄膜，则可直接按图廓线将两幅图重叠拼接。若为白纸测图，则可用 3～4cm 宽的透明纸条先把左幅图（图 9-25）的东图廓线及靠近图廓线的地物和等高线透描下来，然后将透明纸条坐标格网线蒙到右图幅的西图廓线上，以检验相应地物及等高线的差异。每幅图的绘图员一般只透描东和南两个图边，而西和北两个图边由邻图负责透描。若接图边上两侧同名等高线或地物之差不超过表 9-8、表 9-9 和表 9-10 中规定的平面、高程中误差的 $2\sqrt{2}$ 倍时，可在透明纸上的用红墨水画线取其平均位置，然后以此平均位置为根据对相邻两图幅进行改正。

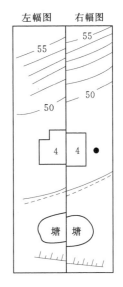

图 9-25　图边拼接

三、地形图的检查验收

在测图中，测绘人员应对测图认真进行检查，以保证成图质量。一般在测图过程中首先要加强自检，发现问题立即查清纠正；其次在全幅测完后，应组织互检以及由上级业务管理部门组织的专人进行检查验收和质量评定。地形图的检查一般从以下几方面进行。

1. 室内检查

内容是检查坐标格网及图廓线，各级控制点的展绘，外业手簿的记录计算，控制点和碎部点的数量和位置是否符合规定，地形图内容综合取舍是否恰当，图式符号使用是否正确，等高线表示是否合理，图面是否清晰易读，接边是否符合规定等。若发现疑问和错误，应到实地检查、修改。

2. 巡视检查

按拟定的路线作实地巡视，将原图与实地对照。巡视中着重检查地物、地貌有无遗漏，等高线走势与实地地貌是否一致，综合取舍是否恰当等。

3. 仪器检查

仪器检查是在上述两项检查的基础上进行的。在图幅范围内设站，一般采用散点法进行检查。除对已发现的问题进行修改和补测外，还重点抽查原图的成图质量，将抽查的地物点、地貌点与原图上已有的相应点的平面位置和高程进行比较，算出较差，均记入专门的手簿，最后按小于或等于 $\sqrt{2}m$（m 为中误差，其数值见表 9-8～表 9-10）；大于 $\sqrt{2}m$，小于 $2m$；以及大于 $2m$，小于 $2\sqrt{2}m$ 三个区间分别统计其个数，计算出各区间点数占总数的百分比，作为评定图幅数学精度的主要依据。大于 $2\sqrt{2}m$ 的较差算作粗差，其个数不得超过总数的 2%，否则认为不合格。若各项符合要求，即可予以验收，交有关单位使用或存档。

表 9 - 8 图上地物点点位中误差与间距中误差

地 区 分 类	点位中误差 （图上 mm）	邻近地物点间距中误差 （图上 mm）
城市建筑区和平地、丘陵地	±0.5	±0.4
山地、高山地和设站施测困难的旧街坊内部	±0.75	±0.6

注 森林隐蔽等特殊困难地区，可按表中规定放宽 50%。

表 9 - 9 城市建筑区和平坦地区高程注记点的高程中误差

分 类	高程中误差（m）
铺装地面的高程注记点	±0.07
一般高程注记点	±0.15

表 9 - 10 等高线插求点的高程中误差

地形类别	平地	丘陵地	山地	高山地
高程中误差（等高距）	1/3	1/2	2/3	1

注 森林隐蔽等特殊困难地区，可按表中规定放宽 50%。

四、地形图的清绘和整饰

铅笔原图经检查合格后，应进一步根据地形图图式规定进行着墨清绘和整饰，使图面更加清晰、合理、美观。其顺序是先图内后图外，先注记后符号，先地物后地貌。

第六节 地面数字测图技术

一、概述

传统的地形测量是用经纬仪或平板仪测量角度、距离和高差，通过计算处理，再模拟测量数据将地物地貌图解到图纸上，其测量的主要产品是图纸和表格。随着信息化全站型电子速测仪的广泛应用以及微机硬件和软件技术的迅速发展，地形测量方法正在由传统的方法向全解析数字化地形测量方向变革。数字化地形测量的计算器是以计算机磁盘为载体，以数字形式表达地形特征点的集合形态的数字地图。数字地形测量的全过程，都是以仪器野外采集的数据作为电子信息，自动传输、记录、存储、处理、成图和绘图的，所以，原始测量数据的精度没有丝毫损失，从而可以获得与测量仪器精度相一致的高精度测量成果。尤其是数字地形的成果是可供计算机处理、远距离传输、各方共享的数字化地形图，使其成果用途更广，还可通过互联网实现地形信息的快速传送。这些都是传统测图方法不可比拟的。由此可见数字化测图是符合现代社会信息化的要求，是现代测绘的重要发展方向，它将成为迈向信息化时代不可缺少的地理信息系统（GIS）的重要组成部分。

目前我国数字化测图技术已日趋成熟，获得数字地形图产品的主要途径有两个。

（一）野外数字化测绘

野外数字化测绘是采用全站仪或半仪进行实地测量，将野外采集的数据传输到电子手簿、磁卡或便携机内记录，在现场绘制地形图或在室内传输到计算机，由计算机自动生成数字地图并控制绘图仪自动绘制地形图。

（二）利用原有图件室内数字化

利用原有图件室内数字化是利用专业软件将原有地形图转换成数字化产品。室内数字化有两种作业方法：一是用数字化仪进行手扶跟踪数字化；二是将图纸进行扫描，得出栅格图后，通过专业扫描矢量化软件进行屏幕跟踪数字化。航测数字化测图属室内数字化的一种。

室内数字化成品的精度较低，最多能保持原有图纸的精度。而野外数字化测图是利用全站仪从野外实际采集数据的，由于全站仪测量精度高，其记录、传送数据以及数据处理都是自动进行的，其成品能保持原始数据的精度，所以它在几种数字化成图中精度是最高的一种方法，是当今测绘地形图、地籍图和房产分幅图的主要方法。

二、数字化测图的基本原理

全站仪数字化测图是由全站仪在野外采集数据并传输给计算机，通过计算机对野外采集的地形信息进行识别、检索、连接和调用图式符号，并编辑生成数字地形图，再发出指令由绘图仪自动绘出地形图。数字化地形测量野外采集的每一个地形点信息，必须包括点位信息和绘图信息。点位信息是指地形点点号及其三维坐标值，可通过全站仪实测获取。点的绘图信息是指地形点的属性以及测点间的连接关系。地形点属性是指地形点属于地物点还是地貌点，地物又属于哪一类，用什么图式符号表示等。测点的连接信息则是指点的点号以及连接线型。在数字化地形测量中，为了使计算机能自动识别，对地形点的属性通常采用编码方法来表示。只要知道地形点的属性编码以及连接信息，计算机就能利用绘图系统软件，从图式符号库中调出与该编码相对应的图式符号，连接并生成数字地形图。

三、全站仪数字化测图的作业模式

全站仪数字化测图根据设备的配置和作业人员的水平，一般有数字测记和电子平板测图两种作业模式。

1. 数字测记模式

用全站仪测量，电子手簿记录，对复杂地形配画人工草图，到室内将测量数据由记录器传输到计算机，由计算机自动检索编辑图形文件，配合人工草图进一步编辑、修改、自动成图。该模式在测绘复杂的地形图、地籍图时，需要现场绘制包括每一碎部点的草图，但其具有测量灵活，系统硬件对地形、天气、等条件的依赖性较小，可由多台全站仪配合一台计算机、一套软件生产，易形成规模化等优点。

2. 电子平板测绘模式

用全站仪测量，用加装了相应测图软件的便携机（电子平板）与全站仪通信，由便携机实现测量数据的记录，解算、建模，以及图形编辑、图形修正，实现了内外业一体化。该测图模式现场直接生成地形图，即测即显，所见即所得。但便携机在野外作业时，对阴雨天、暴晒或灰尘等条件难以适应，另外把室内编辑图的工作放在外业完成会增加测图成本。目前，具有图数采集、处理等功能的掌上电脑取代便携机的袖珍电子平板测图系统，解决了系统硬件对外业环境要求较高的问题。

四、全站仪测图的基本作业过程

1. 信息编码

地形图的图形信息包括所有与成图有关的各种资料，如测量控制点资料、解析点坐标、各种地物的位置和符号、各种地貌的形状、各种注记等。常规测图方法是随测随绘，手工逐个绘制每一个符号是一项繁重的工作。进行数字化测图时，必须对所测碎部点和其他地形信息进行编码，即先把各种符号按地形图图式的要求预先造好，并按地形编码系统建立符号库存于计算机中。使用时，只需按位置调用相应的符号，使其出现在图上指定的位置，如此进行符号注记，快速简便。信息编码按照 GB 14804—93—《1：500、1：1000、1：2000 地形图要素分类与代码》进行。地形信息的编码由 4 部分组成：大类码、小类码、一级代码和二级代码，分别用 1 位十进制数字顺序排列。第一大类码是测量控制点，又分为平面控制点、高程控制点、GPS 点和其他控制点四个小类码，编码分别为 11、12、13 和 14。小类码又分为若干一级代码，一级代码又分若干二级代码。如小三角点是第 3 个一级代码，5 秒小三角点是第 1 个二级代码，则小三角点的编码是 113，5 秒小三角点的编码是 1131（表 9-11）。

表 9-11   1：500、1：1000、1：2000 地形图要素分类与代码（部分）

代码	名称	代码	名称	代码	名称
1	测量控制点	2	居民地和垣栅	9	植被
11	平面控制点	21	普通房屋	91	耕地
111	三角点	211	一般房屋	911	稻田
1111	一等	⋮	⋮	⋮	⋮
⋮	⋮	214	破坏房屋	914	菜地
1114	四等	⋮	⋮	⋮	⋮
115	导线点	23	房屋附属设施	93	林地
1151	一级	231	廊	931	有林地
⋮	⋮	2311	柱廊	9311	用材林
1153	三级	⋮	⋮	⋮	⋮

2. 连接信息

数字化地形测量野外作业时，除采集点位信息、地形点属性信息外，还要记录编码、点号、连接点和连接线型四种信息。当测点是独立地物时，只要用地形编码来表明它的属性即可，而一个线状或面状地物，就需要明确本测点与何点相连，以何种线型相连。接线型是测点与连接点之间的连线形式，有直线、曲线、圆弧和独立点四种形式，分别用 1、2、3、0 或空白为代码。如图 9-26 所示，测量一条小路，假设小路的编码为 632，其记录格式见表 9-12，表中略去了观测值，点号同时也代表测量碎部点的顺序。

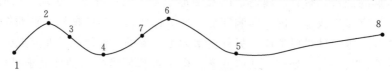

图 9-26   数字化测图的记录

表 9-12　　　　　　　　　数 字 化 测 图 记 录 表

单元	点号	编码	连接点	连接线型
第一单元	1	632	1	2
	2	632		
	3	632		
	4	632		
第二单元	5	632	5	2
	6	632		
	7	632	4	
第三单元	8	632	5	1

3. 野外数据采集与输入

全站仪采集数据的步骤大致是：

（1）在测点上安置全站仪并输入测站点坐标（X、Y、H）及仪器高。

（2）照准定向点并使定向角为测站点至定向点的方位角。

（3）待测点立棱镜并将棱镜高由人工输入全站仪，输入一次以后，其余测点的棱镜高则由程序默认（即自动填入原值），只有当棱镜高改变时，才需重新输入。

（4）逐点观测，只需输入第一个测点的测量顺序号，其后测一个点，点号自动累加1，一个测区内点号是唯一的，不能重复。

（5）输入地形点编码，并将有关数据和信息记录在全站仪的存储设备或电子手簿上（在数字测记模式下）。在电子平板测绘模式下，则由便携机实现测量数据和信息的记录。

4. 数据处理

将野外实测数据输入计算机，成图系统首先将三维坐标和编码进行初处理，形成控制点数据、地物数据、地貌数据，然后分别对这些数据分类处理，形成图形数据文件，包括带有点号和编码的所有点的坐标文件和含有所有点的连接信息文件。

因为全站仪能实时测出点的三维坐标，在测图时某些图根点测量与碎部点测量是同步进行的，控制点数据处理软件完成对图根点的计算、绘制和注记。

地物的绘制主要是绘制符号，软件将地物数据按地形编码分类。比例符号的绘制主要依靠野外采集的信息；非比例符号的绘制是利用软件中的符号库，按定位线和定位点插入符号；半比例符号的绘制则要根据定位线或朝向调用软件的专用功能完成。

五、地形图的编辑与输出

绘图程序根据输入的比例尺、图廓坐标、已生成的坐标文件和连接信息文件，按编码分类，分层进入地物（如房屋、道路、水系、植被等）和地貌等各层，进行绘图处理，生成绘图命令，并在屏幕上显示所绘图形，根据实际地形地貌情况对屏幕图形进行必要的编辑、修改，生成修改后的图形文件。

数字化地形图输出形式可采用绘图机绘制地形图、显示器显示地形图、磁盘存储图形数据、打印机输出图形等，具体用何种形式应视实际需要而定。

将实地采集的地物地貌特征点的坐标和高程，经过计算机处理，自动生成不规则的三角网（TIN），建立起数字地面模型（DEM）。该模型的核心目的是用内插法求得任意已知坐标点的高程。据此可以内插绘制等高线和断面图，为水利、道路、管线等工程设计服务，还能根据需要随时取出数据，绘制任何比例尺的地形原图。

全站仪数字化测图方法的实质是用全站仪野外采集数据，计算机进行数据处理，并建立数字立体模型和计算机辅助绘制地形图，这是一种高效率、减轻劳动强度的有效方法，是对传统测绘方法的革新。

思 考 与 练 习

1. 什么是比例尺精度？它在测绘工作中有何作用？

2. 地物符号有几种？各有何特点？

3. 何谓等高距？在同一幅图上等高距、等高线平距与地面坡度三者之间的关系如何？

4. 何谓等高线？等高线有哪些基本特性？

5. 测图前有哪些准备工作？控制点展绘后，怎样检查其正确性？

6. 地形图的比例尺按其大小，可分为哪几种？其中大比例尺主要包括哪几个？

7. 测定碎部点平面位置有哪些方法？各在什么情况下使用？

8. 测图时，立尺员怎样选择地物特征点和地貌特征点？

9. 试述经纬仪测绘法在一个测站测绘地形图的作业步骤。

10. 在进行碎部测量工作中应注意哪些事项？

11. 已知某地经度为东经 $116°28'25''$，纬度为北纬 $39°54'30''$，试按国际分幅法写出该地 1：100 万、1：10 万、1：1 万及 1：5000 地形图的编号。

12. 如图 9－27 所示，根据地貌特征点，按 5m 等高距，内插并勾绘等高线。

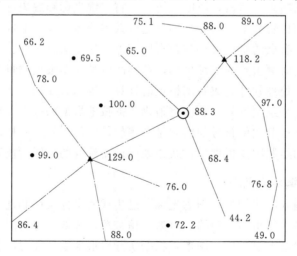

图 9－27　思考与练习题 12 图

第十章 地形图的应用

大比例尺地形图是建筑工程规划设计和施工中的重要地形资料，特别是在规划设计阶段，不仅要以地形图为底图进行总平面的布设，而且还要根据需要，在地形图上进行一定的量算工作，以便因地制宜地进行合理的规划和设计。

第一节 地形图的识读

各种工程建设在规划设计以及施工过程中都离不开地形图，正确的阅读和使用地形图对每个从事工程建设的技术人员来说是至关重要的一环。以图 10-1 的地形图为例，说明地形图识读的一般方法。

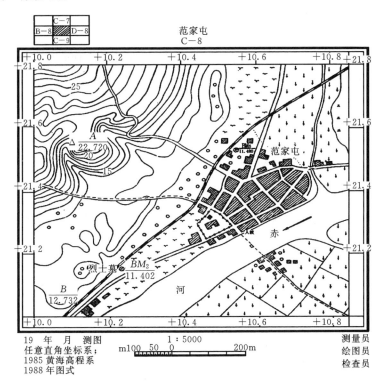

图 10-1 地形图示例

一、图外注记识读

1. 比例尺 (Scale)

地形图的南图廓外正中标有地形图的比例尺，包括数字比例尺和直线比例尺。本幅图比例尺为 1：5000。

2. 坐标系统和高程系统

地形图的左下角注有所采用的坐标系统和高程系统，依此来判定图中点位坐标和高程的归属。我国地形图常用的坐标系统有 1954 年北京坐标系、1980 年国家大地坐标系、独立坐标系。高程系统有 1956 年黄海高程系、1985 国家高程基准、假定高程系统等。同时，还标注了测图时间以及采用的图示版本，便于地形图的阅读。

3. 图名、图号、图幅接合图

地形图的图名、图号都注在每幅图的正上方位置。图名通常是采用图幅内主要的地名（村庄、单位等），物名（河流、山川等）。图号是图幅在测区内所处位置的编号。图幅的左上方注有图幅接合图，注以图名或图号表示本幅图与相邻图幅的位置关系，供检索和拼接相邻图幅时使用。

4. 图廓

图廓是地形图的边界线，有内、外图廓之分。内图廓线就是坐标方格网线，外图廓线是图幅的最外边界线，以较粗的实线描绘，专门用来装饰和美化图幅。外图廓与内图廓之间的短线用来标记坐标值。

二、地物、地貌的识读

1. 地物的识读

首先根据图外注记查找地形图所使用的相应版本的图式及有关专业部门的补充规定，了解、熟悉各种符号。如图 10-1 所示，中部有较大的居民点范家屯，图内有一条铁路从东南和西北方向通过，范家屯东南方向紧邻一条河流——赤河。图内左上部是山地，山头上和居民点附近埋设有三角点和导线点等控制点。村庄周围主要是农田。

2. 地貌识读

地貌主要采用等高线表示，因此应了解等高线的概念、特性、分类及各种基本地貌的图形规律，结合高程注记判别地貌形状。

根据图 10-1 中等高线的注记可以看出，这幅图的基本等高距为 1m。整体地势西部高而东部低，图幅西北部为山区，制高点的高程为 22.72m，东南部为稻田区，平均高程低于 12m。

综上所述，识读地形图时，首先要了解地形图的比例尺、坐标系统和高程系统、图名、图号及等高距等，然后根据地物符号和地貌符号判定地物、植被分布状况和地貌情况。在识读地形图时，还应注意地面上的地物和地貌不是一成不变的。由于城乡建设事业的迅速发展，地面上的地物、地貌也随之发生变化，因此，在应用地形图进行规划以及解决工程设计和施工中的各种问题时，除了细致地识读地形图外，还需进行实地勘察，以便对建设用地作全面正确地了解。

第二节　地形图应用的基本内容

一、在地形图上确定一点的坐标

图上一点的坐标通常依据坐标格网的坐标值来量取。

如图 10-2 所示，欲求图上 A 点坐标，过 A 点作坐标格网的平行线 ef 和 gh，然后依此比例尺分别量取 $ag=73$m，$ae=36$m，再加上 A 点所在小格网的西南角坐标，则

$$x_A = x_a + ag = 600 + 73 = 673（\text{m}）$$

$$y_A = y_a + ae = 400 + 36 = 436（\text{m}）$$

为了检核，再量取 gb 和 ed，并且 $ag+gb$ 与 $ae+ed$ 应等于方格网的边长。

由于图纸伸缩，在图纸上实际量出的方格长度不等于 10cm，为了提高量算精度，消除伸缩误差，设在图纸上量得 ab 的实际长度为 $\overline{ab}$，量得 ad 的实际长度为 $\overline{ad}$，则 A 点坐标可按下式计算。

$$\left. \begin{aligned} x_A &= x_a + \frac{10}{\overline{ab}} \cdot ag \\ y_A &= y_a + \frac{10}{\overline{ab}} \cdot ae \end{aligned} \right\} \qquad (10-1)$$

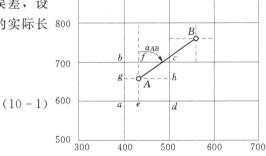

图 10-2 在地形图上确定一点坐标

二、在地形图上确定直线的长度和方向

如图 10-2 所示，求直线 AB 的距离和方位角。

1. 解析法

先从图纸上量测出直线端点 A、B 的坐标值，然后按下式计算 AB 的距离 D_{AB} 和方位角 α_{AB}。

$$D_{AB} = \sqrt{(x_B - x_A)^2 + (y_B - y_A)^2} \qquad (10-2)$$

$$\alpha_{AB} = \arctan \frac{y_B - y_A}{x_B - x_A} \qquad (10-3)$$

2. 图解法

如果 AB 两点在同一幅图内，且量测精度要求不高，则 AB 的长度可用直尺在图上直接量取；过直线 AB 的端点 A 作纵轴 x 的平行线，然后用量角器直接量取该平行线的北端与直线 AB 的交角，即方位角 α_{AB}。

三、在地形图上确定点的高程

（1）如果点在某一等高线上，则该点高程与等高线高程相等。如图 10-3 所示，A 点的高程为 92m。

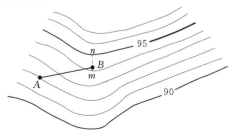

图 10-3 在地形图上确定点的高程

（2）如果点在两条等高线之间，可按比例求出。如图 10-3 所示，B 点位于 94m 和 95m 两条等高线之间，通过 B 点作一条大致垂直于 94m 和 95m 等高线的线段 mn，量取 mn、mB 的图上距离，$mn=6$mm，$mB=1.5$mm，已知等高距 $h=1$m，则 B 点的高程为

$$H_B = H_m + \frac{mB}{mn} h = 94 + \frac{1.5}{6} \times 1 = 94.25（\text{m}）$$

实际工作中也可以根据点在相邻两条等高线之间的位置用目估的方法确定，所得到的点的高程精度低于等高线本身的精度。

四、在地形图上确定直线的坡度

设两点间的水平距离为 D，高差为 h，则两点连线的坡度为

$$i=\frac{h}{D}=\frac{h}{dM} \tag{10-4}$$

式中：d 为两点在图上的长度，m；M 为地形图比例尺分母。

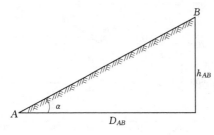

图 10-4　在地形图上确定直线的坡度

坡度 i 常用百分率表示。如果两点间的距离较长，中间通过疏密不等的等高线，则上式所求地面坡度为两点间的平均坡度。

如图 10-4 所示，A、B 两点高程已求得 $H_A=92m$，$H_B=94.25m$，量取 $D_{AB}=150m$，则直线 AB 的坡度为

$$i=\frac{H_B-H_A}{D_{AB}}=\frac{2.25}{150}=1.5\%=15\permil$$

第三节　地形图在工程规划中的应用

一、根据等高线绘制线路的断面图

为了解某条线路的地面起伏情况，需绘制断面图。如图 10-5（a）所示，若绘制 AB 方向的断面图，其方法步骤如下：

（1）首先确定断面图的水平比例尺和高程比例尺。一般断面图上的水平比例尺与地形图的比例尺一致，而高程比例尺往往比水平比例尺大 5～10 倍，以便明显地反映地面起伏变化情况。

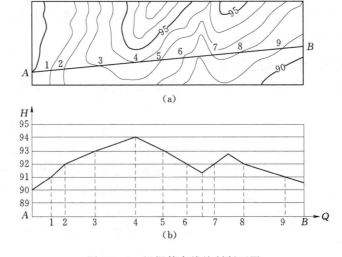

图 10-5　根据等高线绘制断面图

（2）比例尺确定后，可在纸上绘出直角坐标轴线，如图 10-5（b）所示，横轴表示水平坐标线，纵轴表示高程坐标线，并在高程坐标线上依高程比例尺标出各等高线的高程。

（3）以图 10-5（a）方向线 AB 被等高线所截各线段之长 A1，12，23，…，9B 的长度在横轴上截取相应的点并作垂线，使垂线之长等于各点相应的高程值，垂线的端点即是断面点，连接各相邻断面点，即得 AB 线路的纵断面图。

二、在地形图上确定汇水面积

为了防洪、发电、灌溉等目的，需要在河道的适当位置拦河筑坝，在坝的上流形成水库，图 10-6 为某水库库区的地形图，坝址上游分水线所围成的面积，即虚线所包围的部分为汇水面积。

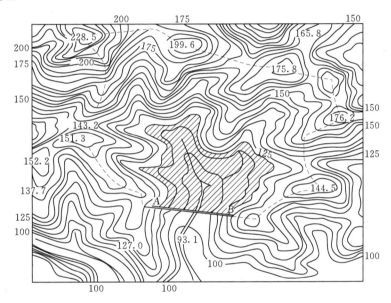

图 10-6　在地形图上确定汇水面积和水库库容

确定汇水面积，要先绘出分水线，勾绘分水线应注意以下几点：

（1）分水线应通过山顶和鞍部，与山脊线相连。

（2）分水线应与等高线正交。

（3）汇水面积由坝的一端开始，最后回到坝的另一端，形成一条闭合环线。

（4）汇水面积范围线确定后，可用面积量算的方法求出以平方公里为单位的汇水面积。

三、水库库容的计算

水库设计时，如果溢洪道的高程已定，则水库的淹没面积也随之而定。如图 10-6 中的阴影部分，即淹没面积内的蓄水量即是水库的库容，单位为 m^3。

库容的计算一般用等高线法。先求出图 10-6 的阴影部分每条等高线与坝轴线所围成的面积 S，然后计算每两条相邻等高线之间的体积，其总和即是库容。

设 S_1，S_2，…，S_{n+1} 依次为各条等高线所围成的面积，h 为等高距；设第一条等高线（淹没线）与第二条等高线间的高差为 h'，第 $n+1$ 条等高线（最低一条等高线）与库底最低点间的高差为 h''，则各层体积为

$$V_1 = \frac{1}{2}(S_1 + S_2)h'$$

$$V_2 = \frac{1}{2}(S_2 + S_3)h$$

$$\vdots \qquad \vdots \qquad \vdots$$

$$V_n = \frac{1}{2}(S_n + S_{n+1})h$$

$$V'_n = \frac{1}{3}S_{n+1}h'' \text{（库底体积）}$$

则水库的库容为

$$V = V_1 + V_2 + \cdots + V_n + V'_n$$

$$= \frac{1}{2}(S_1 + S_2)h' + \left(\frac{S_2}{2} + S_3 + \cdots + S_n + \frac{S_{n+1}}{2}\right)h + \frac{1}{3}S_{n+1}h'' \tag{10-5}$$

四、在地形图上确定土坝坡脚线

土坝坡脚线就是土坝坡脚面与地面的交线。标定坡脚线，可确定清基范围。具体方法如下：

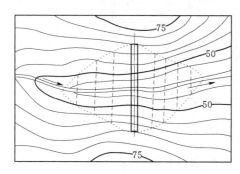

图 10-7　在地形图上确定土坝坡脚线

（1）在地形图上，先确定坝轴线的位置，根据坝顶设计高程和坝顶宽度，绘出坝顶边线。

（2）根据坝顶高程及上、下游坝坡面的设计坡度，画出与地面等高线相应的坝面等高线。例如，在图 10-7 中，坝顶设计高程为 65m，上下游的设计坝坡为 1:3 与 1:2，等高距 $h=5$m，则坝坡面上各条等高线间的平距为上游 $5 \times 3 = 15$（m），下游 $5 \times 2 = 10$（m），由坝顶边缘开始，分别按 15m 和 10m 的图上距离绘出坝坡面等高线（图 10-7 中的平行虚线）。

（3）将坝面等高线与同高程的地面等高线的交点连成光滑的曲线，即为土坝坡脚线，如图 10-7 所示。

五、在地形图上按设计坡度选定最短路线

渠道、管线、道路等在规划设计初期，一般要先在地形图上选线，选择一条合理的线路要考虑很多因素，下面说明根据地形图等高线，按规定的坡度选择最短路线的方法。

图 10-8 中，从甲地到乙地修一条公路，路线最大坡度 $i=10\%$，设计用的地形图比例尺为 1:2000，等高距 2m。

（1）计算出该路线经过相邻等高线之间的最小水平距离 d

$$d=\frac{h}{iM}=\frac{2}{0.1\times2000}=0.01\text{（m）}$$

（2）以甲点为圆心，以 d 为半径画弧交 200m 等高线于 1 点，再以 1 点为圆心，以 d 为半径画弧交 202m 等高线于 2 点，依次进行下去直到乙点，然后把相邻点连接起来，即为所求路线。

在选线过程中，有时会遇到两相邻等高线间的平距大于 d 的情况，说明地面坡度已小于规定的坡度，可按最小距离来确定。如图中以 3 点为圆心画弧时，未能与 206m 等高线相交，可将 3 点和乙点直接连接，与 206m 的等高线交于 4 点，显然 3 点到 4 点这段路线即是从 3 点到乙点的最短路线，且坡度小于 10%，符合要求。

（3）由图 10-8 可知，还有一条线路甲—1′—2′—3′—4′—乙，也符合设计要求，设计人员可根据实际情况，考虑有无耕地、地质条件及工程费用等情况，权衡利弊，确定一条最佳线路。

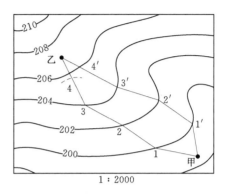

1 : 2000

图 10-8 按设计坡度在图上
选定最短路线

六、平整土地

在平整土地工作中，常需预算土、石方的工程量，即利用地形图进行填挖土（石）方量的概算。其方法有多种，其中方格法（或设计等高线法）是应用最广泛的一种。

如图 10-9 所示，假设要求将原地貌按挖填土方量平衡的原则改造成平面，其步骤如下。

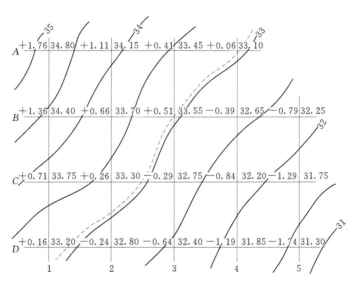

图 10-9 地形图在整平场地中的应用

1. 在地形图上绘制方格网

在地形图上拟建场地内绘制方格网，方格网的大小取决于地形复杂程度、地形图比例大小以及土方概算的精度要求。例如在设计阶段采用 1：500 的地形图时，根据地形复杂情况，一般方格网的边长为 10m 或 20m。

2. 格网线编号及地面高程计算

方格网绘制完后，按"行列式"对每一条格网线进行编号，如图 10-9 所示，水平格网线自上而下用 A、B、C、…进行编号，垂直格网线自左向右用 1、2、3、…进行编号。然后根据地形图上的等高线，用内插法求每方格顶点的地面高程，并注记在相应方格顶点的右上方，如 A_2 点地面高程为 +1.11m。

3. 计算设计高程

先将每一方格顶点的高程加起来除以 4，得到各方格的平均高程，再把每个方格的平均高程相加除以方格总数，就得到设计高程 H_0。

$$H_0 = \frac{H_1 + H_2 + \cdots + H_n}{n}$$

式中：H_i 为每一方格的平均高程；n 为方格总数。

从设计高程 H_0 的计算方法和图 10-9 可以看出：方格网的角点 A_1、A_4、B_5、D_1、D_5 的高程只用了一次，边点 A_2、A_3、B_1、C_1、D_2、D_3、…的高程用了两次，拐点 B_4 的高程用了三次，而中间点 B_2、B_3、C_2、C_3 的高程用了四次，因此，设计高程的通用计算公式可以写成

$$H_0 = (\sum H_角 + 2\sum H_边 + 3\sum H_拐 + 4\sum H_中)/4n \tag{10-6}$$

将方格顶点的高程（图 10-9）代入式（10-6），即可计算出设计高程。在图上内插出 H_0 等高线（图中一般用虚线表示），称此线为填挖边界线。

4. 计算挖、填高度

根据设计高程和方格顶点的高程，可以计算出每一方格顶点的挖、填高度，即

$$挖、填高度 = 地面高程 - 设计高程 \tag{10-7}$$

将图中各方格顶点的挖、填高度写于相应方格顶点的左上方，正号为挖深，负号为填高。

5. 计算挖、填土方量

挖、填土方量可按角点、边点、拐点和中点分别按下式计算

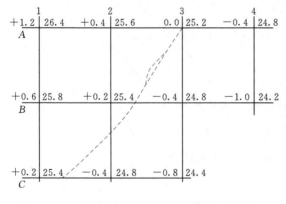

角点： 挖（填）高 $\times \frac{1}{4}$ 方格面积

边点： 挖（填）高 $\times \frac{1}{2}$ 方格面积

拐点： 挖（填）高 $\times \frac{3}{4}$ 方格面积

中点： 挖（填）高 $\times 1$ 方格面积

$$\tag{10-8}$$

如图 10-10 所示，设每一方格面积为 100m²，计算的设计高程是 25.2m，每方格的挖深或填高数据已分

图 10-10 土方量计算

别按式（10-7）计算出，并已标注在相应方格顶点的左上方。于是，可按式（10-8）列表（见表 10-1）分别计算出挖方量和填方量。从计算结果可以看出，挖方量和填方量是相等的，满足"挖平衡"的要求。

表 10-1　　　　　　　　　　　　场地平整土方量计算表

点号	挖深（m）	填高（m）	所占面积（m²）	挖方量（m³）	填方量（m³）
A_1	1.2		100	120	
A_2	0.4		200	80	
A_3	0.0		200	0	
A_4		-0.4	100		40
B_1	0.6		200	120	
B_2	0.2		400	80	
B_3		-0.4	300		120
B_4		-1.0	100		100
C_1	0.2		100	20	
C_2		-0.4	200		80
C_3		-0.8	100		80
				Σ：420	Σ：420

第四节　面　积　量　算

在各种工程规划设计中，时常遇到测算面积的工作，如求流域面积、汇水面积、断面面积等。面积量算的方法很多，下面介绍几种常用方法。

一、几何图形法

几何图形法适用于图上外形规整的多边形的面积量算。

将多边形划分为若干个简单的几何图形，如三角形、梯形、长方形等。从图上解出图形各要素（长、宽、高等），根据地形图比例尺换算成实地长度，然后按相应几何图形的公式计算面积，最后将所有图形的面积相加得到整个多边形的面积。如图 10-11 所示，将多边形划分为若干个三角形和梯形。划分为三角形时，面积量算的精度较高，其次为梯形、长方形。

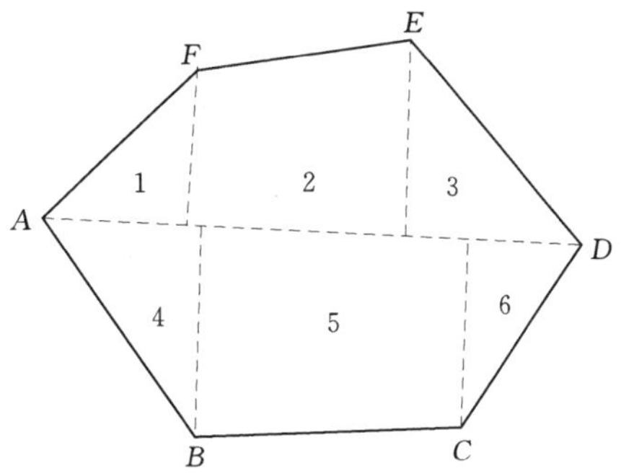

图 10-11　几何图形法求面积

二、方格法

对于不规则曲线所围成的图形，可采用方格法进行面积量算。如图 10-12 所示，用透明方格网纸（方格边长为 1mm、2mm、5mm或 1cm）蒙在要量测的图纸上，先数出图形内的完整方格数，然后将不完整的方格用目估

法折合成整方格数，两者相加乘以每格所代表的面积值，即为所量图形的面积。计算公式为

$$S = nA \qquad (10-9)$$

式中：S 为所量图形的面积；n 为方格总数；A 为 1 个方格的实地面积。

图 10-12 中，设方格边长为 1cm，图的比例尺为 1:1000，则 $A = (1cm)^2 \times 1000^2 = 100m^2$。完整的方格数为 36 个，不完整的方格凑整为 8 个，方格总数为 44 个，则所求图形的实地面积为

$$S = 44 \times 100m^2 = 4400m^2$$

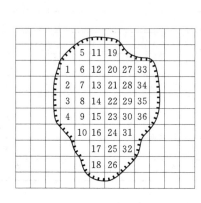

图 10-12　方格法求面积

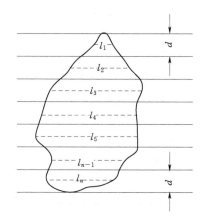

图 10-13　平行线法求面积

三、平行线法

方格网的量算受到方格凑整误差的影响，精度较低，为提高量算精度，可采用平行线法。如图 10-13 所示，将绘有等间距（1mm 或 2mm）平行线的透明膜片（或透明纸）覆盖在待测图形上，则图形被分割成若干个近似梯形，梯形的高就是平行线的间距 d，图内平行虚线是梯形的中线。量出各中线的长度，就可以按下式求出图上面积：

$$A = l_1 d + l_2 d + \cdots + l_n d = d \sum l \qquad (10-10)$$

将图上面积化为实地面积时，如果是地形图，应乘上比例尺分母的平方；如果是纵横比例尺不同的断面图，则应乘上纵横两个比例尺分母之积。

例如在 1:2000 的地形图上，量得某图形的全部中线长 $\sum l = 57.8cm$，$d = 1mm$，则此图形的实地面积为：

$$A = d \sum l M^2 = 1.0 \times 10^{-3} \times 57.8 \times 10^{-2} \times 2000^2 = 578 \text{（m}^2\text{）}$$

四、解析法

当要求量算精度较高时，可应用坐标解析法。

如图 10-14 所示，四边形各顶点坐标为 $(x_1，y_1)$、$(x_2，y_2)$、$(x_3，y_3)$、$(x_4，y_4)$，其面积相当于相应梯形面积的代数和，即

$$S = S_{ab41} + S_{bd34} - S_{ac21} - S_{cd32}$$
$$= 1/2[(x_1 + x_4)(y_4 - y_1) + (x_3 + x_4)(y_3 - y_4) - (x_1 + x_2)(y_2 - y_1) - (x_2 + x_3)(y_3 - y_2)]$$

整理得

$$S = 1/2 [x_1(y_4 - y_2) + x_2(y_1 - y_3) + x_3(y_2 - y_4) + x_4(y_3 - y_1)]$$

对于 n 点多边形，其面积公式的一般形式为：

$$S = \frac{1}{2} \sum_{i=1}^{n} x_i(y_{i-1} - y_{i+1}) \qquad (10-11)$$

或

$$S = \frac{1}{2} \sum_{i=1}^{n} y_i(x_{i+1} - x_{i-1}) \qquad (10-12)$$

式中，当 $i=1$ 时，$i-1=n$；当 $i=n$ 时，$i+1=1$。

可同时用两式计算，以便检核。

注意应用该公式时，多边形点号为逆时针编号。

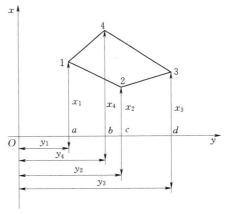

图 10-14　坐标解析法计算面积原理

五、求积仪法

求积仪是一种专供量算图形面积的仪器。其特点是：操作简便，量算速度快，能保证一定的精度，并适用于各种不同图形的面积量算。

求积仪分两大类：机械求积仪和数字求积仪，下面分别介绍。

(一) 机械求积仪

1. 机械求积仪的构造

如图 10-15 所示，机械求积仪主要由极臂、航臂（描迹臂）和计数器等三部分组成。

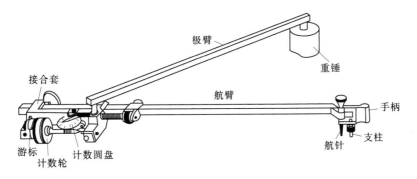

图 10-15　机械求积仪

（1）极臂。臂的一端有重锤，锤下有一小针，可刺入图板，作为极点。极臂的另一端装有圆头短柄，将其插入航臂的小圆孔中，使极臂和航臂连接。

（2）航臂。又称"描迹臂"，臂的一端带有一个描迹针，又称航针，臂的另一端装有计数器。

（3）计数器。由计数轮、计数圆盘和读数游标三部分组成。计数轮和计数盘随描迹臂的移动而滚动，当计数轮转一周时，计数盘旋转一格。利用读数游标能读出计数轮上一个分划的 1/10，所以，从计数器上可读得 4 位数字：计数圆盘上读得千位，计数轮上读得

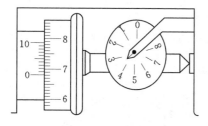

图 10-16 机械求积仪的读数方法

百位和十位，游标上读得个位数（游标上离开 0 指标线的第 n 条分划线与计数轮分划线重合，个位数就是 n）。如图 10-16 所示的位置，其读数为 3682。

2. 机械求积仪的使用

使用机械求积仪量测图形面积时，先将图纸固定在平整光滑的图板上，航臂长度按求积仪盒内附表中的值安置好，将极点固定在欲测图形之外，并使描迹针能描到图形边界线上任何一点，而极臂与航臂之间的夹角在 $30°\sim150°$ 之间（尽可能接近 $90°$），即可开始工作。将描迹针对准图形边界上某点作为起始点（起始点最好选在两臂夹角成 $90°$ 的位置，此时计数小轮转动最慢），读出起始读数 $n_{始}$，然后手扶手柄，使描迹针按顺时针方向沿图形边界线匀速绕行一周，回到起点，读出终了读数 $n_{终}$，根据下式计算面积：

$$A = C(n_{终} - n_{始}) \tag{10-13}$$

式中：A 为求积仪量算图形的面积；C 为求积仪的分划值。

为提高量算结果的精度，可使测轮在左、右两边对图形面积量算两次，不超限时取其平均值作为最后结果，然后取和。当 $n_{终} - n_{始}$ 出现负值时，应将 $n_{终}$ 加上 10000 再减去 $n_{始}$。

3. C 值的确定

求积仪的分划值 C 是指计数器转动一个单位分划时的图形面积。C 值的大小与航臂长度有关，在求积仪盒内的卡片上，一般标有不同航臂长度所对应的 C 值；如果没有，可自行测定，方法如下：

（1）利用已知面积测定。将描迹针沿已知面积为 A' 的图形（正方形或圆形）绕行一周，读得 $n_{始}$、$n_{终}$ 两个读数后，按下式计算 C 值：

$$C = \frac{A'}{n_{终} - n_{始}} \tag{10-14}$$

（2）利用检验尺测定。求积仪盒内一般都有专门的检验尺，尺的一端有刺针，另一端有小孔。尺上标明了面积的大小。测定时，将刺针刺入图纸作为圆心，将描迹针插入尺的小孔中，以刺针为圆心，以检验尺为半径顺时针绕行一周，根据始、终两个读数按式 (10-14) 计算 C 值。

（二）数字求积仪

数字求积仪是在机械式求积仪的基础上，以电子脉冲记录测轮的转动数值，通过微处理器显示测量结果，且具有多种附加功能的一种求积仪，使用方便，精度高，性能优越。现以 KP-90N 型数字求积仪为例，介绍数字求积仪的构造及使用。

1. KP-90N 型数字求积仪的构造

KP-90N 型数字求积仪由动极和动极轴、微型计算机、跟踪臂和跟踪放大镜三大部分组成，其外形如图 10-17 所示。在动极臂两端各有一个动极轮；其计算部分包括键盘、显示屏及微处理器、电源等部分；仪器设有 22 个按键，显示屏上部为状态区，用来显示电池状态、存储器状态、比例尺大小、暂停状态及面积单位；下部为数据区，用来显示量算结果和输入值（图 10-18）；跟踪臂通过计算部分与动极轴连接，描迹点是在放大镜中心的一个红点，相当于描迹针，当描迹针沿着图形边线绕行时，测轮转动并带动电子脉冲计数设备自动记录、自动计算其面积后在显示屏上显示结果。各键的功能和操作见表10-2。

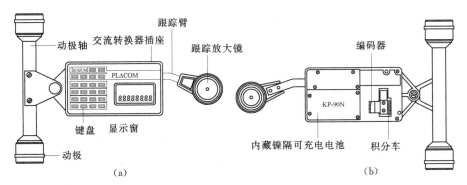

图 10-17 KP-90N 数字求积仪

(a) 正面；(b) 反面

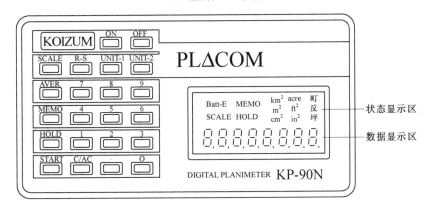

图 10-18 KP-90N 数字求积仪的面板

表 10-2 数字求积仪操作键及其功能

ON	电源键	打开电源
OFF	电源键	关闭电源
SCALE	比例尺键	用来设置图形的纵、横比例尺
R-S	比例尺确认键	配合 SCALE 键使用
UNIT-1	单位键1	每按一次都在国际单位制、英制、日制三者间转换
UNIT-2	单位键2	如在国际单位制状态下，按该单位键可以在 km^2、m^2、cm^2、脉冲计数（P/C）四个单位间顺序转换
0~9	数字键	用来输入数字
.	小数点键	用来输入小数点
START	启动键	在测量开始及在测量中再启动时使用
HOLD	固定键	测量中按该键则当前的面积量算值被固定，此时移动跟踪放大镜，显示的面积值不变。当要继续量算时，再按该键，面积量算再次开始。该键主要用于累加测量
AVER	平均值键	按该键，可以对存储器中的面积量算值取平均
MEMO	存储键	按该键，则将显示窗中显示的面积存储在存储器中，最多可以存储 10 个值
C/CA	清除键	清除存储器中记忆的全部面积量算值

2. KP - 90N 型数字求积仪的使用

（1）准备。将图纸水平地固定在图版上，把跟踪放大镜放大在图形中央，并使动极轴与跟踪臂成 90°，然后用跟踪放大镜沿图形边界线运行 2～3 周，检查是否能平滑移动，否则，调整动极轴位置。

（2）开机。按 ON 键，显示"0"。

（3）单位设置。用 UNIT-1 键设定单位制；用 UNIT-2 键设定同一单位制的单位。

（4）比例尺设置与确定。

1）比例尺 1：M 的设定：用数字键输入 M，按 SCALE 键，再按 R - S 键，显示 M^2，即设定好。

2）横向 1：X、纵向 1：Y 的设定：输入 X 值，按 SCALE 键；再输入 Y 值，按 SCALE 键，然后按 R - S 键，显示"$X：Y$"值，即设定好。

3）比例尺 $X：1$ 设定：输入 $\dfrac{1}{X}$，按 SCALE 键，再按 R - S 键，显示"$\left(\dfrac{1}{X}\right)^2$"，即设定好。

（5）面积测量。将跟踪放大镜的中心照准图形边界线上某点，作为开始的起点，然后按 START 键，蜂鸣器发出音响，显示"0"，用跟踪放大镜中心准确地沿着图形的边界线顺时针移动，回到起点后，若进行累加测量时，按下 HOLD 键；若进行平均值测量时，按下 MEMO 键；测量结束时，按 AVER 键，则显示所定单位和比例尺的图形面积。

（6）累加测量。在进行两个以上图形的累加测量时，先测量第 1 个图形，按 HOLD 键，将测定的面积值固定并存储；将仪器移到第 2 个图形，按 HOLD 键，解除固定状态并进行测量。同样可测第 3 个……直到测完。最后按 AVER 键或 MEMO 键，显示出累加面积值。

（7）平均值测量。为了提高精度，可以对同一图形进行多次测量（最多 10 次），然后取平均值。具体做法是每次测量结束后，按下 MEMO 键，最后按 AVER 键，则显示 n 次测量的平均值。注意每次测量前均应按 START 键。

思 考 与 练 习

1. 阅读地形图的主要目的是什么？主要从哪几个方面进行？

2. 在图 10 - 6 上完成下列作业：

（1）用虚线画出 AB 断面的汇水面积。

（2）设溢洪道高程为 125m，用铅笔画出淹没面积的范围。

（3）计算汇水面积和淹没面积。

（4）计算水库库容。

3. 面积量算有哪些方法？各有什么优缺点？

4. 如图 10 - 19 所示为 1：2000 比例尺的地形图，请在图上完成如下量算工作：

（1）求 A、B 两点距离及其方位角。

（2）求 A、B 两点的高程及地面坡度。

（3）绘制 A、B 方向线的纵断面图。

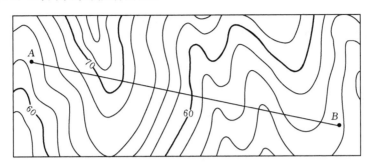

图 10-19　思考与练习题 4 图

第十一章　测设（放样）的基本工作

第一节　概　　述

把图纸上设计的建筑物平面位置和高程，用一定的测量仪器和方法标定到实地上去的测量工作称为测设（放样）。测图工作是利用控制点测定地面上的地形特征点，按一定比例尺缩绘到图纸上，而施工放样则与此相反，是根据建筑物的设计尺寸，找出建筑物各部分特征点与控制点之间的几何关系，计算出距离、角度、高程（或高差）等放样数据，然后利用控制点，在实地上定出建筑物的特征点、线，作为施工的依据。

建筑物的放样工作也必须遵循"由整体到局部"、"先控制后细部"的原则。一般先由施工控制网测设建筑物的主轴线，用它来控制建筑物的整个位置。对中小型工程，测设主轴线如有误差，仅使整个建筑物偏移一微小位置；但当主轴线确定后，根据它来测设建筑物细部，必须保证各部分设计的相互位置准确。因此，测设细部的精度往往比测设主轴线的精度高。例如，测设水闸中心线（即主轴线）的误差不应超过 1cm，而闸门对闸中心线的误差不应超过 3mm。但是，对于大型水利枢纽、大型工业厂房等，各主要工程主轴线间的相对位置精度要求较高，亦应精确测设。

施工放样的精度与建筑物的大小、结构形式、建筑材料等因素有关。例如，水利工程施工中，钢筋混凝土工程较土石方工程的放样精度要求高，而金属结构物安装放样的精度要求则更高。因此，应根据不同施工对象，选用不同精度的仪器和适当的测量方法，既保证工程质量又不致浪费人力和物力。

施工放样与很多工种有密切的联系，例如测量人员弹出立模线位置后，木工才能立模；模板上定出浇筑混凝土的高程，混凝土工才能开始浇筑；石工要求测量人员放出块石护坡的拉线桩；起重工要求测量人员放出吊装预制构件的位置，等等。因此，测量工作必须按施工进程及时测设建筑物各部分的位置，还要在施工过程中和施工后进行检测。

在同一工地进行各建筑物放样时，所利用的所有控制点应是同一坐标和高程系统，这样才能保证各建筑物之间的关系符合设计要求。

第二节　施工控制网的布设

施工控制网分为平面控制网和高程控制网两种。为了节约经费，在测图控制网精度符合施工要求的前提下，测图控制网可作为施工控制网；否则，应新建施工控制网。

一、平面控制网

如果在建筑区域内保存有原来的测图控制网且能满足施工放样精度的要求，则可作为施工控制网，否则应重新布设施工控制网。

平面控制网一般布设成两级：一级为基本网，它起着控制施工区域内各建筑物主轴线的作用，组成基本网的控制点，称为基本控制点；另一级是定线网（或称放样网），它直接控制建筑物的辅助轴线及细部点位置。

现以拦水坝工程为例来说明施工控制网的建立方法。如图 11-1 所示，由两个四边形构成基本网（图中实线），并用交会法加密定线网（图中虚线），坝轴线端点 A、B 包含在定线网内。图 11-2 是由中心多边形组成的基本网，用以测设坝轴线 A、B 与隧洞中心线上的 01，02，…点的位置，再以坝轴线为基准布置矩形网，作为坝体的定线网。

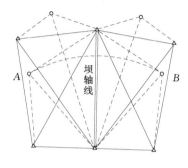

图 11-1　四边形基本网

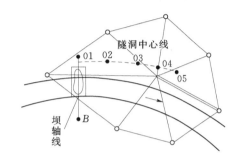

图 11-2　中心多边形基本网

施工控制点必须根据工区的范围和地形条件、建筑物的位置和大小、施工的方法和程序等因素进行选择。基本网一般布设在施工区域以外，以便长期保存，定线网应尽可能靠近建筑物，便于放样。

（一）平面控制网的精度

施工控制网是建筑物的特征点、线放样到实地的依据，建筑物放样的精度要求是根据建筑物竣工时对于设计尺寸的容许偏差（即建筑限差）来确定的，建筑物竣工时实际误差包括施工误差（构件制造误差、施工安装误差）、测量放样误差以及外界条件（如温度）所引起的误差；测量误差只是其中的一部分，但它是建筑施工的先行，位置定得不正确将造成较大损失。

测量误差是放样后细部点平面点位的总误差，它包括控制点误差对细部点的影响及施工放样过程中产生的误差。在建立施工控制网时应使控制点误差所引起的细部点误差相对于施工放样的误差来说，小到可以忽略不计，具体地说，若施工控制点误差的影响在数值上小于点位总误差的 45%～50% 时，它对细部点的影响仅及总误差的 10%，可忽略不计。如水利水电施工规范规定主要水工建筑物轮廓点放样中误差为 20mm，因此施工控制网的精度要求较高。要获得高精度的控制网，可通过以下三个途径：

（1）高观测精度。应选用较精密的测量仪器，测角要用 DJ_1 光学经纬仪；测距需要用相应精度的测距仪。测量方法及测回数规范中都有规定。

（2）优化网形结构。测角网有利于控制横向误差（方位误差），测边网有利于控制纵向误差。如将两种网形结构组合成边角网的形式，则可实现优化网形结构之目的。

（3）增加控制网中的多余观测数。

（二）测量坐标系与施工坐标系的换算

设计图纸上建筑物各部分的平面位置，是以建筑物的主轴线（如坝轴线、厂房轴线等）为定位的依据。以一主轴线为坐标轴及该轴线的一个端点为原点，或以相互垂直的两主轴线为坐标轴，所建立的坐标系称为施工坐标系。而建立平面控制网时所布设的控制点的坐标是测量坐标。为了便于计算放样数据和实地放样，必须用统一的坐标。如果采用施工坐标系进行放样，则应将控制点的测量坐标换算为施工坐标。如图 11-3 所示，设 XOY 为测量坐标系（第一坐标系）；$AO'B$ 为施工坐标系（第二坐标系）。如果知道了施工坐标系原点 O' 的测量坐标（$X_{O'}$、$Y_{O'}$）及方位角 α（纵轴的旋转角），则 P 点由施工坐标（A_P、B_P）换算成测量坐标（X_P、Y_P）的公式为：

$$X_P = X_{O'} + A_P \cos\alpha - B_P \sin\alpha$$
$$Y_P = Y_{O'} + A_P \sin\alpha - B_P \cos\alpha$$

$$(11-1)$$

而由测量坐标换算为施工坐标的公式为：

$$A_P = (X_P - X_{O'})\cos\alpha + (Y_P - Y_{O'})\sin\alpha$$
$$B_P = (X_P - X_{O'})\sin\alpha + (Y_P - Y_{O'})\cos\alpha$$

$$(11-2)$$

以上各式中施工坐标系原点 O' 的测量坐标（$X_{O'}$、$Y_{O'}$）与方位角 α，可在设计资料中查得或在地形图上用图解法求得。

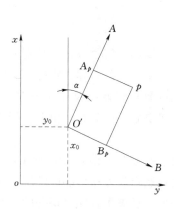

图 11-3 坐标换算关系示意图

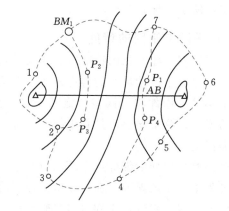

图 11-4 高程控制网布设示意图

二、高程控制网的建立

高程控制网一般也分两级。一级水准网与施工区域附近的国家水准点连测，布设成闭合（或附合）形式，称为基本网，基本网的水准点应布设在施工爆破区外，作为整个施工期间高程测量的依据。二级水准点是由基本网水准点引测的临时作业水准点，它应尽可能靠近建筑物，以便能进行高程放样。图 11-4 为某大坝施工高程控制网，BM_1，1，2，3，…，7，BM_1 为一个闭合形式的基本网，P_1、P_2、P_3、P_4 为作业水准点。

第三节　测设（放样）的基本工作

一、测设已知水平距离

如图 11 - 5 所示，a 为一已知点，要求在 ab 方向上测设另一点，使两点间的距离为设计长度，此项工作为距离测设，或称为长度放样。

（一）用钢尺测设水平距离

在图 11 - 5 中，设 d_0 为欲测设的设计长度（水平距离），在测设之前必须根据所使用钢尺的尺长方程式计算尺长改正、温度改正，求该尺应量水平长度为

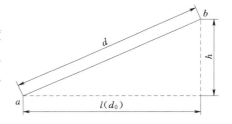

图 11 - 5　距离测设示意图

$$l = d_0 - \Delta l_d - \Delta l_t$$

式中：Δl_d 为尺长改正数；Δl_t 为温度改正数。

顾及高差改正可得实地应量距离为

$$d = \sqrt{l^2 + h^2} \tag{11 - 3}$$

【例 9 - 1】　如图 11 - 5 所示，假如欲测的设计长度 $d_0 = 25.530\mathrm{m}$，所使用钢尺的尺长方程式为 $l_t = 30\mathrm{m} \times 0.005\mathrm{m} + 1.25 \times 10^{-5}(t - 20℃) \times 30\mathrm{m}$，量距时的温度为 15℃，$a$、$b$ 两点的高差 $h_{ab} = +0.530\mathrm{m}$，试求测设时应量的实地长度 d。

解：计算尺长改正数 Δl_d　　$\Delta l_d = 0.005 \times 25.530/30 = +4$（mm）

计算温度改正数 Δl_t　　$\Delta l_t = 1.25 \times 10 - 5 \times (15 - 20) \times 25.530 = -2$（mm）

计算应量的水平长度 l　　　$l = 25.530\mathrm{m} - 4\mathrm{mm} + 2\mathrm{mm} = 25.528$（m）

计算应量的实地长度 d　　　$d = \sqrt{25.528^2 + 0.530^2} = 25.534$（m）

（二）用测距仪测设水平距离

用光电测距仪进行直线长度放样时，可先在欲测设方向上目测安置反射棱镜，用测距仪测出的水平距离设为 d_0'，设 d_0' 与欲测设的距离（设计长度）d_0 相差 Δd，则可前后移动反射棱镜，直至测出的水平距离等于 d_0 为止。如测距仪有自动跟踪功能，可对反向棱镜进行跟踪，直到显示的水平距离为设计长度。

二、测设已知水平角

在地面上测量水平角时，角度的两个方向已经固定在地面上，而在测设一水平角时，只知道角度的一个方向，另一个方向线需要在地面上标定出来。

（一）一般方法

如图 11 - 6 所示，设在地面上已有一方向线 OA，欲在 O 点测设第二方向线 OB，使 $\angle AOB = \beta$。可将经纬仪安置在 O 点上，在盘左位置，用望远镜瞄准 A 点，使度盘读数为 $0°00'00''$，然后转动照准部，使度盘读数为 β，在视线方向上定出 B' 点。再倒转望远镜变为盘右位置，重复上述步骤，在地面上定出 B'' 往往不相重合，取两点连线的中点 B，则

OB 即为所测设的方向，$\angle AOB$ 就是要测设的水平角 β。

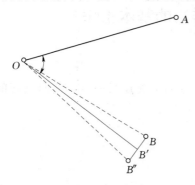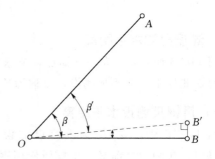

图 11-6　角度测设的一般方法　　　图 11-7　角度测设的精确方法

（二）精确方法

如图 11-7 所示，在 O 点根据已知方向线 OA，精确地测设 $\angle AOB$，使它等于设计角 β，可先用经纬仪按一般方向放出方向线 OB'，而后用测回法多次观测 $\angle AOB'$，得角值 β'。它与设计角 β 之差为 $\Delta\beta$，为了精确定出正确的方向 OB，必须改正小角 $\Delta\beta$，为此由 O 点丈量 OB' 的长度，作 OB' 的垂线，用下式求得垂线 $B'B$ 的长度：

$$B'B=OB'\tan\Delta\beta$$

由于 $\Delta\beta$ 很小，故上式可写为：

$$B'B=OB'(\Delta\beta/\rho'')$$

其中　　　　　　　　　　　　$\rho''=206\,265''$

从 B' 沿垂线方向量 $B'B$ 长度得 B 点，连接 OB，即得到 β 角另一方向的精确位置。

三、测设已知高程

在施工放样中，经常要把设计的室内地坪（±0）高程及房屋其他各部位的设计高程（在工地上，常将高程称为"标高"）在地面上标定出来，作为施工的依据。这项工作称为高程测设（或称标高放样）。

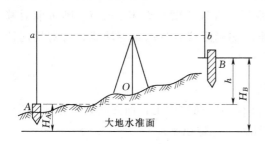

图 11-8　高程测设的一般方法

（一）一般方法

如图 11-8 所示，安置水准仪于水准点 A 与待测设高程点 B 之间，得后视读数 a，则视线高程 $H_视=H_A+a$；前视应读数 $b=H_视-H_设$（$H_设$ 为待测设点 B 的高程）。此时，在 B 点木桩侧面，上下移动标尺，直至水准仪在尺上截取的读数恰好等于 b 时，紧靠尺底在木桩侧面画一横线，此横线即为设计高程位置。为求醒目，再在横线下用红油漆画一"▼"，若 A 点为室内地坪，则在横线上注明"±0"。

（二）高程上下传递法

若待测设高程点的设计高程与水准点的高程相差很大，如测设较深的基坑标高或测设高层建筑物的标高，只用标尺已无法放样，此时可借助钢尺将地面水准点的高程传递到在坑底或高楼上所设置的临时水准点上，然后再根据临时水准点测设其他各点的设计高程。

如图 11-9（a）所示，是将地面水准点 A 的高程传递到基坑临时水准点 B 上。在坑边上杆上悬挂经过检定的钢尺，零点在下端并挂 10kg 重锤，为减少摆动，重锤放入盛废机油或水的桶内，在地面上和坑内分别安置水准仪，瞄准水准尺和钢尺读数（见图中 a、b、c、d），则

$$H_B = H_A + a - (c - d) - b \tag{11-4}$$

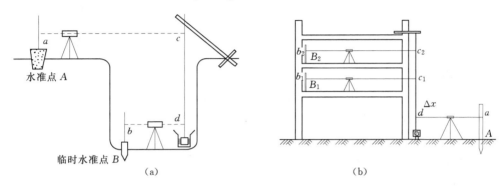

图 11-9　高程测设的传递方法

H_B 求出后，即可以临时水准点 B 为后视点，测设坑底其他各待测设高程点的设计高程。

如图 11-9（b）所示，是将地面水准点 A 的高程传递到高层建筑物上，方法与上述相似，任一层上临时水准点 B_i 的高程为：

$$H_{Bi} = H_A + a + (c_i - d) - b_i \tag{11-5}$$

H_{Bi} 求出后，即可以临时水准点 B_i 为后视点，测设第 i 层楼上其他各待测设高程点的设计高程。

第四节　测设点的平面位置

测设点的平面位置的基本方法有：直角坐标法、极坐标法、角度交会法、距离交会法等几种。

一、直角坐标法

当施工场地上已布置了矩形控制网时，可利用矩形网的坐标轴来测设点位。如图 11-10 所示，建筑物中 A 点的坐标已在设计图纸上得到。在实地放样时，只要先求出 A 点与方格顶点 O 的坐标增量，即

$$AQ = \Delta x = x_A - x_O$$
$$AP = \Delta y = y_A - y_O$$

在实地上自 O 点沿 OM 方向量出 Δy 得 Q 点，由 Q 点作垂线，在垂线上量出 Δx，即得 A 点。

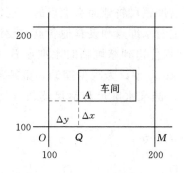

图 11-10　直角坐标法示意图

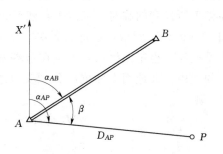

图 11-11　极坐标法示意图

二、极坐标法

如图 11-11 所示，A、B 为测量控制点，设某矩形建筑的角点 P 为欲测设的点位，则采用极坐标法测设 P 点时，需要计算出 A 与 P 点的距离 D_{AP} 及 AP 方向与 AB 方向之夹角 β。

测设 P 点时，可将经纬仪安置在控制点 A 上，用第三节中测设角的方法放样 β 角，然后由 A 点沿 AP 方向线丈量距离 D_{AP}，即得 P 点的平面位置。

三、角度交会法

如图 11-12 所示，A、B、C 为三个测量控制点。P 为码头上某一点，需要测设它的位置。首先根据 P 点设计坐标和三个控制点的坐标，计算放样数据 α_1、β_1 及 α_2、β_2。测设时，在控制点 A、B、C 三点上各安置一架经纬仪，分别以 α_1、β_1 及 β_2 交会出 P 点的概略位置，然后进行精确定位。由观测者指挥在码头面板上定出 AP、BP、CP 三条方向线，由于放样有误差，三条方向线不相交于一点，形成一个三角形，称为示误三角形。如果示误三角形内切圆半径不大于 $1cm$，最大边长不大于 $4cm$ 时，可取内切圆的圆心作为 P 点的正确位置。为了消除仪器误差，AP、BP、CP 三条方向线需用盘左、盘右取平均的方法定出，并在拟定放样方案时，应使交会角 γ_1 及 γ_2 不小于 $30°$ 或不大于 $120°$。

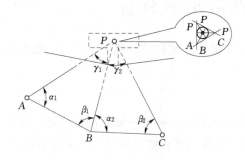

图 11-12　角度交会法示意图

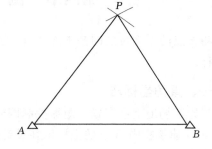

图 11-13　距离交会法示意图

四、距离交会法

如图 11-13 所示，以控制点 A、B 为圆心，分别以 AP、BP 的长度（可用坐标反算公式求得）为半径在地面上画圆弧，两圆弧的交点，即为欲测设的 P 点的平面位置。

第五节　已知坡度直线的测设

测设指定的坡度线，在修建渠道、道路、隧洞等工程中应用较为广泛。如图 11-14 所示，设地面上 A 点高程是 H_A，现要从 A 点沿 AB 方向测设出一条坡度 i 为 -1% 的直线。先根据已定坡度和 A、B 两点间的水平距离 D 计算出 B 点的高程 $H_B=H_A-iD$，再用第三节所述测设已知高程的方法，把 B 点的高程测设出来。在坡度线中间的各点即可用经纬仪的倾斜视线进行标定。若坡度不大也可用水准仪。用水准仪测设时，在 A 点安置仪器 [图 11-14（a）]，使一个脚螺旋在 AB 方向线上，而另两个脚螺旋的连线垂直于 AB 方向线 [图 11-14（b）]；量取仪器高 i，用望远镜瞄准 B 点上的水准尺，旋转 AB 方向上的脚螺旋，使视线倾斜，对准尺上读数为仪器高 i 值，此时仪器的视线即平行于设计的坡度线。在中间点 1、2、3 处打木桩，然后在桩顶上分别立水准尺使其读数皆等于仪器高 i，这样各桩顶的连线就是测设在地面上的坡度线。如果条件允许，采用激光经纬仪及激光水准仪代替普通经纬仪和水准仪，则测设坡度线的中间点更为方便，因为中间点上可根据光斑在尺上的位置，调整尺子的高低。

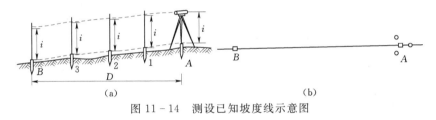

图 11-14　测设已知坡度线示意图

第六节　圆 曲 线 测 设

圆曲线的测设通常分两步进行。如图 11-15 所示，先测设曲线上起控制作用的主点（曲线起点 ZY、曲线中点 QZ 和曲线终点 YZ）；然后再依据主点测设曲线上每隔一定距离的加密细部点，用以详细标定圆曲线的形状和位置。图中转向角 α，根据所测的线路转折角算得。R 为圆曲线半径，根据地形条件和工程要求选定。

一、圆曲线主点测设

（一）圆曲线要素计算

由图 1-15 可以看出，若 α、R 为已知，则

$$
\left.
\begin{aligned}
\text{切线长} \qquad & T=R\tan\frac{\alpha}{2} \\[4pt]
\text{曲线长} \qquad & L=R\frac{\alpha}{\rho}=R\alpha\frac{\pi}{180°} \\[4pt]
\text{外矢距} \qquad & E=R\sec\frac{\alpha}{2}-R=R\left(\sec\frac{\alpha}{2}-1\right) \\[4pt]
\text{圆曲线弦长} \qquad & C=2R\sin\frac{\alpha}{2} \\[4pt]
\text{切曲差} \qquad & J=2T-L
\end{aligned}
\right\}
\qquad (11-6)
$$

（二）主点的测设方法

安置经纬仪于 JD，望远镜后视 ZY 方向，自 JD 点沿此方向量切线长 T，打下曲线起点桩。然后转动望远镜前视 YZ 方向，自 JD 点沿此方向量切线长 T，打下曲线终点桩。再以 YZ 为零方向，测设水平角 $(180°-\alpha)/2$，可得外矢距的方向，沿此方向，从 JD 量外矢矩 E，打下曲线中点桩。

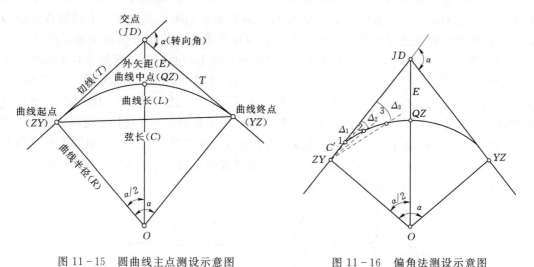

图 11-15　圆曲线主点测设示意图　　　　图 11-16　偏角法测设示意图

二、圆曲线细部点的测设

由于曲线较长，除了测定 3 个主点外，还要在曲线上每隔一定距离测设一些细部点（如图 11-16 中的 1、2、3 等点），这样就能把圆曲线的形状和位置详细地标定于实地。在实测时一般规定：$R \geqslant 150\text{m}$ 时，曲线上每隔 20m 测设一个细部点；$150\text{m} > R > 50\text{m}$ 时，曲线上每隔 10m 测设一个细部点；$R < 50\text{m}$ 时，曲线上每隔 5m 测设一个细部点。下面介绍两种常用的圆曲线细部点测设方法，在实际工作中，可结合地形情况、精度要求和仪器条件合理选用。

（一）偏角法

根据偏角 Δ（即数学上的弦切角）和弦长 C' 测设细部点。如图 11-16 所示，从 ZY（或 YZ）点出发根据偏角 Δ_1 及弦长 C'（$ZY-1$）测设细部点 1，根据 Δ_2 及弦长 C'（1-2）测设细部点 2，依此类推。

按几何原理，偏角等于弦长所对圆心的一半，则

$$
\left.
\begin{array}{ll}
\text{偏角} & \Delta_1 = \dfrac{1}{2}\dfrac{l}{R}\rho'' \\[2mm]
\text{弦长} & C' = 2R\sin\Delta_1 \\[2mm]
\text{弦弧差} & \delta = C' - l = -\dfrac{l^3}{24R^2}
\end{array}
\right\}
\tag{11-7}
$$

式中：l 为相邻细部点间的弧长；C' 为相邻细部点的弦长；$\rho'' = 206\,265''$。当曲线上各相邻细部点间的弧长均等于 l 时，则各细部点的偏角均为 Δ_1 的整数倍，即

$$\Delta_2 = 2\Delta_1, \Delta_3 = 3\Delta_1, \cdots, \Delta_n = n\Delta_1$$

由图 11-16 所知，中点（QZ）的偏角 Δ_{QZ} 是 $\alpha/4$，终点（YZ）的偏角 $\Delta_{终}$ 为 $\alpha/2$，这两个偏角值作为检核。

用偏角法测设各细部点的具体步骤如下：

（1）检核三个主点（ZY、QZ、YZ）的位置测设是否正确。

（2）安置经纬仪于 ZY 点，将水平度盘配置为 $0°00'00''$，照准 JD 点。

（3）向右转动照准部，将度盘读数对准 1 点之偏角值 Δ_1，用钢尺沿 ZY-1 方向测设整弦长 C' 以标定细部点 1。继续转动照准部，将度盘读数对准 2 点之偏角值 Δ_2，并从点 1 起量弦长 C' 与 ZY-2 方向相交（即距离与方向交会），以定细部点 2，依此方法逐一测设曲线上所有细部点。

（4）最后应闭合于曲线终点 YZ。即转动照准部，将度盘读数对准 YZ 点的偏角值 $\Delta_{终} = \alpha/2$，由曲线上最后一个细部点起量出尾段弧长（曲线终点与相邻细部点间弧长不一定是整弧长 l）相应的弦长与视线方向相交，应为先前测设的主点 YZ。如两者不重合，其闭合差不得超过规范要求。

此法灵活性较大，但存在测点误差累积的缺点。为提高测设精度，可将经纬仪分别安置在 ZY 和 YZ 两点，向中点 QZ 测设曲线细部点，以减少误差的积累。

（二）直角坐标法（切线支距法）

直角坐标法又叫切线支距法，以曲线起点 ZY 或终点 YZ 为坐标原点，以切线为 X 轴，切线的垂线为 Y 轴，如图 11-17 所示。根据坐标 x_i、y_i 来测设曲线上各细部点。

设各细部点间弧长为 l，所对的圆心角为 φ，则

$$\left.\begin{array}{l} x_i = R\sin(i\varphi) \\ y_i = R[1-\cos(i\varphi)] \\ \varphi = \dfrac{1}{R}\dfrac{180°}{\pi} \end{array}\right\} \qquad (11-8)$$

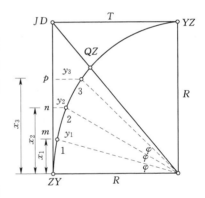

图 11-17 直角坐标法测设示意图

已知 R，又定出 l 值后即可求出 x_i、y_i。L 值一般为 10m（即每隔 10m 测设一个细部点），20m，30m，…测设前可按上述公式计算，将算得结果列表备用。测设的具体步骤如下：

（1）首先检核已测设的三个主点 ZY、QZ、YZ 的点位有无错误。

（2）参看图 11-17，用钢尺沿切线 ZY-JD 方向测设 x_1，x_2，x_3，…并在地面上标出垂足 m，n，p，…

（3）在垂足 m，n，p，…处用经纬仪、直角尺或以"勾股弦"法作切线的垂线，分别在各自的垂线设 y_1，y_2，y_3，…以标定细部点 1，2，3，…

（4）为了避免支距过长，影响测设精度，可用同法，从 YZ-JD 切线方向上测设圆曲线另一半弧上的细部点。

思 考 与 练 习

1. 测设与测图工作有何区别？测设工作在工程施工中起什么作用？

2. 施工控制网有哪两种？如何布设？

3. 测设的基本工作包括哪些内容？

4. 简述距离、水平角和高程的测设方法及步骤。

5. 测设点的平面位置有哪几种方法？简述各种方法的放样步骤。

6. 在地面上欲测设一段水平距离 AB，其设计长度为 28.000m，所使用的钢尺尺长方程式为：$l_t = [30+0.005+0.000012(t-20℃)×30]$m。测设时钢尺的温度为 12℃，钢尺所施加的拉力与检定时的拉力相同，概量后测得 A、B 两点间桩顶的高差 $h = +0.400$m，试计算在地面上需要量出的实际长度。

7. 利用高程为 27.531m 的水准点 A，测设高程为 27.831m 的 B 点。设标尺立在水准点 A 上时，按水准仪的水平视线在标尺上画了一条线，再将标尺立于 B 点上，问在该尺上的什么地方再画一条线，才能使视线对准此线时，尺子底部就是 B 点的高程。

8. 已知 $\alpha_{MN} = 300°04'00''$，已知点 M 的坐标为 $x_M = 114.22$m，$y_M = 186.71$m；若欲测设的 P 点坐标为 $x_P = 142.34$m，$y_P = 185.00$m，试计算仪器安置在 M 点用极坐标法测设 P 点需要的数据，绘出放样草图并简述测设方法。

9. 已知路线的转向角 $\alpha = 39°15'$，又选定曲线半径 $R = 220$m，试计算测设圆曲线主点的放样数据。

10. 如图 11-18 所示，在地面上要测设一个直角，先用一般方法测设出 $\angle AOB$，再测量该角四测回，取平均值为 $\angle AOB = 90°00'30''$，又知 OB 的长度为 150m，问在垂直于 OB 的方向上，B 点应该移动多少距离才能得到 $90°00'00''$ 的角？

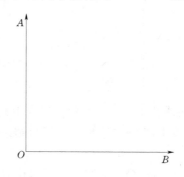

图 11-18　思考与练习题 10 图

第十二章 大坝施工测量

水利工程具有防洪、灌溉、排涝、发电、航运等多项功能，因此，一般由若干建筑物组成一个整体，称为水利枢纽。图 12-1 为某水利枢纽示意图，其主要组成部分有：拦河大坝、电站、水闸、输水涵洞、溢洪道等。

图 12-1　水利枢纽示意图

拦河大坝是重要的水工建筑物，按坝型分为土坝、堆石坝、重力坝及拱坝等（后两类大中型多为混凝土坝，中小型多为浆砌块石坝）。修建大坝需按施工顺序进行下列测量工作：布设平面和高程基本控制网，控制整个工程的施工放样；确定坝轴线和布设控制坝体细部放样的定线控制网；清基开挖的放样；坝体细部放样等。对于不同筑坝材料及不同坝型施工放样的精度要求有所不同，内容也有些差异，但施工放样的基本方法大同小异。本章分别就土坝及混凝土重力坝施工放样的主要内容及其基本方法进行介绍。

第一节　土坝的施工测量

土坝是一种较为普遍的坝型。新中国成立后，我国修建的数以万计的各类坝中，中小型土坝约占 90% 以上。根据土料在坝体的分布及其结构的不同，其类型又有多种。图 12-2 是一种黏土心墙土坝的示意图。

土坝的控制测量是根据基本网确定坝轴线，然后以坝轴线为依据布设坝身控制网以控制坝体细部的放样。现分述如下。

一、土坝的控制测量

（一）坝轴线的确定

对于中小土坝的坝轴线，一般是由工程设计人员和勘测人员组成选线小组，深入现场进行实地踏勘，根据当地的地形、地质和建筑材料等条件，经过方案比较，直接在现场选定。

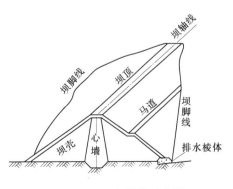

图 12-2　土坝结构示意图

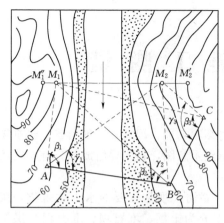

图 12-3 坝轴线测设示意图

对于大型土坝以及与混凝土坝衔接的土质副坝，一般经过现场踏勘，图上规划等多次调查研究和方案比较，确定建坝位置，并在坝址地形图上结合枢纽的整体布置，将坝轴线标于地形图上，如图 12-3 中的 M_1、M_2。为了将图上设计好的坝轴线标定在实地上，一般可根据预先建立的施工控制网用角度交会法将 M_1 和 M_2 测设到地面上。放样时，先根据控制点 A、B、C（图 12-3）的坐标和坝轴线两端点 M_1、M_2 的设计坐标算出交会角 β_1、β_2、β_3 和 γ_1、γ_2、γ_3，然后安置经纬仪于 A、B、C 点，测设交会角，用三个方向进行交会，在实地定出 M_1、M_2。

坝轴线的两端点在现场标定后，应用永久性标志标明。为了防止施工时端点被破坏，应将坝轴线的端点延长到两面山坡上，如图 12-3 中的 M_1'、M_2'。

（二）坝身控制线的测设

坝身控制线一般要布设与坝轴线平行和垂直的一些控制线。这项工作需在清理基础前进行（如修建围堰，在合龙后将水排尽，才能进行）。

1. 平行于坝轴线的控制线的测设

平行于坝轴线的控制线可布设在坝顶上下游线、上下游坡面变化处、下游马道中线，也可按一定间隔布设（如 10m、20m、30m 等），以便控制坝体的填筑和进行收方。

测设平行于坝轴线的控制线时，分别在坝轴线的端点 M_1 和 M_2 安置经纬仪，用测设 $90°$ 的方法各作一条垂直于坝轴线的横向基准线（图 12-4），然后沿此基准线量取各平行控制线距坝轴线的距离，得各平行线的位置，用方向桩在实地标定。

2. 垂直于坝轴线的控制线的测设

垂直于坝轴线的控制线，一般按 50m、30m 或 20m 的间距以里程来测设，其步骤如下。

（1）沿坝轴线测设里程桩。由坝轴线的一端，如图 12-4 中的 M_1，在轴线上定出坝顶与地面的交点，作为零号桩，其桩号为 0+000。方法是：在 M_1 安置经纬仪，瞄准另一端点 M_2，得坝轴线方向，用高程放样的方法，根据附近水准点（高程为已知）上水准尺的后视读数及坝顶高程，求得水准尺上的前视读数 b 时，立尺点即为零号桩。

然后由零号桩起，由经纬仪定线，沿坝轴线方向按选定的间距（图 12-4 中为 30m）丈量距离，顺序钉下 0+030，0+060，0+090 等里程桩，直至另一端坝顶与地面的交点为止。

（2）测设垂直于坝轴线的控制线。将经纬仪安置在里程桩上，瞄准 M_1 或 M_2，转 $90°$ 即定出垂直于坝轴线的一系列平行线，并在上下游施工范围以外方向桩标定在实地上，作为测量横断面和放样的依据，这些桩亦称横断面方向桩（图 12-4）。

（三）高程控制网的建立

用于土坝施工放样的高程控制，可由若干永久性水准点组成基本网和临时作业水准点两级布设。基本网布设在施工范围以外，并应与国家水准点连测，组成闭合或附合水准路线（图 12-5），用三等或四等水准测量的方法施测。临时水准点直接用于坝体的高程放样，布置在施工范围以内不同高度的地方，并尽可能做到安置一次、二次仪器就能放样高程。临时水准点应根据施工进程及时设置，附合到永久水准点上。一般按四等或五等水准测量的方法施测，并要根据永久水准点定期进行检测。

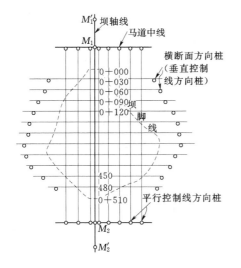

图 12-4　土坝坝身控制线示意图

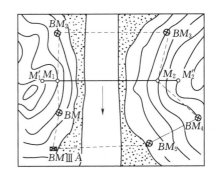

图 12-5　土坝高程基本控制网

二、土坝清基开挖与坝体填筑的施工测量

（一）清基开挖线的放样

为使坝体与岩基很好结合，坝体填筑前，必须对基础进行清理。为此，应放出清基开挖线，即坝体与原地面的交线。清基开挖线的放样精度要求不高，可用图解法求得放样数据在现场放样。为此，先沿坝轴线测量纵断面，即测定轴线上各里程的高程，绘出纵断面图，求出各里程的中心填土高度，再在每一里程桩进行横断面测量，绘出横断面图，最后根据里程桩的高程、中心填土高度与坝面坡度，在横断面图上套绘大坝的设计断面（图12-6）。从图中可以看出 R_1、R_2 为坝壳上下游清基开挖点，n_1、n_2 为心墙上下游清基开挖点，它们与坝轴线的距离分别为 d_1、d_2、d_3、d_4，可从图上量得，用这些数据即可在实地放样。但清基有一定深度，开挖时要有一定边坡，故 d_1 和 d_2 应根据深度适当加宽进行放样，用石灰连接各断面的清基开挖点，即为大坝的清基开挖线。

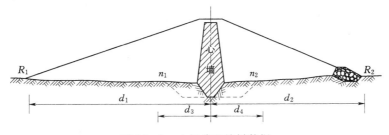

图 12-6　土坝清基放样数据

（二）坡脚线的放样

清基以后应放出坡脚线，以便填筑坝体。坝底与清基后地面的交线即为坡脚线，下面介绍两种放样方法。

1. 横断面法

仍用图解法获得放样数据。首先恢复轴线上的所有里程桩，然后进行纵横断面测量，绘出清基后的横断面图，套绘土坝设计断面，获得类似图 12-6 的坝体与清基后地面的交点 R_1 及 R_2（上下游坡脚点），d_1 及 d_2 即分别为该断面上、下游坡脚点的放样数据。在实地将这些点标定出来，分别连接上下游坡脚点即得上下游坡脚线，如图 12-4 虚线所示。

2. 平行线法

这种方法以不同高程坝坡面与地面的交点获得坡脚线。在地形图的应用中，介绍的在地形图上确定土坝的坡脚线，是用已知高程的坝坡面（为一条平行于坝轴线的直线），求

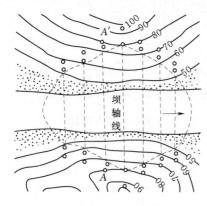

图 12-7　坡脚线的放样—平行线法

得它与坝轴线间的距离，获得坡脚点。平行线法测设坡脚线的原理与此相同，不同的是由距离（平行控制线与坝轴线的间距为已知）求高程（坝坡面的高程），而后在平行控制方向上用高程放样的方法，定出坡脚点。如图 12-7 所示，AA' 为坝身平行控制线，距坝顶边线 25m，若坝顶高程为 80m，边坡为 1:2.5，则 AA' 控制线与坝坡面相交的高程为 $80-25\times1/2.5=70$（m）。放样时在 A 点安置经纬仪，瞄准 A' 定出控制线方向，用水准仪在经纬仪视线内探测高程为 70m 的地面点，就是所求的坡脚点。连接各坡脚点即得坡脚线。

（三）边坡放样

坝体坡脚放出后，就可填土筑坝，为了标明上料填土的界线，每当坝体升高 1m 左右，就要用桩（称为上料桩）将边坡的位置标定出来。标定上料桩的工作称为边坡放样。

放样前先要确定上料桩至坝轴线的水平距离（坝轴线）。由于坝面有一定坡度，随着坝体的升高坝轴距将逐渐减小，故预先要根据坝体的设计数据算出坡面上不同高程的坝轴距，为了使经过压实和修理后的坝坡面恰好是设计的坡面，一般应加宽 1~2m 填筑。上料桩就应标定在加宽的边坡线上（图 12-8 中的虚线处）。因此，各上料桩的坝轴距比按设计所算数值要大 1~2m，并将其编成放样数据表，供放样时使用。

放样时，一般在填土处以外预先埋设轴距杆，如图 12-8 所示。轴距杆坝轴线的距离主要考虑便于量距、放样，如图中为 55m。为了放出上料桩，则先用水准仪测出坡面边沿处的高程，根据此高程从放样数据中查得坝轴距，设为 53.5m，此时，从坝轴杆向坝轴线方向量取 $55.0-53.5=1.5$（m），即为上料桩的位置。当坝体逐渐升高，轴距杆的位置不便应用时，可将其向里移动，以方便放样。

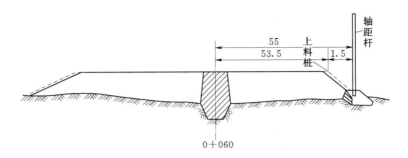

图 12-8 土坝边坡放样示意图（单位：m）

（四）坡面修整

大坝填筑至一定高度且坡面压实后，还要进行坡面的修整，使其符合设计要求。此时可用水准仪或经纬仪按测设坡度线的方法求得修坡量（削坡或填度）。如将经纬仪安置在坡顶（若设站点的实测高程与设计高程相等），依据坝坡比（如 1：2.5）算出的边坡角 α（即 $21°48'$）向下倾斜得到平行于设计边线的视线，然后沿斜坡竖立标尺，读取中丝读数 s，用仪器 i 减 s 即得修坡量（图 12-9）。若设站点的实测高程 $H_{测}$ 与设计高程 $H_{设}$ 不等，则按下式计算修坡量 Δh，即

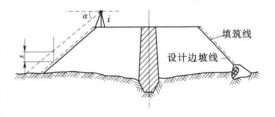

图 12-9 坡面修整放样

$$\Delta h = (i-s) + (H_{测} - H_{设}) \tag{12-1}$$

为便于对坡面进行修整，一般沿斜坡观测 3～4 个点，求出修坡量，以此作为修坡的依据。

第二节 混凝土坝的施工测量

混凝土坝按其结构和建筑材料相对土坝来说较为复杂，其放样精度比土坝要求高。

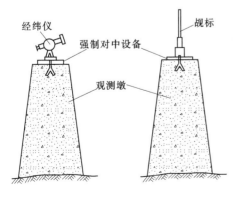

图 12-10 观测墩

施工平面控制网一般按两级布设，不多于三级，精度要求最末一级控制网的点位中误差不超过 $±10mm$。

混凝土坝采取分层施工，每一层中还分跨、分仓（或分段、分块）进行浇筑。坝体细部常用方向线交会法和前方交会法放样，为此，坝体放样的控制网——定线网，有矩形网和三角网两种，前者以坝轴线为基准，按施工分段分块尺寸建立三角网作为定线网。并在墩顶埋设强制对中设备，以便安置仪器和觇标（图 12-10）。

一、混凝土坝的施工控制测量

（一）基本平面控制网

基本网作为首级平面控制，一般布设成三角网，并应尽可能将坝轴线的两端点纳入网

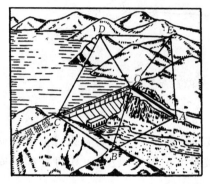

图 12-11　混凝土坝施工平面控制图

中作为网的一条边（图 12-11）。根据建筑物重要性的不同要求，一般按三等以上三角测量的要求施测，大型混凝土坝的基本网兼作变形观测监测网，要求更高，需按一、二等三角测量要求施测。为了减少安置仪器的对中误差，三角点一般建造混凝土观测墩。

（二）坝体控制网

1. 矩形网

图 12-12（a）为直线型混凝土重力坝分层分块示意图，图 12-12（b）为以坝轴线 AB 为基准布设

的矩形网，它是由若干平行和垂直于坝轴线的控制线所组成，格网尺寸按施工分段分块的大小而定。

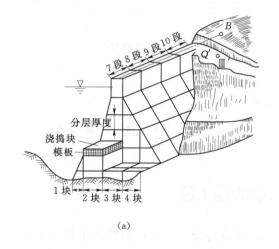

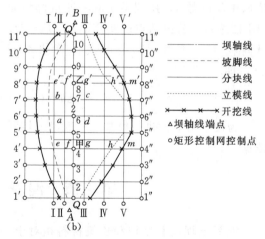

(a)

(b)

图 12-12　直线型混凝土重力坝

测设时，将经纬仪安置在 A 点，照准 B 点，在坝轴线上选甲、乙两点，通过这两点测设与坝轴线相垂直的方向线，由甲、乙两点开始，分别沿垂直方向按会块的宽度钉出 e、f 和 g、h、m 以及 e'、f' 和 g'、h'、m' 等点。最后将 ee'、ff'、gg'、hh' 及 mm' 等连线延伸到开挖区外，在两侧山坡上设置 Ⅰ，Ⅱ，…，Ⅴ 和 Ⅰ'，Ⅱ'，…，Ⅴ' 等放样控制点。然后在坝轴线方向上，按坝顶的高程，找出坝顶与地面相交的两点 Q 与 Q'（方法可参见土坝控制测量中坝身控制线的测设），再沿坝轴线按分块的长度钉出坝基点 2，3，…，10，通过这些点各测设与坝轴线相垂直的方向线，并将方向线延长到上、下游围堰上或山坡上，设置 1'，2'，…，11' 和 1"，2"，…，11" 等放样控制点。

在测设矩形网的过程中，测设直角时须用盘左盘右取平均，丈量距离应细心校核，以

免发生差错。

2. 三角网

图 12-13 为由基本网的一边 AB（拱坝轴经两端点）加密建立的定线网 ADCBFEA，各控制点的坐标（测量坐标）可测算求得。但坝体细部尺寸是以施工坐标 xoy 为依据的，因此应根据设计图纸求算得施工坐标系原点 O 的测量坐标和 ox 的坐标方位角，按坐标换算公式

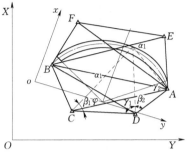

$$X_p = X_{o'} + x\cos\varphi - y_p\sin\alpha$$
$$Y_p = Y_{o'} + x_p\sin\varphi + y_p\cos\alpha$$

或

$$x_p = (X_p - X_{o'})\cos\alpha + (Y_p - Y_{o'})\sin\alpha$$
$$y_p = -(X_p - X_{o'})\sin\alpha + (Y_p - Y_{o'})\cos\alpha$$

换算为便于放样的统一坐标系统。

图 12-13　定线三角网示意图

（三）高程控制

分两级布设，基本网是整个水利枢纽的高程控制。视工程的不同要求按二等或三等水准测量施测，并考虑以后可用作监测垂直位移的高程控制。作业水准点或施工水准点，随施工进程布设，尽可能布设成闭合或附合水准路线。作业水准点多布设在施工区内，应经常由基本水准点检测其高程，如有变化应及时改正。

二、混凝土坝清基开挖线的放样

清基开挖线是确定对大坝基础进行清除基岩表层松散物的范围，其位置根据坝两侧坡脚线、开挖深度和坡度决定。标定开挖线一般采用图解法。和土坝一样先沿坝轴线进行纵横断面测量绘出纵横断面图，由各横断面图上定坡脚点，获得坡脚线及开挖线如图 12-12（b）所示。

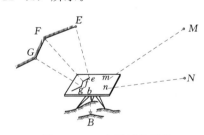

图 12-14　大平板仪测放
开挖示意图

实地放样时，可用与土坝开挖线放样相同的方法，在各横断面上由坝轴线向两侧量距得开挖点。如果开挖点较多，可以用大平板仪测放也较为方便。方法是按一定比例尺将各断面的开挖点绘于图纸上，同时将平板仪的设站点及定向点位置也绘于图上，如图 12-14 所示。

实地放样时，将大平板仪安置在 B 点，以图上 bn 定向，用 bm 校核图板方向，用照准仪直尺边贴靠 be，根据图上量得的 BE 距离，由 B 点沿视线方向量取，即得开挖点 E，用同法定出 F、G 等挖点。

在清基开挖过程中，还应控制开挖深度，在每次爆破后及时在基坑内选择较低的岩面测定高程（精确到 cm 即可），并用红漆标明，以便施工人员和地质人员掌握开挖情况。

三、混凝土坝坡脚线的放样

基础清理完毕，可以开始坝体的方模浇筑，立模前首先找出上、下游坝坡面与岩基的

接触点，即分跨线上下游坡脚点。放样的方法很多，在此主要介绍逐步趋近法。

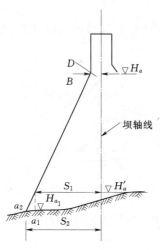

图 12-15　坝坡脚放样示意图

如图 12-15 中，欲放样上游坡脚点 a，可先从设计图上查得坡顶 B 的高程 H_B，坡顶距坝轴线的距离为 D，设计的上游上坡度为 $1:m$，为了在基础上标出 a 点，可先估计基础面的高程为 $H_{a'}$，则坡脚点距坝轴线的距离可按下式计算

$$S_1 = D + (H_B - H_{a'})m \qquad (12-2)$$

求得距离 S_1 后，可由坝轴线沿该断面量一段距离 S_1 得 a_1 点，用水准仪实测 a_1 点的高程 H_{a1}，若 H_{a1} 与原估计的 $H_{a'}$ 相等，则 a_1 点即为坡脚点 a。否则应根据实测的 a_1 点的高程，再求距离得

$$S_2 = D + (H_B - H_{a1})m$$

再从坝轴线起沿该断面量出 S_2 得 a_2 点，并实测 a_2 的高程，按上述方法继续进行，逐次接近，直至由量得的坡脚点到坝轴线间的距离，与计算所得距离之差在 1cm 以内时为止（一般作三次趋近即可达到精度要求）。同法可放出其他各坡脚点，连接上游（或下游）各相邻坡脚点，即得上游（或下游）坡面的坡脚线，据此即可按 $1:m$ 的坡度竖立坡面模板。

四、混凝土重力坝坝体的立模放样

（一）直线型重力坝的立模放样

在坝体分块立模时，应将分块线投影到基础上或已浇好的坝块面上，模板架立在分块线上，因此分块线也叫立模线，但立模线被覆盖，还要在立模线内侧弹出平行线，称为放样线［图 12-12（b）中虚线所示］，用来立模放样和检查校正模板位置。放样线与立模线之间的距离一般为 0.2～0.5m。

1. 方向线交会法

如图 12-12（b）所示的混凝土重力坝，已按分块要求布设了矩形坝体控制网，可用方向线交会法，先测设立模线。如要测设分块 2 的顶点 b 的位置，可在 $7'$ 安置经纬仪，瞄准 $7''$ 点，同时在 Ⅱ 点安置经纬仪，瞄准 Ⅱ' 点，两架经纬仪视线的交点即为 b 的位置。在相应的控制点上，用同样的方法可交会出这分块的其他三个顶点的位置，得出分块 2 的立模线。利用分块的边长及对角线校核标定的点位，无误后在立模线内侧标定放样线的 4 个角顶，如图 12-12（b）中分块 $abcd$ 内的虚线。

2. 前方交会（角度交会）法

如图 12-16，由 A、B、C 三控制点用前方交会法先测设某坝块的 4 个角点 d、e、f、g，它们的坐标由设计图纸上查得，从而与三控制点的坐标可计算放样数据——交会角。如欲测设 g 点，可算出 β_1、β_2、β_3，便可在实地定出 g 点的位置。依次放出 d、e、f 各角点，也应用分块边长和对角线校核点位，无误后在立模线内侧标定放样的 4 个角点。

方向线交会法简易方便，放样速度也较快，但往往受到地形限制，或因坝体浇筑逐步升高，挡住方向线的视线不便放样，因此实际工作中可根据条件把方向交会法和角度交会法结合使用。

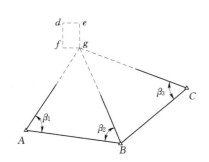

图 12-16　前方交会法立模放样

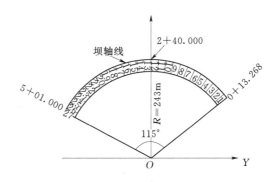

图 12-17　拱坝分跨示意图

（二）拱坝的立模放样

拱坝坝体的立模放样，一般多采用前方交会法。图 12-17 为某水利枢纽工程的拦河大坝，系一拱坝，坝迎水面的半径为 243m，以 115°夹角组成一圆弧，弧长为 487.732m，分为 27 跨，按弧长编成桩号，从 0+13.286～5+01.000（加号前为百米）。施工坐标 XOY，为圆心 O 与 12、13 分跨线（桩号 2+40.000）为 X 轴，为避免坝体细部点的坐标出现负值，令圆心 O 的坐标为（500.00，500.00）。

现以第 11 跨的立模放样为例介绍放样数据的计算，图 12-18 是第 11、12 跨坝体分跨分块图，图中尺寸从设计图上获得，一跨分三块浇筑，中间第二块在浇筑一、三块后浇筑，因此只要放出一、三块的放样线（图中虚线所示 $a_1a_2b_2c_2d_2d_1c_1b_1$ 及 $a_3a_4b_4c_4d_4d_3c_3b_3$）。放样数据计算时，应先算出各放样点的施工坐标，而后计算交会所需的放样数据。

1. 放样点施工坐标计算

由图 12-18 可知，放样点的坐标可按下列各式求得：

$$\left.\begin{aligned}x_{ai}&=x_0+[R_i+(\mp0.5)]\cos\varphi_a\\y_{ai}&=y_0+[R_i+(\mp0.5)]\sin\varphi_a\end{aligned}\right\}\qquad(12-3)$$

$$\left.\begin{aligned}x_{bi}&=x_0+[R_i+(\mp0.5)]\cos\varphi_b\\y_{bi}&=y_0+[R_i+(\mp0.5)]\sin\varphi_b\end{aligned}\right\}\qquad(12-4)$$

$$\left.\begin{aligned}x_{ci}&=x_0+[R_i+(\mp0.5)]\cos\varphi_c\\y_{ci}&=y_0+[R_i+(\mp0.5)]\sin\varphi_c\end{aligned}\right\}(i=1,2,3,4)\qquad(12-5)$$

$$\left.\begin{aligned}x_{di}&=x_0+[R_i+(\mp0.5)]\cos\varphi_d\\y_{di}&=y_0+[R_i+(\mp0.5)]\sin\varphi_d\end{aligned}\right\}\qquad(12-6)$$

式中 0.5m 为放样线与圆弧立模线的间距；$i=1$、3 时取"－"，$i=2$、4 时取"＋"；

$$\varphi_a=[l_{12}+l_{11}-0.5]\times\frac{1}{R_1}\times\frac{180}{\pi}$$

$$\varphi_b=\left[l_{12}+l_{11}-0.5-\frac{1}{3}(l_{11}-1)\right]\times\frac{1}{R_1}\times\frac{180}{\pi}$$

$$\varphi_c=\left[l_{12}+l_{11}-0.5-\frac{2}{3}(l_{11}-1)\right]\times\frac{1}{R_1}\times\frac{180}{\pi}$$

$$\varphi_d = \left[l_{12} + l_{11} - 0.5 - \frac{3}{3}(l_{11} - 1) \right] \times \frac{1}{R_1} \times \frac{180}{\pi}$$

根据上述各式算得第三块放样点的坐标见表 12 - 1。

表 12 - 1　　　　　　　　　　　　第 三 块 放 样 点 坐 标

	a_3	b_3	c_3	d_3	a_4	b_4	c_4	d_4	
x	695.277	696.499	697.508	698.303	671.626	672.700	673.587	674.286	$\Phi_a = 11°40'17''$ $\psi_b = 9°47'07''$
y	540.338	533.889	527.402	520.886	535.453	529.784	524.084	518.375	$\Phi_c = 7°53'56''$ $\Psi_d = 6°00'45''$

由于 a_i、d_i 位于径向放样线上，只有 a_1 与 d_1 至径向立模线的距离为 0.5m，其余各点（a_2、a_3、a_4 及 d_2、d_3、d_4）到径向块线的距离，可由 $0.5R_i/R_1$ 求得，分别为 0.458m、0.411m 及 0.360m。

2. 交会放样点的数据计算

图 12 - 18 中，a_i、b_i、c_i、d_i 等放样点是用角度交会法测设到实地的。例如，图 12 - 19 中放样点 a_4，是由标 2、标 3、标 4 三个控制点，用 β_1、β_2、β_3 三交会角交会而得，标 1 也是控制点，它们的坐标是已知的，如果是测量坐标，应按式

$$\left. \begin{aligned} x_p &= (X_p - X_{o'})\cos\alpha + (Y_p - Y_{o'})\sin\alpha \\ y_p &= -(X_p - X_{o'})\sin\alpha + (Y_p - Y_{o'})\cos\alpha \end{aligned} \right\}$$

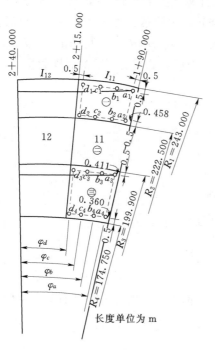

长度单位为 m

图 12 - 18　拱坝立模放样数据计算

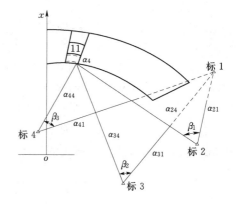

图 12 - 19　拱坝细部放样示意图

化算为施工坐标，便于计算放样数据。在这里控制点标 1 作为定向点，即仪器安置在标 2、标 3、标 4，以瞄准 1 为测交会角的起始方向。交会角 β_1、β_2、β_3 根据放样点计算的

坐标与控制点的坐标用反算求得，如图12-19中，标2、标3、标4的坐标与标1的坐标计算定向方位角 α_{21}、α_{31}、α_{41}，与放样点 a_4 的坐标计算放样角 $\alpha_2 a_4$、$\alpha_3 a_4$、$\alpha_4 a_4$，相应方位角相减，得 β_1、β_2、β_3 的角值。有时可不必算出交会角，利用算得的方位角直接交会。例如一架经纬仪安置在标2，瞄准定向点标1，使度盘读数为 α_{21}，而后转动度盘使读数为 $\alpha_2 a_4$，此时视线所指为标2—a_4 方向，同样两架经纬仪分别安置在标3及标4，得标3—a_4 及标4—a_4 两条视线，这三条视线相交，用角度交会法定出放样点 a_4。

放样点测设完毕，应丈量放样点间的距离，是否与计算距离相等，以资校核。

3. 混凝土浇筑高度的放样

模板立好后，还要在模板上标出浇筑高度。其步骤一般在立模前先由最近的作业水准点（或邻近已浇好坝坝上所设的临时水准点）在仓内测设两个水准点，待模板立好后由临时水准点按设计高度在模板上标出若干点，并以规定的符号标明，以控制浇筑高度。

第三节　水闸的施工放样

水闸一般由闸室段和上、下游连接段三部分组成（图12-20）。闸室是水闸的主体，这一部分包括底板、闸墩、闸门、工作桥和交通桥等。上、下游连接段有防冲槽、消力池，翼墙、护坦（海漫）、护坡等防冲设施。由于水闸一般建筑在土质地基甚至软土质地基上，因此通常以较厚的钢筋混凝土底板作为整体基础，闸墩和翼墙就浇筑在底板上，与底板结成一个整体。放样时，应先放出整体基础开挖线：在基础浇筑时，为了在底板上预留闸墩和翼墙的连接钢筋，应放出闸墩和翼墙的位置。具体放样步骤和方法如下。

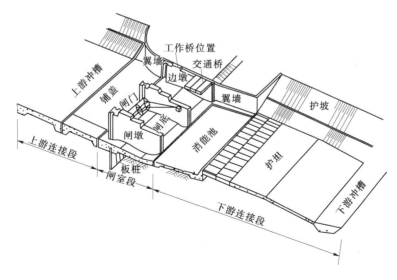

图12-20　水闸的组成

一、主轴线的测设和高程控制网的建立

水闸主轴线由闸室中心线（横轴）和河道中心线（纵轴）两条互相垂直的直线组成。从水闸设计图上可以量出两轴交点和各端点的坐标，根据坐标反算出它们与邻近测图控制

点的方位角，用前方交会法定出它们的实地位置。主轴线定出后，应在交点检测它们是否相互垂直：若误差超过 $10''$，应以闸室中心线为基准，重新测设一条与它垂直的直线作为纵向主轴线，其测设误差应小于 $10''$。主轴线测定后，应向两端延长至施工影响范围之外，每端各埋设两个固定标志以表示方向（图 12-21）。

高程控制采用三等或四等水准测量方法测定。水准基点布设在河流两岸不受施工干扰的地方，临时水准点尽量靠近水闸位置，可以布设在河滩上。

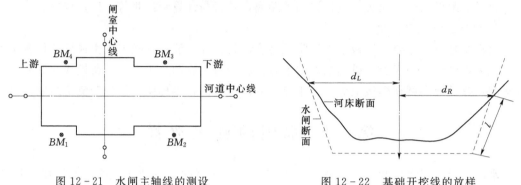

图 12-21　水闸主轴线的测设　　　　图 12-22　基础开挖线的放样

二、基础开挖线的放样

水闸基坑开挖线是由水闸底板的周界以及翼墙、护坡等与地面的交线决定的。为了定出开挖线，可以采用套绘断面法。首先，从水闸设计图上查取底板形状变换点至闸室中心线的平距，在实地沿纵向主轴线标出这些点的位置，并测定其高程和测绘相应的河床横断面图。然后根据设计数据（即相应的底板高程和宽度，翼墙和护坡的坡度）在河床横断面图上套绘相应的水闸断面（图 12-22），量取两断面线交点到测站点（纵轴）的距离，即可在实地放出这些交点，连成开挖边线。

为了控制开挖高程，可将斜高 l 注在开挖边桩上。当挖到接近底板高程时，一般应预留 0.3m 左右的保护层，待底板浇筑时再挖去，以免间隙时间过长，清理后的地基受雨水冲刷而变化。在挖去保护层时，要用水准测定底面高程，测定误差不能大于 10mm。

三、水闸底板的放样

底板是闸室和上、下游翼墙的基础。闸孔较多的大中型水闸底板是分块浇筑的。底板放样的目的首先是放出每块底板立模线的位置，以便装置模板进行浇筑。底板浇筑完后，要在底板上定出主轴线、各闸孔中心线和门槽控制线，并弹墨标明。然后以这些轴线为基准标出闸墩和翼墙的立模线，以便安装模板。

1. 底板立模线的标定和装模高度的控制

为了定出立模线，先应在清基后的地面上恢复主轴线及其交点的位置，于是必须在原轴线两端的标桩上安置经纬仪进行投测。轴线恢复后，从设计图上量取底板四角的施工坐标（即至主袖线的距离），便可在实地上标出立模线的位置。

模板装完后，用水准测量在模板内侧标出底板浇筑高程的位置，并弹出墨线表示。

2. 翼墙和闸墩位置及其立模线的标定

由于翼墙与闸墩是和底板结成一个整体，因此它们的主筋必须一道结扎。于是在标定底板立模线时，还应标定翼墙和闸墩的位置，以便竖立连接钢筋。翼墙、闸墩的中心位置及其轮廓线，也是根据它们的施工坐标进行放样，并在地基上打桩标明。

底板浇筑完后，应在底板上再恢复主轴线，然后以主轴线为依据，根据其他轴线对主轴线的距离定出这些轴线（包括闸孔和闸墩中心线以及门槽控制线等），且弹墨标明。因为墨线容易脱落，故必须每隔 2～3m 用红漆画一圈点表示轴线位置。各轴线应按不同的方式进行编号。根据墩、墙的尺寸和已标明的轴线，再放出立模线的位置。圆弧形翼墙的立模线可采用弦线支距法进行放样。

思 考 与 练 习

1．混凝土重力坝轴线上的点的定位方法有哪几种？如何定位？

2．混凝土重力坝坝段分块灌筑，其纵线（平行于坝轴线）与横线（垂直于坝轴线）如何测定？

3．混凝土重力坝上下游坝坡斜面如何立模？基坑上如何立模？

4．拱坝有哪几种形式？

5．拱坝常用的放样方法有哪几种？

6．简述水闸施工放样的步骤。

第十三章 隧洞施工测量

第一节 概 述

在各类工程建设中常常需要修建隧洞，如公路隧洞、铁路隧洞、水工隧洞、过江（河）隧洞等多种工程隧洞。隧洞属于地下工程，因此它的施工过程具有明显的特点所特有的施工内容及作用。

一、隧洞施工的特点

（1）隧洞施工周期较长，安全问题突出；生产管理在施工中占主要地位。

（2）隧洞开挖顺着中线不断地向洞内延伸，衬砌和洞内建筑物（避车洞、排水沟、电缆槽等）的施工紧跟其后，不等贯通，隧道内的大部分建筑物已经建成。

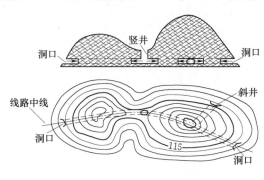

图 13-1 隧洞开挖面的增设

（3）隧洞工程中的一项重要任务是实现隧道贯通，为了保证工期，常利用增加开挖面的方法，将整个隧道分成若干段同时施工。

一般情况下隧洞进行相向或相背开挖，在隧洞中心线上增开竖井，或者在适当的位置向中心线开挖平洞或斜洞，在几个开挖面同时相向或相背开挖，如图 13-1 所示。贯通后，由两端分别引进的线路中线，应按设计规定的精度正确衔接。

二、隧洞施工测量的特点

（一）洞外总体控制

作为指导隧洞施工的测量工作，在隧洞开挖前一般要建立具有必要精度的、独立的隧洞外施工控制网，作为引测进洞的依据；对于较短的隧洞，可不必单独建立洞外施工控制网，而以经隧洞施工复测、调整后并确认的洞外线路中线控制桩作为引测进洞的依据。

（二）洞内分级控制

洞内控制点控制正式中线点（正式中线点是洞内衬砌和洞内建筑物施工放样的依据），正式中线点控制临时中线点；临时中线点控制掘进方向。

洞内高程控制与平面相仿，临时水准点控制开挖面的高低，正式水准点控制洞内衬砌和洞内建筑物的高程位置。

（三）开挖方法影响测量方式

先导坑后扩大成型法对隧道的位置还有一定的纠正余地，隧道施工测量可先粗后精；全断面开挖法一次成型，隧道施工测量必须一次到位。

对于采用全断面开挖法开挖的隧道，其测量过程与先挖导坑后扩大成型开挖的隧道基本一样，不同的是对临时中线点、临时水准点的测设精度要求较高，或者是直接测设正式中线点、正式水准点。

如果采用盾构机掘进，如图13-2所示，因盾构机的钻头架是专门根据隧道断面而设计的，可以保证隧道断面在掘进时一次成型，混凝土预制衬砌块的组装一般与掘进同步或交替进行，所以，不需要测量人员放样断面。

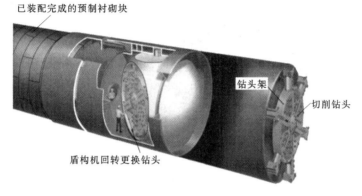

图13-2 盾构施工示意图

当采用盾构工法或自动顶管工法施工时，可以使用激光指向仪或激光经纬仪配合光电跟踪靶，指示掘进方向，如图13-3所示，光电跟踪靶安装在掘进机器上，激光指向仪或激光经纬仪安置在隧道壁上，按设计掘进方向调整好视准轴方向和坡度后，其发射的激光束照射在光电跟踪靶上。

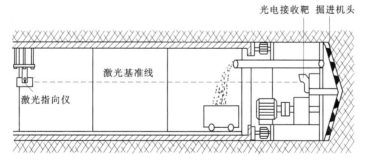

图13-3 激光指向仪指示自动顶管工法施工

当掘进方向发生偏差时，安装在掘进机上的光电跟踪靶输出偏差信号给掘进机，掘进机通过液压控制系统自动纠偏，使掘进机沿着激光束指引的方向和坡度正确掘进。

（四）隧道施工的特殊环境对控制点布设提出特殊要求

隧道贯通前，洞内平面控制测量只能采用支导线的形式，测量误差随着开挖的延伸而积累。洞外控制网和洞内施工控制测量应保证必要的精度。控制点应设置在不易被破坏的位置处。

三、隧洞工程施工测量的主要内容和作用

（一）隧洞工程施工测量的主要内容

（1）隧洞外平面和高程控制测量。

（2）隧洞内平面和高程控制测量。

（3）隧洞掘进施工中的测量工作；根据洞内控制点进行放样，以指导隧道的正确开挖、衬砌与施工。

（4）竖井和旁洞的施工测量工作。

（二）隧洞工程施工测量的作用

所有的这些测量工作的作用是为了保证相向或相背开挖的工作面，按照规定的精度在预定位置贯通，并保证洞内各项建筑物以规定的精度按照设计位置修建，不侵入建筑限界。

因此，隧洞工程施工测量责任重大、测量周期长、要求精度高，不能有一丝的疏忽和粗差，各项测量工作必须认真仔细做好，并采取多种措施反复核对，以便及时发现粗差并加以改正。

四、隧洞贯通误差

隧洞控制测量包括洞内和洞外两部分，每一部分又分为平面控制测量和高程控制测量。

隧洞控制测量的主要作用是保证隧洞的正确贯通。它们的精度要求主要取决于隧洞贯通精度的要求、隧洞长度与形状、开挖面的数量以及施工方法等。由于测量误差积累，使两个相向开挖的施工中线不能理想地衔接，产生的错开现象称为贯通误差。贯通误差在线路中线方向上的投影长度称纵向贯通误差，用 m_s 表示；在垂直于中线方向的水平投影长度称为横向贯通误差，用 m_y 表示；在高程方向上的投影长度称为高程贯通误差，也称竖向贯通误差，用 m_h 表示。如图 13-4 所示，一般来说纵向贯通误差只影响隧洞的长度，只要不大于定测中线的误差即可，高程贯通误差影响隧洞的坡度，但其容易满足限差的要求。横向贯通误差会影响隧洞断面的大小。如果横向贯通误差超过了限差，就会引起隧洞中线几何形状的改变，设置洞内建筑物侵入规定限界而使已衬砌部分拆除重建，给工程造成损失。因此，必须严格控制横向贯通误差。

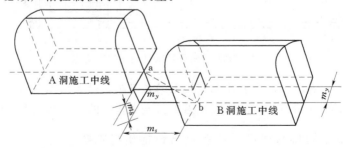

图 13-4　贯通误差示意图

对于纵向误差，通常都是按定测中线的精度要求给定，见式（13-1）。

$$\Delta l = 2m_s \leqslant \frac{1}{2000}L \tag{13-1}$$

式中，L 为隧洞两开挖洞口间的长度。对于横向贯通误差和高程贯通误差的限差，按《水利水电工程施工测量规范》（DL/T 5173—2003）的要求，根据两开挖洞口间的长度确定，见表 13-1。

表 13-1　　隧洞贯通横向误差和高程误差的限差

相向开挖长度（含支洞在内）（km）	精度指标（mm）			精度指标所相对的基准
	横向限差	纵向限差	竖向限差	
<5	±100	±100	±50	从两端洞口点分别测量贯通点在横向、纵向和高程方向上的差值
5~10	±150	±150	±75	

第二节　洞 外 控 制 测 量

隧洞外的控制测量，应在隧洞开挖、衬砌以前完成，它的任务是测定洞外各洞口控制点的平面位置和高程，作为向洞内引测坐标、方向和高程的依据，并使洞内和洞外在同一控制系统内，从而保证隧洞的准确贯通。

一、控制网布设步骤

1. 收集资料

需要收集的资料很多，主要包括该区的大比例尺地形图、路线的平面图，现有的地面控制资料，以及气象、水文、交通资料等。

2. 现场踏勘

对所搜集到的资料研究之后，必须对隧洞穿越地区进行详细踏勘。察看和了解隧洞两侧的地物、地貌等自然状况。尤其要注意隧洞走向，隧洞与其他设施的位置关系。

3. 选点布网

结合现场踏勘选点，应根据拥有的仪器情况、横向贯通误差大小、隧洞通过地形情况等方面进行综合考虑，来选定控制网的布设方案。

二、洞外控制测量

洞外控制测量一般布设成独立网。进行地面控制测量的目的，是为了确定隧洞洞口位置，并为确定中线掘进方向和高程放样提供依据，它包括平面控制测量和高程控制测量。洞外控制网的等级选择见表 13-2。

（一）洞外平面控制测量

建立洞外平面控制的常用的方法有中线法、精密导线法、三角网法和 GPS 网法等。

1. 中线法

中线法一般只能用于隧道长度小于 1000m

表 13-2　　洞外控制网等级选择

相向开挖长度（含支洞在内）（km）	平面、高程控制网等级
<5	三等、四等
5~10	二等、三等

的直线隧道和小于500m的曲线隧道的洞外平面控制。

先将洞内线路中线点的平面位置测设于地面，经检核确认该段中线与两端相邻线路中线能够正确衔接后，方可以此作为依据，进行引测进洞和洞内中线测设。

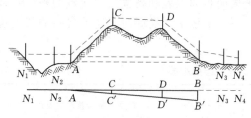

图 13-5 隧洞中线法定线示意图

具体方法是：在现场直接选定洞口位置，然后用经纬仪按正倒镜定直线的方法标定隧洞中心线掘进方向，并求出隧洞的长度。如图 13-5 所示，A、B 两点为现场选定的洞口位置，且两点互不通视，欲标定隧洞中心线，首先约在 AB 的连线上初选一点 C'，将经纬仪安置在 C' 点上，瞄准 A 点，倒转望远镜，在 AC' 的延长线上定出 D' 点，为了提高定线精度可用盘左盘右观测取平均，作为 D' 点的位置；然后搬仪器至 D' 点，同法在洞口定出 B' 点。通常 B' 与 B 不相重合，此时量取 $B'B$ 的距离，并用视距法测得 AD' 和 $D'B'$ 的水平长度，求出 D' 点的改正距离 $D'D$，即

$$D'D = \frac{AD'}{AB'} \cdot B'B$$

在地面上从 D' 点沿垂直于 AB 方向量取距离 $D'D$ 得到 D 点，再将仪器安置于 D 点，依上述方法再次定线，由 B 点标定至 A 洞口，如此重复定线，直至 C、D 位于 AB 直线为止。最后在 AB 的延长线上各埋设两个方向桩 N_1、N_2 和 N_3、N_4，以指示开挖方向。

当直线隧道长度大于1000m，曲线隧道长度大于500m时，均应根据横向贯通精度要求进行隧道平面控制测量设计，采用下面介绍的方法。

2. 导线测量

采用导线测量方式建立隧洞外平面控制时，导线点应沿两端洞口的连线布设，导线点的位置应根据隧洞的长度和辅助坑道的数量及分布情况，并结合地形条件和仪器测程选择。

导线最短边长应满足规范要求，相邻边长的比不应小于 1:3，并尽量采用长边，以减小测角误差对导线横向误差的影响。

导线的水平角一般采用方向观测法。当水平角只有两个方向时，可按奇数和偶数测回分别观测导线的左角和右角，这样可以检查出测角仪器的带动误差，数据处理时可以较大程度地消除此项误差的影响。

精密导线测量主要技术要求见表13-3和表13-4。

表 13-3　　　　　　　　　洞外导线测量主要技术要求（水利工程）

相向开挖长度（km）	贯通横向中误差（mm）	导线全长（km）	最短平均边长（m）	测角中误差（"）	测距中误差（mm）	全长相对中误差	方位角闭合差（"）
<5	±30	3.0	35	±1.8	±5	1:35000	±3.6$\sqrt{n}$
			50	±2.5		1:31500	±5.0$\sqrt{n}$
		5.4	200	±2.5	±5	1:51500	
			120	±1.8		1:53500	
		10.0	770	±1.8	±5	1:95000	±3.6$\sqrt{n}$
			680		±2	1:91000	

续表

相向开挖长度 （km）	贯通横向 中误差 （mm）	导线全长 （km）	最短平 均边长 （m）	测角中 误差 （″）	测距中 误差 （mm）	全长相对 中误差	方位角 闭合差 （″）
5~10	±45	11.2	375	±1.8	±5	1：67500	±3.6$\sqrt{n}$
			340		±2	1：65500	
		14.0	825	±1.8	±5	1：86000	
			780		±2	1：85000	
			230	±1.0	±5	1：86000	
			190		±2	1：80500	
		16.4	365	±1.0	±5	1：100000	±2.0$\sqrt{n}$
			320		±2	1：95500	
		21.0	780	±1.0	±5	1：130000	
			725		±2	1：125000	

表 13 - 4　　　　　　　　　　洞外导线测量主要技术要求（公路隧道）

两开挖洞口间长度（km）		测角中误差（″）	边长相对中误差		导线边最小边长（m）	
直线隧道	曲线隧道		直线隧道	曲线隧道	直线隧道	曲线隧道
4~6	2.5~4.0	±2.0	1/5000	1/15000	500	150
3~4	1.5~2.5	±2.5	1/3000	1/10000	400	150
2~3	1.0~1.5	±4.0	1/3000	1/10000	300	150
<2	<1.0	±10.0	1/2000	1/10000	200	150

为了增加检核条件，提高导线的测量精度，一般导线应该布设成闭合环线，可采用主、副导线闭合环，其中副导线只测水平角而不测距。为了便于检查，保证导线测量精度，可以每隔1~3条主导线边与副导线建立联系，形成小闭合环，以减少小闭合环中的导线点数，将闭合差限制在较小的范围内。如图13-6所示为主、副导线闭合环。对于长隧洞洞外平面控制，宜采用多个闭合环的闭合导线网（环）。

导线的内业计算一般采用严密平差法，对于四、五等导线也可采用近似平差计算。

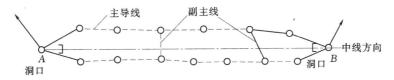

图 13 - 6　主副导线地面控制网

3. 三角测量

对于隧道较长、地形复杂的山岭地区，地面平面控制网一般布置成三角网形式，三角测量建立隧洞外平面控制时，一般是布设成单三角锁的形式，如图13-7所示。布网时，三角点应尽可能靠近轴线。洞口附近应布设至少两个控制点，洞口控制点应尽可能地避免

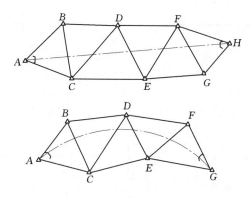

图 13-7 三角网控制测量

施工干扰，保证点位稳定、安全。

对于直线隧道，一排三角点应尽量沿线路中线布设。条件许可时，可将线路中线作为三角锁的一条基本边，布设为直伸三角锁，以减小边长误差对横向贯通的影响。

对于曲线隧道，应尽量沿着两洞口的连线方向布设，以减弱边长误差对横向贯通的影响。

三角网的等级可按式（13-2）来计算，此时取三角网中最靠近洞轴线的一条路线当作一条支导线来估算。

$$M_y^2 = \pm \left(\frac{M_\beta}{\rho}\right)^2 \sum R_y^2 + \left(\frac{M_S}{S}\right)^2 \sum d_y^2 \qquad (13-2)$$

式中：M_y 为横向贯通中误差；M_β 为测角中误差；$\sum R_y^2$ 为所有路线三角点至贯通面垂直距离平方总和，m^2；$\sum d_y^2$ 为所有路线所有边长在贯通面上的投影长度平方总和，m^2；$\frac{M_S}{S}$ 为三角网中最弱边相对中误差。

测定三角网的全部角度和若干条边长，或全部边长，使之成为边角网或三边网。三角网的点位精度比导线高，有利于控制隧道贯通的横向误差。三角网（锁）的测量精度要求见表 13-5。

表 13-5　　　　　　　　　　洞外三角网（锁）测量精度

等　　级	测角精度 （″）	开挖长度 （m）	最弱边相对中误差
二	±1.0	6～8	1/30000
三	±1.8	4～6	1/25000
四	±2.5	1.5～4	1/15000
五	±4.0	<1.5	1/10000

4．GPS 测量

采用 GPS 定位技术建立隧洞外平面控制网已经普遍应用。用 GPS 技术作洞外平面控制时，只需要布设洞口控制点和定向点，对于直线隧道，洞口点应选在隧道中线上。对曲线隧道，除了洞口点外，还应把曲线上的主要控制点（如曲线的起、终点）包括在网中。另外，再在洞口附近布设至少 2 个定向点，并要求洞口点与定向点间通视，以便于全站仪观测，而不同洞口之间的点和定向点间不要求通视，与国家控制点或城市控制点之间的联测也不需要通视。GPS 选点和埋石与常规方法相同，但应该注意使所选的点位的周围环境应适宜 GPS 接收机工作。

图 13-8 为采用 GPS 定位技术布设的隧道地面平面控制网的方案。该方案每个点均有三条独立的基线相连，可靠性较好。GPS 定位技术是近代先进测量方法，在平面精度

方面高于常规方法，由于不需要点位间
通视，经济节省、速度快、自动化程度
高，故已被广泛应用。

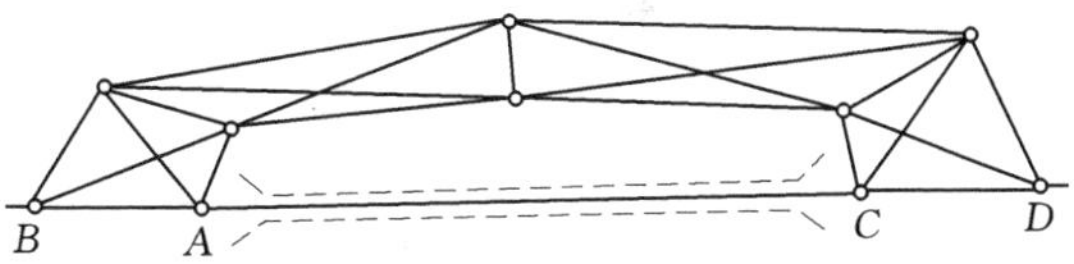

图 13 - 8 地面 GPS 平面控制网

（二）洞外高程控制测量

洞外高程控制测量的任务，是按照
测量设计中规定的精度要求，以洞口附近线路定测的已知水准点作为起算高程，在每个洞口至少埋设两个水准点，沿着拟定的水准路线测量并传算到隧洞另一端洞口与另一个已知水准点闭合。

闭合的高程差应设断高，或推算到路基段调整。这样，即使整座隧洞具有统一的高程系统，又使之与相邻线路正确衔接，从而保证隧洞按规定精度在高程方面正确贯通，保证各项建筑物在高程方面按规定限界修建。

隧洞高程控制测量一般采用水准测量的方法施测。水准测量的等级，不单单取决于隧道的长度，还取决于隧道地段的地形情况，也决定于两个洞口的水准路线的长度，见表 13 - 6。

表 13 - 6　　　　　　　　　水准测量等级及两洞口间水准路线长度

测量部位	测量等级	每千米水准测量偶然中误差 M_Δ (mm)	两开挖洞口间高程路线长度 (km)	水准仪等级/测距仪等级	水准尺类型
洞外	二	≤±1.0	＞36	DS$_{0.5}$、DS$_1$	钢瓦水准尺
	三	≤±3.0	13～36	DS$_1$	钢瓦水准尺
				DS$_3$	区格式水准尺
	四	≤±5.0	5～13	DS$_3$/Ⅰ、Ⅱ	区格式水准尺
	五	≤±7.5	＜5	DS$_3$/Ⅰ、Ⅱ	区格式水准尺

目前，光电测距三角高程测量方法已广泛应用，用全站仪进行精密导线三维测量，其所求的高程可以代替三、四等水准测量。

高程控制测量误差对高程贯通精度的影响受洞外或洞内高程控制测量的误差影响，贯通面上所产生的高程中误差按下式估算：

$$m_{\Delta h}=m_\Delta \sqrt{L} \tag{13 - 3}$$

式中：m_Δ 为每千米水准测量高差中数的偶然中误差，以 mm 计；L 为洞外或洞内两开挖洞口间水准路线长度，以 km 计。

（三）洞外定向测量

在地面上确定洞口的位置及中线掘进方向的测量工作称为洞外定向测量，它是在控制测量的基础上，根据控制点与图上设计的隧洞中线转折点、进出口等的坐标，计算出隧洞中线的放样数据，在实地将洞口的位置和中线方向标定出来，这种方法称解析定线测量。

1. 洞口位置的标定

在实地布设三角网，应将图纸上设计的洞口位置在实地标定出来。如图 13 - 9 所示，ABC 为隧洞中线，A、B 为洞口位置，C 为转折点，A 正好位于三角点上，而 C 不在三角点上，这样，可根据5、6、7三个控制点用角度交会法将 B 点在实地测绘出来。需要根据各控制点坐标和 B 点的设计坐标，用坐标反算算出方位角，再计算出交会角。

放样时，在5、6、7安置经纬仪，分别测设交会角，用盘左、盘右测设平均位置，得三条方向线，若三条方向相交所形成的误差三角形在允许范围内，则取其内切圆圆心为洞口 B 的位置。

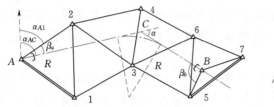
图13-9 隧洞三角网布置图

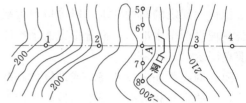
图13-10 掘进方向的标定

2. 开挖方向的标定

隧道贯通的横向误差主要由隧道中线方向的测设精度所决定，而进洞时的初始方向尤其重要。因此，在隧道洞口，要埋设若干个固定点，将中线方向标定于地面，作为开始掘进及以后与洞内控制点联测的依据。如图13-10所示，用1、2、3、4标定掘进方向，在洞口处设置入洞点 A，A 点与中线垂直方向上埋设5、6、7、8桩。所有固定点应埋设在不易受施工影响的地方，并测定入洞点至2、3、6、7点的平距。这样，在施工过程中可以随时检查或恢复洞口控制点的位置和进洞中线的方向及里程。

第三节 隧洞掘进中的测量工作

隧洞的洞内测量主要工作包括洞内控制测量和洞内施工测量两部分：其中洞内控制测量包括洞内平面控制测量和洞内高程控制测量；洞内施工测量包括洞中线的放样、坡度放样及断面放样等工作。

一、洞内控制测量

洞内平面控制测量由于受工程条件的限制，使得测量方法较为单一，只能敷设导线。洞内高程控制测量方法有水准测量方法和三角高程测量方法。

（一）洞内导线测量

洞内导线测量的作用是以必要的精度建立隧洞内的平面控制系统。依据该控制系统可以放样出隧道中线及其衬砌的位置，从而指示隧道的掘进方向，保证相向开挖的隧道在要求精度范围内贯通。

洞内导线的起始点通常设在隧道的洞口、平洞口、斜洞口以及竖井的井底车场，而这些点的坐标是直接由洞外控制测量或通过联系测量确定的。

洞内导线一般采用支导线布设形式，尽量沿线路中线布设，或与线路中线平移适当的距离，边长接近相等，且每隔一定的距离（50~100m）选一中线桩作为导线点。洞内导线等级的确定取决于隧洞的长度和形状，见表13-7。

表 13 - 7　　　　　　　　　　洞内导线等级的确定（铁路隧道）

等级	两开挖洞口间长度（km）		测角中误差 (")	边长相对中误差	
	直线隧道	曲线隧道		直线隧道	曲线隧道
二	7～20	3.5～20	±1.0	1/10000	1/10000
三	3.5～7	2.5～3.5	±1.8	1/10000	1/10000
四	2.5～3.5	1.5～2.5	±2.5	1/10000	1/10000
五	<2.5	<3.5	±4.0	1/10000	1/10000

为保证测量成果的正确性，最好由两组分别进行观测和计算。洞内导线的边长及角度的观测精度应按贯通误差进行准确计算。

由于受隧道的限制，洞内导线不能一次布设完成，它通常是随着隧道的开挖而逐渐向前延伸形成延伸状，故一般随着隧道的开挖采用分级布设的方法：先布设精度较低、边长较短（边长为 25～50m）的施工导线；当隧道开挖到一定距离后，布设边长为 50～100m 的基本导线；随着隧道开挖延伸，还可布设边长为 150～800m 的主要导线，如图 13 - 11 所示。三种导线的点位可以重合，有时基本导线这一级可以根据情况舍去，即直接在施工导线的基础上布设长边主要导线。长边主要导线的边长在直线段不宜短于 200m，曲线段不短于 70m，导线点力求沿隧道中线方向布设。

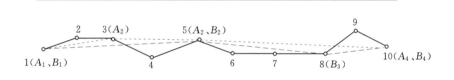

图 13 - 11　洞内导线分级布设
——施工导线（1，2，3，…）；——基本导线（A_1，A_2，A_3，…）；
--- 主要导线（B_1，B_2，B_3，…）

1. 洞内导线的布设形式

洞内导线主要有以下几种形式，如图 13 - 12 所示。对于大断面的长隧道，可布设成多边形闭合导线或主副导线环，有平行导线时，应将平行导坑单导线与正洞导线联测，以资检核。

2. 洞内导线应注意的问题

（1）导线点应尽量布设在施工干扰小、通视良好、地层稳固的地方；点间视线应离开洞内设施 0.2m 以上。

（2）导线点应埋于坑道底板面以下 10～20cm，上面盖铁板以保护桩面及标志中心不受损坏，为便于寻找，应在边墙上用红油漆予以标注。

（3）由洞外引向洞内的测角工作，宜在夜晚或阴天进行，以减小折光差的影响。

（4）采用双照准法测角，测回间要重新对中仪器和觇标，以减小对中误差和对点误差的影响；有条件的地段，主要导线点应埋设带有强制对中装置的观测墩或内外架式的金属吊篮，并配有灯光照明，以减小对中与照准误差的影响，有利于提高观测精度。

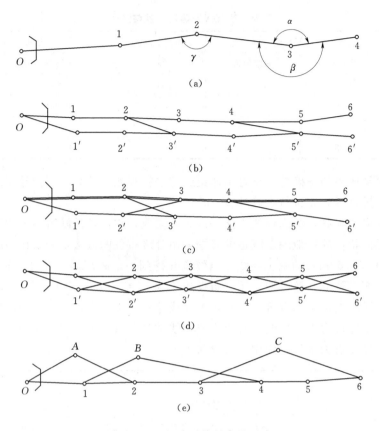

图 13-12　洞内导线的布设形式

(a) 单导线；(b) 导线环；(c) 主副导线环；(d) 交叉导线；(e) 旁点导线

（5）洞内导线应采用往返观测，由于洞内导线测量的间歇时间较长且又取决于开挖面进展速度，故洞内导线应重复观测，定期检查。

（6）设立新点前必须检查与之相关的既有导线点，在对既有导线点确认没有发生位移的基础上，才能测量新点。

（7）如导线长度较长，为限制测角误差积累，可使用陀螺经纬仪加测一定数量导线边的陀螺方位角。一般加测一个陀螺方位角时，宜加测在导线全长 2/3 处的某导线边上；若加测两个以上陀螺方位角时，应按导线长度均匀分布。根据精度分析，加测陀螺方位角数量以 1～2 为宜，对横向精度的增益较大。

（8）对于布设如图 13-12（c）所示主副导线环，一般副导线仅测角度，不测边长。对于螺旋形隧道，由于难以布设长边导线，每次施工导线向前引伸时，都应从洞外复测。对于长边导线（主要导线）的测量宜与竖井定向测量同步进行，重复点的重复测量坐标与原坐标较差小于 10mm，并取加权平均值作为长边导线引伸的起算值。

（二）洞内高程控制测量

洞内高程控制测量的目的，是由洞口高程控制点向洞内传递高程，随隧道向前延伸，及时测定洞内各高程控制点的高程，作为洞内施工高程放样的依据，并保证隧道在高程方向准确贯通。

洞内水准测量的等级和使用仪器主要根据两开挖洞口间洞外水准路线长度确定，详见表 13-8 有关规定。

表 13-8 洞内水准测量主要技术要求

测量等级	两洞口间水准路线长度 （km）	水准仪型号	水准尺类型	说　　明
二	>32	S05、S1	线条式钢瓦水准尺	按精密二等水准测量要求
三	11~32	S3	木质水准尺	按三等水准测量要求
四	5~11	S3	木质水准尺	按四等水准测量要求

1. 洞内水准测量需注意的问题

（1）洞内水准路线与洞内导线线路相同，高程控制点可选在导线点上，也可根据情况埋设在隧道的顶板、底板或边墙上。在隧道贯通前，其水准路线均为支水准路线，因而需往返或多次观测进行检核。

（2）在隧道施工的过程中，洞内支水准路线随开挖面的进展向前延伸，一般先测定精度较低的临时水准点（可设在施工导线上），洞内应每隔 200~500m 设立一对高程控制点。为了施工方便，应在洞内拱部边墙上至少每隔 100m 埋设一个临时水准点。

（3）三等及以上的高程控制测量应采用水准测量，四、五等可采用水准测量或光电测距三角高程测量；当采用水准测量时，应进行往返观测；采用光电测距三角高程测量时，应进行对向观测。

（4）洞内高程控制测量采用水准测量时，除采用常规的方法外，有时为避免施工干扰还采用倒尺法传递高程。

应用倒尺法传递高程时，规定倒尺的读数为负值，则高差的计算与常规水准测量方法相同，如图 13-13 所示。

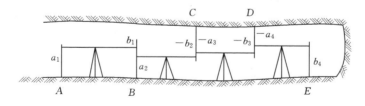

图 13-13 洞内水准测量

此时，每个站高差计算仍为 $h=a-b$，但对于倒尺法，其读数应作为负值计算，如图 13-13 中各测站高差分别为：

$$h_{AB}=a_1-b_1$$
$$h_{BC}=a_2-(-b_2)$$
$$h_{CD}=(-a_3)-(-b_3)$$
$$h_{DE}=(-a_4)-b_4$$

则

$$h_{AE}=h_{AB}+h_{BC}+h_{CD}+h_{DE}$$

（5）为检查洞内水准点的稳定性，应定期根据地面近井水准点进行重复水准测量，将所得高差成果进行分析比较。若水准标志无变动，则取所有高差平均值作为高差成果；若发现水准标志变动，则应取最后一次的测量成果。

（6）当隧道贯通后，应根据相向洞内布设的支水准路线，测定贯通面处的高程（竖向）贯通误差，并将两支水准路线联成附合于两洞口水准点的附合水准路线。要求对隧道未衬砌地段的高程进行调整。高程调整后，所有开挖、衬砌工程均应以调整后的高程指导施工。

二、洞内施工测量

在隧道施工过程中，根据洞内布设的导线点，经坐标推算而确定隧洞中心线方向上有关点位，以准确确定较长隧洞的开挖方向和便于日常施工放样。

（一）洞中线放样

确定开挖方向时，根据施工方法和施工顺序，一般常用的有中线法和串线法。

1. 中线法

当隧道用全断面开挖法进行施工时，通常采用中线法。其方法是首先用经纬仪根据导线点设置中线点，如图 13 - 14 所示，图中 P_4、P_5 为导线点，A 为隧道中线点，已知 P_4、P_5 的实测坐标及 A 的设计坐标和隧道设计中线的设计方位角 α_{AD}，根据上述已知数据，即可推算出放样中线点所需的有关数据 β_5、L 及 β_A：

$$\alpha_{P_5A} = \arctan \frac{Y_A - Y_{P_5}}{X_A - X_{P_5}} \tag{13-4}$$

$$\beta_5 = 360° - (\alpha_{P_5P_4} - \alpha_{P_5A}) \tag{13-5}$$

$$\beta_A = 360° - (\alpha_{AP_5} - \alpha_{AD}) \tag{13-6}$$

$$L = \sqrt{(Y_A - Y_{P_5})^2 + (X_A - X_{P_5})^2} \tag{13-7}$$

求得有关数据后，即可将经纬仪置于导线点 P_5 上，后视 P_4 点，拨角度 β_5，并在视线方向上丈量距离 L，即得中线点 A。在 A 点上埋设与导向点相同的标志。标定开挖方向时可将仪器置于 A 点，后视导线点 P_5，拨角度 β_A，即得中线方向。

随着开挖面向前推进，A 点距开挖面越来越远，这时，便需要将中线点向前延伸，埋设新的中线点，如图 13 - 14 中的 D 点。此时，可将仪器置于 D 点，后视 A 点，用正倒镜或转 180° 的方法继续标定出中线方向，指导开挖。AD 之间的距离在直线段不宜超过 100m，在曲线段不宜超过 50m。

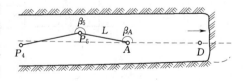

图 13 - 14　中线法

随着隧洞的掘进，需要继续把中心线向前延伸，一般当隧洞每掘进 20m 要埋设一个中线里程桩，中线里程桩可以埋设在隧洞的底部或顶部，如图 13 - 15 所示。

当中线点向前延伸时，在直线上宜采用正倒镜延伸长直线法，曲线上则需要用偏角法或弦线偏距法来测定中线点。用两种方法来检测延伸的中线点时，其点位横向较差不得大于 5mm。超限时应以相邻点来逐点检测至不超限的点位，并向前重新订正中线。

随着激光技术的发展，中线法指导开挖时，可在中线 A、D 等点上设置激光导向仪，以更方便、更直接地指导隧道的掘进工作。

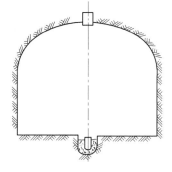

图 13-15　隧道中线桩

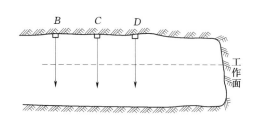

图 13-16　串线法

2. 串线法

当隧道采用开挖导坑法施工时，可用串线法指导开挖方向。此法是利用悬挂在三个临时中线点上的垂球线，直接用肉眼来标定开挖方向（图 13-16）。使用这种方法时，首先需用类似前述设置中线点的方法，设置三个临时中线点（设置在导坑顶板或底板），相邻临时中线点的间距不宜小于 5m。标定开挖方向时，在三点上悬挂垂球线，一人在 B 点指挥，另一人在工作面持手电筒（可看成照准标志），使其灯光位于中线点 B、C、D 的延长线上，然后用红油漆标出灯光位置，即得中线位置。

利用这种方法延伸中线方向时，因用肉眼来定向，误差较大，所以其标定距离在直线段不宜超过 30m，曲线段不宜超过 20m。

随着开挖面不断向前推进，中线点也随之向前延伸，洞内导线也紧跟着向前敷设，为保证开挖方向正确，必须随时根据导线点来检查中线点，及时纠正开挖方向。

用上下导坑法施工的隧道，上部导坑的中线点每引伸一定的距离都要和下部导坑的中线联测一次，用以改正上部导坑中线点或向上部导坑引点。联测一般是通过靠近上部导坑掘进面的漏斗口进行，用长线垂球、垂直对点器或经纬仪的光学对点器将下导坑的中线点引到上导坑的顶板上。如果隧道开挖的后部工序跟得较紧，中层开挖较快，可不通过漏斗口而直接用下导坑向上导坑引点，其距离的传递可用钢卷尺或 2m 钢瓦横基尺。

对于设置曲线的隧洞，中线标定的方法有很多，这里仅介绍常用的弦线法。弦线法是将曲线分成圆弧段，以弦线来代替其中线，指示隧洞的掘进方向。它的标定方法和步骤大致与直线隧道类似，下面给予简要叙述。

首先要根据圆曲线的设计要素：如图 13-17（a）中的曲线起点 A、终点 B，曲线半径 R，中心角 α 及将曲线等分的段数 n，计算标定要素：弦的长度 l，起点和终点的转角 β_A、β_B，以及中间点的转角 β_i。

$$l = 2R\sin\frac{\alpha}{2n}$$

$$\beta_A = \beta_B = 180° - \frac{\alpha}{2n}$$

$$\beta_1 = \beta_2 = 180° - \frac{\alpha}{n}$$

然后进行现场标定，在起点 A 安置经纬仪，如图 13-17（b）所示，后视直线隧道中的中线点 P，按转角 β_A 给出弦线 $A1$ 的方向。但由于前面隧道还未开掘，只能倒转望远镜在其反方向上标设中线点 D、C。这样 C、D、A 三点即组成一组中线点。用它指示隧道掘进到 1 点后，应丈量弦长 l，精确标定出 1 点。然后，就可按与上述类似的方法继续给出下一弧段的中线。

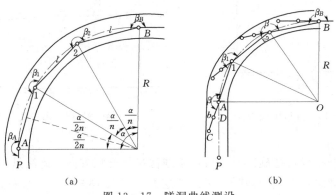

(a)   (b)

图 13-17　隧洞曲线测设

（二）坡度放样

为了控制隧道坡度和高程的正确性，

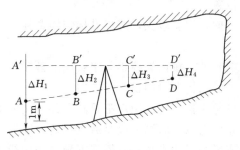

图 13-18　测设腰线

通常在隧道岩壁上每隔 5~10m，标出比洞底地坪高出 1m 的抄平线，又称腰线，腰线与洞底地坪的设计高程线是平行的。施工人员根据腰线可以很快地放样出坡度和各部位高程，如图 13-18 所示。

腰线可用水准仪、经纬仪等来标定。新开掘的隧道每掘进 4~8m，应检查或重新标定腰线点。隧道掘进时，最前面的腰线点距掘进面的距离不宜大于 30~40m。下面介绍用水准仪标定腰线的方法。

首先，根据洞外水准点的高程和洞口底板的设计高程，用高程放样的方法，在洞口点处测设 N 点，该点是洞口底板的设计标高。然后，从洞口开始，向洞内测设腰线。设洞口底板的设计标高（$H=172.76m$）隧道底板的设计坡度 $i=\pm 5\permil$，腰线距底板的高度为 1.0m，要求每隔 5m 在隧道岩壁侧墙上标定一个腰线点。具体工作步骤如下：

（1）根据洞外水准点放样洞口底板的高程，得 N 点。

（2）在洞内适当地点安置水准仪，读得 N 点水准尺 $a=1.548m$（若以 N 点桩顶为隧道设计高程的起算点，a 即为仪器高。）

（3）从洞口点 N 开始，在隧道岩壁侧墙上，每隔 5m 用红漆标定视线的高的点 B'、C' 和 D'。

（4）从洞口点的视线高处向下量取

$$\Delta H_1=1.548-1.0=0.548$$

得洞口处的腰线点 A。

（5）由于洞轴线设计坡度 $+5‰$，腰线每隔 5m 升高 $5×5‰=0.025m$，所以在离洞口 5m 远的视线高 B' 点往下量垂直距离

$$\Delta H_2=1.548-(1+5‰)=0.523m$$

得腰线点 B。在 C' 点（该店离洞口 10m）垂直向下量 $\Delta H_3=1.548-（1+10‰）=0.498m$ 得腰线点 C。同法可得 D 点。用红漆把 4 个腰线点 A、B、C 和 D 连为直线，即得洞口附近的一段腰线。

当开挖面推进一段距离后，按照上述方法，继续测设新的腰线。

（三）断面放样

开挖前，应在开挖面上根据隧洞中线和设计高程标出预计开挖断面的轮廓线。为使导坑开挖断面较好地符合设计断面，在每次掘进前，应在前面两个临时的中线点上吊垂线，以目测瞄准（或以仪器瞄准）的方法，在开挖面上从上而下绘出线路中线方向，然后再根据这条中线，按开挖的实际断面尺寸（注意应把施工的预留宽度考虑在内）绘出断面轮廓线，断面的顶和底线都按设计高程标定。最后按此轮廓线和断面中线进行开挖作业。

隧道施工在拱部扩大和马口开挖工作完成后，需要根据线路中线和附近地下水准点进行开挖断面测量，检查隧道内轮廓是否符合设计要求，并用来确定超挖或欠挖工程量。一般采用极坐标法、直角坐标法及交会法进行测量。

三、隧道贯通误差的测定与调整

隧道贯通后，应及时地进行贯通测量，测定实际的横向、纵向、竖向贯通误差。若贯通误差在允许范围内，就认为测量工作达到了预期的目的。但是，由于存在贯通误差，它将影响隧道断面扩大及衬砌工作的进行。因此我们应该采用适当的方法将贯通误差加以调整，从而保证扩大断面、修筑衬砌以及其他后续测量工作的精度。

（一）测定贯通误差的方法

1. 延伸中线法

采用中线法测量的隧道，贯通后应从相向开掘的两个方向分别向纵向贯通面延伸中线，并各钉一临时桩 A、B，如图 13-19 所示。

丈量 A、B 之间的距离，即得到隧道实际的横向贯通误差。A、B 两临时桩的里程之差，即为隧道的实际贯通误差。

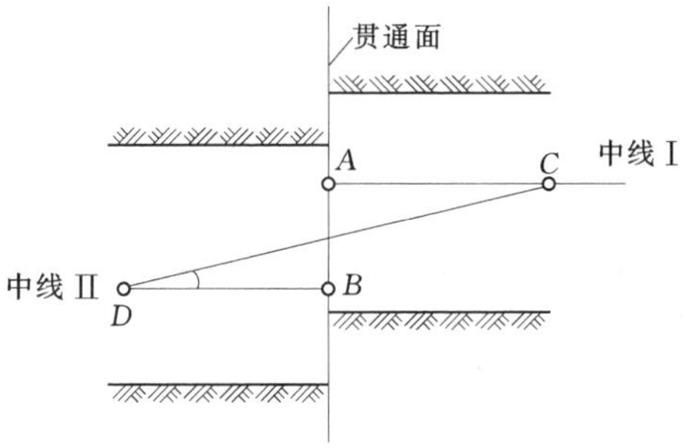

图 13-19 延伸中线调整贯通误差

2. 坐标法

采用洞内导线作为隧道控制时，可由进测的任一方向，在贯通面附近钉设临时桩 A，然后由相向开挖的两个方向，分别测定临时桩 A 的坐标，如图 13-20 所示。这样，可以得到两组不同的坐标值 (x'_A, y'_A)、(x''_A, y''_A)，则实际贯通误差为 $y'_A-y''_A$，实际纵向贯通误差为 $x'_A-x''_A$。

在临时桩点 A 上安置经纬仪测出夹角 β，以便计算导线的角度闭合差，即方位角贯通误差。

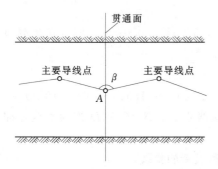

图 13-20　坐标法测定贯通误差

3. 水准测量法

由隧道两端洞口附近水准点向洞内各自进行水准测量，分别测出贯通面附近的同一水准点的高程，其高程差即为实际的高程贯通误差。

（二）贯通误差的调整

隧道中线贯通后，应将相向测设的中线各自向前延伸一段适当的距离，以便调整中线。

调整贯通误差的工作，原则上应在隧道未衬砌地段上进行，不再涉及已衬砌地段的中线，对于曲线隧道还应注意不改变曲线半径和曲线长度。在中线调整以后，所有未衬砌的工程均应以调整后的中线指导施工。

1. 直线隧道贯通误差的调整

直线隧道中线调整可采用折线法调整，如图 13-21 所示。如果由于调整贯通误差而产生的转折角在 5′ 以内，可作为直线线路考虑。当转折角在 5′~25′ 时，可不加曲线，但应以转角 α 的顶点 C、D 内移一个外矢距 E 值，得到中线位置。各种转折角的内移量见表 13-9。当转折角大于 25° 时，则以半径为 4000m 的圆曲线加设反向曲线。

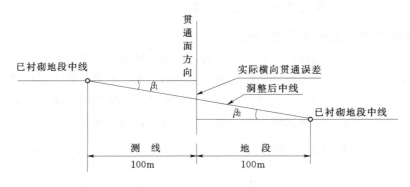

图 13-21　折线法调整贯通误差

表 13-9　　　　　　　　各种转折角 α 的内移外矢距 E 值

转折角 α (′)	5	10	15	20	25
内移外矢距 E 值（mm）	1	4	10	17	26

对于用洞内导线精密测得实际贯通误差的情况，当在规定的限差范围内时，可将实测的导线角度闭合差平均分配到该段贯通导线各导线角，按近似平差后的导线角计算该段导线各导线点的坐标，求出坐标闭合差。根据该段贯通导线各边的边长按比例分配坐标闭合差，得到各点调整后的坐标值，并作为洞内未衬砌地段隧道中线点放样的依据。

2. 曲线隧道贯通误差的调整

当贯通面位于圆曲线上，调整地段又全在圆曲线上时，可由曲线两端向贯通面按长度比例调整中线，也可用调整偏角法进行调整。也就是说，在贯通面两侧每 20m 弦长的中线点上，增加或减少 10″~60″ 的切线偏角，如图 13-22 所示。

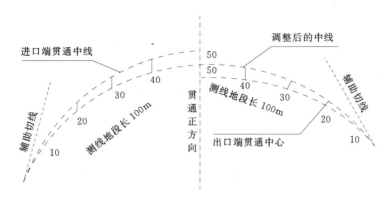

图 13-22 曲线隧道贯通误差的调整

当贯通面位于曲线始（终）点附近时，如图 13-23 所示，可由隧道一端经过 E 点测至圆曲线的终点，而另一端经由 A、B、C 诸点测至 D' 点，D 点与 D' 点不相重合。再自 D' 点作圆曲线的切线至 E' 点，DE 与 $D'E'$ 既不平行也不重合。为了调整贯通误差，可先采用"调整圆曲线长度法使 DE 与 $D'E'$ 平行，即在保持曲线半径不变，缓和曲线长度不变和曲线 A、B、C 段不受牵动的情况下，将圆曲线缩短（或增长）一段 CC'，使 DE 与 $D'E'$ 平行。CC' 的近似值可按下式计算：

$$CC' = \frac{EE' - DD'}{DE} R$$

式中：R 为圆曲线的半径。

CC' 曲线长度对应圆心角 δ 为：

$$\delta = CC' \frac{360°}{2\pi R} \tag{13-8}$$

式中，CC' 为圆曲线长度变动值。

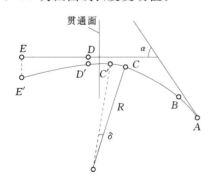

图 13-23 调整圆曲线长度法

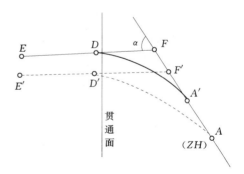

图 13-24 调整曲线始终点法

经过调整圆曲线长度后，已使 DE 与 $D'E'$ 平行，但仍不重合，如图 13-24 所示，此时可采用"调整曲线始终点法"调整，即将曲线的始点 A 沿着切线向顶点方向移动到 A' 点，使 $AA' = FF'$，这样 DE 就与 $D'E'$ 重合了。然后再由 A' 点进行曲线测设，将调整的曲线标定在实地上。

曲线始点 A 移动的距离可按下式计算：

$$AA' = FF' = \frac{DD'}{\sin\alpha} \qquad (13 - 9)$$

式中，α 为曲线的总偏角。

3. 高程贯通误差的调整

高程贯通误差测定后，如在规定限差范围以内，则对于洞内未衬砌地段的各个地下水准点高程，可根据水准路线的长度对高程贯通误差按比例分配，得到调整后的各个水准点高程，以此作为施工放样的高程依据。

第四节　竖井和旁洞的测量

隧洞工程中常利用增加开挖面的方法，将整个隧道分成若干段同时施工，这时候，一般在隧洞中心线上增开竖井，或者在适当的位置向中心线开挖旁洞（包括平洞或斜洞），在几个开挖面同时相向或相背开挖，如图 13-1 所示。所以，还需要进行竖井和旁洞的相关测量工作。

一、竖井、旁洞的洞外定线

竖井是在隧洞地面中心线上某处，如图 13-1 中的竖井处，向下开挖至该处隧洞洞底，以增加对向开挖工作面。它的测量工作包括：在实地确定竖井开挖位置，测定高程以求得竖井开挖深度，在开挖至洞底时再将地面方向及高程通过竖井传递至洞内，作为掘进依据。

旁洞是在隧洞一侧开挖打洞，与隧洞中心线相交后，沿隧洞中心线对向开挖以增加工作面。根据洞口的高低可分平洞和斜洞，前者沿隧洞设计高程开挖，后者洞口高于隧洞设计高程，对于采用平洞或斜洞开挖的工作面，可直接从地面已知点沿平洞或斜洞敷设导线到隧洞即可求出洞底已知点的坐标和已知边的方位角。平洞或斜洞的高程传递工作，可以采用三角高程测量的方法进行。

二、通过竖井传递开挖方向和高程

对于采用竖井开挖的工作面，则需进行专门的测量工作。

通过竖井将洞外的隧洞中线传递到洞内的方法较多，现介绍最简单的方向线法。

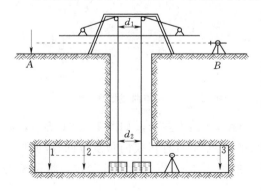

图 13-25　竖井方向线法传递方向

如图 13-25 所示，A、B 为隧洞中线上的方向桩，为了将方向传递到洞内，可在 B 点安置经纬仪，瞄准 A 点，仔细移动隧洞内悬挂吊有重锤的两条细钢丝（如用绞车控制移动），使其严格位于经纬仪的视线上。钢丝的直径与吊锤的重量随洞深而不同，当洞深 20m 时，钢丝直径为 0.5mm，吊锤重 15kg；洞深 40m 时，钢丝直径 0.8mm，吊锤重 25kg 并将吊锤浸入盛有稳定液（废机油或水等）的桶中，为了提高传递方向的精度，两条钢丝之间的距离应尽可能大些,但不能碰着井壁,为此,待悬锤稳定后可从井上沿钢丝下放信号圈(小铅丝圈),看其是否顺利落下,并在井上、井下丈量两悬锤线间的距离,其差不大于2mm则满足要求,然后在井下将经纬仪安置在距钢丝4~5m处,并用逐渐趋近的方法,使仪器中心严格位于两悬锤线的方向上,此时根据视线方向即可在洞内标定出中线桩(如点1、点2、点3等),控制开挖方向。

由竖井传递高程,如图13-26所示,是根据地面上已知水准点 A 的高程(H_A)测定隧洞底水准点 B 的高程(H_B)。方法是:在地面上和隧洞中各安置一架水准仪,并在竖井中悬挂一根经过检定的钢尺(分划零点在井下),钢尺的下端悬挂重锤(重量与检定钢尺时的拉力同),浸入盛油桶中,以减小摆动,A、B 点上竖立水准尺,观测时,两架水准仪同时读取钢尺上及水准尺上的读数,分别为 a_1、b_1 和 a_2、b_2,由此按下式即可求得 B 点的高程。

$$H_B = H_A + a_1 - (b_1 - a_2) - b_2$$

为了检核,应改变仪器高2~3次进行观测,各次所求高程的差值若不超过±5mm,则取其平均值作为 B 点的高程。

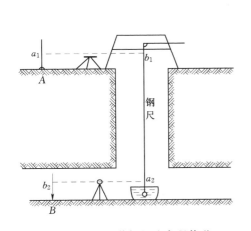

图13-26 竖井钢尺法高程传递

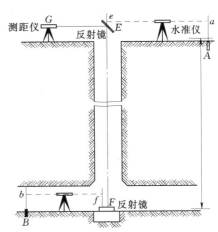

图13-27 竖井测距仪法高程传递

也可运用光电测距仪进行高程传递,不仅精度高,而且速度快,如图13-27所示,方法是:在竖井井口附近的地面上安置光电测距仪,在井口和井底的中部,分别安置反射镜;地面的反射镜与水平面成45°夹角,井下的反射镜处于水平状态;通过光电测距仪分别测量出仪器中心至地面和洞底反射镜的距离 l,S,从而计算出地面反射镜与洞底反射镜中心间的铅垂距离 H:

$$H = S - l + \Delta l$$

式中:Δl 为光电测距仪的总改正数。

然后,分别在地面、洞底安置水准仪,测量出地面反射镜中心与地面水准基点间的高差 h_{AE} 和洞底反射镜中心与洞底水准基点间的高差 h_{FB},则可按下式计算出洞底水准基点 B 的高程 H_B:

$$H_B = H_A + h_{AE} + h_{FB} - H$$

其中 $$h_{AE} = a - e, h_{FB} = f - b$$

式中，a、b、e、f 分别为地面、洞底水准基点和地面、洞底反光镜处水准尺的读数。

思 考 与 练 习

1. 隧洞施工有哪些特点？
2. 隧洞工程施工测量的主要内容是什么？
3. 洞外平面控制常用的方法有哪些？
4. 隧洞的洞内测量主要有哪些工作？
5. 隧洞内外施工测量的一般工作程序是什么？
6. 什么叫贯通误差？什么叫横向贯通误差？
7. 洞内水准测量与洞外水准测量相比有哪些特点？
8. 开挖断面是如何放样的？
9. 洞外控制测量的任务是什么？
10. 简述洞外控制测量中线法的过程。

第十四章 渠 道 测 量

渠道是常见的普通水利工程。无论灌溉、排水或引水发电，都经常兴修渠道。在渠道勘测、设计和施工中所进行的测量工作，称为渠道测量。渠道测量的内容一般包括：踏勘选线、中线测量、纵横断面测量、土方计算和施工断面放样等。渠道测量的主要任务：一是为渠道工程的规划设计提供地形信息（包括地形图和断面图）；二是将设计的渠道位置测设于实地，为渠道施工提供依据。

渠道测量的内容和方法与铁路公路工程、桥涵工程、城市道路及上下水道工程、架空送电线路及输油管道等工程的测量基本相同，都是沿着选定的路线方向进行，因此属于线路工程测量的范畴。

第一节 渠 道 选 线 测 量

一、踏勘选线

渠道选线的任务就是根据水利工程规划所定的渠线方向、引水高程和设计坡度在地面上选定渠道的合理路线，标定渠道中心线的位置。渠线的选择直接关系到工程效益和修建费用的大小，一般应符合下列要求：

（1）应尽量少占用耕地，而开挖和填筑的土石方量和所需修建的渠系过水建筑物（如渡槽、倒虹吸管等）要少，以减少工程费用和经济损失。

（2）应使尽可能多的土地能够实现自流灌溉和排水。

（3）中小型渠道的布置应与土地规划相结合，做到田、渠、林、路协调布置，为采用先进农业技术和农田园田化创造条件。

（4）渠道沿线应有较好的地质条件，无严重渗漏和塌方现象。

（5）在山丘区应尽量避免填方，以保证渠道边坡的稳定性。

具体选线时除考虑其选线要求外，应依渠道大小的不同按一定的方法进行。对于兴建的渠线较长，规模较大的渠道一般应经过实地查勘、室内选线、外业选线等步骤；对于渠线较短、规模不大的渠道，可以根据已有资料和选线要求直接在实地查勘选线。

1. 实地查勘

首先应收集渠道规划设计区域内各种比例尺地形图及原有渠道工程的平面图和断面图等，然后在中比例尺图上初选几条比较渠线，最后依次对所经地带进行实地查勘，了解和搜集有关资料（如土壤、地质、水文、施工条件等），并对渠线某些控制性的点（如渠道起点、转折点、沿线沟谷、跨河点和终点等）进行简单测量，了解其相对位置和高程，以便分析比较，选取渠线。

2. 室内选线

在室内进行图上选线，即在适合的地形图上选定渠道中心线的平面位置，并在图上标出渠道转折点到附近明显地物点的距离和方向（由图上量取）。如该地区没有适用的地形图，则应先沿查勘时确定的渠道线路，测绘沿线宽约 100～200m 的大比例尺带状地形图。

平原地区渠道的选线比较简单，一般要求尽量选成直线，只有在必须绕过居民区、厂区或其他重要地区时才需转弯。

山区丘陵区的渠道一般盘山而走，依着山势随弯就弯，但要控制渠线的高程位置，以保证符合引水高程和设计坡度的要求。因此，环山渠道应先在图上根据等高线和渠道纵坡初选渠线，并结合选线的其他要求对此线路作出必要修改，定出图上的渠线位置。为了确保渠道的稳定，应当力求挖方。

3. 外业选线

是将室内选线的结果转移到实地上，标出渠道的起点、转折点和终点。外业选线经常需要根据现场的实际情况，对图上所定渠线的设计方案作进一步研究和局部修改，使之完善。实地选线时，一般应借助仪器选定各转折点的位置。对于平原地区的渠线应尽可能选成直线，如遇转弯时，则在转折处打下木桩。在丘陵山区选线时，为了较快地进行选线，可用经纬仪按视距法测出有关渠段或转折点间的距离和高差。由于视距法的精度不高，对于较长的渠线，为避免高程误差累积过大，应每隔 1～3km 与已知水准点校核一次。如果选线精度要求高，则用水准仪根据已知水准点的高程，探测渠线位置。山区丘陵区渠道高程位置的具体确定，须在中线测量时测出各点至渠首（起点）的距离，依据设计坡度算得各点应有的高程之后才能进行。

渠道选线测量，最后应确定渠道的起点、转折点和终点，并用大木桩或水泥桩在地面上标定这些点的位置，绘制点位略图注明桩点与附近固定地物的相互位置和距离，以便日后寻找。

二、水准点的布设与施测

为了满足渠线的探高测量和纵断面测量的需要，在渠道选线时，应根据需求设置永久或临时性的水准点。渠道起终点或需长期观测的工程附近应设置永久性水准点，永久性水准点需埋设标石，也可设置在永久性建筑物的基础上，或用金属标志嵌在基石上。临时水准点可埋设大木桩，桩顶钉入铁钉以作标志。水准点密度应根据地形和工程需要而定，一般每隔 1～3km 左右应设置一个水准点，点位应选在稳定、醒目、便于施测又靠近渠道的地方，既要便于日后用来测定渠道高程，又要能够长期保存而不会因为施工遭到破坏。

应将起始水准点与附近的国家水准点进行联测，以获得绝对高程，同时在渠线水准测量中，也应尽量与附近国家水准点联测，形成附合水准路线或闭合水准路线，以获得更多的检核条件，当路线长度在 15km 以内时，也可组成往返观测的支水准路线。当渠线附近没有国家水准点或引测有困难时，也可参照以绝对高程测绘的地形图上的明显地物点的高程作为起始水准点的假定高程。

水准点高程测量应使用不低于 S_3 级水准仪，一般用四等水准测量的方法施测（大型渠道有的采用三等水准测量），通常采用一台水准仪进行往、返观测，也可使用两台水准仪单程观测（具体观测方法可参阅水准测量）。

水准测量的精度应满足四等精度的要求，对往、返观测或两组单程观测所得高差的不符值应满足：

$$f_h \leqslant \pm 20\sqrt{L}\,(\text{mm}) \text{ 或 } f_h \leqslant \pm 6\sqrt{n}\,(\text{mm})$$

式中：L 为单程水准路线长度，以 km 计；n 为测站数。

对于采用电磁波测距三角高程测量来施测时，附合或闭合水准路线闭合差应满足：

$$f_h \leqslant \pm 20\sqrt{D}\,(\text{mm})$$

式中：D 为测站间水平距离，以 km 计。

若高差不符值在限差以内，取其高差平均值作为两水准点间高差，否则需重测。最后由起始点高程及调整后高差计算各水准点高程。

第二节 中 线 测 量

中线测量的任务是根据踏勘选线测量所定的渠道起点、转折点和终点，通过量距测角把渠道中心线的平面位置在地面上用一系列木桩标定出来。在平原地区，渠道转折处需要测定折线交角和测设曲线；在山区地区，渠道的高程位置需要进行探测确定。

一、平原地区的中线测量

为了测定渠道线路的长度、标定中线位置和测绘纵断面图，从渠道起点开始，朝着终点或转折点方向用经纬仪或花杆目测定线，用皮尺或测绳量距，在地面上设置一系列中线桩（打入地面上的木桩）。隔某一整数设置的桩称为整桩。根据不同的渠道，整桩之间距离也不同，一般为 20m、50m 或 100m。在相邻整桩之间渠线如遇穿越重要地物（如铁路、公路、各种管线等）和计划修建工程建筑物（如涵洞、跌水等）要增设地物加桩；在地面坡度变化较大的地方要增设地形加桩。地物加桩和地形加桩可以统称为加桩。

为便于计算，中线桩均按渠道起点至该桩的里程进行编号，如渠道起点（渠道起点是以引水或分水建筑物的中心为起点）的桩号为 0+000，若每隔 50m 打入一木桩，则以后各桩的桩号为 0+050，0+100，0+150，…"+"号前的数字为千米数，"+"后的数字是米数，如 2+300 表示该桩距渠道起点 2300m，非整数桩号，如 1+172、3+223 等均为地物加桩或地形加桩。不同的线路，起点不同，如给水、煤气、热力、电力、电信等线路以其源点为起点；而排水管道则以其下游出水口为起点。

渠线中线桩的桩号要用红漆书写在木桩面向起点的一侧，为了防止以后测量时漏测加桩，还应在木桩的另一侧依次书写顺序号。

在距离丈量中为避免出现差错，一般需用皮尺丈量两次，当精度要求不高时可用皮尺或测绳丈量一次，再在观测折线交角（或偏角）α 时用视距法进行检核。

距离丈量到转折点，渠道从一直线方向转向另一直线方向时，需将经纬仪安置在转折点，测出前一直线的延长线与改变方向后的直线间的夹角 α，称为折线交角（或偏角），折线交角 α 在延长线左侧的为左偏角，在右侧的为右偏角，所以测出的 α 角应注明左或右。如需测设圆曲线时，应符合规范 SL 197—97 的要求：当 $\alpha < 6°$ 时，不测设曲

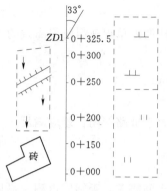

图 14-1 渠道测量草图

线；当 $6° \leqslant \alpha \leqslant 12°$ 时，只测设曲线的三个主点，计算曲线长度；当 $\alpha > 12°$，曲线长度 $L \leqslant 100m$ 时，测设三个主点，计算曲线长度，$L > 100m$ 时，按 50m 间距测设曲线桩计算曲线长度。

在渠道中线测量的同时，还要在现场绘出草图（图 14-1）。图中直线表示渠道中心线，直线上的黑点表示里程桩或加桩的位置，ZD1（桩号为 0+325.5）为转折点，在该点处右偏角 $\alpha_右 = 33°00'$，即渠道中线在该点处，改变方向右转 $33°00'$。在绘图时改变方向后的渠线仍按直线方向绘出，仅在转折点用箭头表示渠线的转折方向，并注明偏角值。渠道两侧的地形地物可目测勾绘。

二、山丘地区的中线测量

在山区进行环山渠道的中线测量时，为了使渠道以挖方为主，将山坡外侧渠堤顶的一部分应设计在地面以下（图 14-2），一般要求用水准仪探测中心桩的位置。具体实施步骤是从渠道起点开始，用皮尺大致沿着山坡等高线向前量距，按规定要求标定里程桩和加桩，每隔 50m 或 100m 用水准仪测量桩位高程，看渠线位置是否偏低或偏高。如图 14-3 所示，假设丈量到了 A 点，A 点的桩号是 1+400，渠道进水底板的高程 $H_进 = 44.08m$，设计渠深（包括水深和安全超高）$h = 2.5m$，渠底设计坡度 $i = 1/1000$，则 A 点（1+400 桩号）的堤顶高程为

$$H_A = (H_进 + h) - iD$$
$$= (44.08 + 2.5) - 1/1000 \times 1400$$
$$= 45.18(m)$$

图 14-2 环山渠道断面图

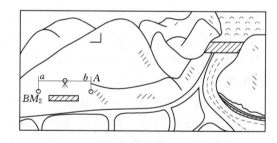

图 14-3 环山渠道中心桩探测图

而后由 BM_2（高程为 43.366m）测量里程为 1+400 的地面 A 点时，测得后视读数为 2.854m，则 A 点上立尺的读数应为 $b_理论 = (43.366 + 2.854) - 45.18 = 1.040$（m），但实测读数 $b_实 = 2.482m$，说明 A 点位置偏低，应向高处（山坡里侧）移至读数正好为 1.040m 时，即得堤顶位置，根据实际地形情况，向里移一段距离（小于或等于渠堤到中心线的距离），打入 1+400 里程桩，即地面点 A。按此法继续沿山坡接测延伸渠线。

中线测量完成后，对于大型渠道，一般要求绘出渠道测量路线平面图，在图上绘出渠

道走向，各弯道上的圆曲线桩号等，并将桩号和曲线的主要元素数值（α、L 和曲线半径 R、切线长 T）注在图中相应的位置。

第三节　纵 断 面 测 量

渠道纵断面测量的任务是测出中心线上各里程桩和加桩的地面高程，绘制中线纵断面图，作为设计渠道坡度、计算中线桩填挖尺寸的依据。纵断面测量的基本工作包括纵断面水准测量和纵断面图绘制两项内容。

一、纵断面水准测量观测方法

渠道中心线上各里程桩和加桩的地面高程测量是以沿线测设的三、四等水准点为依据，按照五等水准测量的要求进行。一般是以相邻两水准点为一测段，从一个水准点开始，用视线高法逐点测定中线桩及加桩的地面高程，直至附合到下一个水准点上，即相邻水准点间构成一条附合水准路线。在每一个测站上，应尽量多地观测中线桩和加桩，还需在一定距离内设置转点。相邻转点间所观测的中线桩称为间视点。由于转点起着传递高程的作用，为了削弱高程传递的误差，在测站上观测时应先观测转点，后观测间视点。转点上水准尺应立于尺垫、稳固的桩顶或岩石上，视线长度不得超过 150m，水准尺的读数至 mm，同时还应注意仪器到两转点的前、后视距离大致相等（前后视距差不大于 20m）。用中心桩作为转点时，要置尺垫于桩一侧的地面，水准尺立在尺垫上，若尺垫与地面高差小于 2cm，可代替地面高程。中间点尺子应立在紧靠中线桩或加桩的地面上，尺子读数至 cm，视线长度不宜大于 150m。

如图 14-4 所示，水准仪安置在测站 1，后视水准点 BM_1（高程为 46.505m），前视转点 TP_1（0+100 中线桩），将观测的读数分别记入表 14-1 中的"后视 a"和"前视 b"栏内，然后观测 BM_1 与 TP_1 间的中间点 0+000、0+050，将读数分别记入"间视 c"栏。再将仪器搬至测站 2，后视转点 TP_1，前视转点 TP_2，然后观测各中线桩地面点 0+150，0+175，0+200，0+225，0+325，将读数分别记入"后视 a"、"前视 b"、"间视 c"栏。按上述方法继续向前观测，直至附合到下一水准点 BM_2（高程 43.366m）完成一测段的观测工作。

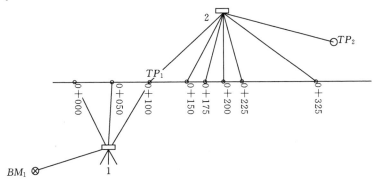

图 14-4　纵断面水准测量观测过程

表 14 - 1 纵断面水准测量记录表

测站	测 点	水 准 尺 读 数			视线高程 H_i (m)	高程 H (m)	备 注
		后视 a	间视 c	前视 b			
1	BM_1	0.486			46.991	46.505	BM_1 高程为 46.505m
	0+000		0.41			46.58	
	0+050		0.63			46.36	
	0+100 (TP_1)			1.759		45.232	
2	0+100 (TP_1)	0.448			45.680		
	0+150		2.68			43.00	
	0+175		0.70			44.98	
	0+200		1.29			44.39	
	0+225		0.88			44.80	
	0+325		0.65			45.03	
	TP_2			2.076		43.604	
⋮	⋮	⋮	⋮	⋮	⋮	⋮	
8	TP_7	0.657			45.599	44.942	BM_2 高程为 43.341m
	⋮	⋮	⋮	⋮	⋮	⋮	
	1+500		2.32			43.28	
	BM_2			2.233		43.366	
计算校核		$\sum h_中 = 43.366 - 46.505 = -3.135$ (m)　　$\sum a - \sum b = -3.135$m $f_h = 43.366 - 43.341 = +25$ (mm)　　$f_h = \pm 10 n^{1/2} = \pm 10 \, (8)^{1/2} = \pm 28$ (mm) 成果合格						

　　中线桩点的地面高程以及前视点高程，一律按所属测站的视线高程进行计算。每一测站的各项计算按下列公式进行：

$$视线高程 = 后视点高程 + 后视读数，即 \ H_i = H_后 + a$$
$$中线桩高程 = 视线高程 - 间视读数，即 \ H_中 = H_i + c$$
$$转点高程 = 视线高程 - 前视读数，即 \ H_转 = H_i - b$$

　　中线水准测量一般只作单程、单次观测。记录员应边记录边计算，直至下一个水准点。一测段结束后，应进行校核计算和精度评定。首先按下式检查各测点的高程计算是否有误，即

$$\sum a - \sum b = 推算的终点高程 - 始点的已知高程$$

　　若上式相等，则计算无误。否则应重新计算。然后计算高差闭合差 f_h，若 $f_h \leqslant f_{h允} = \pm 10 \sqrt{n}$ (mm) 或 $\pm 40 \sqrt{L}$ (mm)，则精度符合要求，可以不进行闭合差的调整，以表中计算的各点高程作为绘制纵断面图的数据；若 $f_h > f_{h允}$，则必须重测。

二、利用全站仪三维坐标功能进行纵断面测量

　　目前，全站仪在线路勘测设计、施工中得到迅速普及。绝大多数全站仪具有三维坐标测定，尤其是较新型的全站仪具有多达数千点的内存空间，可以用来存储中线桩点坐标、

高程等信息，为提高测量效率提供了强有力的保证。

通常可将线路中线测量与纵断面测量联合进行。首先利用全站仪的坐标测设功能测设出各中线桩和加桩的位置；再利用全站仪三维坐标测定功能测量中线桩点的高程，记入手簿。全站仪如有内存，可将中线桩点编号和高程存储于内存中，作业完成后，将测量信息传输到计算机，作为后续计算机辅助设计（CAD）的基本资料。

三、纵断面图的绘制

在地形图应用中绘制的纵断面图，是根据地形图量测的数据绘制而成。而渠道纵断面图则是根据中线里程桩及加桩的实测里程和高程绘制的，它反映了渠道中心线地面的高低起伏状态，表示出渠底设计坡度的大小和中线位置的填挖尺寸，是渠道设计和施工中的重要文件资料。纵断面以水平距（里程）为横坐标轴，以高程为纵坐标轴，按规定的比例尺将外业所测各点标在毫米方格纸上，依次连接各点则得出渠道中线的地面线。水平距离的比例尺依渠道大小不同可取 1∶（5000～25000）；为了明显表示地势变化，高程比例尺通常比水平距离比例尺大 10～50 倍，依地形类别不同，可取 1∶（50～500）。图 14-5 为一渠道纵断面图示例，水平距离与高程按规定的比例尺进行注记，在确定纵坐标轴上具体高程刻划点的起算高程时，一般不从零开始，而是根据各中线桩的地面高程而定（在图 14-5 中，从 42m 开始），其目的是使绘出的地面线处于图上适当位置。在纵断面图的下半部分以表格形式注记纵断面测量及渠道设计等方面的资料、数据，自上而下依次表示的为桩号、渠底比降、地面高程、渠底设计高程、挖深、填高等栏。下面以图 14-5 为例，说明各栏内容的计算与绘制方法。

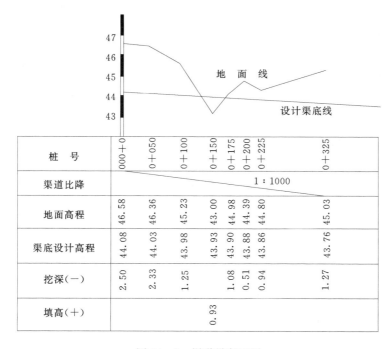

桩　　号	000+0	0+050	0+100	0+150	0+175	0+200	0+225	0+325
渠道比降				1∶1000				
地面高程	46.58	46.36	45.23	43.00	44.98	44.39	44.80	45.03
渠底设计高程	44.08	44.03	43.98	43.93	43.90	43.88	43.86	43.76
挖深（-）	2.50	2.33	1.25		1.08	0.51	0.94	1.27
填高（+）				0.93				

图 14-5　渠道纵断面图

（1）桩号。自左向右按规定的水平距离比例尺标注各中线桩的桩号。桩号的标注位置表示了纵断面图上各中线桩的横坐标位置。

（2）设计渠底线。在所绘出的地面线基础上根据渠道起点底板高程和渠道比降设计渠底线。

（3）地面高程。按纵断面水准测量成果填写相应里程桩的地面高程。

（4）渠底设计高程。当渠道比降由设计确定以后，即可根据渠底设计坡度 $i_{设计}$、渠道起点（0＋000）底板设计高程 $H_起$ 和某桩点 A 离起点的水平距离 $D_{起-A}$，按下式推算出点 A 的设计高程 $H_{A设计}$

$$H_{A设计}＝H_起＋i_{设计}D_{起-A}$$

（5）挖填尺寸。同一桩号的设计高程与地面高程之差（$h＝H_{设计}－H_{地面}$），即为该桩号填土高度（＋）或挖土深度（－）。

第四节 横 断 面 测 量

横断面测量的任务是在各中线桩处测定垂直于中线方向的地面起伏变化情况，然后绘成横断面图。横断面图是渠道断面设计、土石方等工程量计算和施工时确定断面填挖边界的依据。横断面测量的宽度，应根据渠道大小、中线桩挖、填高度、地形变化情况及有关工程的特殊要求而定，一般以能在横断面图上套绘出设计横断面为准，并留有余地。对于地面点间的距离和高差的测定，一般只需分别精确到 0.1m 和 0.05m 即可满足要求。因此，横断面测量多采用简易的测量工具和方法，以提高工效。

一、测设横断面方向

直线段上的横断面方向是与中线相垂直的方向。曲线段上的横断面方向是与曲线的切线相垂直的方向。通常可用十字架（图 14－6）或经纬仪来测定横断面的方向。

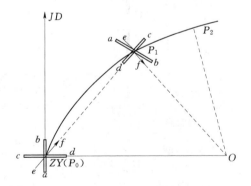

图 14－6 十字架　　　　　　　图 14－7 圆曲线上标定横断面

（一）中线为直线时横断面方向的测定

（1）十字架法。如图 14－7 所示，将十字架立于要测定横断面的中线桩上，用其中一方向瞄准该点的前方或后方一中线桩，则十字架的另一方向即为测点的横断面方向。

（2）经纬仪法。在需测定横断面的中线桩上安置经纬仪，瞄准中线方向，测设 90°角，则得横断面方向。

（二）中线为圆曲线时横断面方向的测定

（1）十字架法。圆曲线段横断面方向为过桩点指向圆心的半径方向，如图 14-8 所示。测定时，通常用带活动方向杆（图 14-6）的方向架进行，将十字架立于圆曲线起点 ZY 点（即 P_0 点），用固定指标杆 ab 所指方向为 ZY 点的切线方向，然后用活动指标杆 ef 瞄准圆曲线上另一中线桩点 P_1，固紧定向杆 ef。将十字架移至 P_1 点，用 cd 瞄准 ZY 点，由图可看出 $\angle P_1 P_0 O = \angle O P_1 P_0$，则 ef 方向即为 P_1 点的横断面方向。为了测定 P_2 点处横断面方向，方向架仍在 P_1 点，与在 ZY 点一样，用 cd 对准 $P_1 O$ 方向，松开 ef 的固定螺丝，转动 ef 瞄准 P_2 点，再固紧定向杆 ef，然后将方向架移至 P_2 点，用 cd 方向瞄准 P_1 点，则 ef 方向即为 P_2 点处横断面方向。用同样的方法可定出圆曲线上任意一点的横断面方向。

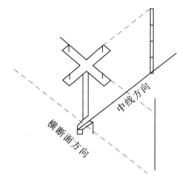

图 14-8　十字架标定横断面

（2）经纬仪法。在圆曲线起点 ZY 点安置经纬仪，后视 JD 点，测设 90°角，则得 P_0 点的横断面方向，然后测出水平角 $\angle P_1 P_0 O$ 的值，然后将仪器搬于 P_1 点，测水平角 $\angle P_0 P_1 O = \angle P_1 P_0 O$，则得 P_1 点处横断面方向。同样方法可测出 P_2 点的横断面方向。用经纬仪测量时，可只用盘左或盘右一个位置施测。

二、测定横断面上点位和高差

横断面上中线桩的地面高程已在纵断面测量时测出，只要测量出各地形特征点相对于中线桩的平距和高差，就可以确定其点位和高程。测量时以中心桩为零起算，面向渠道下游分为左、右侧。

（一）水准仪法

施测时，在适当地点安置水准仪，以立于中线桩处水准尺为后视，求得视线高程，再分别在横断面方向的坡度变化点上立水准尺，视线高程减去诸前视点读数，即得各测点高程。用钢尺或皮尺分别量得点间的平距。

（二）经线仪法

在地形复杂、量距离及测高差困难时，将经纬仪安置在中线桩上，用视距法测出横断面方向上各坡度变化点至中线桩间的水平距离和高差。

三、横断面图的绘制

横断面图以水平距离为横轴、高差为纵轴绘制在毫米方格纸上。为了计算方便，水平距离和高差的比例尺一致，一般取 1:100 或 1:200，小型渠道也可采用 1:50 的比例尺。绘制时，先在方格纸适当位置定出中线桩点位，由中线桩开始，逐一将各坡度变化特征点展绘在图纸上，用细线连接相邻点，即绘出横断面的地面线。图 14-9 为在横断面图上套绘

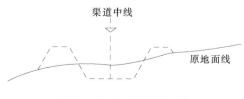

图 14-9　横断面图绘制

有渠道设计断面的横断面图。由于横断面图数量较多，为了节约纸张也为了使用方便，在一张方格纸上往往要绘许多个，必须依照桩号顺序从上而下，从左至右排列，同一纵列的各横断面中心桩应在一条直线上，彼此之间隔开一定距离。

第五节 土 方 量 计 算

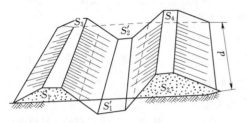

图 14-10 平均断面法计算土方

为了确定工程投资和合理安排劳动力，在渠道工程设计和施工中，均需计算渠道开挖和填筑的土方量。土方量的计算，通常采用平均断面法，先在已绘制的横断面图上套绘出渠道设计横断面，分别计算其挖、填面积，然后根据相邻断面的挖填面积和距离，计算出挖填土方量。

如图 14-10 所示，假设相邻两断面的挖方（或填方）面积分别为 S_1、A_2，两个断面（中心桩）的间距为 D（50m），土方量计算以公式表示为

$$V = 1/2(A_1 + A_2)D$$

具体计算土方量时，可按以下步骤进行。

一、确定断面的挖填范围

确定挖填范围的方法是在各实测的横断面图上套绘出设计的渠道标准横断面。为此应根据里程桩和加桩的挖深或填高（从纵断面图上查取），在实测横断面图上以与其相同的比例尺标出渠底中心点的设计位置，再根据渠底宽度、边坡坡度、渠深和渠堤宽度等尺寸画出设计的渠道横断面，渠道的设计断面线与原地面线所围成的范围即为断面的挖填范围，如图 14-10 所示。为了简便快速地进行套绘，实际操作时，可将设计的标准横断面按与实测断面图相同的比例尺制作成一块模板或绘制在透明纸上，然后在实测横断面图的挖深或填高位置上安置模板套绘出标准横断面，这一工作俗称为"戴帽子"。

二、计算断面的挖填面积

计算挖填面积的常用方法见第十章。

有条件时可利用计算机成图软件（如 AutoCAD，北京市测绘院研制的 DGJ 系统，南方测绘公司研制的 CASS 系统，瑞得公司研制的 RPMS 系统，清华山维公司研制的 EPSW 系统，广州开思创力公司研制的 SCS 系统等）的面积、体积计算功能直接求出断面的面积或渠道的挖填土方量，其优点是速度快、精度高。

三、计算土方量

土方计算采用"渠道土方量计算表"（表 14-2），逐项填写和计算。表中各中心桩的挖填数据从纵断面图上查取，各断面的挖填面积从横断面图上量算，然后根据公式即可求得相邻中心桩之间的土方量。

表 14-2   渠 道 土 方 量 计 算 表

桩号	中心桩		断面面积（m²）		平均面积（m²）		两桩间距（m）	土方量（m³）		备注
	挖深（m）	填高（m）	挖	填	挖	填		挖方	填方	
0+000	2.50		10.12	2.16						
					10.26	2.08	50	512.5	104.4	
0+050	2.33		10.40	2.01						
					9.03	3.57	50	451.5	178.5	
0+100	1.55		7.66	5.13						
					3.83	8.82	50	191.5	442.5	
0+150		0.93	0	12.51						
					2.64	8.63	25	66.0	215.8	
0+175	1.08		5.28	4.75						
					4.57	5.36	25	114.2	134.0	
0+200	0.51		3.86	5.98						
					2.28	6.25	25	57.0	156.2	
0+225	0.94		0.71	6.52						
					3.51	8.86	100	351.0	886.0	
0+325	1.27		6.31	4.68						
					...	...				
...	...	...	...	...						
					...	...				
1+150	2.10		9.10	3.11						
合计								8865.0	5706.0	

如果相邻两断面既有挖方又有填方时，应分别计算挖方量和填方量。

如果相邻两横断面的中心桩，一个为挖深，另一个为填高，则中间必有一个不挖不填的"零点"，即纵断面图上地面线与渠底设计线的交点，可以从图上量取，也可依比例关系求得。由于零点是渠底中心线上不挖不填的点，而该点处横断面的挖方面积和填方面积不一定都为零，因此，必须到实地补测该点处的横断面图，将这两个中心桩间的土方量分成两段进行计算，以提高土方量计算的准确度。

最后，对计算出的所有相邻两断面间的土方量进行求和，即得出整段渠道的土方总挖方量和填方量。

第六节　渠 道 边 坡 放 样

渠道施工前，首先要在现场进行边坡放样，其主要任务是在每个里程桩和加桩的位置将设计的渠道横断面线与原地面的交点标定出来，并标出开挖线、填筑线以便施工。渠道边坡放样的主要工作包括恢复中线、测设施工控制桩、放样边坡桩等内容。

一、恢复中线

渠道工程从勘测到设计再到施工需要一段较长的时间，在这段时间里，原来的中心桩有的已丢失，有的已腐烂，有的遭到人为破坏其位置发生了变化，所以施工前必须按设计文件进行中线恢复测量，确保渠道中心线位置准确无误，恢复中心桩采用的方法要根据勘测设计单位移交的资料和现场控制点保留的状况来选择，一般来说与中线测量方法相似，对发现有疑问的中心桩，也可以根据附近的中心桩进行检测，以校核其位置的正确性。然后，将纵断面上所计算各中心桩的挖深和填高值，分别用红油漆写在中心桩上。与此同时，应对水准点进行校核，确保高程无误，为了施工的需要，还应增设一些施工水准点，这些施工水准点也可用下面要讲的施工控制桩来代替。

二、施工控制桩的测设

在渠道施工开挖填土过程中，渠道中心桩将要被挖掉或填埋，为了在施工中能控制中线位置和为以后测绘竣工图提供方便，需在渠道施工范围以外、不受施工破坏干扰、便于保存引用的地方，测设施工控制桩，测设的方法一般根据现场控制点保留的状况和地貌地物特征等情况灵活选择，施工控制桩布设的密度无严格规定，在直线段且通视良好的地段一般布设两个以上的点就可以了，在曲线段或通视困难的地段可适当多布设一些点，总体上来讲，以能够满足恢复中心线位置为原则。

渠道的横断面型式有三种：一是纯挖方断面（当挖深达到 5m 时应修加平台）（图14-11）；二是纯填方断面（图 14-12）；三是半挖半填方断面（图 14-13）。

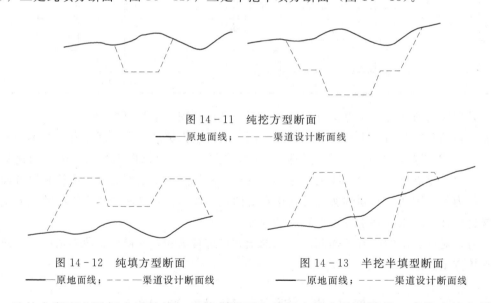

图 14-11 纯挖方型断面

——原地面线；- - - -渠道设计断面线

图 14-12 纯填方型断面
——原地面线；- - - -渠道设计断面线

图 14-13 半挖半填型断面
——原地面线；- - - -渠道设计断面线

纯挖方断面上需标出开挖线，纯填方断面上需标出填方的坡脚线，半挖半填方断面上

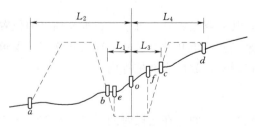

图 14-14 边坡桩放样示意图

既有开挖线也有填土线，这些挖、填线在每个断面处是用边坡桩标定的。边坡桩就是在设计横断面与原地面线交点处钉的桩（如图 14-14 中 a、b、c、d 等点处钉的木桩），在实地用木桩标定边坡桩的工作称为边坡放样。边坡桩的位置与渠道的挖土深度、填土高度、边坡坡度及中线桩位置的地形情况有关。

表内的地面高程、渠底高程、中心桩的挖深或填高等数据从纵断面图上查取；渠堤的堤顶高程为设计的水深、超高与渠底高程三者之合；左（内、外）、右（内、外）边坡桩距中心桩的水平距离等数据在横断面图上直接量取。

实地放样时，先在中心桩上用十字形方向架定出横断面方向，然后根据放样数据，在横断面方向上将边坡桩标定在地面上。如图 14-14 所示，以中心桩 o 为起始点，沿左侧方向量取 L_1 得左内边坡桩 b，量取 L_2 得左外边坡桩 a，量取 1/2 渠底宽度得渠底左边线桩 e，再沿右侧方向量取 L_3 得右内边坡桩 c，量取 L_4 得右外边坡桩 d，量取 1/2 渠底宽度得渠底右边线桩 f，在 a、b、c、d、e、f 处分别打下木桩，即为中心桩 o 左右两侧的开挖、填筑界线的标志和渠底边线标志。将各横断面处相应的边坡桩、渠底边线桩相连接，洒上白灰线，即为渠道的开挖线、填筑线和渠底边线。

表 14-3　　　　　　　　　　　渠道施工断面放样数据表　　　　　　　　　单位：m

桩号	地面高程	设计高程		中心桩		中心桩至边坡桩的距离				备注
		渠底	堤顶	挖深	填高	左外	左内	右内	右外	
0+000	46.58	44.08	46.58	2.50		7.45	2.68	4.41	6.50	
0+050	46.36	44.03	46.53	2.33		6.94	2.91	3.872	5.98	
0+100	45.53	43.98	46.48	0.55		5.53	1.90	2.46	4.27	
⋮	⋮	⋮	⋮	⋮	⋮	⋮	⋮	⋮	⋮	

三、验收测量

为了保证渠道的修建质量，在渠道修建过程中应经常进行检测，对已完工的渠道应及时进行检测和验收测量。

渠道的验收和检测，通常是用水准测量的方法进行，检测的主要内容是渠底高程、渠堤的堤顶高程、边坡坡度、中心线位置等，以保证建成的渠道符合设计要求。

思 考 与 练 习

1. 渠道测量包括哪些工作内容？

2. 渠道选线测量的任务是什么？其主要步骤有哪些？

3. 盘山渠道中线测量是如何进行的？怎样确定渠线的高程位置？

4. 渠道纵断面测量的目的是什么？有哪些工作内容？

5. 如何绘制纵断面图？

6. 施测渠道横断面图通常有哪些方法？怎样进行？

7. 完成纵断面测量记录表表 14-4 的计算，并按距离比例尺 1:1000，高程比例尺 1:100 在毫米方格纸上绘出纵断面图，0+000 的渠道底板设计高程为 34.17m，标出地面线和渠底设计坡度为 -2.0% 的渠底设计线，并在渠道纵断面图上注明有关数据。

表 14 - 4 纵 断 面 测 量 记 录 表

测站	测点	水 准 尺 读 数（m）			视线高程 H_i（m）	高程 H（m）	备注
		后视 a	间视 c	前视 b			
1	BM_4	1.432				36.425	
	0+000		1.59				
	0+020		2.05				
	0+040		2.64				
	0+060		2.00				
	0+080			2.011			
2	0+080	1.651					
	0+100		1.13				

第十五章 线路工程测量

第一节 概　　述

　　"线路"是道路、给水、排水、输电、电信、各种工业管道及桥涵等的总称。随着经济的发展，城市的不断扩大，城市建设中的线路工程也要不断地进行发展建设。这些线路工程的测量工作主要分以下两阶段内容：

　　(1) 在勘测设计阶段，线路工程测量的主要内容有中线测量，纵、横断面测量，带状地形测量等，主要目的是为设计提供必要的基础资料。

　　(2) 在施工管理阶段的线路测量工作又称线路工程施工测量。主要内容有测设各种线路的中线和高程位置。目的是保证各种线路工程的位置和相互关系的准确性。

　　线路工程测量的精度应以满足设计和施工需要为准。对于不同性质的工程，其施工精度要求是不同的。因工程情况和施工方法不同，各种线路工程施工的测量内容也不相同，施工测量方法可以根据现场条件灵活运用。

一、线路工程测量的任务和内容

　　线路工程测量的主要任务，一是为工程项目方案选择、立项决策、设计等提供地形图、断面图及其相关数据资料；二是按设计要求提供点、线、面指导施工进行施工测量以及编制竣工图的竣工测量，例如线路中线的标定、地下建筑贯通测量等；三是为保证施工质量、安全以及运营过程中的管理，需对工程项目或构筑物进行施工监测和变形测量。

　　线路工程测量的主要内容包括中线测量（包括曲线测设），带状地形图测绘，纵、横断面测量，土石方工程测量计算和施工测量。线路工程测量包括以下工作：

　　(1) 项目区域各种比例尺地形图、平面图和断面图，沿线水文与地质以及控制点等数据。

　　(2) 根据工程要求，利用已有地形图，结合现场实际勘察，在地形图上规划或确定线路走向，进行方案比较，编制项目可行性论证书和设计方案拟订。

　　(3) 根据设计方案在实地标定线路的基本走向，并沿基本走向进行平面与高程控制测量，必要时，根据工程建设需要，测绘比例尺合适的带状地形图或平面图，典型结构物（如特大桥梁、服务设施等）等的局部大比例尺地形或平面图，为初步设计提供数据。

　　(4) 根据批准的方案进行实地定线，进行中线测量、纵横断面测量，绘制纵横断面图，为施工图设计提供数据。

　　(5) 根据施工详图及设计要求进行施工测量和施工监测，指导现场施工；竣工后进行竣工测量，编制竣工图。

（6）根据建设项目的营运安全需要，对特殊工程进行变形观测。

二、线路工程测量的特点和基本程序

根据线路工程的作业内容，线路工程测量具有全局性、阶段性和渐近性的特点。全局性是指测量工作贯穿于线路工程建设的全过程。例如公路工程从项目立项、决策、勘测设计、施工、竣工图编制、营运监测等都需进行必要的测量工作。阶段性体现了测量技术的自我特点，在不同的实施阶段，所进行的测量工作内容与要求也不同，并要反复进行，而且各阶段之间测量工作不连续。渐近性说明了线路工程测量在项目建设的全过程中，历经由粗到细、由高到低的过程。线路工程项目高标准、高质量、低投资、高效益目标的实现，必须是严肃、认真、全面的勘察，科学、合理、经济、完美的设计，精心、高质的施工等的有机结合。因此测量工作必须遵循"由高级到低级"的原则，既按渐进的规律，也必须顾及到典型结构物对测量的特殊要求。

线路工程的勘测设计一般采用初步和施工图两阶段设计。对任务紧迫、方案明确、技术要求低的线路，也可采用一阶段设计。

为初步设计提供图件和数据所进行的测量工作称为初测，为施工图设计提供图件和数据所进行的测量工作称为定测。初测是根据初步提出的各个线路方案，对地形、地质及水文等进行较为详细地勘察与测量，为线路的初步设计（方案比较、项目可行性论证、立项决策等）提供必要的地形数据。初测的外业工作主要是对所选定的线路进行控制测量和测绘线路大比例尺带状地形图。对于某些线路工程也可采用一阶段直接现场定线，测定各中桩的位置。定测是把初步设计的线路位置在实地定线，同时结合现场的实际情况调整线路的位置，并为施工图设计收集数据。定测工作包括中线测量和纵横断面测量等。

第二节　线　路　初　测

一、初测阶段的任务

初测阶段的任务是：对纸上选定的多条线路，编制比较方案，结合现场情况选定一条最有价值的路线，沿路线可能经过的范围内布设导线，测量路线带状地形图和纵断面图，收集沿线地质、水文等资料，作纸上定线及现场定线，为初步设计提供依据。

二、线路初测工作内容

线路初测阶段的内容包括插大旗、导线测量、高程测量、测绘带状地形图等。

（一）选点插旗（插大旗）

将在中、小比例尺地形图上设计的线路位置大概地在地面上标定出转折点的位置和线路的走向，并打桩插旗标定点位，为导线测量及各专业调查指出行进方向。大旗点的选定，一方面要考虑线路的基本方向，另一方面要考虑到导线测量、地形测量的要求，因为一般情况下，大旗点亦为导线点，故要顾及便于测角、量距及地形测绘。

（二）导线测量

1. 导线点的布设

初测导线是测绘线路带状地形图和定测放线的基础，导线的选点工作是在插大旗的基础上进行的，采用符合导线的形式，导线点位尽可能接近线路中线位置。导线点布设时应注意以下几点要求：

（1）尽量接近线路中线的位置。

（2）地质条件稳固，便于保存，不易被破坏。

（3）视线通视，视野开阔，便于测量。

（4）导线点间的距离以大于 50m、小于 400m 为宜。采用电磁波测距仪测距时，导线点之间的距离不受限制。但为测图应用方便，应在导线边上加设转点，转点间的距离应不大于 500m。

（5）相邻边长尽量不使其长短相差悬殊。

（6）导线点应均匀分布在测区，便于控制整个测区。

导线点转点应钉设控制桩和标志桩。导线点的编号：自起点顺序编写，点号之前冠以"C"字。如"C5"，则表示 5 号初测导线点。假定该点离开线路起点的距离为 3570.66m，则应写为 $CK3+570.66$。"CK"表示初测里程，C 是"初"字汉语拼音的声母。

现在随着新型测量仪器的出现和普及，在线路平面控制测量中，改变了依赖常规测量仪器的情况，在初测导线测量中，GPS 和全站仪配合量测，得到越来越多的使用。从起点到终点，每隔 5km 左右 GPS 对点，在 GPS 对点之间按规范要求加密导线点，相邻导线点间的边长和角度由全站仪测量，然后使用测量软件进行导线精度校核及成果计算，得到各初测导线点的坐标。

2. 导线的施测

（1）水平角测量及其精度。水平角观测：按 GB 50026—93《工程测量规范》规定进行，使用 J₂、J₆ 经纬仪或精度相同的全站仪观测一个测回，用测回法测角，两半测回之间角度较差在 $\pm15''$（DJ₂）或 $\pm30''$（DJ₆）以内时，取平均数作为观测结果。

（2）导线边长的量测与精度。导线边长的量测方法已在有关章中叙及，量测时，初测导线边长的精度按 GB 50026—93《工程测量规范》要求进行。若采用钢尺量距时相对误差为

$$K=\frac{\left|D_{往}-D_{返}\right|}{\dfrac{\left|D_{往}+D_{返}\right|}{2}}\leqslant\frac{1}{2000} \tag{15-1}$$

若采用光电测距仪限差为

$$\Delta_{限}=2\sqrt{2}m_D \tag{15-2}$$

式中：m_D 为仪器标称精度。

3. 导线的联测与检核

联测：由于初测导线延伸很长，为了检核导线的精度并取得统一坐标必须与平面控制点或 GPS 点进行联测。一般要求在导线的起点、终点及每延伸不远于 30km 处联测一次。

（1）两端与国家控制点联测。

1）方位角闭合差。图 15-1 中，M、N、P、Q 为国家平面控制点。1—2—3—4—5

为一附合导线，已知 β_1，β_2，…，β_5，D_1，D_2，…，D_4。它必须满足两个条件：一个是方位角条件，即根据起始边的方位角和观测角，推算出终边的方位角，应与已知终边方位角相等；另一个是坐标条件，即由起始点的已知坐标，经过各边、角推算出终点的坐标，应与已知终点的坐标一致。

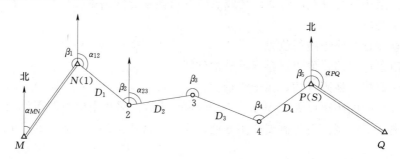

图 15-1 初测附合导线

由于测角误差的存在，推算出的终边方位角 $\alpha_{终}$，往往不等于终边已知方位角 $\alpha_{终}$，其差值称为附合导线角度（或方位角）闭合差，其计算公式为

$$f_\beta = \alpha'_终 - \alpha_终 = \sum\beta_测 - (\alpha_终 - \alpha_始) + n \times 180° \tag{15-3}$$

2）导线全长闭合差。附合导线所需已知控制点多，不会出现假附合现象，所算得坐标较可靠。附合导线坐标增量闭合差

$$\left.\begin{array}{l} f_x = \sum\Delta X_测 - (X_终 - X_始) \\ f_y = \sum\Delta Y_测 - (Y_终 - Y_始) \end{array}\right\} \tag{15-4}$$

导线全长闭合差 f_D 为

$$f_D = \sqrt{f_x^2 + f_y^2} \tag{15-5}$$

f_D 与导线全长 $\sum D$ 之比值 K，表示导线全长相对闭合差，用来衡量导线的精度，即

$$K = \frac{f_D}{\sum D} = \frac{1}{\sum D / f_D} = \frac{1}{N} \tag{15-6}$$

（2）两端测真北方位角。

1）方位角闭合差。当与国家平面控制点联测困难时，应在导线的起点、终点和不远于 30km 的导线点上用天文测量方法或陀螺经纬仪法，测定导线边的真北方位角，以控制角度误差的积累。

如图 15-2 所示，在导线点 M 上测得的 $M1$ 边的真北方位角为 A_{M1}，在导线点 P 上测得的 PQ 边的真北方位角为 A_{PQ}，它们分别是根据 M 点和 P 点上的真北方向测定的。

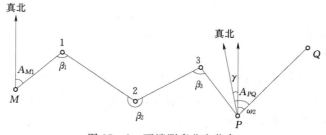

图 15-2 两端测真北方位角

推算 PQ 边的坐标方位角

$$\alpha'_{PQ} = A_{M1} + (n+1) \times 180° - \sum_{1}^{n+1} \beta_i \qquad (15-7)$$

PQ 边上的计算真方位角 A'_{PQ}

$$\left. \begin{array}{l} A'_{PQ} = \alpha'_{PQ} \pm \gamma = A_{M1} + (n+1) \times 180° - \sum_{1}^{n+1} \beta_i \pm \gamma \\ \\ \gamma = (\lambda_P - \lambda_M) \sin\phi \end{array} \right\} \qquad (15-8)$$

式中：γ 为子午线收敛角（当 P 点在 M 点之东时，γ 取正号；反之，取负号）；ϕ 为 A、B 两点的平均纬度；λ_M 为 M 点的经度；λ_P 为 P 点的经度。

角度闭合差为

$$f_\beta = A'_{PQ} - A_{PQ} = A_{M1} + (n+1) \times 180° - \sum_{1}^{n+1} \beta_i \pm \gamma - A_{PQ} \qquad (15-9)$$

对于只有方向控制的导线，方位角的闭合差不得超过 $\pm 30'' \sqrt{n+10}$，若线路导线已与国家平面控制点联测构成附合导线时，其方位角的闭合差不应超过 $\pm 40'' \sqrt{n}$。

注意：初测导线与国家控制点联测时，有时导线点与联测的国家控制点会处于两个投影带中，因而必须先将邻带的坐标换算为同一带的坐标才能进行检核。它包括 6°带与 6°带的坐标互换、6°带与 3°带的坐标互换等，因此在与国家控制点联测进行检核时，要检查控制点与检核线路的起算点是否处于同一投影带内，否则应先换带计算然后进行检核计算。

2）导线的两化改正。国家控制点一般采用高斯坐标，当初测导线与国家控制点联测进行坐标检核时，应首先将导线测量成果（地球自然表面）化算到大地水准面上，然后再归化到高斯投影面上，才能与国家控制点坐标进行比较检核，这项工作称为导线的两化改正。内容如下：将坐标增量的总和改化至大地水准面上，将大地水准面上的坐标增量的总和化算至高斯投影面上。

（三）高程测量

初测阶段高程测量的任务：一是设置沿线水准基点，建立高程控制系统；二是测定导线点和加桩的高程，为地形图测绘提供资料。

1. 水准点高程测量

水准点布置时应满足以下几点要求：

（1）水准点应沿线路布设，做到方便实用，利于保存。

（2）一般地段每隔约 2km 设置一个水准点，工程复杂地段每隔约 1km 就应设置一个水准点。

（3）水准点最好设在距线路中心线 100m 范围内。

（4）水准点宜设在基岩上、坚固稳定的建筑物上或埋设混凝土桩。

（5）应与国家水准点或相当于国家等级水准点联测；路线长度应不远于 30km 联测一次，形成附合水准路线，符合路线闭合差不大于 $\pm 30 \sqrt{L}$，以检验测量成果并进行闭合差调整。

水准仪精度不应低于 S_3 级，所用的水准尺宜使用整体式板尺，避免使用塔尺，其分划线应经过检定，每米平均分划线真长与名义长度之差不得超过 0.5mm，水准测量精度满足五等水准测量要求。

水准测量方法：采用一组往返或两台水准仪并测的方法，导线点应作为高程转点，高程转点之间及转点与水准点之间的距离和竖直角必须往返观测，尺读数估至 mm，高差互差值在允许范围内时，即不大于符合路线闭合差 $\pm 30\sqrt{K}$ 取其平均值。

注意事项：

（1）测量应在成像清晰、稳定的时间内进行。

（2）前、后视距离应尽量相等，如一个测站因条件限制，造成前后视距离相差较大，则应在以后的测站中予以补偿。

（3）一般情况下，视线长度不应大于 150m。但在跨越河流、深谷时，视线长度可增长至 200m。

采用光电测距三角高程测量时，可与平面导线测量合并进行，即导线边长测量、水准点高程测量和中桩高程测量一次完成，应尽可能缩短往返测量的时间间隔，往返观测的平均高差可以削减大地折光系数 K 对高差的影响，但无法完全抵消。力求使往返测在同一气象条件（温度、湿度及大气压力等）下完成，使 K 值的变化达到最小。

2. 中桩高程测量

中桩水准测量在水准点水准测量完成后进行。所用水准仪应不低于 S_{10} 级。从已经设置的水准基点开始，沿导线进行中桩水准测量，最后附合于相邻的另一个水准点上，形成附合水准路线，符合路线闭合差不大于 $\pm 50\sqrt{L}$（mm）。符合中桩水准测量应把导线点作为高程转点，高程取位至 mm，中桩高程取位至 cm。

中桩高程测量也可用光电测距三角高程测量进行，是与导线边长测量、水准点高程测量同时完成的。为满足往返测"宜在同一气象条件下完成"的要求，要尽可能地缩短往返测的间隔时间；光电测距三角高程测量时只需单向测量即可。考虑到上述两种情况中桩高程测量宜在水准点高程测量的返测后进行。中桩光电测距三角高程测量应满足有关要求，符合路线闭合差不大于 $\pm 50\sqrt{L}$（mm）。其中距离和竖直角可单向正镜观测两次（两次之间应改变反射镜高度），也可单向观测一测回。两次或半测回之差在限差以内时取平均值。若单独进行中桩光电测距三角高程测量时，其高程路线应起闭于水准点。把导线点作为高程转点，高程转点间的竖直角，可用中丝法往返观测一测回，中桩高程测量应满足相关要求。

（四）地形图测绘

在平面导线测量、高程测量完成后可进行地形图的测绘，按勘测设计的要求，根据实际需要，选用比例尺为 1：500、1：1000、1：2000、1：5000、1：10000 的带状地形图进行测绘。地形图测绘是以导线作为平面控制、已知高程的导线点及水准点作为高程控制进行的。

第三节 线 路 定 测

一、中线测量

(一) 交点的测设

线路的平面线型是由直线和曲线组成的。将直线和曲线的中心线（中线）标定在实地上，并测出其里程，所进行的测量工作称为线路中线测量。其主要内容有交点（JD）与转点（ZD）测设、距离和转角测量、曲线测设、中桩设置等，如图 15-3 所示。线路中线两相邻直线段延长线的相交点称为线路的交点，用 JD 表示。交点与线路的起、终点确定了线路的位置和走向，为详细测设线路中线的控制点。在线路勘测中，要根据线路的等级、技术要求、水文地质条件以及实际地形与环境因素等确定交点，以选择经济、合理的线路平面布置方案。该项工作称为定线。

图 15-3 线路中线

确定交点的情况有两种：一是通过图上选线后，量测出图上交点的坐标或相关数据，然后通过测量手段在实地标定；二是现场选线定位，属于线路勘测设计的内容。本节介绍图上设计线路的交点测设到实地上的交会法、穿线交点法、拨角放线法、解析法。

1. 交会法

如图 15-4 所示，JD_{12} 已在地形图上选定，可先在图上量测出建筑物两角点和电线杆的距离 26.71m、10.02m，在现场依据相应的地物点，用距离交会法测设出 JD_{12}。

2. 穿线交点法

以带状地形图上附近的导线点为依据，按照地形图上设计的路线与导线点间的角度和距离关系，

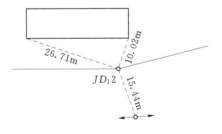

图 15-4 交会法测设交点

将线路直线段测设到地上，相邻两直线段延长线相交的点，即为交点。

如图 15-5 所示，设 P_i 为直线段上要测定的临时点，1、2、3、4 为附近的导线点。以导线边的垂线 l_i 与线段相交用支距法标定 P_i 称为放点。先在图上量测支距 l_i，而后在现场以相应的导线点为垂足，用经纬仪或方向架和卷尺，按支距法测设 P_i。

如图 15-6 所示，P_i 为图上用极坐标法定出的直线段上临时点。首先在图上用量角器或六分仪和比例尺分别量测出水平角 β_i 和支距 l_i。实地放点时，分别在导线点 i 设站，

用经纬仪和钢尺按极坐标法定出各点的位置。

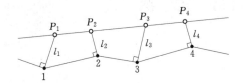

图 15-5 支距法放点

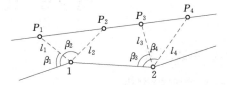

图 15-6 极坐标法放点

为了检查和比较，一条直线至少应放出 3 个以上的临时点，这些点应选在地势较高、通视良好、离导线点较近、便于测设的地方。

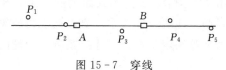

图 15-7 穿线

理论上讲，上述各线段上所放临时点应在同一直线，由于图解数据和测设误差的影响，实际所放各点并不会在一条直线上，如图 15-7 所示。这时可根据现场实际，采用目估法或经纬仪视准法穿线，经过比较与选择，使定出的直线为尽可能多地穿过或靠近临时点的直线 AB。最后在 A、B 或 AB 方向线打下两个以上的转点桩（ZD），确定直线后取消临时桩点。这一工作称为穿线。

如图 15-8 所示，当相邻两直线 AB 和 CD 测设于实地后，即可延长直线交会定交点，称为交点。将经纬仪安置在 ZD_2，后视 ZD_1 点，倒镜后沿视线方向在交点 JD 概略位置前后各打下一个木桩（称骑马桩），采用盘左盘右分中法，定出 a、b 两点；仪器移至 ZD_3，后视 ZD_4，同法定出 c、d 两点。沿 a、b 和 c、d 挂上细线，在两线交点处打下木桩，并钉上小钉，即为交点 JD。

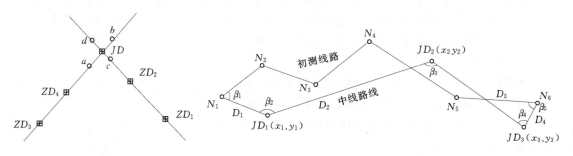

图 15-8 交点

图 15-9 拨角放线

3. 拨角放线法

根据在图上量测的交点和导线点坐标，反标出相邻交点间的距离 D_{ij} 和中线方位角 α_{ij}，计算出 JD 的转角 α_z 或 α_y。而后在实地将经纬仪安置于中线起点或已确定的交点上，现场直接拨转角 α_z 或 α_y，测定交点间的距离 D_{ij}，定出交点的位置。如图 15-9 所示，N_i 为导线点，在 N_1 安置经纬仪，拨角 β_1，量距离 D_1，定出交点 JD_1。在 JD_1 安置经纬仪，拨角 β_2，量距离 D_2，定出 JD_2。同法定出其他交点。

该方法实际上是极坐标法延伸测设交点，施测简便、工效高，适用于测量控制点较少的线路。缺点是放线误差容易累积，因此一般连续放出若干个点后应与导线点连测，求出方位角闭合差，方位角闭合差不超过 $\pm 30''\sqrt{n}$，长度相对闭合差应不超过 1/2000。亦可在导线点用图 15-4 的方法直接施放 JD，可减少误差累积。

4. 解析法

在图上量测出 JD 的坐标或在数字地形图上定线，由于 JD 和导线点的坐标均已知，可反算出导线点与线路交点的距离与方向，然后在实地把它们标定出来。亦可用全站仪直接采取坐标法施放交点，可大大提高放线效率。

（二）转点的测设

相邻两交点互不通视或直线较长，为便于量距、测角及定线，需在相邻交点的连线或延长线上设置若干点，这种点称为转点，用 ZD 表示。当两交点间能通视，可直接采用内外分点法加密转点。

1. 在两交点间设转点

如图 15-10 所示，JD_5、JD_6 不通视，ZD' 为初定转点。为检查 ZD' 是否在两交点的联机上，将经纬仪安置于 ZD'，用正倒镜分中法延长直线 JD_5、ZD' 至 JD_6'。设 JD_6' 至 JD_6 的偏距为 f，若 JD_6 允许移位，则以 JD_6' 代替 JD_6。否则，用视距法测定距离 a、b，则 ZD' 应横向移动的距离 e 按下式计算

$$e = \frac{a}{a+b} f \tag{15-10}$$

将 ZD' 横移 e 值至 ZD，再把经纬仪安置在 ZD，按上述方法进行检验施测，直到符合要求为止。

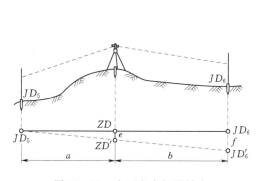

图 15-10 在两交点间设转点

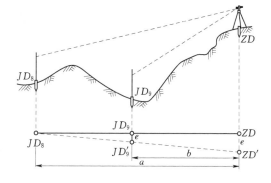

图 15-11 在延长线上设转点

2. 在两点交点延长线上设转点

如图 15-11 所示，JD_8、JD_9 不通视，ZD' 为延长线上的初定转点。将经纬仪安置于 ZD'，照准 JD_8，用正倒镜分中法定出 JD_9'。设 JD_9' 至 JD_9 的偏距为 f，若 JD_9 可以变动，则以 JD_9' 替换 JD_9。否则，用视距法测定距离 a、b，则 ZD' 应横向移动的距离 e 按下式计算

$$e = \frac{a}{a-b} f \tag{15-11}$$

将 ZD' 横移 e 值至 ZD，再将仪器置于 ZD，按上述方法检验施测，直至符合要求为止。

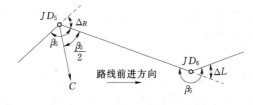

图 15-12 线路转角与分角线

（三）线路转角测定

线路从一个方向转向另一个方向时，其间的偏转角称为转角（或偏角），用 Δ 表示。通常是用 DJ_6 型经纬仪观测线路前进方向的右角 β 一个测回，较差满足规范规定后，再根据 β 算出 α。如图 15-12 所示，当 $\beta < 180°$ 时，线路右转，其转角为右转角，用 Δ_R 表示；当 $\beta > 180°$ 时，线路左转，其转角为左转角，用 Δ_L 表示。转角按下式计算

$$\left.\begin{aligned}\Delta_R &= 180° - \beta \\ \Delta_L &= \beta - 180°\end{aligned}\right\} \tag{15-12}$$

由于曲线中点 QZ 的测设需要，在测定右角 β 后，不变动水平度盘位置，测定 β 的分角线方向。如图 15-12 所示，设观测时后视水平度盘读数为 a，前视水平度盘数为 b，分角线方向的读数为 c，则

$$c = \frac{a - b \pm 360°}{2} \tag{15-13}$$

然后在分角线方向上定出 C 点并钉桩标定。若线路左转，分角线应水平度盘设置读数为 c 后，倒镜在线路左侧视线方向上标定 C，以便后序工作测设曲线中点。

（四）中桩设置

线路交点、转点测定之后，确定了线路的方向与位置，但仍不能满足线路设计和施工的需要，还需沿线路中线以一定距离在地面上设置一些桩来标定中心线位置和里程，称为线路中线桩，简称中桩。中桩分为控制桩、整桩和加桩，中桩是线路纵横断面测量和施工测量的依据。

控制桩是线路的重要点，它包括线路的起点、终点、转点、曲线主点和桥梁与隧道的端点等，目前采用的控制桩符号为汉语拼音标识。

整桩是由线路的起点开始，间隔规定的桩距 l_0 设置的中桩，l_0 对于直线段一般为 20m、40m 或 50m，曲线上根据曲线半径 R 选择，一般为 5m、10m、20m。百米桩、公里桩均为整桩。

加桩分为地形加桩、地物加桩、曲线加桩及关系加桩。地形加桩是在沿中线方向地形坡度变化点、地质不良段的起讫点等处设置的中桩。地物加桩是在中线上人工构筑物处（如桥梁、涵洞等），以及与其他线路（如管道、铁路、地下电缆和管线、输电线路等）的交叉处设置的中桩。曲线加桩是指除曲线主点以外设置的中桩。关系加桩是指表示 JD、ZD 和中桩位置的指示桩。

中桩应编号（称为桩号）后桩钉，其编号为该桩至线路起点的里程，所以又称里程桩。桩号的书写方式是"公里数＋不足公里的米数"，其前冠以 K（表示竣工后的连续里程）以及控制桩的点名缩写，线路起点桩号为 $K0+000$。如图 15-13 所示，$K1+234.56$ 表示该桩距线路起点 1234.56m。

中桩的设置是在线路中线标定的基础上进行的，由线路起点开始，用经纬仪定线，距

离测量可使用测距仪、全站仪或钢尺，低等级线路亦可用皮尺，边丈量直线边长边设置。钉桩时，对于控制桩均打下边长为 6cm 的方桩，桩顶距地面约 2cm，顶面钉一小钉表示点位，并在方桩一侧约 20cm 处用写明桩名和桩号的板桩（2.5cm×6cm）设置指示桩。其他中桩一律用板桩钉在点位上，高出地面约 15cm，露出桩号，桩号字面朝向线路起点。

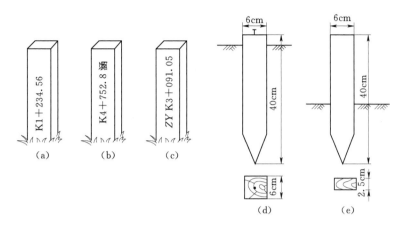

图 15-13　中桩及其桩号

二、线路的曲线及其测设

线路从一个方向转向另一个方向时，相邻直线的交点处必须设置曲线。根据线路技术等级要求和转角的大小，设置的曲线形式也不相同。最常用的平面曲线为单一半径的圆曲线，同一段曲线具有两个及其以上半径的同向曲线称为复曲线。车辆从直线段驶入曲线段后，会突然产生离心力，影响行车的舒适和安全。为了使离心力渐变而符合车辆的行驶轨迹，在直线与圆曲线间或两圆曲线间设置一段曲率半径渐变的曲线，这种曲线称为缓和曲线。缓和曲线可采用螺旋线（回旋曲线）、三次抛物线、双纽线等空间曲线来设置。在山区公路中，由于转角大，为便于线路展线还须设置回头曲线。本节着重讨论圆曲线、复曲线和缓和曲线的测设方法。

（一）圆曲线及其测设

圆曲线的测设分主点测设和详细测设。标定曲线起点（ZY）、曲线中点（QZ）、曲线终点（YZ）称为圆曲线的主点测设；在主点间按一定桩距施测加桩称为圆曲线的详细测设。

1. 圆曲线的主点测设

（1）圆曲线主点元素的计算。如图 15-14 所示，设线路交点的转角为 α，选线时确定的圆曲线半径为 R，则圆曲线主点元素可按下式计算

切线长 $$T = R\tan\frac{\alpha}{2} \tag{15-14}$$

曲线长 $$L = R\frac{\pi}{180°}\alpha \tag{15-15}$$

外矢距 $$E = R\left(\sec\frac{\alpha}{2} - 1\right) \tag{15-16}$$

切曲差 $$D=2T-L \qquad (15-17)$$

式中，T、E 用于主点测设，T、L、D 用于里程计算。主点元素 T、L、E、D 亦可以以 R、α 为引数，从曲线测设用表中查得。

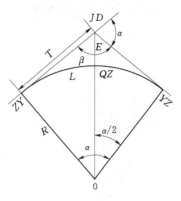

图 15-14 圆曲线主点元素

（2）主点桩号的计算。线路中线不经过交点，所以曲线上各桩的里程应沿曲线长度进行推算，主点里程计算如下。

$$ZY\,里程=JD\,里程-T$$
$$QZ\,里程=ZY\,里程+L/2$$
$$YZ\,里程=QZ\,里程+L/2$$
$$JD\,里程=QZ\,里程+D/2（检核）$$

但必须指出，上式仅为单个曲线主点里程计算。由于交点桩里程在线路中线测量时已由测定的 JD 间距离推定，所以从第二条曲线开始，其主点桩号计算应考虑前面曲线的切曲差 D，否则会导致线路断链。

【**例 15-1**】 如图 15-14 所示，设 JD 的里程桩号为 $0+256.54\mathrm{m}$，若转角 $\alpha=35°30'00''$，设计曲线半径 $R=100\mathrm{m}$，计算曲线要素及起点、终点桩号。

解：按式（15-14）～式（15-17）

切线长 $$T=100\tan\frac{35°30'00''}{2}=32.01\,（\mathrm{m}）$$

曲线长 $$L=100\,\frac{\pi}{180°}35°30'00''=61.96\,（\mathrm{m}）$$

外矢距 $$E=100\left(\sec\frac{35°30'00''}{2}-1\right)=5.00\,（\mathrm{m}）$$

切曲差 $$D=2\times32.01-61.96=2.06\,（\mathrm{m}）$$

曲线起点和终点桩号为

转折点 JD 的桩号=	$0+256.54$
一）切线长 T	32.01
曲线起点 ZY 桩号=	$0+224.53$
十）曲线长	61.96
曲线终点 YZ 的桩号=	$0+286.49$

（3）主点测设。将经纬仪安置在 JD 上，照准后视 JD 的方向，自 JD 沿视线方向量取切线长 T，桩钉曲线起点 ZY；再照准前视 JD 的方向，又沿视线方向量取切线长 T，桩钉曲线起点 YZ；然后沿分角线方向量取外矢距 E，桩钉曲线中点 QZ。

2. 圆曲线的详细测设

圆曲线主点测设完成后，曲线在地面上的位置就确定了。当地形变化较大、曲线较长（>40m）时，仅三个主点不能将圆曲线的线形准确地反映出来，也不能满足设计和施工的需要。因此必须在主点测设的基础上，按一定桩距 l_0 沿曲线设置里程桩和加桩。圆曲线上里程桩和加桩可按整桩号法（桩号为 l_0 的整倍数）或整桩距法（相邻桩间的弧长为 l_0）设置。曲线详细测设方法有多种，这里仅介绍常用的偏角法、切线支距法和极坐标法。

(1) 偏角法。偏角法是一种极坐标定点的方法，它利用偏角（弦切角）和弦长来测设圆曲线的细部点。此法应用广泛，尤其适合于地势不太平坦和视野开阔的地区。

1) 偏角和弦长的计算。如图 15-15 为了施工方便，可把各细部点里程凑整，这样曲线被分为首尾两段零头弧长 l_1、l_2 和中间几段相等的整弧长 l 之和，即 $L = l_1 + n_l + l_2$。在 [例 15-1] 中，若曲线上的整桩距为 10m，则第一个细部点桩号为 0+230，最末一个细部点桩号为 0+280，即 $l_1 = 230 - 224.53 = 5.47$ (m)，$l_2 = 286.49 - 280 = 6.49$ (m)。弧长 l_1、l_2 及 l 所对的相应圆心角为 φ_1、φ_2 及 φ，可按下列公式计算

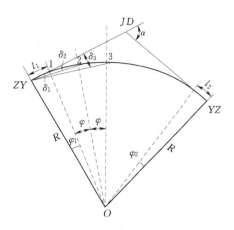

图 15-15 偏角法详细测设圆曲线

$$\left. \begin{array}{l} \varphi_1 = \dfrac{l_1}{R} \times \dfrac{180°}{\pi} \\[2mm] \varphi_2 = \dfrac{l_2}{R} \times \dfrac{180°}{\pi} \\[2mm] \varphi = \dfrac{l}{R} \times \dfrac{180°}{\pi} \end{array} \right\} \tag{15-18}$$

[例 15-1] 中，$\varphi_1 = 3°08'03''$，$\varphi_2 = 3°43'07''$，$\varphi = 5°43'46''$。

曲线上各细部点的偏角等于相应弧长所对圆心角的一半，为

$$\left. \begin{array}{l} \text{第 1 点的偏角 } \delta_1 = \dfrac{\varphi_1}{2} \\[2mm] \text{第 2 点的偏角 } \delta_2 = \dfrac{\varphi_1}{2} + \dfrac{\varphi}{2} \\[2mm] \text{第 3 点的偏角 } \delta_3 = \dfrac{\varphi_1}{2} + \dfrac{\varphi}{2} + \dfrac{\varphi}{2} = \dfrac{\varphi_1}{2} + \varphi \\[2mm] \vdots \\[2mm] \text{终点 } YZ \text{ 的偏角 } \delta = \dfrac{\varphi_1}{2} + \dfrac{\varphi}{2} + \cdots + \dfrac{\varphi_2}{2} = \dfrac{\alpha}{2} \end{array} \right\} \tag{15-19}$$

曲线上各细部点的偏角可列表备用。例中各桩的偏角见表 15-1 所列。

表 15-1　　　　　　　　　　　[例 15-1] 中各桩偏角值

桩号	0+230	0+240	0+250	0+260	0+270	0+280	0+286.489
偏角	1°34'02''	4°25'55''	7°17'48''	10°09'41''	13°01'34''	15°53'27''	17°45'00''
备注							$\alpha/2$

对应于弧长 l_1、l_2 及 l 的弦长 s_1、s_2、s 计算公式如下

$$s_1 = 2R\sin\frac{\varphi_1}{2}$$

$$s_2 = 2R\sin\frac{\varphi_2}{2}$$

$$s = 2R\sin\frac{\varphi}{2}$$

$$(15-20)$$

式中，$s_1 = 5.47\text{m}$，$s_2 = 6.49\text{m}$，$s = 10.00\text{m}$。

2）详细测设。将经纬仪安置在曲线起点 ZY 上，以 $0°00'00''$ 后视 JD，松开照准部，置水平读盘读数为 1 点之偏角值 δ_1，沿此方向用钢尺量取弦长 s_1，钉桩 1 点；继续将角拨至 2 点的偏角 δ_2，将钢尺零点对准 1 点，以弦长 s 为半径，把钢尺止于经纬仪方向线上，定出 2 点；再拨至 3 点的偏角 δ_3，钢尺零点对准 2 点，以弦长 s 为半径，把钢尺止于经纬仪方向线上，定出 3 点。同理可得其余各点。当拨至 $\alpha/2$ 时，视线应通过曲线终点 YZ，最后一个细部点至曲线终点的距离为 s_2，以资校准。

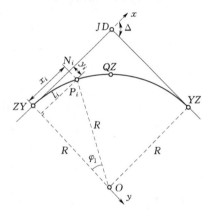

图 15-16 切线支距法详细测设圆曲线

（2）切线支距法。切线支距法是以曲线起点 ZY（或终点 YZ）为独立坐标系的原点，切线为 x 轴，过原点的半径方向为 y 轴，计算出曲线细部点 P_i 在独立坐标中的坐标 (x_i, y_i) 进行测设。该法适合于使用钢尺作为量距工具进行测设。图 15-16 标出了曲线起点 ZY 至曲线中点 QZ 的半条圆曲线上各点的直角坐标。另外半条圆曲线为曲线终点 YZ 至曲线中点 QZ 之间，测设方法相同。

1）测设数据计算。如图 15-16 所示，设 ZY 点至 P_i 点的弧长为 l_i，所对的圆心角为 φ_i，曲线半径为 R，则 x_i、y_i 的计算公式为

$$\varphi_i = \frac{l_i}{R} \times \frac{180}{\pi}$$

$$x_i = R\sin\varphi_i$$

$$y_i = R(1-\cos\varphi_i)$$

$$(15-21)$$

【例 15-2】 已知交点的桩号为 $K3+182.76$，测得转角 $\Delta_R = 25°48'10''$，设计圆曲线半径 $R = 300\text{m}$，求曲线测设元素及主点桩号，计算出切线支距法测设圆曲线的数据，见表 15-2。

解：按式（15-14）～式（15-17）可计算出 $T = 68.72\text{m}$，$L = 135.10\text{m}$，$E = 7.77\text{m}$，$D = 2.34\text{m}$。各主点桩号如下：

$$ZY\text{桩号} = K3+182.76 - 68.72 = K3+114.04$$

$$QZ\text{桩号} = K3+114.04 + 67.55 = K3+181.59$$

$$YZ\text{桩号} = K3+181.59 + 67.55 = K3+249.14$$

$$YZ\text{桩号} = K3+182.76 + 68.72 - 2.34 = K3+249.14$$

表 15 - 2　　　　　　　　　　切线支距法测设细部点数据

曲线桩号	各桩至 ZY 或 YZ 的曲线长	圆心角 φ (° ′ ″)	独立坐标系的坐标	
			x_i（m）	y_i（m）
$ZYK3+114.04$	0	0 00 00	0	0
$P1\ K3+120$	5.96	1 08 18	5.96	0.06
$P2\ K3+140$	25.96	4 57 29	25.93	1.12
$P3\ K3+160$	45.96	8 46 40	45.78	3.51
$P4\ K3+180$	65.96	12 35 51	65.43	7.22
$QZ\ K3+181.59$	67.55	15 54 04	66.98	7.57
$P5\ K3+200$	49.14	9 23 06	48.92	4.02
$P6\ K3+220$	29.14	5 33 55	29.09	1.41
$P7\ K3+240$	9.14	1 44 44	9.14	0.14
$YZ\ K3+249.14$	0	0 00 00	0	0

2）测设方法。

a）用钢尺从 ZY 点（或 YZ 点）沿切线方向分别量取 x_1、x_2 等纵距，得到垂足点 N_1、N_2 等，用测钎插入点位作标记。

b）在垂足点上做切线的垂直线，分别沿垂直线方向用钢尺量出 y_1、y_2 等横距，定出曲线上各细部点。

用此法测设的 QZ 点应与测设曲线主点时所定的 QZ 点相符，以此作为检核。

（3）测距仪或全站仪测设圆曲线。极坐标法用测距仪或全站仪测设圆曲线时，仪器可安置在任何已知坐标点或未知坐标的点上，操作极为简便。具有测设速度快、精度高、使用方便灵活的优点。

极坐标法采用的直角坐标系与切线支距法相同，曲线上各点的坐标 x_i、y_i 按式（15-21）计算（曲线位于切线左侧时，y_i 为负值）。如图 15-17 所示，在曲线附近选择与曲线点通视良好、便于安置仪器的极点 Q。将仪器安置于 ZY（或 YZ）点，测定 β 角和距离 s，然后按下式计算 Q 点和 P_i 点极坐标为

$$x_Q = s\cos\beta, \quad y_Q = s\sin\beta \qquad (15-22)$$

极角、极径为

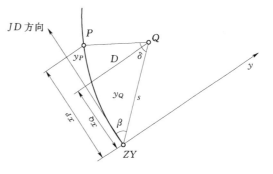

图 15 - 17　极坐标法详细测设圆曲线

$$\delta_i = \alpha_{QP_i} - \alpha_{QA}, \quad D_i = \sqrt{(x_i - x_Q)^2 + (y_i - y_Q)^2}$$

式中，$\alpha_{QA} = \beta \pm 180°$，$\alpha_{QP_i}$ 由 $R_{QP_i} = \arctan\left|\dfrac{y_i - y_Q}{x_i - x_Q}\right|$ 按所在象限换算获得。

上述计算可预先编程，在现场用便携机或掌上电脑计算放样数据。测设时，在 Q 点安置测距经纬仪，后视 ZY（或 YZ）并将水平度盘配置于 $0°00'00''$，依次转动照准部拨极

角 δ_i，沿视线方向测设极径 D_i，定出曲线点 P_i，最后在曲线主点 YZ（ZY）点进行检核。

若使用全站仪内置的自由设站程序和坐标放样程序，就能迅速测定测站点的坐标，可进行包括曲线主点在内的曲线测设。如果自由设站在曲线主点，测设曲线就更方便。

（二）复曲线及其测设

两圆曲线之间可以用缓和曲线连接，也可以直接连接。当单曲线无法满足技术等级或线路平面线形要求时，需用两个或两个以上不同半径的同向曲线直接连接进行平面线型设计，即采用复曲线过渡到另一直线段。

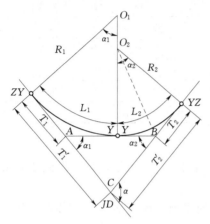

图 15-18　复曲线及其主点元素

如图 15-18 所示，半径为 R_1、R_2 的复曲线的交点 JD、起点 ZY、终点 YZ 及公共切点 YY。在设计确定 R_1、R_2 及 α_1、α_2 后，可计算得曲线主点元素 T_1、L_1、E_1 及 T_2、L_2、E_2。此时，$AB=T_1+T_2$。由 $\triangle ABC$ 中可求得 A、B 到 JD 的距离为 AC 与 BC。

在外业实施测设时，按圆曲线的测设方法，沿切线方向自 JD 起量取 CA、CB 得到交点 A、B。在 AB 上量取 T_1 及 T_2 得公共切点 YY。

在实地线路测设时，由于地形、地物障碍，会遇到 JD 点虚交（JD、曲线主点处无法安置仪器及视线受阻），复曲线的 α_1、α_2 在实地测定。先按技术要求、地形、地质等条件设定一个主曲率半径 R_1，这个预先设计半径的圆曲线称为主曲线。另一待定曲率半径 R_2 通过解算求得，这个曲线称为副曲线。

实地测设时，关键是按地形条件和技术要求在现场选定交点 A、B 的位置，并测定偏角 α_1、α_2 及距离 AB。依据观测数据和设计半径 R_1 算得 T_1、L_1、E_1，并按下式反算 T_2、R_2

$$T_2=AB-T_1 \tag{15-23}$$

$$R_2=\frac{T_2}{\tan\dfrac{\alpha_2}{2}} \tag{15-24}$$

再按 α_2、R_2 可求得副曲线要素 T_2、L_2、E_2。若使 $R_1=R_2$ 即成为单曲线，测设时可使 $T_1=T_2$。复曲线的测设方法与圆曲线相同。

（三）缓和曲线及其测设

1. 基本公式

在直线与圆曲线间插入一段缓和曲线，该缓和曲线起点处的半径 $R_0=\infty$，终点处 $R_0=R$，其特性是曲线上任意一点的半径与该点至起点的曲线长 l 成反比，即

$$c=R_0 l_i=Rl_0 \tag{15-25}$$

式中：c 为常数，称为曲线半径变化率；l_0 为缓和曲线全长，均与车速有关，我国公路工程采用 $c=0.035V^3$，铁路采用 $c=0.098V^3$，V 为车辆平均车速，km/h 计。

相应的缓和曲线长度为

$$l_0 \geqslant 0.035V^3/R(\text{公路}) \quad \text{或} \quad l_0 \geqslant 0.098V^3/R(\text{铁路})$$

l_0 根据线路等级，其最小值在规范中有具体规定。测设时 l_0 可从曲线测设用表中查取。

当圆曲线两端加入缓和曲线后，圆曲线应内移一段距离，才能使缓和曲线与直线衔接。内移圆曲线可采用移动圆心或缩短半径的方法实现。我国在曲线测设中，一般采用内移圆心的方法。如图 15-19 所示，在圆曲线的两端插入缓和曲线，把圆曲线和直线平顺地连接起来。

具有缓和曲线的圆曲线，其主点如下：

直缓点 ZH——直线与缓和曲线的连接点；缓圆点 HY——缓和曲线和圆曲线的连接点；曲中点 QZ——曲线的中点；圆缓点 YH——圆曲线和缓和曲线的连接点；缓直点 HZ——缓和曲线与直线的连接点。

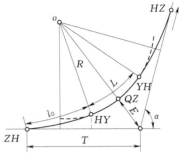

图 15-19　缓和曲线与主点要素

2. 切线角公式

缓和曲线上任一点 P 处的切线与过起点切线的交角 β 称为切线角。如图 15-20 所示，切线角与缓和曲线上任一点 P 处弧长所对的中心角相等，在 P 处取一微分段 dl，所对应的中心角为 $d\beta$，则

$$d\beta = \frac{dl}{R_0} = \frac{l}{c}dl$$

上式积分得

$$\beta = \frac{l^2}{2c} = \frac{l^2}{2Rl_0} \tag{15-26}$$

或

$$\beta = \frac{l^2}{2Rl_0}\rho \tag{15-27}$$

当 $l = l_0$ 时，$\beta = \beta_0$，即

$$\beta_0 = \frac{l_0^2}{2R}\rho \tag{15-28}$$

3. 参数方程

如图 15-20 所示，设以 ZH 为坐标原点，过 ZH 点的切线为 x 轴，半径方向为 y 轴，任一点 P 的坐标为（x、y），则微分弧段 dl 在坐标轴上的投影为

$$dx = dl\cos\beta \qquad dy = dl\sin\beta$$

将式中 $\cos\beta$、$\sin\beta$ 按幂级数展开，顾及式（15-16），积分后略去高次项得

$$x = l - \frac{l^5}{40R^2l_0}, \ y = \frac{l^3}{6R^2l_0} \tag{15-29}$$

当 $l = l_0$ 时，HY 点的直角坐标为

$$x_0 = l_0 - \frac{l_0^4}{40R^2}, \ y = \frac{l_0^2}{6R} \tag{15-30}$$

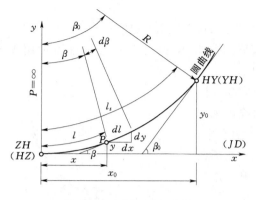

图 15-20　缓和曲线常数

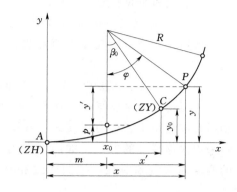

图 15-21　切线支距法测设缓和曲线

4. p、m 值的计算

如图 15-21 所示，缓和曲线是在不改变直线段方向和保持圆曲线半径不变的条件下，插入到直线段和圆曲线之间的，因此原来的圆曲线需要在垂直于其切线的方向上内移一段距离 p，称为内移值。由图 15-21 可知：

$$p+R=y_0+R\cos\beta_0$$

即

$$p=y_0-R(1-\cos\beta_0)$$

将 $\cos\beta_0$ 按幂级数展开，并将 β_0、y_0 值代入得：

$$p=\frac{l_0^2}{6R}-\frac{l_0^2}{8R}=\frac{l_0^2}{24R}=\frac{1}{4}y_0 \tag{15-31}$$

加设缓和曲线后切线增长距离 m，称为切垂距，其关系式为

$$m=x_0-R\sin\beta_0$$

将 x_0、β_0 代入上式，并将 $\sin\beta_0$ 按幂级数展开，取至 l_0 三次方有

$$m=\frac{l_0}{2}-\frac{l_0^3}{240R} \tag{15-32}$$

以上 β_0、p、m、x_0、y_0 统称为缓和曲线常数。

5. 具有缓和曲线的曲线主点要素计算及主点测设

（1）主点要素计算。根据图 15-21，带有缓和曲线的主点要素，按下列公式计算

切线长 $\qquad\qquad T=m+(R+p)\tan\dfrac{\alpha}{2}$

曲线长 $\qquad\qquad L=R(\alpha-2\beta_0)\dfrac{\pi}{180°}+2l_0 \qquad\qquad$ (15-33)

外矢距 $\qquad\qquad E=(R+p)\sec\dfrac{\alpha}{2}-R$

切曲差 $\qquad\qquad D=2T-L$

当 R、l_0、α 选定后，即可根据以上公式计算曲线要素。其中 $L=L_y+2l_0$，L_y 为插入缓和曲线后的圆曲线长度。

（2）主点里程计算与测设。根据交点里程和曲线要素，即可按下式计算主点里程

$$直缓点 \ ZH \ 里程＝JD \ 里程－T$$
$$缓圆点 \ HY \ 里程＝ZH \ 里程＋l_0$$
$$曲中点 \ QZ \ 里程＝HY \ 里程＋L/2$$
$$圆缓点 \ YH \ 里程＝QZ \ 里程＋L/2$$
$$缓直点 \ HZ \ 里程＝YH \ 里程＋l_0$$

计算检核　　　　　　　　$HZ \ 里程＝JD \ 里程＋T－D$

（3）主点测设。ZH、HZ、QZ 三点的测设方法与圆曲线主点测设相同。HY 点和 YH 点是根据缓和曲线终点坐标（x_0，y_0）用切线支距法或极坐标法测设。

6. 具有缓和曲线的曲线详细测设

（1）切线支距法。切线支距法是以 ZH 点或 HZ 点为坐标原点，以切线为 x 轴，过原点的半径为 y 轴，如图 15 - 21 所示，缓和曲线段上各点坐标可按式（15 - 29）计算，即

$$x=l-\frac{l^5}{40R^2 l_0^2},y=\frac{l^3}{6Rl_0}$$

圆曲线上各点坐标，因坐标原点是缓和曲线起点，故先求出以圆曲线起点为原点的坐标 x'、y'，再分别加上 p、m 值，即可得到以 ZH 点为原点的圆曲线点的坐标，即

$$\left.\begin{array}{l} x=x'+m=R\sin\varphi+m \\ y=y'+p=R(1-\cos\varphi)+p \end{array}\right\} \tag{15-34}$$

其中

$$\varphi=\frac{l_i-l_0}{R}\frac{180°}{\pi}+\beta_0$$

式中，l_i 为曲线点 P_i 的曲线长。曲线上各点的测设方法与圆曲线切线支距法相同。

（2）偏角法。

1）测设缓和曲线部分。如图 15 - 22 所示，设缓和曲线上任一点 P 至 ZH 的弧长为 l，偏角为 δ_i，因 δ_i 较小，则

$$\delta_i=\tan\delta_i=\frac{y_i}{x_i}$$

将曲线参数方程式（15 - 29）x、y 代入上式，取第一项得

$$\delta_i=\frac{l_i^2}{6Rl_0} \tag{15-35}$$

过 HY 点或 YH 点的偏角 δ_0 为缓和曲线段的总偏角。以 l_0 代替 l_1 代入式（15 - 35），有

$$\delta_0=\frac{l_0}{6R} \tag{15-36}$$

因

$$\beta_0=\frac{l_0}{2R}$$

所以

$$\delta_0=\frac{\beta_0}{3} \tag{15-37}$$

将式（15 - 36）代入式（15 - 35），则有

$$\delta_i = \left(\frac{l_i}{l_0}\right)^2 \delta_0 \qquad (15-38)$$

当 R、l_0 确定之后，δ 为定值。由式（15-38）可知，缓和曲线上任意一点的偏角，与该点至 ZH 点或 HZ 点的曲线长的平方成正比。在实际测设中，偏角值可从《曲线测设用表》中查得。

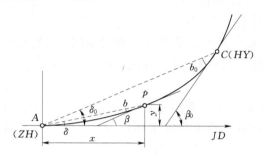

图 15-22　偏角法测设缓和曲线

测设时，将经纬仪安置于 ZH 点，后视交点 JD，得切线为零方向，首先拨出偏角 δ_1，以弧长 l_1 代弦长相交定出 1 点。再依次拨出偏角 δ_2，δ_3，…，δ_n，同时从已测定的点上量出弦长定出 2，3，…直至 HY 点，并检核合格为止。

2）测设圆曲线部分。如图 15-22 所示，将经纬仪置于 HY 点，先定出 HY 点的切线方向，即后视 ZH 点，并使水平度盘读数为 b_0（路线右转时，为 $360°-b_0$）

$$b_0 = \beta_0 - \delta_0 = 2\delta_0 \qquad (15-39)$$

然后转动仪器，使读数为 $0°00'00''$ 时，视线在 HY 点切线方向上，倒镜后，曲线各点的测设方法与前述的圆曲线偏角法相同。

三、线路纵断面测量

线路纵断面测量的任务是：当中桩设置完成后，沿线路进行路线水准测量，测定中桩地面高程，然后根据地面高程绘制线路纵断面图，为线路工程纵断面设计、填挖方计算、土方调配等提供线路竖面位置图。在线路纵断面测量中，为了保证精度和进行成果检核，仍必须遵循控制性原则。即线路水准测量分两步进行：首先是沿线设置水准点，建立高程控制，称为基平测量；而后根据各水准点，分段以附合水准路线形式，测定各中桩的地面高程，称为中平测量。

（一）基平测量

1. 水准点的设置

沿线水准点应根据需要和用途设置永久性或临时性的水准点。路线起点和终点、大桥与隧道两端、垭口、大型构筑物和需长期观测高程的重点工程附近均应设置永久性水准点。一般地段每隔 25～30km 布设一个永久性水准点，临时水准点一般 0.5～2.0km 设置一个。水准点是恢复路线和路线施工的重要依据，要求点位选择在稳固、醒目、安全（施工线外）、便于引测和不易破坏的地段。

2. 施测方法

基平测量时，应先将起始水准点与附近的国家水准点进行联测，以获得绝对高程。在沿线测量中，也尽量与就近期内国家水准点联测以获得检核条件。当引测有困难时，可参考地形图选定一个明显地物点的高程作为起始水准点的假定高程。基平测量应使用不低于

DS$_3$ 级的水准仪，采用往返或两次单程观测，其方法详见第三章。其容许高差闭合差应满足

$$f_h \leqslant \pm 30 \sqrt{L}(\mathrm{mm}) 或 \quad f_h \leqslant \pm 9 \sqrt{n}(\mathrm{mm})(二、三、四级公路)$$

$$f_h \leqslant \pm 20 \sqrt{L}(\mathrm{mm}) 或 \quad f_h \leqslant \pm 6 \sqrt{n}(\mathrm{mm})(一级公路)$$

式中：L 为单程水准路线长度，以 km 计；n 为测站数。

(二) 中平测量

中平测量一般以相邻两水准点为一测段，从一个水准点开始，用视线高法施测逐点中桩的地面高程，直至队伍到下一个水准点上。相邻两转点间观测的中桩，称为中间点。为了削弱高程传递的误差，观测时应先观测转点，后观测中间点。转点传递高程，因此转点水准尺应立在尺垫、稳固的固定点或坚石上，尺上读数至 mm，视线长度不大于 150mm。中间点不传递高程，尺上读数至 cm。观测时，水准尺应立在紧靠中桩的地面上。

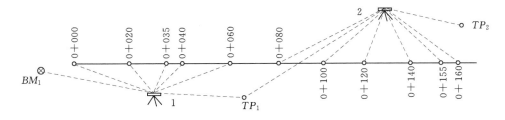

图 15-23　纵断面测量

如图 15-23 所示，水准仪置于 1 站，后视水准点 BM_1，读数 a_0；前视转点 TP_1，读数 b_0，记入纵断面水准测量手簿，见表 15-3 所示，"后视"和"前视"栏内；而后扶尺员依次在中桩点 0+000，…，0+060 等中桩点立尺，观测逐个中桩，将中视读数 b_i 分别记入"中视栏"。将仪器搬到 2 站，后视转点 TP_1，前视转点 TP_2，然后观测 TP_1 与 TP_2 之间各中间点。用同法继续向前观测，直到附合到下一个水准点 BM_2，完成测段观测。高差闭合差限差：一级公路为 30 $\sqrt{L}$ mm，二级以下公路为 50 $\sqrt{L}$ mm（L 以 km 计），在容许范围内，即可进行中桩地面高程的计算，但无需进行闭合差调整，否则重测。

每一测站转点及各中桩的高程按下列公式计算

$$视线高程 = 后视点高程 + 后视读数$$

$$转点高程 = 视线高程 - 前视读数$$

$$中桩高程 = 视线高程 - 中视读数$$

表 15-3　　　　　　　　　　　　纵断面水准测量手簿

测　　点	水准尺读数 (m)			视线高程 (m)	高　程 (m)
	后视读数	中间视读数	前视读数		
BM_1	2.199			102.887	100.688
$K0+000$		1.21			101.677
020		1.25			101.637
035		1.86			101.027

测　　点	水 准 尺 读 数（m）			视线高程 （m）	高　程 （m）
	后视读数	中间视读数	前视读数		
040		1.27			101.617
060		1.18			101.707
TP_1			1.006		101.881
TP_1	1.166			103.047	101.881
$K0+080$		1.15			101.897
100		1.13			101.917
120		1.14			101.907
140		1.16			101.887
155		0.61			102.437
160		1.21			101.837
$TP2$			1.258		101.789

当路线经过沟谷时，为了减少测站数，以提高施测速度和保证测量精度，一般采用沟内外分开测量，如图 15-24 所示。当测到沟谷边沿时，先前视沟谷两边的转点 Z1、2+200，将高程传递至沟谷对岸，通过 2+200 可沿线继续设站（如 4）施测，即为沟外测量。施测沟内中桩时，迁站下沟，于测站 2 后视 Z1，观测沟谷内两边的中桩及转点，再设站于 3 后视 2+100，观测沟底中桩。沟内各桩测量实际上是以 ZD_A 为起始点的单程支线水准，缺少检核条件，故施测时应倍加注意。

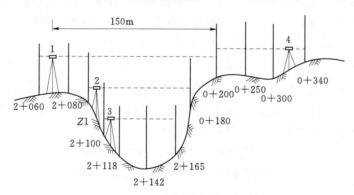

图 15-24　跨沟谷中平测量

（三）纵断面图的绘制

纵断面图是表示线路中线方向的地面起伏和纵坡设计的线状图，它主要反映路段纵坡大小、中桩填挖高度以及设计结构物立面布局等，是设计和施工的重要资料。

1. 纵断面图的内容

图 15-25 为公路纵断面图，在图的上半部，从左至右绘有两条贯穿全图的线，一条是细的折线，表示中线实际地面线，是以里程为横坐标，高程为纵坐标，按中桩地面高程

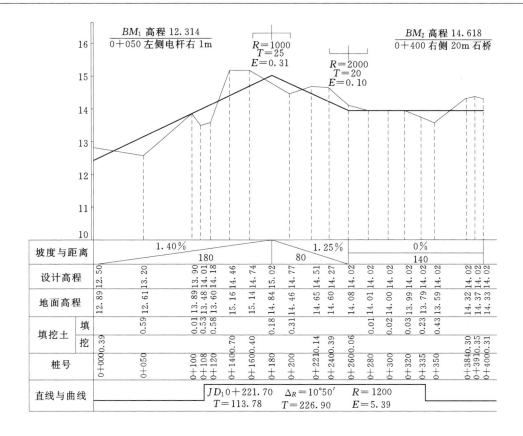

图 15-25　公路纵断面图

绘制的。里程比例尺一般用 1：5000、1：2000 或 1：1000。为了明显反映地面起伏变化，高程比例尺为里程比例尺的 10 倍。另一条粗线为包括竖曲线在内的纵坡设计线，是纵断面设计时绘制的。此外，图上还标注有水准点的位置、编号和高程，桥涵的类型、孔径、跨数长度、里程桩号和设计水位，竖曲线元素和同其他公路、铁路交叉点的位置、里程和有关说明等。在图的下部几栏表格中，注记有关测量和纵坡设计的资料，主要包括以下内容。

（1）直线与曲线。曲线部分用折线表示，上凸的表示右转，下凸表示左转，并注明交点编号和曲线半径。圆曲线用直角折线，缓和曲线用钝角折线，在不设曲线的交点位置，用锐角折线表示。

（2）里程。按里程比例尺标注百米桩和公里桩，有时也须逐桩标注。

（3）地面高程。按中平测量成果填写相应里程桩的地面高程。

（4）设计高程。按中线设计纵坡和平距计算的里程桩的设计高程。

（5）坡度。从左至右向上斜的线表示上坡（正坡），向下斜的线表示下坡（负坡），水平线表示平坡。斜或水平线上的数字为坡度的百分数，水平路段坡度为零，下面数字为相应的水平距离，称为坡长。

2. 纵断面图的绘制步骤

（1）打格制表，填写有关测量资料。采用透明毫米方格纸，按照选定的里程比例尺和高程比例尺打格制表，填写直线与曲线、里程、地面高程等资料。

（2）绘地面线。为了便于绘图和阅读，首先要合理选择纵坐标的起始高程位置，使绘出的地面线能位于图上适当位置。在图上按纵、横比例尺依次展绘各中桩点位，用直线顺序连接相邻点，该折线即为绘出的地面线。由于纵向受到图幅限制，在高差变化较大的地区，若按同一高程起点绘制地面线，往往地面线会逾越图幅，这时可将这些地段适当变更高程起算位置，地面线在此构成台阶形式。

（3）计算设计高程。根据设计纵坡和两点间的水平距离（坡长），可由一点的高程计算另一点的高程。设起算点的高程为 H_0，设计纵坡为 i（上坡为正，下坡为负），推算点的高程为 H_P，推算点至起算点的水平距离为 D，则

$$H_P = H_0 + iD \tag{15-40}$$

（4）计算各桩的填挖高度。同一桩号的设计高程与地面高程之差，称为该桩的填挖高度，正号为填土高度，负号为挖土深度。在图上，填土高度写在相应点的纵坡设计线的上面，挖土深度写在相应点的纵坡设计线的下面。也有在图中专列一栏注明填挖高度的。地面线与设计线的交点为不填不挖的"零点"，零点桩号可由图上直接量得。

最后，根据线路纵断面设计，在图上注记有关资料，如水准点、桥涵、构造物等。图15-26为一排水管道的纵断面图。管道不设曲线栏。排水管道以下游出水口为线路起点，图15-26中主要标注各检查井的桩号，并以它们的地面高程绘制地面线。地面线下绘出管道设计线（双线），管道的纵坡以千分率（‰）表示，根据出口处的设计高程、管道坡度和相邻桩点间的平距，按式（15-40）可推算各桩点处的管底设计高程。在图15-26中还应注明管径、埋设深度以及各检查井的编号等。

四、线路横断面测量

（一）横断面测量

横断面测量的任务是测定垂直于中线方向中桩两侧的地面起伏变化状况，依据地面变坡点与中桩间的距离和高差，绘制出横断面图，为路基路面设计、土方计算、防护工程设计和施工放样提供依据。横断面测量的宽度和密度应根据工程需要而定，一般在大中桥头、隧道洞口、挡土墙等重点工段，应适当加密断面。断面测量宽度，应根据路基宽度、中桩的填挖高度、边坡大小、地形复杂程度和工程要求而定，但必须满足横断面设计的需要。一般自中线向两侧各测 10～50m。

1. 横断面方向的测定

直线横断面方向是垂直于中线的方向。一般采用简易直角方向架测定，如图15-27所示，将方向架置于中桩点上，以其中一方向 ab 对准路线前方（或后方）某一中桩，则另一方向 cd 即为横断面施测方向。

2. 横断面测量方法

（1）标杆皮尺法。在中桩横断面方向上选定若干个变坡点，如图15-28所示。施测时，将标杆立于中桩点上，从中桩地面将皮尺拉平，量出至各变坡点处的皮尺的水平距离，皮尺截取标杆的高度即为两点间的高差，直至测完所有变坡点为止。此方法简便，但精度较低。

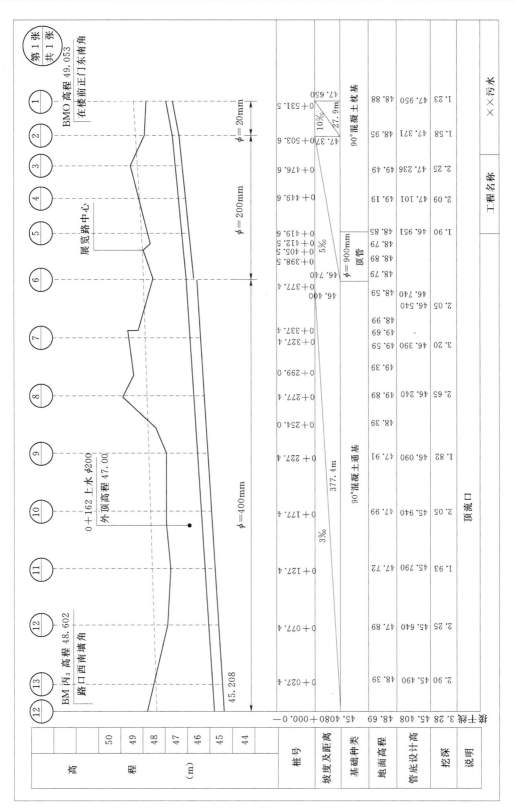

图 15－26 管道纵断面图

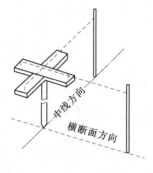

图 15-27　方向架

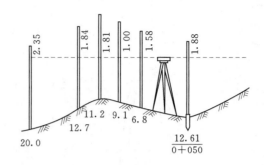

图 15-28　标杆皮尺法

（2）水准仪法。当横断面测量精度要求较高，横断面方向高差变化较小时，采用此法。施测时用钢尺（或皮尺）量距，水准仪后视中桩标尺，求得视线高程后，再分别在横断面方向的坡度变化点上立标尺，视线高程减去各点前视读数，即得各测点高程。施测时，若仪器位置安置得当，一站可观测多个横断面。

（3）经纬仪法。在地形复杂、横坡较陡的地段，可采用此法。施测时，将经纬仪安置在中桩上，用视距法测出横断面方向各变坡点至中桩间的水平距 d_i 与高差 h_i。

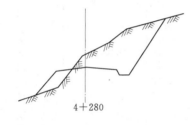

图 15-29　横断面图

（二）横断面图的绘制

根据横断面测量成果，在毫米方格纸上绘制横断面图，距离和高程采用同一比例尺（通常取 1：100 或 1：200）。一般是在野外边测边绘，以便及时对横断面图进行检核。绘图时，先在图纸上标定中桩位置，然后在中桩左右两侧按各测点间的距离和高程逐一点绘于图纸上，并用直线连接相邻点，即得该中桩处横断面地面线。

图 15-29 为一横断面图，并绘有路基横断面设计线。每幅图的横断面图应从下至上，由左到右依桩号顺序绘制。

第四节　线 路 施 工 测 量

一、施工控制桩的测设

路线施工测量的主要工作包括恢复路线中线，测设施工控制桩、路基边柱和竖曲线。

从路线勘测，经过路线工程设计到开始路线施工的时间段内，常有部分路线中线桩点被碰或丢失。为了确保路线中线位置的正确无误，施工前，应进行一次复核测量，将已经丢失或碰动过的交点桩、里程桩等恢复与校正好，其方法与中线测量相同。

由于路线中线桩的施工中要被挖掉或堆埋，为了在施工中控制中线位置，需要在不易受施工破坏、便于引测、易于保存桩位的地方测设施工控制桩，方法如下。

（1）平行线法。在设计的路基宽度以外，测设两排平行于中线的施工控制桩，如图15-30 所示，控制桩的间距一般取 10～20m。

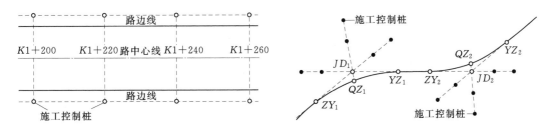

图 15-30 平行线法测设施工控制桩   图 15-31 延长线法测设施工控制桩

（2）延长线法。在路线转折处的中线延长线上以及曲线中点 QZ 至交点 JD 的延长线上测设施工控制桩，如图 15-31 所示。量出控制桩至交点的距离并记录。

二、路边桩基的测设

路基施工前，应将设计路基的边坡与原地面相交的点测设出来。该点对于设计路堤为坡脚点，对于设计路堑为坡顶点。路基边桩的位置按填土高度或挖土深度、边坡设计坡度及横断面的地形情况而定，方法如下。

（一）图解法

路线设计时地形横断面及路基设计断面都已经绘制在方格毫米纸上，路基边桩的位置可用图解法求得，即在横断面设计图上量取中桩至边桩的距离，然后到实地在横断面方向用皮尺量出其位置。

（二）解析法

通过计算求得路基中桩至边桩的距离。在平地和山区，计算和测设的方法不同，介绍如下。

1. 平坦地段路基边桩的测设

如图 15-32 所示，填方路基称为路堤，挖方路基称为路堑。路堤边桩至中桩的距离为

$$l_左 = l_右 = \frac{B}{2} + mh \tag{15-41}$$

式中：B 为路基设计宽度；m 为设计的边坡系数；h 为路基中桩填土高度。

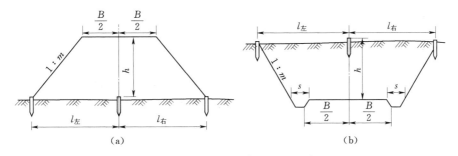

图 15-32 平坦地段路基边桩的测设

路堑边桩至中桩的距离为

$$l_左 = l_右 = \frac{B}{2} + mh + s \tag{15-42}$$

式中，s 为路堑边沟顶宽。

根据上式计算的距离，从中桩沿横断面方向量距，测设路基边桩。

2. 山坡地段路基边桩的测设

如图 15-33（a）所示，左、右边桩离中桩的距离为

$$
\left.\begin{array}{l}
l_{左}=\dfrac{S}{2}+s+mh_{左}\\[2mm]
l_{右}=\dfrac{S}{2}+s+mh_{右}
\end{array}\right\}
\tag{15-43}
$$

式中的 S、s、m 均由设计确定，所以 $l_{左}$、$l_{右}$ 随 $h_{左}$、$h_{右}$ 而变。$h_{左}$、$h_{右}$ 是边桩处地面与设计路基面的高差，由于边桩位置是特定的，故 $h_{左}$、$h_{右}$ 事先并不知道。实际测设时，可以采用逐步趋近法。

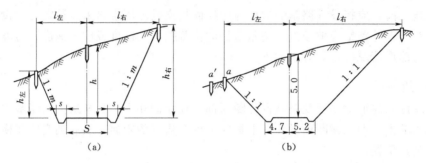

图 15-33　山坡地段路基边桩的测设

在图 15-33（b）中，设路基左侧加沟顶宽度为 4.7m，右侧为 5.2m，中心桩挖深为 5.0m，边坡坡度为 1:1，以左侧为例，介绍边桩的逐步趋近法。

（1）大致估计边桩的位置。若地面水平，则左侧边桩的距离应为 4.7m+5.0m×1=9.7m，图示的情况是左侧地面较中桩处低，估计边桩地面处比中桩处地面低 1m，则 $h_{左}$=5m-1m=4m，代入式（15-35），求得左边桩与中桩的近距离为 $l'_{左}$=4.7m+4m×1=8.7m，在实地量 8.7m，得 a' 点。

（2）实测高差。用水准仪测定 a' 点与中桩间的高差为 1.3m，则 a' 点距中桩的平距为
$$l''_{左}=4.7\text{m}+(5.0-1.3)\text{m}×1=8.4\text{m}$$
该值比初次估算值 8.7m 小，故边桩的正确位置应在 a' 点的内侧。

（3）重新估算边桩的位置。边桩的正确位置应在离中桩 8.4～8.7m 之间，重新估计在距中桩 8.6m 处地面定出 a 点。

（4）重测高差。测出 a 点与中桩的高差为 1.2m，则 a 点与中桩的平距为
$$l_{左}=4.7\text{m}+(5.0-1.2)\text{m}×1=8.5\text{m}$$
该值与估计值相符，故 a 点即为左侧边桩位置。

三、竖曲线的测设

为了行车的平稳和满足视距要求，在路线纵断面的变坡处应以圆曲线相接，这种曲线称为竖曲线。竖曲线按其变坡点在曲线的上方或下方分别称为凸形竖曲线或凹形竖曲线。如图 15-34 所示，路线上有三条相邻纵坡 i_1（+），i_2（-），i_3（+），在 i_1 和 i_2 之间设

置凸形竖曲线；在 i_2 和 i_3 之间设置凹形竖曲线。

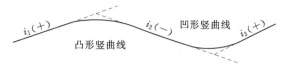

图 15 - 34　竖曲线

《公路工程技术标准》（JTG B01—2003）规定，竖曲线最小半径的"极限值"应满足表 15 - 4 和表 15 - 5 的规定，表中，V 为计算行车速度，km/h；D 为停车视距，m；L_t 为采用的竖曲线长度，m；Δ 为坡度差，%；R 为极限最小半径，m。

表 15 - 4　　　　　　　　　凸形竖曲线最小半径"极限值"的计算

设计速度 （km/h）	缓冲冲击所要求的曲线长度（m） $L_{V_1}=\dfrac{V^2\Delta}{360}$	视距所要求的曲线长度（m） $L_{V_2}=\dfrac{V^2\Delta}{360}$	采用值 L_t （m）	极限值（m） $R=\dfrac{1000L_t}{\Delta}$
120	40.0Δ	111.0Δ	111Δ	11000
100	27.8Δ	64.5Δ	65Δ	6500
80	17.8Δ	30.2Δ	30Δ	3000
60	10.0Δ	14.1Δ	14Δ	1400
40	4.4Δ	4.1Δ	4.5Δ	450
30	2.5Δ	2.3Δ	2.5Δ	250
20	1.1Δ	1.0Δ	1.0Δ	100

表 15 - 5　　　　　　　　　凹形竖曲线最小半径"极限值"的计算

设计速度 （km/h）	缓冲冲击所要求的曲线长度（m） $L_{V_1}=\dfrac{V^2\Delta}{360}$	前灯光束距离所要求的曲线长度（m） $L_V=\dfrac{D^2\Delta}{(150+3.49)\Delta}$	跨线桥下视距所要求的曲线长度（m） $L_{V_2}=\dfrac{V^2\Delta}{360}$	采用值 L_t（m）	极限值（m） $R=\dfrac{1000L_t}{\Delta}$
120	40.0Δ	50.0Δ	22.9Δ	40Δ	4000
100	27.8Δ	36.2Δ	13.3Δ	30Δ	3000
80	17.8Δ	22.1Δ	6.3Δ	20Δ	2000
60	10.0Δ	13.7Δ	2.9Δ	10Δ	1000
30	2.5Δ	3.5Δ	0.5Δ	2.5Δ	250
20	1.1Δ	1.8Δ	0.2Δ	1.0Δ	100

"极限值"是汽车在纵坡变更处行驶时，为了缓冲和保证视距所需的最小半径的计算值，该值在受地形等特殊情况约束时方可采用。竖曲线半径"一般值"是竖曲线最小半径"极限值"的 1.5～2.0 倍。表中同时也规定了应采用的竖曲线长度值 L_t，因为竖曲线长度过短时，将给驾驶员在纵面上一个急促折曲的感觉。

如图 15 - 35 所示，根据路线相邻坡道的纵坡设计值 i_1 和 i_2，计算竖曲线的坡度转角 Δ。鉴于 Δ 角一般很小，而竖曲线的设计半径 R 较大，计算时，可以作一些简化处理，如

$$\Delta=\arctan i_1-\arctan i_2\approx(i_1-i_2)180°/\pi \tag{15-44}$$

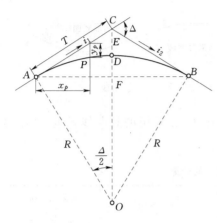

图 15-35 竖曲线测设元素

竖曲线的计算元素为切线长 T、曲线长 L 和外距 E。可以采用与平面圆曲线计算主点测设元素同样的公式计算。顾及到式（15-53），将式（15-23）～式（15-26）化简为

$$T = \frac{R(i_1 - i_2)}{2}$$
$$L = R(i_1 - i_2)$$
$$E = \frac{T^2}{2R}$$

$$(15-45)$$

同理可导出竖曲线上任意点 P 按直角坐标法测设的 y_P，（即竖曲线上的标高改正值）为

$$y_P = \frac{x_P^2}{2R} \qquad (15-46)$$

【例 15-3】 设 $i_1 = -1.114\%$，$i_2 = +0.154\%$，为凹形竖曲线，变坡点的桩号为 $K3+179.2$，高程为 48.60m，欲设置 $R=5000$m 的竖曲线，计算测设元素、起点、终点的桩号和高程、曲线上每 10m 间距里程桩的标高改正数和设计高程。

解： 按式（15-45）求得 $T=31.70$m，$L=63.40$m，$E=0.10$m，竖曲线起点、终点的桩号和高程为

起点桩号 $=K3+179.2-31.70=K3+147.50$

终点桩号 $=K3+147.5+63.40=K3+210.90$

起点坡道高程 $=48.60+31.70 \times 1.114\% = 48.953$m

终点坡道高程 $=48.60+31.70 \times 0.154\% = 48.649$m

根据 $R=5000$m 和相应的桩距 x_P，可求得竖曲线上各桩标高改正数 y_P，结果列于表 15-6。

表 15-6 竖曲线各桩高程计算

桩　号	至起点、终点距离 x_P (m)	标高改正数 y_P (m)	坡道高程 (m)	竖曲线高程 (m)	备　注
$K3+147.5$			48.953	48.953	竖曲线起点
$K3+150$	$x_1=2.500$	$y_1=0.001$	48.925	48.926	
$K3+160$	$x_1=12.500$	$y_1=0.016$	48.814	48.830	$i_1=-1.114\%$
$K3+170$	$x_1=22.500$	$y_1=0.051$	48.702	48.753	
$K3+179.2$	$x_1=31.700$	$y_1=0.100$	48.600	48.700	变坡点
$K3+180$	$x_1=30.900$	$y_1=0.095$	48.601	48.697	
$K3+190$	$x_1=20.900$	$y_1=0.044$	48.617	48.60	$i_2=+0.154\%$
$K3+200$	$x_1=10.900$	$y_1=0.012$	48.632	48.644	
$K3+210$	$x_1=0.900$	$y_1=0.000$	48.647	48.648	
$K3+210.9$			48.649	48.649	竖曲线终点

竖曲线起点、终点的测设方法与圆曲线相同，而竖曲线上辅点的测设，实质上是在曲

线范围内的里程桩上测出竖曲线的高程。因此，在实际工作中，测设竖曲线一般与测设路面高程桩一起进行。测设时，只需将已经算得的各点坡道高程再加上（对于凹形竖曲线）或减去（对于凸形竖曲线）相应点上的标高改正值即可。

四、管道施工测量

管道工程一般属于地下构筑物。在较大的城镇及工矿企业中，各种管道常相互上下穿插，纵横交错。因此在施工过程中，要严格按设计要求进行测量工作，并做到"步步有校核"，这样才能确保施工质量。

在城市和工业建设中，须要敷设许多地下管道，如给水、排水、煤气、电力等。管道施工测量的主要任务是根据工程进度的要求，为施工测设各种基准标志，以便在施工中能随时掌握中线方向和高程位置。下面分开槽施工和顶管施工两种情况介绍。

（一）开槽施工测量

1. 准备工作

管道施工前应做好下列准备工作：

（1）熟悉图纸和现场情况。施工前，要收集管道测设所需要的管道平面图、断面图、附属构筑物图以及有关资料，并熟悉和核对设计图纸，了解精度要求和工程进度安排等，还要深入施工现场，熟悉地形，找出各桩点位置。

（2）校核管道中线。若设计阶段所标定的中线位置就是施工时所需要的中线位置，且各桩点完好，则仅需校核，不需重新测设；否则，应重新测设管道中线。在检核中线时，应把检查井等附属构筑物及支线的位置同时定出。

（3）加密水准点。为了在施工过程中便于引测高程，应根据设计阶段布设的水准点，于沿线附近每100～150m增设临时施工水准点，按四等水准测量的要求进行施测。

2. 管道放线测量

（1）测设施工控制桩。由于管道中线桩在施工中要被挖掉，为了便于恢复中线和附属构筑物的位置，应在不受施工干扰、引测方便、易于保存桩位的地方，测设施工中线控制桩（图15-36）。中线控制桩的位置，一般是测设在管道起止点及各转折点处中心线的延长线上，井位控制桩则测设在管道中线的垂直线上。

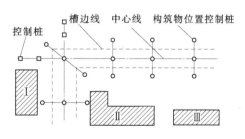

图 15-36 测设施工控制桩

（2）槽口放线。管道中线控制桩定出后，就可根据管径的大小、埋设深度以及土质情况，决定开槽宽度，并在地面上钉上边桩，然后沿开挖边线撒出灰线，作为开挖的界限（图15-37）。

若地表横断面坡度比较平缓时，半槽口开挖宽度 $D/2$ 按下式计算

$$D/2 = d/2 + mh \tag{15-47}$$

式中：d 为槽底宽度；h 为中线上的挖土深度；$1:m$ 为管槽边坡的坡度。

若地表横断面坡度较陡时，中线两侧槽口宽度不等，半槽口开挖宽度按下式计算：

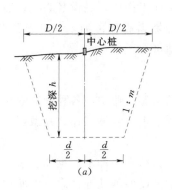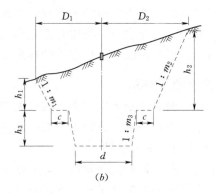

图 15 - 37　槽口放线

$$\left.\begin{array}{l} D_1 = \dfrac{d}{2} + m_1 h_1 + m_3 h_3 + C \\[2mm] D_2 = \dfrac{d}{2} + m_2 h_2 + m_3 h_3 + C \end{array}\right\} \qquad (15-48)$$

若埋设深度较浅，土质坚实，管槽可垂直开挖。

3. 管道施工过程中的测量工作

管道的埋设要按照设计的管道中线和坡度进行，因此在开槽前应设置施工测量标志。通常采用埋设坡度板，然后在坡度板上测设中心钉和坡度钉的方法。

（1）埋设坡度板和测设中心钉。在管槽开挖时，每隔10～15m埋设一块坡度板（图15-38），遇有检查井等构筑物时，应予加设。坡度板埋设要牢固且不露出地面，板的顶面应保持水平。

坡度板埋好后，把经纬仪安置在中线控制柱上，瞄准远处中线控制桩点，把管道中心线测设到各坡度板上，钉上中心钉（图15-39）。各中心钉连线即为管道中心线。

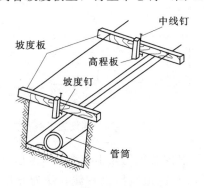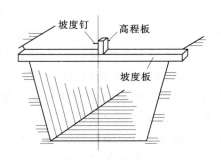

图 15 - 38　埋设坡度板和测设中心钉　　　　图 15 - 39　埋设坡度板和测设中心钉

（2）测设坡度钉。地下管道要求有一定的高程和坡度。由于地面有起伏，因此，在每块坡度板处，向下开挖的深度都不一样，在施工中，则用坡度钉来控制。如图15-40所示，在坡度板中心线的一侧钉一块高程板，在高程板上测设一点，钉上铁钉，叫坡度钉。使各坡度钉的连线平行于管道设计坡度线，并距离管底设计高程为一整分米数，称下反数。利用这条线来控制管道坡度和高程。

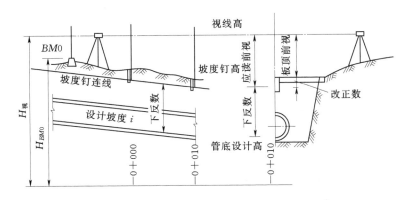

图 15 - 40　测设坡度钉

测设坡度钉的方法较多，最常用的是"应读前视法"，现以图 15 - 40 中 0＋000～0＋010 段管道和表 15 - 7 为例，说明坡度钉测设步骤。

表 15 - 7　　　　　　　　　　　　　**坡 度 钉 测 设 手 簿**

工程名称：××污水　设计坡度：−5‰　水准点高程：$H_{BM0}=40.654$m

测点 （板号）	后视 （m）	视线高 （m）	管底设计高 程（m）	坡度钉 下反数（m）	坡度板 实读数（m）	坡度钉 应读数（m）	改正数 ΔH（m）
①	②	③	④	⑤	⑥	⑦	⑧＝⑥−⑦
$BM0$	1.235	41.889					
0＋000			39.100	1.500	1.250	1.289	−0.039
0＋010			39.050	1.500	1.265	1.339	−0.074
0＋020			39.000	1.500	1.314	1.389	−0.075

1）后视水准点 $BM0$，求出视线高程为

$$H_{视}=40.654＋1.235＝41.889（m）$$

将后视和视线高程分别填入表 15 - 7 中②、③栏内。

2）根据桩点 0＋000 的管底设计高程和设计坡度（−5‰），计算每 10m 处的管底设计高程，填入表 15 - 7 中第④栏。如 0＋010 处管底的设计高程为

$$39.100−5/1000×10＝39.050（m）$$

3）根据现场实际情况选定下反数，填入表 15 - 7 第⑤栏（本例为 1.5m）下反数的选择应使坡度钉钉在不妨碍施工且使用方便的高度上，一般为 1.5～2.0m。地面起伏较大时可分段选取下反数。

4）计算各坡度钉的前视应读数 $b_{应}$，填入表 15 - 7 第⑦栏。公式为

$$b_{应}＝视线高−（管底设计高程＋下反数）$$

如　0＋000 坡度钉　　$b_{应}＝41.889−（39.100＋1.500）＝1.289（m）$
　　0＋010 坡度钉　　$b_{应}＝41.889−（39.050＋1.500）＝1.339（m）$
　　0＋020 坡度钉　　$b_{应}＝41.889−（39.000＋1.500）＝1.389（m）$

5）计算备坡度板顶改正数 ΔH。立尺于坡度板顶，分别读取各板顶的实读数 $b_{应}$，填入表 15 - 7 中第⑥栏，则改正数为

$$\Delta H = b_实 - b_应$$

如　0＋000 坡度钉　　$\Delta H = 1.250 - 1.289 = 0.039$（m）

　0＋010 坡度板钉　$\Delta H = 1.265 - 1.339 = 0.074$（m）

　0＋020 坡度板钉　$\Delta H = 1.314 - 1.389 = 0.075$（m）

数据填入 15-7 第⑧栏。若 ΔH 为"－"时，则应从板顶向下改正；若 ΔH 为"＋"时，则应从板顶向上改正。

以坡度板顶为准，根据改正数往下量 ΔH，在高程板上钉一铁钉，即为坡度钉。施工中只须用钢卷尺即可方便地控制管槽开挖深度。

钉好坡度钉后，立尺于所钉坡度钉上，检查实读前视与应读前视是否一致，若误差在 ± 2mm 以内，即认为坡度钉位置准确。在施工过程中，还应定期检测本段和已完成段坡度钉的高程，以免因测量错误或坡度板移位造成各段管道无法衔接的事故。

为了节省木材，也可采用在两侧管槽壁上每隔 10～20m 测设水平桩的方法，来控制管槽挖土深度。

（二）顶管施工测量

当地下管道须要穿越铁路、公路、河流或重要建筑物等障碍物时，为了保证正常的交通运输和避免大量的拆迁工作，往往不允许从地面开挖沟槽，此时常采用顶管法施工。顶管法施工还可克服雨季和严冬对施工的影响，减轻劳动强度和改善劳动条件。如图 15-41 所示，在管道一端先挖好工作坑，在坑内安置导轨，将管筒放在导轨上，然后用顶镐将管筒沿管线方向顶进土中，并挖出管内泥土，便形成连续的整体管道。

顶管施工测量的主要任务是控制管道顶进的中线方向管底高程和坡度。

1. 准备工作

（1）设置中线控制桩和开挖顶管工作坑。依照设计图纸的要求，首先在工作坑的前后钉立两个中线控制桩（图 15-41 中的 A、B 两桩），使前后两桩通视，并与已建成的管道在一条直线上。然后根据中线控制桩定出工作坑的开挖边界，并撒出灰线，进行开挖。

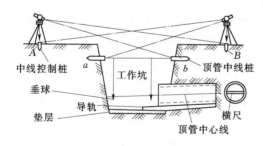

图 15-41　设置中线控制桩和开挖顶管工作坑

（2）设置顶管中线桩。工作坑挖好后，置经纬仪于中线控制桩 A、B 上，将中线引测到坑壁，并打入大铁钉或木桩，此桩称为顶管中线桩（图 15-41 中 a、b 两桩）。

（3）设置临时水准点。为了控制管道能按设计高程和坡度顶进，须在工作坑内设置两个临时水准点。

（4）安装导轨。导轨一般安装在木基础或混凝土基础上。基础面的高程和纵坡都应符合设计要求。

2. 顶进过程中的测量工作

（1）顶管中线定线测量。如图 15-42 所示，在坑内两个顶管中线桩之间拉紧一条细线，并在细线上挂两个锤球，两锤球的连线即为顶管中线方向。为了保证测量精度，两锤球间的距离应尽量远些。在管内设置一把横放水平尺，尺长略小于管的内径，尺上有刻划及中心钉。顶管时用水准器将尺放平，通过管外两锤球投入管内一条细线与水平尺上的中心钉作比较，即可量出顶管中心是否有偏差。若偏差值超过±1.5cm，则必须进行管子校正。通常管子每顶进0.5～1m进行一次检查。这种方法适用于短距离顶管施工，当距离超过100m时，可在管线上每100m设一个工作坑，分段对顶施工。在接通时，管子错口不得超过3cm。

若有条件，宜采用激光经纬仪或激光水准仪进行导向。

（2）管底高程测量。如图15-42所示，将水准仪安置在坑内，以临时竖立木尺水准点作为后视点，在顶管内前进方向上竖立一根略小于管径而有分划的木尺作为前视尺。每顶进0.5m测量一次高程，如与设计高程偏差超过1cm，则须进行校正。

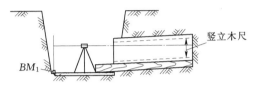

图15-42 管底高程测量

第五节 桥梁施工测量

桥梁按桥梁跨越的障碍物的性质可分为跨河桥、跨谷桥和跨线桥，其轴线长度一般分为特大（＞500m）、大（100～500m）、中（30～100m）、小（＜30m）四类，按平面形状可分为直线桥和曲线桥两种，按桥梁桥跨结构可分为梁桥、拱桥悬索桥、刚架桥，按桥面平面位置可分为上承式桥和下承式桥。

桥梁测量分为桥梁施工控制测量和桥梁施工测量。桥梁施工控制测量包括平面控制网的建立和高程控制网的布设。桥梁施工测量的方法及精度要求随桥梁轴线长度而定，内容有桥梁的墩台中心定位、轴线测设、桥梁细部放样等。

一、桥梁施工控制测量

（一）桥梁平面控制网的建立

桥梁施工控制网，宜布设成自由网，并根据线路测量控制点定位。桥梁平面控制可以采用三角测量、边角测量、精密导线测量、GPS测量的方法建立，常用桥梁控制网的图形为双三角形，如图15-43所示，大地四边形和双大地四边形如图15-44所示。桥梁施工控制网等级的选择，应根据桥梁的结构和设计要求合理确定，并符合表15-8的要求。

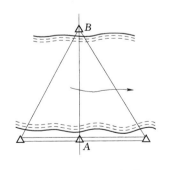

图15-43 双三角形

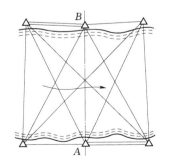

图15-44 双大地四边形

表 15-8 桥梁施工控制网等级表

桥长 L（m）	跨越的宽度 l（m）	平面控制网的等级	高程控制网的等级
L＞5000	l＞1000	二等或三等	二等
2000≤L≤5000	500≤l≤1000	三等或四等	三等
500＜L＜2000	200＜l＜500	四等或一级	四等
L≤500	l≤200	一级	四等或五等

为了施工放样时计算方便，桥梁控制网常采用独立坐标系统，其坐标轴采用平行或垂直桥轴线方向。

为保证桥梁与相邻路线在平面位置上正确衔接，应在桥址两岸的路线中线上埋设控制桩。两岸控制桩的连线称为桥轴线，两控制桩之间的水平距离，称为桥轴线长度。

当布设成三角网时的网形要求如下：

（1）三角点应选在不容易受到人为、自然破坏的地方，如不被水掩。

（2）桥轴线一般与基线一端连接，成为三角网的一条边，桥轴线与基线交角尽量近于垂直，基线长度一般不小于桥轴线长度的 0.7 倍。

（3）三角网的传距角应尽量接近 60°，一般不宜小于 30°，困难情况下应不小于 25°，应满足《公路桥位勘测设计规范》（JTJ 062—91）规定的桥梁三角网的精度指标要求。

现在，桥梁三角网的基线通常采用光电测距仪或全站仪测量，因此对基线场地没有特殊要求。当布设成边角网或 GPS 网时，可以适当放宽网形的限制，但控制网的精度应满足相应的指标要求。

（二）桥梁施工高程控制网的建立

桥位高程控制应采用水准测量的方法建立。水准点的选择与埋设应与平面控制网的选点与埋设工作同时进行，两岸的水准测量路线，应组成一个统一的水准网，每岸水准点不应少于 3 个。水准点包括水准基点和工作点。水准基点的选择应满足下面几点：

（1）水准点应埋设在桥址附近安全稳固、便于观测的位置。

（2）桥址两岸至少应各设一个水准点，引桥较长时，应适当增设。

（3）避开地质条件差的地段，对于地质条件较差或易受破坏的地段，应加设辅助水准点或明、暗标志。

桥位水准点应与路线水准点联测，必要时，应与桥位附近其他单位的水准点或工程设施联测。水准点的高程一般采用国家水准点高程，如相距太远，联测有困难时，可使用假定高程。

由桥位水准基点联测既有水准点，可采用一组往返测量或两组并行测量，其高差不符值为

$$f_h = \pm 30 \sqrt{L} \text{（mm）} \qquad (15-49)$$

在山区或丘陵区，当平均每 km 单程测站数多于 25 站时，高差不符值为

$$f_h = \pm 6 \sqrt{n} \text{（mm）} \qquad (15-50)$$

式中：L 为以 km 为单位的水准路线长；n 为测段间单程测站数。

当高差不符值超过 $\pm 20\sqrt{L}$（mm）或 $\pm 4\sqrt{n}$（mm），需要进行跨河水准测量。跨河水准测量的地点应尽量选择在桥渡附近河宽最窄处，两岸测站点和立尺点可布成如图 15-45 所示的对称图形。图中 C、D 为测站点，BM_A，BM_B 为立尺点，要求 CBM_A 与 DBM_B，CBM_B 与 DBM_A 的距离尽量相等，并使 CBM_A、DBM_B 大于 10m，观测时，视线距水面的高度宜大于 3m。

跨河水准测量一测回的观测顺序是：在一岸先读近尺，再读远尺；仪器搬至对岸后，不改变焦距先读远尺，再读近尺；也可以采用两台同精度的水准仪同时作对向观测。跨河水准测量应在上、下午各完成半数工作量。

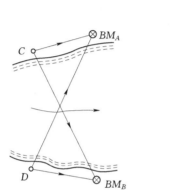

图 15-45 跨河水准测量的测站和立尺点　　　　图 15-46 跨河水准测量观测觇板

由于跨河水准测量视线较长，读数困难，可在水准尺上安装一块可以沿尺上下移动的觇板。如图 15-46 所示，觇板用铝或其他金属或有机玻璃制造，背面设有夹具，可沿水准标尺面滑动，并能用固定螺丝控制，将觇板固定于标尺任一位置；觇板中央开一小窗，小窗中央安一水平指标线。由观测者指挥立尺员上下移动觇板，使觇板上的水平指标线落在水准仪十字丝横丝上，然后由立尺员在水准尺上读取标尺读数。

二、桥梁施工测量

（一）桥梁墩台定位精度的确定

桥墩中心位置精度差，将为架设造成困难，而且会使墩上的支架位置偏移，改变桥墩的受力状态，给行车安全造成隐患，并影响墩台的使用寿命。所以要保证墩台中心定位的精度。工程上要求钢梁墩台中心在桥轴线方向的位置中误差不应大于 1.5~2.0cm。

（二）桥梁的墩台中心定位

桥墩测设应进行两次。水中桥墩基础（墩底）采用浮运法施工时，目标处于浮动中的不稳定状态，在其上无法安置测量仪器，因此，墩底测设一般采用方向交会法；在已经稳固的墩台基础上定位时，可以采用直接法、方向交会法或极坐标法。

1. 直接法

直接法只适用于直线桥梁的墩台测设。如图 15-47 所示，将全站仪或测距仪安置在

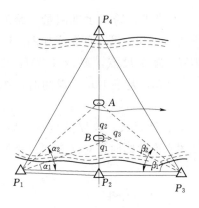

图 15-47 墩台测设

桥轴线控制点 P_2 上，在 P_2P_4 连线上分别用正倒镜分中法测设出 P_2 点距墩台中心 B、A 的水平距离；然后将全站仪搬至对岸的 P_4 点，在 P_4P_2 连线上分别采用正倒镜分中法测设出 P_4 点距墩台中心 B、A 的水平距离；两次测设的墩台中心位置误差应小于 2cm。

2. 方向交会法

如图 15-47 所示，在 P_1、P_3、P_2 三点各安置一台经纬仪，自 P_2 站照准 P_4，定出桥轴线方向；P_1、P_3 两台经纬仪均先照准 P_2 点，并分别测设 α_1、β_1 角，以正倒镜分中法定出交会方向线。

测量中不可避免地存在误差，因此从 P_1、P_3、P_2 三站测设的三条方向线不交于一点，而构成图中所示的误差三角形 $\triangle q_1q_2q_3$。如果误差三角形在桥轴线上的边长 q_1q_2 在容许范围内（对于墩底放样为 2.5cm，对于墩顶放样为 1.5cm），则取 P_1、P_3 两点拨方向线的交点 q_3 在桥轴线上的投影点 B 作为桥墩的中心位置。

（三）桥梁细部放样

桥墩台砌筑至一定高度时，应根据水准点在墩台身的每侧测设一条距顶部一定高差（如 1m）的水平线，用以控制砌筑高度。墩台身施工测量，是以墩台纵横轴线为依据，进行墩台身的细部放样。当墩台身砌筑完毕时，测设出墩台中心及纵横轴线，以便安装墩帽或台帽的模板、安装锚栓孔、安装钢筋。模板立好后应再一次进行复核，以确保墩帽或台帽中心、锚栓孔位置等符合设计要求，并在模板上标出墩台帽顶面标高，以便灌注。墩帽、台帽施工时，应满足精度要求，如高程偏差不超过 ±10mm，两个方向的平面位置偏差不大于 ±10mm，墩台间距或跨度用钢尺或测距仪检查，误差应小于 1/5000。

思 考 与 练 习

1. 试述线路工程测量的任务和内容。

2. 线路中线测量的主要任务是什么？它包括哪些主要测量工作？

3. 初测阶段的任务是什么？

4. 简述以偏角法测设圆曲线细部点的方法。

5. 简述纵断面水准测量的施测方法。

6. 试根据图 15-48 中的观测数据，完成纵断面图绘制工作（括号内数字为第一次仪器视线高的读数）。

(1) 将观测数据填入纵断面测量手簿，并完成各项计算。

(2) 根据手簿中的有关数据绘制纵断面图。平距比例尺取 1：500，高程比例尺取 1：50。

(3) 在断面图上画出坡度为 +5‰ 的坡度线，0+000 点管底设计高程为 45.60m，并

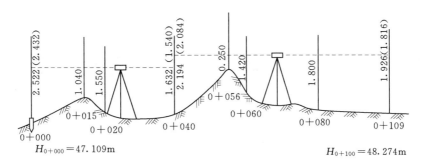

图 15-48　纵断面水准测量数据

计算各桩点管底设计高程。

（4）计算各点埋置深度。

7. 为什么要进行横断面测量？如何进行？

8. 简述管道施工测量的准备工作。管道施工测量包括哪些主要测量工作？

9. 什么叫复曲线、缓和曲线？

10. 圆曲线的三主点是什么？

11. 圆曲线切线长、曲线长、外矢距、切曲差的公式是什么？

12. 什么叫基平测量？什么叫中平测量？

13. 如图 15-15 所示，偏角法测设圆曲线，设 JD 的桩号为 $0+186.30$m，偏角 $\alpha=30°45'00''$，设计曲线半径为 $R=120$m。若曲线上细部整桩距为 10m，试计算曲线各要素的数值、起点与终点桩号和各细部点的偏角值。

第十六章 工业与民用建筑施工测量

第一节 概　　述

一、施工测量的主要内容

施工测量的目的是将图纸设计好的建筑物、构筑物的平面位置和高程，按照设计要求，以一定的精度测设到地面上，作为施工的依据，并在施工过程中进行一系列的测量工作。它包括以下主要内容。

（1）施工控制测量。开始施工前在施工场地上建立施工控制网，以保证施工测设的整体精度，可分批分片测设，同时开工，可缩短建设工期。

（2）建（构）筑物的测设工作。在施工过程中，将图纸上设计好的建（构）筑物的平面位置、几何尺寸及标高，测设到施工现场和不同的施工部位，设置明显的标志，作为施工定位的依据。

（3）质检测量。在每道施工工序完成后，需要通过测量检查工程各部位的实际平面位置、几何尺寸、标高是否符合设计要求。根据实测验收的记录、资料编绘竣工图，作为验收时鉴定工程质量的必要资料以及工程交付使用后运营管理、维修、扩建的依据。

（4）变形观测。随着施工的进展，对一些大型、高层或特殊建（构）筑物进行变形观测，作为鉴定工程质量和验证工程设计、施工是否合理的重要资料。

二、施工测量的精度

为了确保建（构）筑物测设的正确性，满足设计要求，施工测量必须满足一定的精度要求。施工测量的精度要求可概括为以下三个方面。

1. 施工控制网的精度

施工控制网的精度是根据建（构）筑物的测设定位精度和控制范围的大小来决定的。当定位精度要求较高和施工现场较大时，就需要施工控制网具有较高的精度；若由于某一部分建（构）筑物要求较高的定位精度，则在大的控制网内建立精度较高的局部独立控制网。

2. 建（构）筑物轴线测设的精度

建（构）筑物轴线测设的精度是指建（构）筑物定位轴线的位置相对控制网、周围建（构）筑物或建筑红线、马路中线的精度，这种精度除自动化和连续性生产车间的特殊要求外，一般要求不高。

3. 建（构）筑物细部放样的精度

建（构）筑物细部放样的精度是指建筑物内部各轴线对定位轴线的精度。这种精度的高低取决于建（构）筑物的形式、规模、重要性、结构、材料及施工方法等因素。一般来说，高层建筑物的放样精度高于低层建筑物的放样精度；工业建筑物放样精度高于一般民用建筑物放样精度；钢结构建筑物放样精度高于钢筋混凝土结构建筑物放样精度；框架结构建筑物放样精度高于砖混结构建筑物放样精度；装配式建筑物放样精度高于非装配式建筑物。精度过高，将导致人力、物力及时间的浪费，过低则会影响施工质量，甚至造成工程事故。所以，应根据具体的精度要求进行放样。

三、施工测量的特点

施工测量工作与工程质量及施工进度有着密切的关系。测量人员必须了解设计的内容、性质及其对测量的精度要求，熟悉设计图纸的尺寸和标高数据，了解施工的全过程及施工工艺、方法，而且要掌握施工现场的变动情况，使测量工作能够与施工密切配合。其特点如下：

（1）由于施工现场复杂，障碍物多，测设定位桩时，必须有足够的数量，了解现场布置，避开施工干扰。

（2）现代建筑工程规模大，进度要求快，因此，要求施工人员要熟悉设计图纸，了解施工方案和施工进度的安排。

（3）由于现场施工工种多，交叉作业，干扰大，不安全因素多，所以在高空和危险地区施工时，必须采取安全措施，以防仪器和人员的事故。

（4）由于现场交通频繁，动力机构震动大，所以各种定位标志必须埋设牢固，妥善保存维护。一旦被损坏，应及时恢复，以便检查放样成果。

（5）必须按图进行测设，为施工服务，一切服从施工的安排，满足施工的需要。

四、施工测量的组织原则

为了保证各个时期的各类建（构）筑物、位置的正确性，施工测量应遵循"从整体到局部，先控制后碎部"的原则。即首先在施工场地上，以原勘测设计阶段所建立的测图控制网为基础，建立统一的施工控制网，然后根据施工控制网来测设建（构）筑物的轴线，再根据轴线测设建筑物各个细部（基础、墙、柱、门窗等）。施工控制网不单是施工放样的依据，同时也是变形观测、竣工测量以及将来建筑物扩、改建的依据。

五、施工测量的准备工作

施工测量应建立健全的测量组织、操作规程和检查制度。在施工测量之前，应先做好下列工作。

（1）检校仪器、检定钢尺。对经纬仪、水准仪各轴线几何关系进行检验校正，使其满足规范要求。对所用钢尺的实长，送到有关计量部门进行检定，尤其是精度要求较高的工程中，如钢结构建筑施工中，若尺长没有检定，就根本无法保证精度要求。

（2）了解设计意图，学习与校核图纸。通过学习总平面图，以了解工程所在位置，周围环境及与原有建筑物的关系，现场地形及拆迁情况，红线桩位置及原有控制点，建筑物的布局，定位依据，±0标高位置等。其中要特别注意的是定位依据、条件及建（构）筑物主要轴线的布局。另外还需要校对图之间相应轴线尺寸、标高是否对应等，确保测设无误。

（3）校核红线桩（定位点）与水准点。为保证整个场地定位和标高的正确性，对原勘测图图纸提供的控制点、红线桩及水准点均应进行严格的校核，以取得正确的测量起始数据与起始点位，这是做好整个施工测量的基础。

（4）制订施工测量方案。根据施工现场情况、原有控制点位置、建筑结构的形状以及设计给定的定位条件，制订切实可行的测设方法及方案，并健全测量组织。

第二节　工业厂房的施工测量

工业厂房分为单层和多层，厂房的柱子按其结构与施工的不同分为预制钢筋混凝土柱子、钢结构柱子及现浇钢筋混凝土柱子。目前采用较多的是预制钢筋混凝土柱子装配式单层厂房。施工中的测量工作包括厂房矩形控制网测设、厂房柱列轴线放样、杯形基础施工测量、厂房构件安装测量等。

一、厂房矩形控制网测设

厂房的定位多是依据施工场地上的建筑方格网测设的。由于厂房多为柱列式建筑，跨距和间距大，隔墙少，平面布置简单，而且大多构件都是按设计要求和尺寸预制的，因此就必须测设由柱列轴线控制桩组成的厂房矩形控制网，以保证按设计要求的位置和相互关系进行构件安装。

如图 16-1 所示，a、b、c、d 为厂房四个外角点，其坐标值可从总平面网上查得。A、B、C、D 为布置在基础开挖范围以外的厂房矩形控制网的四个角点，称为厂房控制桩。其坐标可根据厂房四个外角点坐标及设计间距 l_l、l_2 推算出。首先根据厂房控制点的坐标和建筑方格网点Ⅰ、Ⅱ的坐标计算出测设数据，然后利用方格网边Ⅰ、Ⅱ按直角坐标法测设出四个厂房控制桩。最后检测∠C、∠D 是否等于 90°，AB 和 CD 两边是否等于设计长度，其误差不大于 1/10000 且误差范围一般为 ±10″。为了便于测设细部，在测设和检测距离的过程中，每隔若干柱间埋设一个控制桩，称为距离指示桩。

对于小型的工业厂房，也可采用民用建筑定位的方法进行控制。

对于大型或设备基础复杂的厂房，应先测设厂房控制网的主轴线，如图 16-2 中的 MON 与 POQ，再根据主轴线测设矩形控制网 $ABDC$。

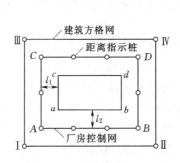

图 16-1　直角坐标法建立的厂房控制

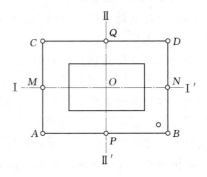

图 16-2　大型厂房的矩形控制网

二、厂房柱列轴线的测设

厂房矩形控制网建立后，根据厂房平面图上所注的柱子间距和跨距尺寸，用钢尺沿矩形控制网各边量出各柱列轴线控制点的位置（如图 16-3 中的 Ⓐ，Ⓑ，①，②，…），并打入大木桩，桩顶用小钉标出点位，作为基坑放样和构件安装的依据。丈量时应根据相邻的两个距离指示桩为起点分别进行，以便检核。

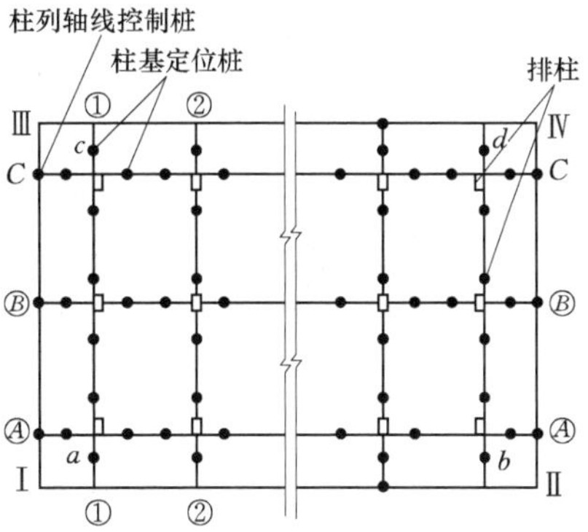

图 16-3　厂房柱列轴线控制桩

三、杯形基础施工测量

1. 杯基定位

用两台经纬仪安置在两条相互垂直的柱列轴线控制桩上，沿轴线方向交会出桩基定位点（定位轴线交点），再根据定位点和定位轴线，按基础详图（图 16-4）上的设计尺寸和基坑放坡宽度，用特制角尺放出基坑开挖边线，并撒上白灰。同时，在基坑外的轴线上离开挖边线的 2m 处，各打入一个基坑定位桩，桩顶钉小钉作为修坑和立模的依据，如图 16-5 所示。

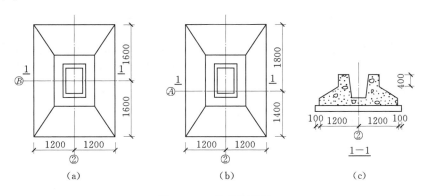

(a)　　　　　　　(b)　　　　　　　(c)

图 16-4　柱基的测设

2. 基坑标高控制

将标高引测到厂房控制桩上，当基坑挖到一定的深度后，用水准仪在坑壁的四周离坑底设计标高 0.5m 处测设几个水平桩 [图 16-5（a）]，作为检查坑底标高和打垫层的依据。

3. 支模板放线

垫层打好后，根据基坑定位桩在垫层上放出基础中心线，并弹墨线标明，作为支模板的依据。模板支好后，应用拉线、吊垂线等方法检查上口的位置 [图 16-5（b）]。然后用水准仪在模板内壁测设出基础面设计标高线。在支杯底模板时，应注意使实际浇灌出的杯底面略低于设计标高 3～5cm，以便以后杯底找平。

四、厂房构件安装测量

装配式单层厂房主要由柱、吊车梁、层架等构件组成，如图 16-6 所示。这些构件大

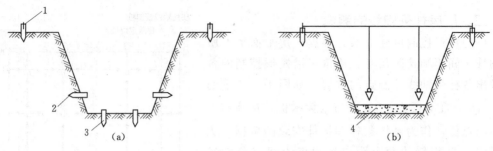

图 16-5　基坑标高控制

1—基坑定位桩；2—水平桩；3—垫层标高桩；4—垫层

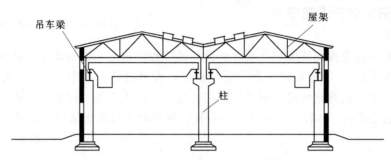

图 16-6　装配式单层厂房的组成

多是采用预制成后运到工地进行现场装配。因此，在构件安装时，必须对所用测量仪器进行严格的检校，特别是柱子安装，它的位置与标高正确与否，将直接影响到梁、屋架等构件能否正确安装。

（一）柱子安装测量

1. 基本要求

（1）位置正确，柱子中心与轴线位移应在±5mm 范围之内。

（2）柱身竖直，柱顶对柱底的垂直度偏差，当柱高 $H\leqslant5m$ 时，垂直度偏差应在±5mm 范围内；当 $5m<H\leqslant10m$ 时，垂直度偏差应在±10mm 范围内；当 $H>10m$ 时，垂直度偏差不得大于 $H/1000$ 且应在±25mm 范围内。

（3）牛腿面及柱顶的标高，其容许偏差范围为±5mm。

2. 准备工作

（1）杯基弹线。杯基拆模后，由柱列轴线控制桩用经纬仪把轴线投测在杯口顶面上，并弹出墨线，用红油漆画上"▶"标志，如图 16-7 所示，作为柱子的中心定位线。当柱列轴线不通过柱中心线时，应在柱基顶面加弹中心线。另外，用水准仪在杯口内壁测设一条比杯口顶面标高低一数值的标高线（图 16-7 中为 −0.600m），并画出"▼"标志，作为杯底找平的依据。

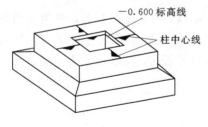

图 16-7　杯基弹线

（2）柱身弹线。如图 16-8 所示，在每根柱子的三侧面弹出柱中心线，在中心线的上端与下端杯口处画出"▶"标志，并根据牛腿面设计标高，从牛腿面向下用钢尺量出－0.600m的标高线，并画出"▼"标志，再量出到柱底的距离，标注在柱身上。

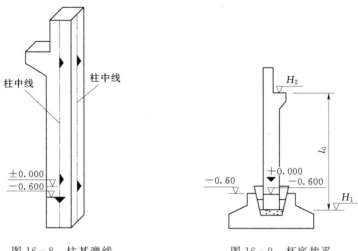

图 16-8　柱基弹线　　　　　　　图 16-9　杯底找平

（3）杯底找平。如图 16-9 所示，为了保证安装后的牛腿面的设计标高 H_2，即 $H_2 = H_1 + l_0$，由于柱子预制时的误差，致使柱长 l 与设计长度不符，因此必须进行杯底找平。

找平时，用钢尺量出杯口内－0.600m线到杯底的距离，与柱身－0.600m线到柱底的距离比较，从而确定出杯底的找平厚度。由于浇灌杯底时通常使其低于设计标高 3～5cm，故可用1：2的水泥砂浆根据确定的找平厚度进行找平，最后再用水准仪测量，其误差范围应在±3mm以内。

3. 柱子安装及竖直校正

柱子起吊后，应对号插入杯口。首先应使柱身基本竖直，再使柱身中心线与杯口轴线对齐，用硬木楔或钢楔临时固定，若偏差较大可用锤子敲打楔子拨正，其容许偏差范围为±5mm。然后进行竖直校正，如图 16-10 所示，用两台经纬仪分别安置在柱列纵、横轴线上，离开柱的距离不小于柱高的 1.5 倍，同时观测。先照准柱子下端的中心线，固定照准部，再仰视柱顶中心线。如果中心线重合，则柱子在这个方向上就是竖直的；如果中心线不重合，应进行调整，直到互相垂直的两个方向上都符合要求为止，将杯口的楔块打紧。用经纬仪实测柱子的垂直偏差值，若在容许范围之内，随即浇灌混凝土进行最后固定。

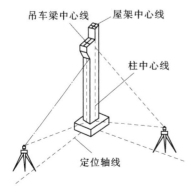

图 16-10　用两台仪器的竖直校正

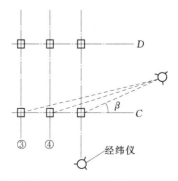

图 16-11　仪器安置纵轴一侧的竖直校正

317

为了提高安装速度，有时先将若干柱子分别插入杯口，临时固定，这时则将经纬仪安置在柱列轴线的一侧，与轴线的偏角 β 不超过 $15°$，一次可校正几根柱子（图 16-11）。柱子较短或精度要求较低时，可用垂球进行校正。

4. 柱子竖直校正的注意事项

（1）柱子校正前应对经纬仪严格校正。

（2）柱子竖直校正好后，应复查柱子下部的中心线是否对准杯口的柱列轴线。

（3）安装变截面的柱子时，经纬仪必须安置在柱列轴线上，以免产生差错。

（4）在日照下校正柱子的垂直度，应考虑温度的影响。因为柱子受太阳照射后，阴面与阳面形成温度差，柱子会向阴面弯曲，使柱顶产生水平位移。因此，在垂直度要求较高、温度较高、柱身较高时，应利用早、晚或阴天进行校正，或在日照下先检查早晨校正过的柱子的垂直偏差值，对所校正柱子做预留偏差校正。

（二）吊车梁、轨安装测量

1. 准备工作

（1）在预制好的吊车梁的顶面及两个端面上用墨线弹出梁中心线，如图 16-12 所示。

图 16-12 在吊车梁顶面和端面弹线

（2）在牛腿面上弹出吊车梁的中心线由柱中心到梁中心的距离，以柱中心为准，在牛腿面上弹出吊车梁的中心线，或者在图 16-13 中厂房中心线一端 A_1' 安置经纬仪，照准另一端 A_1''，测设 $90°$，沿视线方向量取吊车梁中心距离 d 得 A' 点，纵转望远镜沿视线方向量取 d 得 B' 点，再在 A_1'' 点上安置经纬仪，同法测出吊车梁中心线的另外两个端点 A'' 和 B''。在吊车梁中心线的一端安置经纬仪，照准另一端点，仰起望远镜，即可在每根柱子的牛腿面上测出吊车梁的中心线。

（3）根据柱子上的标高线，用钢尺沿柱子侧面向上量出吊车梁顶面的设计标高，供调整梁面标高用。

2. 吊车梁安装测量

（1）吊车梁安装时，使吊车梁两个端面上的中心线分别与牛腿面上的中心线对齐，其误差应小于 3mm。

（2）吊车梁就位后，要根据梁面设计标高对梁面进行调整，然后用水准仪检测梁面实际标高（一般每隔 3m 测一点），其误差不应大于 5mm。

3. 轨道安装测量

（1）吊车轨道安装之前，采用平行线法对吊梁上的中心线进行一次检测。如图 16-14 所示，在离开中心线间距为 d（1m）处，测设一条校正轴线 $a'a''$，在校正轴线的一端点上安置经纬仪，照准另一端点，仰起望远镜，在吊车梁上横放一木尺，如图 16-15 所示，当十字丝中心对准木尺上 d（m）的读数时，尺的零点应与梁中心线重合。如不重合，应予改正，再弹出墨线，供安置轨道时使用。

（2）吊车梁按校正过的中心线安装就位后，其容许误差范围为 $\pm2mm$。可将水准仪直接安置在轨面上进行检测，与设计高程相比较，误差范围为±3mm。还要用钢尺悬空丈量轨道上对应中心线点的跨距，其误差范围为±5mm。

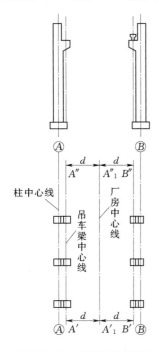

图 16-13　吊车梁的安装

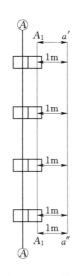

图 16-14　轨道安装测量

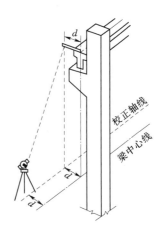

图 16-15　轨道安装测量的检测

（三）屋架的安装测量

屋架安装前用经纬仪或其他方法在柱顶面上弹出屋架的定位轴线（图 16-16）及屋架两端头的中心线，以便进行安装定位。

屋架就位时，应使屋架的中心线与柱顶面上的定位线对准，其误差范围为±5mm。

屋架的竖直度可用垂球或经纬仪检查。用经纬仪检查，可在屋架上横装三把卡尺，如图 16-16 所示，一把安装在屋架上弦中点附近，另外两把分别安装在屋架的两端，从屋架的几何中心沿卡尺向外量出一定距离（一般为 500mm），并做标志。在地面上距屋架中心同样的距离测一条平行线。在该线的一端安置经纬仪，找准另一端，仰起望远镜，观测三把卡尺上的标志是否位于同一竖直面内。若屋架竖直偏差较大，则用机具校正，最后将屋架固定。竖直度容许偏差：薄腹梁不大于 5mm；桁架不大于屋架高的 1/250。

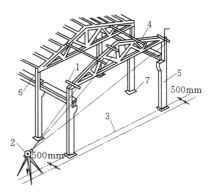

图 16-16　屋架安装测量

1—卡尺；2—经纬仪；3—定位轴线；4—屋架；5—柱；6—吊车梁；7—基础

319

第三节 高层建筑施工测量

随着社会的发展和建筑技术的不断进步，我国的高层建筑物越来越多。例如405m高的北京中央电视台发射塔，402.5m高的上海金贸大厦，401.9m高的广州中天大厦等。高层建筑的定位、放线与多层建筑物基本相同。但是，由于高层建筑物具有层数多、高度高、规模大、结构复杂、平面与立面变化多样、设备和装修标准较高等特点，因此在施工中对建筑各部位的水平位置、垂直度及轴线尺寸、标高等放线精度要求都十分严格。《钢筋混凝土高层建筑结构设计与施工规范》中不同结构形式在施工中轴线与标高容许偏差值见表16－1。

表 16－1 高层建筑施工容许偏差

结 构 类 型	竖向偏差限值（mm）		高差偏差限值（mm）	
	每层	全高 H	每层	全高 H
现浇混凝土	8	$H/1000$（最大 30）	±10	±30
装配式框架	5	$H/1000$（最大 20）	±5	±30
大模板施工	5	$H/1000$（最大 30）	±10	±30
滑模施工	5	$H/1000$（最大 50）	±10	±30

对质量检测的容许偏差也有严格要求。每层间竖向测量与标高测量偏差值范围均为±3mm，建筑物全高 H 测量偏差和竖向测量偏差不应超过 3/10000，且应满足下列条件：

（1）当 30m＜H≤60m 时，全高 H 测量偏差和竖向测量偏差范围为±10mm。

（2）当 60m＜H≤90m 时，全高 H 测量偏差和竖向测量偏差范围为±15mm。

（3）当 H＞90m 时，全高 H 测量偏差和竖向测量偏差范围为±20mm。

另外，高层建筑大多设有地下工程，工程量大，多采用分段、分期施工，施工期限长，场地变化大。为保证工程的整体与局部施工的精度，在进行施工测量前，必须制订出严谨合理的测量方案，建立牢固的测量控制点，严格检校仪器工具，健全检核措施，确保测设的精度。

但是与普通多层建筑物的施工测量相比较，高层建筑施工测量的主要问题是如何将轴线精确地向上引测和怎样进行高程传递。

一、高层建筑的轴线投测

轴线投测就是把底层的轴线通过一定的测量方法引测到施工面上。高层建筑的轴线投测是选择若干条主要轴线的平行线，组成一定的几何图形，如图 16－17（a）、（b）、（c）、（d）所示，以便检核。各控制线交点称为轴线控制点，每层相邻控制点及各层相同控斜点间应相互通视。把这些控制点投测到施工面上，由此放样出全部轴线。

图 16－17（a）为十字线，适用于面积较小的塔式建筑；图 16－17（b）为双十字线，适用于条形建筑；图 16－17（c）为正方形，适用于面积较大的方形建筑；图 16－17（d）为三角形，适用于扇形建筑。

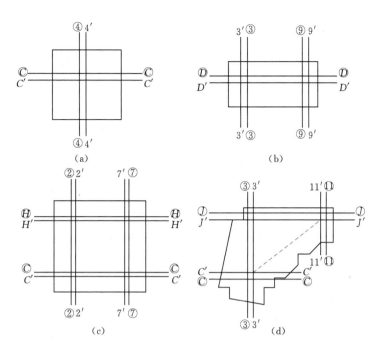

图 16 - 17　高层建筑物的轴线投测

由于施工场地、结构形式、施工方法等不同，轴线投测可采用外控法、内控法及三维坐标定位等。

（一）外控法

当施工场地比较宽阔时，可将经纬仪安置在建筑物的附近进行轴线投测。

1. 延长轴线投测

如图 16 - 18（a）所示，在地面控制桩 b'、b'_1、c'、c'_1 上安置经纬仪，将中心线投测于施工面上得 $b_中$、$b_{1中}$、c_1、$c_{1中}$。随着施工的进行，楼层不断增加，投测时仰角就会越来越大，投测精度随之降低，因此须将原控制桩引测到离建筑物较远的延长线上或附近已有建筑物的楼顶上，以减小仰角。如图 16 - 18（b）所示，把控制桩 c' 引测到 cc' 延长线的 c''。在 $c_{1中}$ 上安置经纬仪，照准 c'_1，正、倒镜取中点，将 c'_1 引测楼顶 c''_1 点，做标志固定点位，在上部楼层施工时，即可将经纬仪安置在新的控制桩 c'' 和 c''_1 上，照准 c、c_1 进行投测。同理，可引测 b'、b'_1、b''、b''_1 点。

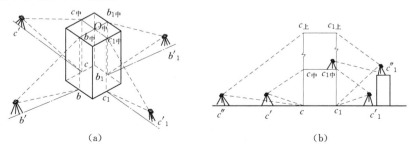

图 16 - 18　延长轴线投测

2. 侧向借线法

（1）侧向平行借线法。如图 16-19 所示，建筑场地窄小，外廓轴线 A 无法延长，可将轴线向建筑物外侧平行移出 d（d 不超过 2m），得到 A_W 及 A_E 点。投测时，在 A_W 安置经纬仪照准 A_E 点，抬高望远镜照准横放在该端施工面上的木尺，指挥其左右移动，当视线读数为 d 时，在尺底端做一标志。同理，在 A_E 点安置经纬仪，照准 A_W 点，就可在该端施工面上得到另一标志，连接这两个标志，即为 A 轴。随着楼层的增加，可延长 $A_W A_E$ 平行线到 $A'_W A'_E$，以减小仰角。

（2）侧向垂直借线法。如图 16-20（a）所示，在施工面上已测设出Ⓐ轴线，而①轴北侧延长线上 L_N 点不能安置仪器，将仪器安置在施工面Ⓐ轴与①轴交点附近，如图 16-20（b）中 A' 点。照准 A'_1，逆时针测设 $90°$，在 L_N 处定出 L'_N 点。在Ⓐ轴上根据 L_N、L'_N 的间距由 A'_1 定出 A_1 点。在 A_1 点上安置经纬仪检查 $A_1 L_N$ 与 $A_1 A_E$ 是否垂直，符合要求后，就可在施工面上定出①轴。

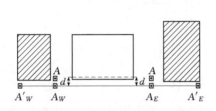

图 16-19　侧向平行借线法

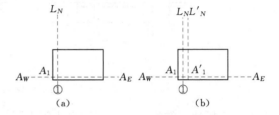

图 16-20　侧向垂直借线法

3. 挑直法

建筑物的轴线虽然可以延长但不能在延长线上安置经纬仪，可采用挑直法投测轴线。

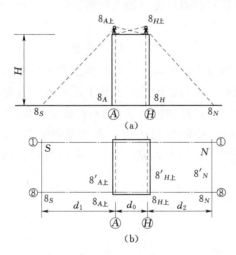

图 16-21　距离挑直法

（1）距离挑直法。如图 16-21 所示，8_S、8_N 为⑧轴延长到西、东两端墙上的轴线标志，无法安置经纬仪，投测⑧轴时，在施工面 $8'_{A上}$ 上安置仪器后视 8_S，纵转望远镜可定出 $8'_{H上}$；在 $8'_N$ 上安置仪器，后视 $8'_{A上}$，纵转望远镜，在 8_N 处定出 $8'_N$ 点，实量 $8_N 8'_N$ 间距，根据相似三角形相应边成正比例的原理，就可计算出 $8'_{A上}$ 和 $8'_{H上}$ 偏离轴线⑧的垂距，即

$$8_{A上} 8'_{A上} = 8_N 8'_N \frac{d_1}{d_1 + d_0 + d_2} \qquad (16-1)$$

由上述垂距即可在施工面上由 $8'_{A上}$ 和 $8'_{H上}$ 定出⑧轴线上的 $8_{A上}$ 和 $8_{H上}$。再将经纬仪依次安置在 $8_{A上}$ 和 $8_{H上}$ 上，检查 8_S、$8_{A上}$、$8_{H上}$ 和 8_N 各点是否在同一直线上，直到符合要求。

（2）角度挑直法。如图 16-22 所示，D_W 及 D_E 为 D 轴延长线在西、东两侧墙上的标志，在施工面上 D 轴线附近 D'_M 上安置经纬仪，用测回法观测 $\angle D_W D'_M D_E$。若该角为 $180°$

则 D'_M 就位于 D 轴上，否则，由其差值 $\triangle \beta = 180° - \angle D_W D'_M D_E$，按公式 $d = \dfrac{\Delta \beta}{2\rho} D_W D_M$ 计算出改正值 d，由此就可定出 D_M 点。同法检查 D_W、D_M、D_E 三点是否在同一直线上，直到满足要求。

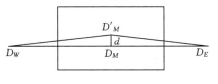

图 16-22　角度挑直法

无论采用哪种方法投测，为保证精度要注意以下几点：

1）轴线的延长桩点要准确，标志明显，并妥善保护桩点。每次投测时，应尽量以底层轴线标志为准，以避免逐层上投误差的累积。

2）投测前严格检校仪器，投测时精确调平照准部水准管，以减少竖直轴不铅垂的误差，每次按照正、倒镜投测取中点的方法进行。

（二）内控法

在建筑物密集的地区，由于施工场地狭小，无法在建筑物附近延长轴线进行投测，多采用在建筑物底层测设室内轴线控制点。用垂准线原理将各控制点竖直投测到各层施工楼面上，作为该层轴线测设的依据，此法称为内控法或垂准线投测法。

室内轴线控制点（内控点）的布设，根据建筑平面的形状可采用图 16-17（b）、（c）、（d）等形式，相邻控制点之间应互相通视。当基础施工完成后，由校测后的场地轴线控制桩，将室内轴线控制点测设到底层地面上，并埋设标志，作为向上投测轴线的依据。在各内控点的垂直方向上的每层楼板上预留约 20cm×20cm 的传递孔。为了防止传递孔掉石块、砂浆等，应有防护措施。依据投测仪器不同，可按下面三种方法投测。

1. 吊垂球法

吊垂球法使用得当，既经济、简单，又直观、准确。

但应注意以下问题：垂球的几何形体要规正，质量要适当（3～5kg）。吊线不得有扭曲，上端固定牢靠，中间没有障碍、抗线。下端投测人视线必须垂直于结构面，并防止震动、风吹等。若用塑料套管套吊线，下端专用设备观测精度会更高，每隔 3～5 层，用大垂球由下直接向上放一次通线校测。

投测时，以底层轴线控制点为准，通过预留孔直接向各施工面投测轴线。每点应进行两次投测，两次投测偏差在 ±4mm 范围之内时取平均位置做标志并固定，然后检查各点间的距离和角度，与底层相应数据比较，满足要求后，就可由此测设出其他轴线。

2. 天顶准直仪

利用能测设天顶方向的仪器，向上进行竖向投测。测设天顶方向的仪器有：配有 90° 弯管目镜的经纬仪、激光经纬仪、激光垂准仪、自动天顶准直仪等。

采用激光垂准仪或激光经纬仪投测时，如图 16-23 所示，在底层控制点上安置仪器，进行严格的对中、整平。在施工面预留孔上安置有机玻璃制成的接收靶。接通电源，起辉激光器，物镜调焦使接收靶上的光斑直径最小。转动仪器，若光斑不动，说明该点即为所投测的轴线控制点，若光斑画圆，移动接收靶使其沿着某个圆转动，该圆心即为所投测的轴线控制点，固定接收靶，由此就可在施工面上投测出 A、B、C 三点。经过角度和距离检核后，按底层三点与柱列轴线的相对关系，用经纬仪将各轴线测设于该层楼面，做好标志，供施工放样使用。

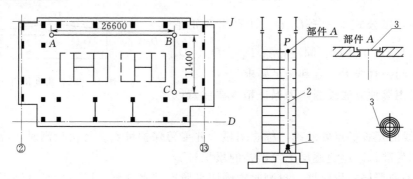

图 16-23 用激光垂准仪投测轴线点
1—激光垂准仪；2—激光束；3—激光接收靶

使用配有弯管目镜的经纬仪，是将望远镜指向天顶方向，由弯管目镜观测。严格整平、对中仪器后，旋转照准部 360°，若视线一直指向某点，说明视线处于铅直，即将底层轴线控制点投测到施工面接收靶上。

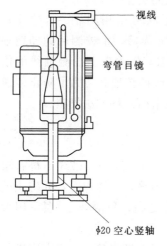

图 16-24 DJ$_6$-C$_6$ 型垂准经纬仪

图 16-24 为上海第三光学仪器厂生产的配有 90°弯管目镜的 DJ$_6$-C$_6$ 型垂准经纬仪。该仪器不但能使视线指向天顶，也能使视线通过直径 20mm 的空心竖直轴指向天底。此仪器一测回垂准观测中误差范围为 ±6″，即 100m 高差处平面位置误差范围为 ±3mm（约为 ±1/30000）。这种经纬仪是投资少，又能满足精度要求的最简便的仪器。

投测时要注意安全，经常检校激光束。最好选择阴天无风的时候观测，以保证精度。

3. 天底准直法

利用能测设天底方向的仪器，向下进行竖直投测。常用测设天底的仪器有垂准经纬仪、自动天底准直仪、自动天顶—天底准直仪。

投测时是把仪器安置在施工面的传递孔上，用天底准直法，通过每层的传递孔，将底层轴线控制点引测到施工面。

无论采用哪种投测，都必须注意校测，可采用吊垂球或外方向经纬仪测角等。还必须注意因阳光照射、焊接等原因而使建筑物产生的变形。投测时摸索规律，采取措施，以减少影响。

二、高程传递

高层建筑底层 +0.50m 的标高线由场地上的水准点来测设。其余各层的 +0.05m 线由底层标高线用钢尺沿结构外墙、边柱或楼梯间向上直接量取，即可把高程传递到施工面上。一般每层选择 3 处向上量取标高，以便检核及适应分段施工的需要。用水准仪检查各标高点是否在同一水平面上时，其误差范围为 ±3mm，再由各点测设出该层的 +0.50m 标高线。

三、边角双点三维后方交会法

如图 16-25 所示，用经纬仪投测时必须分别在各轴线 Ⓑ 、 Ⓚ 、⑲、㉔ 的延长线上安置仪器，才能把底层轴线投测到施工面上，其交点即为轴线的控制点 Ⅰ、Ⅱ、Ⅲ、Ⅳ。标高需要用钢尺从 ±0 标高线向上量距。若采用光电测距仪或全站仪，在施工面 P 上安置一次仪器，观测 PA、PB 边长，水平角 $\angle APB$ 及 PA、PB 竖直角，按照下面的计算方法就可求出 P 点的坐标及高程，不动仪器采用极坐标法就可测设出各轴线的控制点和该层的标高线。

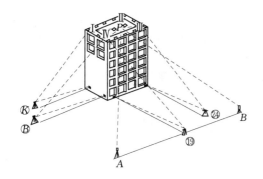

图 16-25　边角双点三维后方交会法　　　　图 16-26　平面坐标的计算

1. 平面坐标计算

如图 16-26 所示，在 $\triangle APB$ 中，A、B 点为方格网点，其坐标与高程已知，由观测值 PA 边长的平距 S_1、PB 边长的平距 S_2 及 $\angle APB$ 夹角 γ 就可计算出 $\angle A$、$\angle B$ 的值 α、β

$$\angle A = \alpha = \arcsin\left(\frac{\sin\gamma}{S_{AB}}S_2\right)$$

$$\angle B = \beta = \arcsin\left(\frac{\sin\gamma}{S_{AB}}S_1\right) \tag{16-2}$$

三角形各内角和应等于 $180°$，其闭合差 W 应为
$$W = \alpha + \beta + \gamma - 180° \tag{16-3}$$

该值应不大于容许值，反号平均分配到各角上，用改正后的 $\hat{\alpha}$、$\hat{\beta}$ 角值代入下式中就可计算出 P 点的坐标

$$x_P = \frac{x_A\cot\hat{\beta} + x_B\cot\hat{\alpha} + (y_B - y_A)}{\cot\hat{\alpha} + \cot\hat{\beta}}$$

$$y_P = \frac{y_A\cot\hat{\beta} + y_B\cot\hat{\alpha} + (x_A - x_B)}{\cot\hat{\alpha} + \cot\hat{\beta}} \tag{16-4}$$

2. 高程计算

如图 16-27 所示，在 P 点观测斜距 L_1、L_2 及水平角 γ 的同时，也观测 PA、PB 的竖角 R_A、R_B，以及仪器高 i，棱镜觇标高 V_A、V_B，采用三角高程原理，就可从 A、B 两点分别求出 P 点的高程。即：

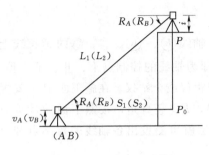

图 16-27 高程的计算

$$H_{PA} = H_A + V_A + L_1 \times \sin R_A - i$$
$$H_{PB} = H_B + V_B + L_2 \times \sin R_B - i$$

其差值在容许范围之内，取其平均值即为 P 点高程，即

$$H_P = \frac{H_{PA} + H_{PB}}{2}$$

3. 点位测设

由计算出的 P 点的坐标及轴线控制点的坐标，后视 A 点（或 B 点），按极坐标法就可测设出各点位。由 P 点的高程及该层＋50 线的设计标高，就可测设出该层的＋50 标高线。

第四节　烟囱、水塔的施工测量

烟囱和水塔的施工测量相近似，现以烟囱为例加以说明。烟囱是截圆锥形的高耸建筑，其特点是作为主体的筒身高度很大，一般有几十米至二三百米。相对筒身而言，基础的平面尺寸较小，因而整体稳定性较差。上述特点决定了烟囱施工测量的主要工作是严格控制筒身中心线的垂直偏差，以减小偏心带来的不利影响。

一、基础定位

在烟囱基础施工测量中，应先进行基础的定位。如图 16-28 所示，利用场地已有的测图控制网、建筑方格网或原有建筑物，采用直角坐标法或极坐标法，先在地面上测设出基础中心点 O。然后将经纬仪安置在 O 点，测设出在 O 点正交的两条定位轴线 AB 和 CD，其方向的选择以便于观测和保存点位为准则。轴线的每一侧至少应设置两个轴线控制桩，用以在施工过程中投测筒身的中心位置。桩点至中心点 O 的距离以不小于烟囱高度的 1.5 倍为宜。为便于校核桩位有无变动及施工过程中灵活方便地投测，也可适当多设置几个轴线控制桩。控制桩应牢固耐久，并妥善保护，以便长期使用。

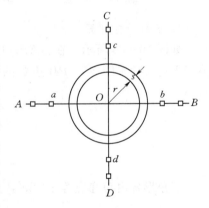

图 16-28 基础的施工测量

二、基础施工测量

如图 16-28 所示，定出烟囱中心 O 后，以 O 为圆心，$R = r + b$ 为半径（r 为烟囱底部半径，b 为基坑的放坡宽度），在地面上用皮尺画圆，并撒灰线，标明控坑范围。

当基坑挖到接近设计标高时，按房屋建筑基础工程施工测量中基槽开挖深度控制一样，在基坑内壁测设水平控制桩，作为检查挖土深度和浇灌混凝土垫层控制用，同时在基坑边缘的轴线上钉四个小木桩，如图 16-28 中的 a，b，c，d，用于修坡和确定基础中心。

浇灌混凝土基础时，应在烟囱中心位置埋设角钢，根据定位小木桩，用经纬仪准确地在角钢顶面测出烟囱的中心位置，并刻上"十"字丝，作为筒身施工时控制烟囱中心垂直度和控制烟囱半径的依据。

三、筒身施工测量

烟囱筒身向上砌筑时，筒身中心线、半径、收坡要严格控制。不论是砖烟囱还是钢筋混凝土烟囱，筒身施工时都需要随时将中心点引测到施工作业面上，引测的方法常采用吊锤线法和导向法。

1. 吊锤线法

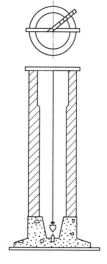

如图 16-29 所示，吊锤线法是在施工作业面上安置一根断面较大的方木，另设一带刻划的木杆插与方木铰结在一起。尺杆可绕铰结点转动。铰结点下设置的挂钩上用钢丝吊一个质量为 8～12kg 的大锤球，烟囱越高使用的锤球应越重。投测时，先调整钢丝的长度，使锤球尖与基础中心点标志之间仅存在很小的间隔。然后调整作业面上的方木位置，使锤球尖对准标志的"十"字交点，则钢丝上端的方木铰结点就是该工作面的筒身中心点。在工作面上，根据相应高度的筒身设计半径转动木尺杆画圆，即可检查筒壁偏差和圆度，作为指导下一步施工的依据。烟囱每升高一步架，要用锤球引测一次中心点，每升高 5～10m 还要用经纬仪复核一次。复核时把经纬仪先后安置在各轴线控制点上，照准基础侧面上的轴线标志，用盘左、盘右取中的方法，分别将轴线投测到施工面上，并做标志。然后按标志拉线，两线交叉点即为烟囱中心点。它应与锤球引测的中心重合或偏差不超过限差，一般不超过所砌高度的 1/1000。依经纬仪投测的中心点为准，作为继续向上施工的依据。

图 16-29　吊垂线法

吊锤线法是一种垂直投测的传统方法，使用简单。但易受风的影响，有风时吊锤线发生摆动和倾斜，随着筒身增高，对中的精度会越来越低。因此，仅用于高度在 100m 以下的烟囱。

2. 激光导向法

高大的钢筋混凝土烟囱常采用滑升模板施工，若仍采用吊锤线或经纬仪投测烟囱中心点，无论是投测精度还是投测速度，都难以满足施工要求。采用激光铅直仪投测烟囱中心点，能克服上述方法的不足。投测时，将激光铅直仪安置在烟囱底部的中心标志上，在工作台中央安置接收靶，烟囱模板滑升 25～30cm 浇灌一层混凝土，每次模板滑升前后各进行一次观测。观测人员在接收靶上可直接得到滑模中心对铅垂线的偏离值，施工人员依此调整滑模位置。在施工过程中，要经常对仪器进行激光束的垂直度检验和校正，以保证施工质量。

四、筒体高程测量

烟囱砌筑的高度，一般是先用水准仪在烟囱底部的外壁上测设出某一高度（如＋0.500m）的标高线，然后以此线为准，用钢尺直接向上量取。筒身四周水平，应经常用水平尺检查上口水平，发现偏差应随时纠正。

第五节 竣 工 测 量

竣工测量是指工程建设竣工、验收时所进行的测量工作。它主要是对施工过程中设计有所更改的部分，直接在现场指定施工的部分，以及资料不完整无法查对的部分，根据施工控制网进行现场实测，或加以补测。其提交的成果主要包括：竣工测量成果表和竣工总平面图、专业图、断面图，以及碎部点坐标、高程明细表等。

一、竣工测量的意义

竣工测量的目的和意义可以概括为以下几点：

（1）在工程建设中，一般都是按照设计总图进行的，但是，由于设计时没有考虑到的问题而使设计有所变更，施工的误差及建筑物的变形等原因，使工程实际竣工位置与设计位置不完全一致。因而需要进行竣工测量，反映工程实际竣工位置。

（2）在工程建设和工程竣工后，为了检查和验收工程质量，需要进行竣工测量，以提供成果、资料作为检查、验收的重要依据，特别是地下管道等隐蔽工程的检查和维修工作。

（3）为了全面反映设计总图经过施工以后的实际情况，并且为竣工后工程维修和管理运营及日后改建、扩建提供重要的基础技术资料，应进行竣工测量，在其基础上编绘竣工总平面图。

二、编绘竣工总平面图的方法

新建项目竣工总平面图的编绘，最好是随着工程的陆续竣工同步进行。一面竣工，一面利用竣工测量成果编绘竣工总平面图。如发现地下管线的位置有问题，可及时到现场查对，使竣工图能真实地反映实际情况。一边竣工一边绘制的优点是：当项目全部竣工时，竣工总平面图也大部分编制完成；既可作为交公验收的资料，又可大大减少实测工作量，从而节约了人力和物力。

竣工总平面图的编绘，包括室外实测和室内资料编绘两方面的内容。

1. 竣工测量

在每一项工程完成后，必须由施工单位进行竣工测量，提出工程的竣工测量成果。其内容如下：

（1）工业厂房及一般建筑物。包括房角坐标，各种管线进出口的位置和高程，并附房屋编号、结构层数、面积和竣工时间等资料。

（2）铁路和公路。包括起止点、转折点、交叉点的坐标，曲线元素，桥涵等构筑物的位置和高程。

（3）地下管网。窨井、转折点的坐标，井盖、井底、沟槽和管顶等的高程；并附注管道及窨井的编号、名称、管径、管材、间距、坡度和流向。

（4）架空管网。包括转折点、结点、交叉点的坐标，支架间距，基础面高程。

（5）其他。竣工测量完成后，应提交完整的资料，包括工程的名称，施工依据，施工成果，作为编绘竣工总平面图的依据。

2. 竣工总平面图的编绘

竣工总平面图上应包括建筑方格网点、主轴线点、矩形控制网点、水准点和厂房、辅助设施、生活福利设施、架空及地下管线、铁路等建筑物或构筑物的坐标和高程，以及厂区内空地和本建区的地形。有关建筑物、构筑物的符号应与设计图例相同，有关地形图的图例应使用国家地形图图式符号。

3. 分类竣工总平面图的编绘

厂区地上和地下所有建筑物、构筑物绘在一张竣工总平面图上时，如果线条过于密集而不醒目，则采用分类编图。如综合竣工总平面图，交通运输竣工总平面图和管线竣工总平面图等。比例尺一般采用 1∶1000。工程密集部分可采用 1∶500 的比例尺。

图纸编绘完成后，应附必要的说明及图表，连同原始地形图、地址资料、设计图纸文件、设计变更资料、验收记录等合编成册。

思 考 与 练 习

1. 施工测量的内容是什么？如何确定施工测量的精度？

2. 施工测量的特点有哪些？

3. 进行施工测量之前应做好哪些准备工作？

4. 简述工业厂房的测设步骤。

5. 高层建筑施工测量的特点是什么？

6. 高层建筑物施工中如何将底层轴线投测到各层楼面上？

7. 杯性基础定位放线有哪些要求？如何检验是否满足要求？

8. 试述吊车梁的吊装测量工作。

9. 烟筒施工测量的特点是什么？怎样制定施工方案？

10. 编绘竣工总平面图的目的是什么？

第十七章 工程建筑物的变形观测

第一节 概　　述

周期性地对设置在建（构）筑物上的观测点进行观测，求得观测点各周期相对于首期观测点平面或高程位置的变化量，为监视建（构）筑物的安全，研究建筑物的变形过程等提供并积累可靠的资料。我们把这项工作称为变形观测。

变形观测的具体任务包括，监视新建筑物的施工质量及旧建筑物使用与运营期间的安全；监测建筑场地及特殊构件的稳定性；检查、分析和处理有关工程质量事故；验证有关建筑地基、结构设计的理论和设计参数的准确性与可靠性；研究变形规律，预报变形趋势。

通过在施工及运营期对工程建筑物原体进行观测、分析、研究，我们可以验证地基与基础的计算方法、工程结构的设计方法，可以对不同地基与工程结构规定合理的允许沉陷与变形数值，并为工程建筑物的设计、施工、维护管理和建筑结构安全评价提供分析数据。

工程建筑物产生变形的原因是多方面的，主要可以归纳为以下几点：

（1）自然条件及变化。包括建筑物地基的工程地质、水文地质、土壤的物理性质、大气温度等，形变量可认为是时间函数。

（2）与建筑物本身相联系的原因。即建筑物本身的荷重、建筑物结构、型式及动荷载（如风力、震动）作用。

（3）勘测、设计、施工及运营管理工作做得不合理所造成的建筑结构变形。

因此变形观测任务就是周期性地重复观测监测点，并通过观测数据处理，获得建筑物变形现状的描述和预测，如沉陷、倾斜、裂缝等。

针对具体建筑物性质与要求，变形观测的目的和任务不同：

（1）工业与民用建筑物。如均匀与不均匀沉陷（基础）、倾斜、裂缝（建筑物）水平、垂直位移（特殊对象）及高层的动态变形（瞬时、可逆、扭转）。

（2）水工建筑物。如水平位移、垂直位移、渗透及裂缝观测。

（3）钢混建筑物。如混凝土重力坝主要观测项目为垂直位移（获取基础与坝体的转动）、水平位移（求得坝体的挠曲）变化及构件伸缩缝观测。相对混凝土应力、钢筋应力、温度（廊道内）测量等内部变形观测，这些都属外部变形观测。

（4）地表沉降。可以研究地下水沉降回升变化规律，防止洪涝及保护地下管线安全，从大范围讲可研究地壳形变，如地震引发的大地变形等。

变形观测方法由建筑物性质、使用情况、观测精度、周围环境及对观测的要求决定，如垂直位移对应的观测方法有几何水准、液体静力水准、微水准等；水平位移方法有基准线法、导线法、前方交会法、近景摄影法、GPS法、光电自动遥控监测等。

第二节　变形观测的精度与频率

变形观测精度是保证观测成果可靠的重要条件，而变形观测频率（或周期）的确定对省时而有效地实现变形测量目的的关系很大。

一、变形观测精度

变形观测精度取决于被监测的工程建筑物预计的允许变形值和进行变形观测的目的。国际测量师联合会（FIG）提出，如观测目的是为了使变形值不超过某一允许的数值而确保建筑物安全，则其观测中误差应小于允许变形值的 1/10～1/20；如观测目的是为研究建筑体的变形过程，则观测中误差应比允许变形值小很多。对我国工民建项目来说，是以允许倾斜值（沉降等）的 1/20 为观测精度指标，实际上，条件许可下还可把观测精度提高。

观测精度一般要以施工的目的及结构计算允许变形值为依据，并结合相关规范制订的，但从实际应用出发，一般变形观测精度（尤其是水平位移）可设定在 ±1mm 左右。

而为了科研等目的，观测精度一般选 ±0.01mm 为宜，如欧洲高能粒子加速器工程观测精度为 ±（0.05～0.3）mm。

二、变形观测频率

观测的频率（周期）决定于变形值的大小、速率及观测目的，要求观测的次数既能反映出变化的过程又不错过变化的时刻。而从变形过程要求说，变形速度比变形绝对值更重要。

以基础沉陷过程为例，说明观测频率确定方法（分阶段逐测过程）：

第一阶段（施工期）：速度大（20～70mm/年），（3～15）天/次；

第二阶段（运营初期）：速度小（20mm/年），（1～3）月/次；

第三阶段（平稳下沉期）：（1～2mm/年），（0.5～1）年/次；

第四阶段（停止期）：大于 1 年/次。

当发生下列情况之一时，应及时增加观测：

（1）地震、爆炸（发生在沉降观测场地附近的）后。

（2）发现异常沉降现象。

（3）最大差异沉降量呈现出规律性的增大倾向。

（4）重要建筑物或古建筑物处理。

第三节　变形观测点的布设

变形观测点是直接布置在观测建筑物上，由于建筑物变形与建筑结构及周围环境关系密切，因此变形观测点的位置分布不同，对建筑物变形结果评定也有很大的影响。

变形观测系统中，要求监测点位分布合理，几何结构好，图形灵敏度高，点位目标形状要使目标清晰，最大减少旁折光影响等。

无论是垂直还是水平位移监测，根据点的使用目的不同，变形测量系统中的测量点一般分三类，即基准点、工作基点和观测点。

观测点的布设一般要根据建筑结构特点，由相关设计、监理等部门提出总体要求，并由测量单位具体实施。

观测点是获取变形的直接反映，故它要与被观测的建筑物或其构件牢固地连接在一起，既要保证通视、隐蔽性好，又能最好地反映建筑物的变形状况。

观测点的安装一般由施工单位进行，其数目要以全面又不失重点地反映变形过程为准，点的位置要由建筑结构特点及现场环境决定。可从垂直（沉降）及水平位移监测两方面说明点位的具体布置方法。

一、垂直位移监测点布设

（一）沉降监测点布设位置

应置于最具代表性地方（建筑结构的关键处），对一般建筑物选取方法如下：

（1）砖墙承重的建筑物。沿外墙每隔 8～12m 的柱基上、外墙的转角处、纵横墙的交接处等；建筑物的宽度大于 15m 时，内墙也应设置一定数量的观测点。

（2）框架结构的建筑物。设在每个柱基或部分柱基上。

（3）基础为箱形或筏形的高大建筑物。设在纵墙轴线和基础（或接近基础的结构部分）周边以及筏形基础的中央。

（4）高低层建筑物、新旧建筑物的两侧。

（5）建筑物沉降缝、建筑物裂缝的两侧。

（6）基础埋深相差悬殊、人工地基和天然地基邻接处，结构不同的分界处两侧。

（7）烟囱、水塔、油罐、炼油塔、高炉及其他类似构筑物基础的对称轴线上，不少于 4 个。

（二）沉降监测点形状

沉降观测点的标志要根据面对的监测对象和现场环境确定，种类如图 17-1 所示。

二、水平位移监测点布设

对于水平位移测量，通常应在观测点与工作点间设置观测墩，也称测量基准站。

观测墩为钢筋混凝土构造，现场浇灌，基础应埋在冻土层以下 0.3m，墩面需要安置强制对中装置，目的是使仪器、目标严格居中，其对中装置形式很多，如圆柱、圆锥、圆球插入式和置中圆盘（图 17-2）等。

监测点照准标志是用以测定水平位移的平面标志，与垂直位移观测中的点标志不同，它们一般是以杆式标志或觇牌的形象出现（图 17-3）。对平面标志的要求是：

（1）必须稳定，防止日光照射。因为不均匀照射，可使标志中心产生几毫米的位移。标志必须埋在坚固的岩石中。

（2）必须应用机械对中的结构，以消除对中和目标偏心误差的影响。

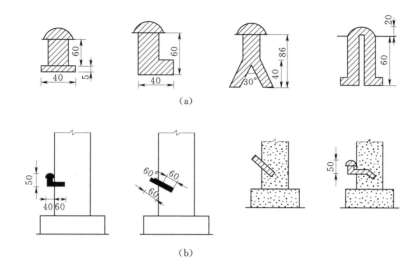

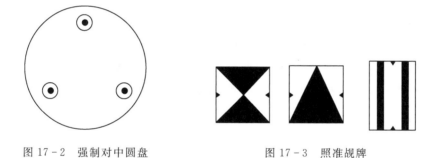

图 17-1　沉降监测点形式（单位：mm）

（a）设备基础上的观测标志；（b）柱上的观测标志

图 17-2　强制对中圆盘　　　　　　　图 17-3　照准觇牌

（3）必须长期保存，防止被破坏。

（4）图案对称。为了减少阳光照射所引起的系统误差，一般采用觇牌。

（5）应有适当的参考面积。即使十字丝两边有足够的比较面积，而同心圆环图案是不利的；

（6）便于安置。

平面监测点位置与被监测构筑物的形状和用途有关。如对工民建构造物一般应在楼四角上下墙面处两个垂直方向设置监测标志，而对于一些特殊监测对象，还要增加项目，如高层的倾斜、风振观测，塔式建筑物的动态变形（风振、日照）观测，大坝的水平位移等。为了能准确客观地反映监测对象的变形，需要仔细研究布设方案。

为了提高变形监测点的点位精度及可靠性，需要建立由监测点和基准点构成的几何网形来施加约束条件（或检核条件），网形可根据现场条件与观测方法进行优化选择。如对于大型建筑物，监测网宜布设成三角网、测边网、导线网、边角网、GPS网等形式，对于分散、单独的小型建筑物，宜采用监测基线（如角度交会或边长交会）或单点量测。

第四节　水准基点和工作基点的布置与埋设

水准基点作为沉降观测基准点，所有建筑物及其基础的沉降量均由其推算确定，因而其构造的稳定性至关重要。

水准基点应埋设在变形区域之外、地质条件好的地方（如基岩上），为便于相互检核，水准基点宜不少于 3 个。

作为水准基点和监测点间衔接的工作基点可埋在变形物附近便于引测的地方，其地质条件相对变形区域应较好，同时还要注意埋设的点便于与水准基点联测。

另外水准基点应与工作基点联结成网形，网形线路要合理简短。

对大型水利枢纽，水准基点应埋于河流两岸的下游方向，且在沉降范围之外。对于工民建工程，由于其场地多位于平坦地区，覆土较厚，一般采用深埋标志法。若在常年温差大的地区，为避免由于温度不均匀变化对标志高程的影响，可采用深埋双金属标志。

至于工作基准点，一般采用地表岩石标，当建筑物附近的覆盖土层较深时，可采用浅埋的混凝土内标。

对于水利枢纽的高程控制网，水准基点应设在库区影响半径之外，如图 17 - 4（a）所示，实践证明高程控制网的水准基点应埋在坝址下游 1.5～3km 处岸附近。如图 17 - 4（b）所示，水准基点远离坝址，固然有稳定的优点，但长距离引测，精度又降低，为保证最弱点的观测精度［如重力坝规定为观测精度为（±1～±2）mm］，基点一般不能离监测场地太远。

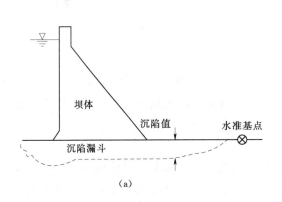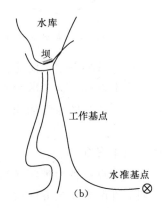

图 17 - 4　水准基点的埋设位置

对于工业与民用建筑沉降观测，施测的水准路线应形成闭合线路，如图 17 - 5 所布设的建筑物监测点观测线路。与一般水准测量比较，观测视线短，一般不大于 25m，因此一次安置仪器可测几个前视点（间视法）。在不同的观测周期里，为减少系统误差如 i 角影响，仪器应尽可能置于同一位置，对于中小厂房可采用三等水准测量，而大型、高层结构物宜采用二等水准测量为宜。

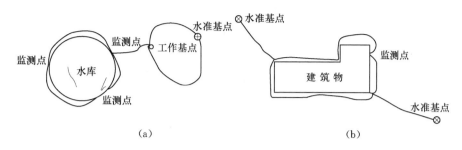

图 17-5 水准观测线路形式

第五节 沉 陷 观 测

水准基点是测量观测点不同周期下沉陷量的依据和基准，针对不同观测条件和监测对象，应该采用同一种水准测量工具、同一观测者并按同等级精密水准测量技术标准实施，一般沉陷观测线路应是将水准基点包含在内所组成的闭合水准路线，其闭合差应满足相应等级国家规范的要求。

水准基点高程可以取自国家或城市水准基准，也可以根据需要采用假设高程。

观测线路要事先踏勘好，一般从水准基点开始观测，沉陷监测点的获取既可以由前视方法获得，也可以间视法获取。观测线路的前后视最好使用同一把水准尺，每个测站要按相应等级的观测顺序读数，而且观测成果要进行现场检查，包括一测站基辅分划误差，两次观测高差之差等均需满足规范要求。

对重要建筑物、设备基础、高层钢混框架结构、地基土质不均匀的建筑物沉降测量，水准路线的闭合差不能超过 $\pm\sqrt{n}$（mm）（n 为测站数）；而对于一般建筑物的沉降观测，闭合差不能超过 $\pm2\sqrt{n}$（mm）。

一、沉降测量常用的观测方法

1. 几何水准法

几何水准测量方法采用的是第二章介绍的普通水准测量，即利用光学（或电子）仪器所提供的一条水平视线，间接地获得沉陷监测点与基准点高差，进而获得监测点高程。光学测量仪器一般采用 DS_0 级别的精密水准仪［精度在（$\pm0.3\sim\pm1.0$）mm/km］，并配合铟钢尺或红黑双面尺使用；近些年出现的电子水准仪，无论是观测效率和数据的可靠性方面较传统光学仪器都有提高，其读数使用的水准尺一般为铟钢条纹码尺。

2. 液体静力水准法

液体静力水准测量的工作原理，是利用液体通过封闭连通管，使各个容器实现液面平衡，通过测定基准点、观测点到液面的垂直距离，求得基准点与观测点两点间的高差 Δh。

静力水准测量适用于大坝的廊道或建筑物地下室等难以进行几何水准测量的地方。

目前在变形测量中使用的静力水准测量装置包括：①目视法静力水准测量装置；②近测接触法组合式静力水准测量装置；③遥测接触法组合式静力水准测量装置。

3. 三角高程法

三角高程测量的优点是可以测定在不同高度下那些人难以到达的沉陷点，像高层建筑物、高塔、高坝等。

测量使用的仪器以高精度全站仪（包括免棱镜型的伺服全站仪）为主。在测量工作开始之前，应对仪器进行检验，包括十字丝位置是否正确、仪器轴系垂直关系等。

测点的高差可按式（17-1）计算：

$$h = D\cot Z + i - l + (1-K)D^2/(2R\sin^2 Z) \tag{17-1}$$

式中：D 为仪器到测点距离；i、l 分别为仪器高、照准高；K 为竖直折光系数（取0.15）；R 为地球半径（取6400km）；Z 为天顶距。

近年大量生产实践经验证明，用三角高程代替三、四等水准测量，精度是可以保证的。

二、沉陷观测实施步骤及外业成果整理

1. 外业沉陷观测

利用前面所介绍的各种沉陷观测方法，就可根据实际条件制订观测周期和观测内容。定期测量监测点相对于水准（工作）基点的高差，并将不同时期所测高差加以比较，即获建筑物的沉陷情况。为保证监测的质量，要求外业观测中误差不超过一定限值，如对混凝土坝，$m_{沉} < \pm 1mm$。

2. 成果整理

沉降观测结束后，可根据实际需要，提供沉陷观测与分析资料如下：

（1）沉降观测成果表，见表17-1。

表 17-1　　　　　　　　　　　　　沉 降 观 测 成 果 表

| 测点号 | 第1次 | | | 第2次 | | | 第3次 | | |
| | 2005年5月24日 | | | 2005年7月20日 | | | 2005年10月23日 | | |
	高程(m)	本次沉降量(mm)	累积沉降量(mm)	高程(m)	本次沉降量(mm)	累积沉降量(mm)	高程(m)	本次沉降量(mm)	累积沉降量(mm)
1	48.7567			48.7465	−10.2		48.7392	−7.3	−17.5
2	48.7740			48.7628	−11.2		48.7567	−6.1	−17.3
3	48.7755			48.7640	−11.5		48.7572	−6.8	−18.3
4	48.7772			48.7663	−10.9		48.7591	−7.2	−18.1
5	48.7470			48.7353	−11.7		48.7318	−3.5	−15.2
6	48.7405			48.7292	−11.3		48.7248	−4.4	−15.7

（2）观测点平面分布及沉降展开图。

（3）荷载—时间—沉降曲线图，如图17-6所示，图中描绘出最小沉降量、最大沉降量和平均沉降量三条曲线。平均沉降量按式（17-2）计算

$$\overline{S} = \frac{S_1 F_1 + S_2 F_2 + \cdots + S_n F_n}{F_1 + F_2 + \cdots + F_n} = \frac{[F_i S_i]}{[F_i]} \tag{17-2}$$

式中：S_i 为观测点 i 的累积沉降量，$i=1$，2，$\cdots$，n；F 为观测点 i 的基础底面积。

（4）基础等沉降曲线图，如图 17－7 所示，各观测点注记的沉降量是达到稳定时的累积沉降量；比例尺及等沉降距的大小应根据实际情况决定，以勾绘清楚为原则；示坡线指向低处。有时还可用三维动态模型表示场地不均匀沉降现态。

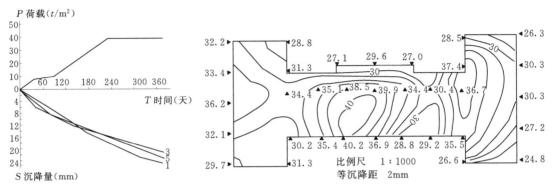

图 17－6　荷载—时间—沉降曲线　　　　图 17－7　基础等沉降曲线（单位：mm）

第六节　倾　斜　观　测

倾斜观测是指用经纬仪（有时需要配带 90°弯管目镜）及其他专用仪器测量建筑物倾斜度现状及随时间变化的工作。

变形观测中，倾斜是相对于竖直面位置比较得到的差异，而倾斜度则可由相对于水平面或竖直面比较差异获得。

一、一般建筑物的倾斜观测

（一）投影法

如图 17－8 所示，$ABCD$ 为房屋的底部，$A'B'C'D'$ 为顶部，以 A' 倾斜为例观测步骤如下：

（1）在屋顶设置明显的标志 A'，并用钢尺丈量房屋的高度 h。

（2）在 BA 的延长线上且距 A 约 $1.5h$ 的地方设置测站 M，在 DA 的延长线上且距 A 约 $1.5h$ 的地方设置测站 N，同时在 M、N 两测站照准 A'，并将它投影到地面为 A''。

（3）丈量倾斜量 k，并用支距法丈量纵、横向位移量 Δx、Δy，则

倾斜方向 　　　　　$\alpha = \arctan \dfrac{\Delta y}{\Delta x}$ 　　　　　（17－3）

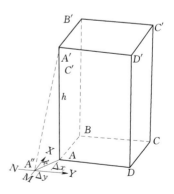

图 17－8　大楼倾斜测量

倾斜度 　　　　　$i = \dfrac{\sqrt{\Delta x^2 + \Delta y^2}}{h}$ 　　　　　（17－4）

（二）解析法

仍见图 17-8，若用解析法对房角 A 进行倾斜观测，步骤如下：

（1）在底部 A 及顶部 A' 设置明显的固定目标。

（2）布设监控点，监控点距房屋的距离约为房屋高度的 $1.5\sim2$ 倍。若要进行长期观测，监控点应设置观测墩并安装强制对中装置。

（3）房屋的高度可用间接测高法（或悬高法）测定。

（4）观测数据解析计算，用前方交会法及间接测高法测得 A 角上、下两点的坐标和高程为：$(x_A、y_A、H_A)$ 及 $(x'_A、y'_A、H'_A)$，则

纵向位移　　　　　　　　　　$\Delta x = x'_A - x_A$ 　　　　　　　　　　（17-5）

横向位移　　　　　　　　　　$\Delta y = y'_A - y_A$ 　　　　　　　　　　（17-6）

房屋高度　　　　　　　　　　$h = H'_A - H_A$ 　　　　　　　　　　（17-7）

绝对倾斜量　　　　　　　　　$k = \sqrt{\Delta x^2 + \Delta y^2}$ 　　　　　　　　（17-8）

再按式（17-3）、式（17-4）计算倾斜方向和倾斜度。

（三）激光准直法

如图 17-9 所示，在观测的墙面（总高 h）外侧设置垂直测线，利用激光准直仪（距墙面 d_L）向上（或向下）投影获得一条激光垂直准直线，在墙面顶端处设置接收靶，量取此处墙面到垂直准直线接收靶中心的水平距离 d_H，由此获得墙体的倾斜度 i

$$i = (d_H - d_L)/h \tag{17-9}$$

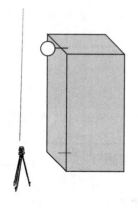

图 17-9　激光准直测量
建筑物垂直度

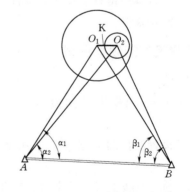

图 17-10　塔式建筑倾斜观测

二、塔式建筑物的倾斜观测

如图 17-10 所示，O_1 为烟囱底部中心，O_2 为顶部中心，A、B 是监控点，用前方（切线）交会法进行观测。步骤如下：

（1）置经纬仪于 A，后视 B，量取仪器高 i，用十字丝中心照准烟囱底部一侧之切点，读取方向值和天顶距；固定望远镜，旋转照准部，照准另一侧之切点，读取方向值。取两方向值之中数，即为底部中心的方向值，从而求得观测角 α_1 及天顶距 Z_1，再取两方向值

之差而得两切线间的夹角 φ_1。仍在 A 站，用同样方法测得烟囱顶部的 α_2、Z_2 及 φ_2。

（2）迁站于 B，后视 A，重复上述方法而测得 β_1 和 β_2，但须注意在 B 站上所切的切点应与 A 站上所切的切点同高。

（3）按前方交会公式分别计算烟囱底部中心坐标 x_1、y_1 和顶部中心坐标 x_2、y_2。

（4）按下式计算烟囱高度

$$k=\sqrt{\Delta x^2+\Delta y^2} \tag{17-10}$$

（5）计算以下各项

纵向位移 $\qquad\qquad \Delta x=x_2-x_1 \tag{17-11a}$

横向位移 $\qquad\qquad \Delta y=y_2-y_1 \tag{17-11b}$

倾斜量 $\qquad\qquad k=\sqrt{\Delta x^2+\Delta y^2} \tag{17-11c}$

再按式（17-3）、式（17-4）计算倾斜方向和倾斜度。

第七节　挠度与裂缝观测

一、挠度观测

挠度观测是各项工程安全检测（尤其对大坝、桥梁等工程）的一项重要内容，根据不同观测对象、建筑材料有不同观测处理方法。

（一）建（构）筑物挠度观测（水平挠曲）

建（构）筑物主体几何中心铅垂线上各个不同高度的点，相对于底点（几何中心铅垂线在底平面上的垂足）或端点的水平位移，就是建（构）筑物的挠度。按这些点在其扭曲方向垂直面上的投影所描成的曲线，就是挠度曲线。

在建（构）筑物需要检测的构件如基础梁、桁架、行车轨道等选定有代表性的地方设置挠度观测点，如图 17-11 某斜拉桥主桥面一侧所布设的挠曲观测点 1～17 点，其中 5 点、17 点分布在桥墩上。根据检测的目的，定期对这些点进行沉降观测。可得各期 i 相对于首期 0 的挠度值 F_e：

$$F_e=\left[H_e-\frac{(H_5+H_{13})}{2}\right]_i-\left[H_e-\frac{(H_5+H_{13})}{2}\right]_0$$
$$\tag{17-12}$$

式中，H_e 为某期对应挠度观测点的高程，其中 H_5、H_{13} 为两个塔桥墩处的固定点。

图 17-11 反映的是某斜拉桥在三种静载工况下（桥上车辆荷载分布不同）桥面挠曲变化的情况。

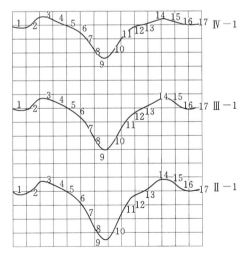

图 17-11　斜拉桥单侧加载后挠曲线

（二）大坝挠度观测

大坝的挠度指大坝垂直面内不同高程处的点相对于底部的水平位移量，其观测常采用在坝体的竖井中设置一根铅垂线，用坐标仪测出竖井不同高程处各观测点与铅垂线之间的位移。按垂线是上端固定还是下端固定，有正垂线与倒垂线两种形式。

1. 正垂线

将直径为 0.8～1.2mm 的钢丝 1 固定于顶部 3（图 17－12）。弦线的下端悬挂 20kg 重锤 4。重锤放在液体中，以减少摆动。整个装置放入保护管 2 中。坐标仪放置在与竖井底部固连的框架 7 上。沿竖井不同高程处埋设挂钩 6。观测时，自上而下依次用挂钩钩住垂线，则在坐标仪上所测得的各观测值即为各观测点（挂钩）相对于最低点的挠度值。

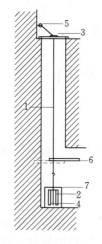
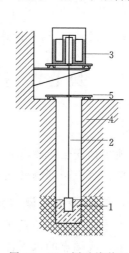

图 17－12　正垂线装置　　　　　　图 17－13　倒垂线装置

2. 倒垂线

倒垂线的固定点在底层，用顶部的装置保持弦线铅垂，如图 17－13 所示。锚锭 1 将钢丝 2 的一端固定在深孔中，通过连杆与十字梁将弦线上端连接在浮筒 3 上。浮筒浮在液槽中，靠浮力将弦线拉紧，使之处于铅垂状态。钢丝安装在套筒 4 中，其内沿不同高程处还设有框架和放置坐标仪用的观测墩 5。为了进行高程测量，弦线上还装有标尺等设备。

二、裂缝观测

建（构）筑物由于受不均匀沉降和外界因素影响，墙体会产生裂缝。定期观测裂缝宽度（必要时尚须观测裂缝的长度）的变化，以监视建（构）筑物的安全。

对于一个裂缝，一般应在其两端（最窄处与最宽处）设置观测标志。标志的方向应垂直于裂缝。一个建（构）筑物若有多处裂缝，则应绘制表示裂缝位置的建（构）筑物立面图（简称裂缝位置图），并对裂缝编号。

（一）裂缝观测的标志和方法

1. 石膏标志

在裂缝两端抹一层石膏，长约 250mm，宽约 50mm，厚约 10mm。石膏干固后，用红漆喷一层宽约 5mm 的横线，横线跨越裂缝两侧且垂直于裂缝。若裂缝继续扩张，则石膏开裂，每次测量红线处裂缝的宽度并作记录。

2. 薄铁片标志

用厚约 0.5mm 的薄铁片两块，一块为方形，100mm×100mm，另一块为矩形，150mm×50mm。将方形铁片固定在裂缝之一侧，喷以白漆；将矩形铁片一半固定在裂缝另一侧，使铁片另一半跨过裂缝搭盖在方形铁片之上，并使矩形铁片方向与裂缝垂直，待白漆干后再对两块铁片同喷红漆。若裂缝继续扩张，则两铁片搭盖处显现白底，每次测量显露的白底宽度并作记录。

（二）裂缝观测资料整理

（1）绘制裂缝位置图。

（2）编制裂缝观测成果表。

第八节　变形观测资料的整编

变形观测的最终目的是为工程安全运营提供耳目，因而在获取大量原始观测资料后，还应从观测数据中挖掘出有用的信息，除了能分析变形过程，尚能预测未来发展趋势，并给工程管理提供决策意见。观测资料的挖掘则包括以下两个方面。

一、观测资料的整理和整编

主要工作是对现场观测所取得的资料加以整理、编制成图表及说明，便于后面分析使用，内容有：

（1）校核各项原始记录，检查各次变形观测值计算有否错误。

（2）对各种变形值按时间逐点填写观测数值表。

表 17－2 为所编制的沉陷和水平位移明细表。

表 17－2　　　　　　　　　沉陷和水平位移明细表

待定点	第一周期观测日期（年．月．日）	第二周期（2005 年 6 月 10 日）		第三周期（2005 年 7 月 15 日）	
		沉降（mm）	水平位移（mm）	沉降（mm）	水平位移（mm）
左 2	2005.4.15	−0.3	+0.1	−0.1/−0.4	+0.1/+0.2
右 2	2005.4.16	−0.4	0.0	−0.2/−0.6	+0.2/+0.2
左 3	2005.4.16	−0.2	−0.2	−0.1/−0.3	+0.2/+0.0
右 3	2005.4.17	−0.2	+0.2	−0.2/−0.4	+0.3/+0.5

注　下坡方向的水平位移取正号；第二周期位移与总位移相同，第三周期分子表示本次位移，分母表示总位移。

二、绘制变形过程曲线（矢量线）或曲面

变形有的是按时间周期地变化，有的是随温度或水位变化而变化。为了得到建筑物变形的直观概念，以便研究变形特性和规律，对于单点需要绘制观测点的变形过程线，它是以时间为横坐标，以累积变形值（位移、沉陷、倾斜、挠度等）为纵坐标绘制成的曲线。对于点群，则要绘制变形矢量场，以判断建筑物是否有异常变形以及建筑物是否正常营运等，图 17－14 反映的是某船闸在一定水位下的瞬间变形矢量场变化。图 17－15 反映的是

某建筑物基础整体沉降曲面变化。

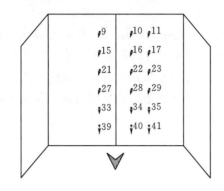

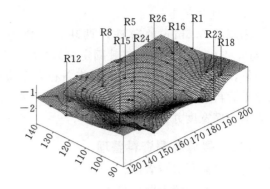

图 17-14　船闸满水时变形矢量场　　　图 17-15　大楼基础沉降三维透视图

对于引起变形的原因如地质基础，本身自重、外界条件（如水压力、风压力、温度变化）等，根据观测结果，要加以分析，并给予变形以物理的解释。

三、观测资料分析

外业观测资料经过整理和粗差的剔除及系统误差的修正后就可以根据实际观测条件，利用各种平差方法获取较合理的成果值，包括点的沉降量、平面坐标等，进而根据各期的观测平差值来分析变形的影响大小、趋势等，这种变形成果数据处理方法，在实践中有许多经验可循。对于独立的各监测点分析通常可采用绘制变形图并用变形曲线拟合的直观方法分析；而对于整体监测网，由于经过平差后，点与点之间有着相互制约条件的关系，因而各期坐标点间的变化并不能确定它是真的变动了，而需要用统计方法进行识别判断。

观测资料分析主要内容应包括：

（1）变形成因分析。解析归纳建筑物变形过程、变形规律、变形幅度，分析变形的原因及变形值与引起变形因素之间的关系，进而判断建筑物的运营情况是否正常。这些工作通常又称变形定性分析。

（2）变形统计分析。通过一定周期观测，在积累了大量观测数据后，又可进一步找出建筑物变形的内在原因和规律，从而建立变形预报数学模型。

思 考 与 练 习

1. 什么是变形观测？工程建筑物产生变形的原因是什么？
2. 变形观测点位分布不同对观测精度有哪些影响？
3. 简述基准点、工作点、观测点三者的联系与作用？
4. 沉降观测点一般有哪几种方式？各适于什么条件？
5. 水平位移观测的任务和意义是什么？
6. 挠度测量通常用于哪些变形观测对象？实施方法有哪些？
7. 正锤线、倒锤线各用于什么用途？使用时有什么区别？
8. 变形观测成果分析通常要从哪几方面考虑？

9. 如表 17-3 的沉降观测成果，试完成其运算。

表 17-3　　　　　　　　　　　　　思 考 与 练 习 题 9 表

测点号	第1次 2005 年 5 月 24 日			第2次 2005 年 7 月 20 日			第3次 2005 年 10 月 23 日		
	高程（m）	沉降量（mm）		高程（m）	沉降量（mm）		高程（m）	沉降量（mm）	
		本次	累计		本次	累计		本次	累计
1	4.3929			4.3925			4.3920		
2	4.4142			4.4138			4.4135		
3	4.4368			4.4365			4.4363		
4	4.4357			4.4355			4.4351		
5	4.4509			4.4508			4.4506		
6	4.4656			4.4655			4.4650		
7	4.4304			4.4299			4.4295		
8	4.4078			4.4076			4.4075		

第十八章 3S技术及其应用

第一节 3S技术概述

一、3S技术综述及其发展历程

3S技术是指以遥感（Remote Sensing，简称RS）、地理信息系统（Geography Information System，简称GIS）和全球定位系统（Global Positioning System，简称GPS）为主的、与地理空间信息有关的科学技术领域的总称，是目前对地观测系统中空间信息获取、存储、管理、更新、分析和应用的三大技术支撑。3S技术是现代空间信息科学发展的核心与主要技术，因它们的英文简称中最后一个字母均含有"S"，故人们习惯于将这三种技术合称为3S技术。在国际上，与此对应的英文为Geomatics。因此，可以认为3S就是我国的"Geomatics"。

对于"Geomatics"而言，法国的大地测量和摄影学家Bernart Dubuisson于1975年将该词的法文"Geomatique"正式用于科学文献。1990年Gagnon P对"Geomatics"进行了定义，紧接着，加拿大、澳大利亚、英国、荷兰等国家和中国香港等地区的一些高等学校的测量工程系、政府机构、杂志等纷纷采用"Geomatics"更名。如加拿大拉瓦尔大学等将测量工程系改名为"Geomatics"系；加拿大学者Groot到荷兰ITC任教，将测量学、摄影测量学、遥感图像处理、地图制图、土地信息系统以及计算机科学几个教研室合起来成立了"GeoInformation"系。

可见"Geomatics"体现了现代测绘科学、遥感和地理信息科学与现代计算机科学和信息科学相结合的多学科集成以满足空间信息处理要求的趋势。"Geomatics"1996年ISO的定义为："Geomatics is the modern scientific term referring to the integrated approach of measurement, analysis, management and display of the spatial data"。

综上所述，3S技术的集成主要包括先进的计算机技术、遥感和卫星技术，三者相互依存，共同发展，构成一体化的技术体系，广泛地应用于地学、资源开发利用、环境治理评估、测绘勘探等多个领域，被称为21世纪地球信息科学技术的基础，是构成数字化地球的核心技术体系。

二、3S技术的集合

在3S技术体系中，RS具有快速、实时、动态获取空间信息的功能，为GIS提供及时、准确、综合和大范围遥感数据，并可根据需要及时更新GIS的空间数据库；GIS对地理数据进行采集、管理、查询、计算、分析和管理，可为遥感信息的提取和分析应用提供重要的技术手段和辅助数据资料，从而大大提高遥感数据的自动解译精度；GPS具有实时、连续、准确地确定地面任意点的地理坐标以及物体和现象运动的三维速度和精确时间的能力，可为 RS 和 GIS 提供准确的空间定位数据，从而建立遥感图像上的地物点与实际地面点的一一对应关系，可为遥感图像的像元样本选择、图像几何校正和空间数据的坐标投影变换提供服务和帮助。

综合而言，3S 技术的综合应用，取长补短，是一个自然的发展趋势，三者之间的相互作用形成了"一个大脑，两只眼睛"的框架，即 RS 和 GPS 向 GIS 提供或更新区域信息以及空间定位，GIS 进行相应的空间分析，并从 RS 和 GPS 提供的浩如烟海的数据中提取有用信息进行综合集成，使之成为决策的科学依据。

第二节　全球定位系统

一、GPS 概述

为了满足军事部门和民用部门，实现全天候、全球性和高精度的连续导航定位的迫切要求，20 世纪 70 年代，美国着手研究导航卫星测时测距全球定位系统（Navigation Satellite Timing and Ranging /Global Position System，NAVSTAR/GPS），现在统称为 GPS 卫星全球定位系统，简称 GPS 系统。

GPS 系统是一种以空间卫星为基础的无线电导航与定位系统，是一种被动式卫星导航定位系统，能为世界上任何地方，包括空中、陆地、海洋甚至于外层空间的用户，全天候、全时间、连续地提供精确的三维位置、三维速度及时间信息，具有实时性的导航、定位和授时功能。GPS 提供两种服务，即标准定位服务 SPS（Standard Positioning Service）和精确定位服务 PPS（Precise Positioning Service），前者用于民用事业，后者为美国军方服务。

迄今，GPS 卫星已设计了三代，分别为 Block Ⅰ、Block Ⅱ和 Block Ⅲ（表 18 - 1）。第一代（Block Ⅰ）卫星，用于全球定位系统的实验，通常称为 GPS 实验卫星。这一代卫星共研制发射了 11 颗，卫星的设计寿命 5 年，卫星分布在两个轨道面内，轨道倾角约为 63°，现已停止工作。第二代（Block Ⅱ，ⅡA）卫星用于组成如图 18 - 1 所示的 GPS 工作卫星星座，通常称为 GPS 工作卫星。第二代卫星共研制了 28 颗，卫星的设计寿命为 7.5 年，从 1989 年初开始，1993 年 7 月，已进入轨道可正常工作的 Block Ⅰ试验卫星、Block Ⅱ和 Block ⅡA 工作卫星总数已达 14 颗，

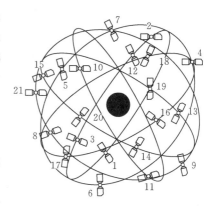

图 18 - 1　GPS 卫星空间分布

全球定位系统已具备了全球连续导航定位能力，到 1995 年 4 月 27 日，美国空军指挥部空间部宣布全球定位系统已具有完全的工作能力，进入轨道能正常工作的 Block Ⅱ和 Block ⅡA 工作卫星之和已达到 14 颗。第三代（Block Ⅲ，ⅠR）卫星尚在设计中，已于 2001 年开始了实质性的研制，预计 2012 年将发射第一颗 GPS Ⅲ卫星。GPS Ⅲ卫星全部投入运行

后，将改变现行的六轨道 GPS 卫星星座的布局和结构，以取代第二代卫星，改善全球定位系统，构建成高椭圆轨道和地球静止轨道相结合的新型 GPS 混合星座。

表 18－1   **GPS 卫星的发展历程**

名　称	卫星类型	卫星数量	发射时间	用　途
概念证实卫星	Block Ⅰ	11	1978～1985 年	实验
工作生产卫星	Block Ⅰ（A）	28	1989～1994 年	工作
后期补充卫星	Block ⅡR	20	1997 年至现在	改进 GPS 系统
升级卫星	Block Ⅲ		2012 年开始	换代

1996 年 3 月 28 日，美国政府以总统指令的形式公布了美国政府新的 GPS 政策，对国防部宣布的原 GPS 政策作了较大的调整。

2000 年 5 月 2 日（UTC 4 时左右），美国政府终止了已实行多年的 SA 政策。民用方在使用 GPS 时所受到的限制已明显减少。此外，美国政府也承诺要进一步改进、完善全球定位系统，历时 23 年、耗资 130 多亿美元的"GPS 计划"终于完成，真正成为名副其实的"全球定位系统"，实现全球定位系统的现代化，这是卫星大地测量史上的里程碑，也是测绘历史中的一次深远的技术革命。

美国陆续发射了系列 GPS 卫星，目前在太空有 32 颗以上 GPS 工作卫星。至此，GPS 导航定位系统进入了成熟阶段。

二、GPS 的组成

GPS 定位系统主要由三部分组成：GPS 卫星星座（空间部分）、地面监控系统（地面控制部分）和 GPS 信号接收机（用户设备部分），如图 18－2 所示。

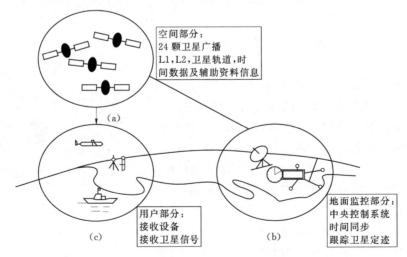

图 18－2   GPS 系统构成

（一）卫星星座

1. GPS 卫星星座的构成

全球定位系统的空间卫星星座（图 18－1），由 24 颗卫星组成，其中包括 3 颗备用卫星。卫星分布在 6 个轨道面内，每个轨道面上分布有 4 颗卫星。卫星轨道面相对地球赤道面的倾角约为 55°，各轨道平面升交点的赤经相差 60°。在相邻轨道上，卫星的升交距角相差 30°。轨道平均高度约为 20200km，卫星运行周期为 11h58min。因此，同一观测站上，每天出现的卫星分布图形相同，只是每天提前约 4min。每颗卫星每天约有 5 个 h 在地平线以上，同时位于地平线以上的卫星数目随时间和地点而异，最少为 4 颗，最多可达 11 颗。在用 GPS 信号导航定位时，为了解算测站的三维坐标，必须至少观测 4 颗 GPS 卫星，称为定位星座。

不过也应指出，这 4 颗卫星在观测过程中的几何位置分布对定位精度有一定的影响，在个别地区仍可能在某一短时间内（例如数分钟），只能观测到 4 颗图形结构较差的卫星，而无法达到必要的定位精度，这种时间段叫做"间隙段"。但这种时间间隙段是很短暂的，并不影响全球绝大多数地方的全天候、高精度、连续实时的导航和定位。

2. GPS 卫星星座功能

在全球定位系统中，每颗 GPS 卫星装有 4 台高精度原子钟（2 台铷钟和 2 台铯钟），这是卫星的核心设备。它将发射标准频率信号，为 GPS 定位提供高精度的时间标准，卫星的主要功能是：接收、存储和处理地面监控系统发射来的控制指令及其他有关信息等；向用户连续不断地发送导航与定位信息，并提供卫星本身的空间实时位置及其他在轨卫星的概略位置；通过星载的高精度铯钟和铷钟提供精密的时间标准；卫星上设有微处理机，进行部分必要的数据处理工作；在地面监控站的指令下，通过推进器调整卫星的姿态和启用备用卫星。

（二）地面监控系统

GPS 系统的地面控制部分由设在美国本土及分布在全球包括海外领地，目前主要由分布在全球的 5 个地面站所组成，其中包括卫星监测站、主控站和信息注入站，其分布如图 18-3 所示，这些站不间断地对 GPS 卫星进行观测，并将计算和预报的信息由注入站对卫星信息更新，其中主控站位于美国科罗拉多州。

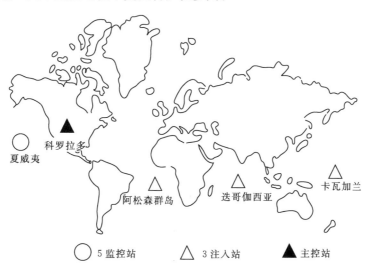

图 18-3 GPS 地面监控站的分布

1. 监测站

整个全球定位系统共设立了 5 个监测站，分别位于科罗拉多州（美国本土）、阿松森群岛（大西洋）、迭哥加西亚（印度洋）、卡瓦加兰和夏威夷岛（太平洋），该站是无人值守的数据自动采集中心，设有 GPS 用户接收机、原子钟、收集当地气象数据的传感器和进行数据初步处理的计算机，其主要功能是：对 GPS 卫星进行连续观测，以采集数据和监测卫星的工作状况；通过环境传感器自动测定并记录气温、气压、相对湿度（水气压）等气象元素；对伪距观测值进行改正后再进行编辑、平滑和压缩，并存储和传送到主控站，用以确定卫星的轨道。

2. 主控站

主控站 1 个，设在科罗拉多州。主控站除协调和管理地面监控系统的工作外，其主要任务是：负责管理、协调地面监控系统中各部分的工作；根据本站和其他监测站的所有观测资料，推算编制各卫星的星历、卫星钟差和大气层的修正参数等，并把这些数据传送到注入站；调整偏离轨道的卫星，使之沿预定的轨道运行；启用备用卫星以代替失效的工作卫星。

3. 注入站

注入站是向 GPS 卫星输入导航电文和其他命令的地面设施，3 个注入站分别设在印度洋的迭哥加西亚（Diego Garcia）、南大西洋的阿松森岛（Ascencion）和南太平洋的卡瓦加兰（Kwajalein）。注入站的主要设备，包括一台直径为 3.6m 的天线、一台 C 波段发射机和一台计算机。其主要任务是在主控站的控制下，将接收到的导航电文存储在微机中，当卫星通过其上空时再用大口径发射天线将这些导航电文和其他命令分别"注入"卫星，并监测注入信息的正确性。

（三）用户设备部分

用户设备的主要任务是接收 GPS 卫星发射的无线电信号，以获得必要的定位信息及观测量，并经数据处理而获得必要的导航和定位信息，经数据处理，完成导航和定位工作。其基本设备主要由 GPS 接收机硬件和数据处理软件，以及微处理机及其终端设备组成，而 GPS 接收机的硬件，一般包括主机、天线和电源。GPS 信号接收机，按照用途不同，可分为导航型、测地型和授时型三种；按照工作原理可分为码接收机和无码接收机；按照载波频率可分为单频接收机（L1 载波）和双频接收机（L1 和 L2 载波）；按照型号划分，种类就更多，且产品的更新很快，日新月异。

三、GPS 坐标系统

坐标系统是由坐标原点位置、坐标轴指向和尺度所定义的。GPS 定位测量涉及两类坐标系，即天球坐标系和地球坐标系。天球坐标系是一种惯性坐标系，其原点和各坐标轴的指向在空间保持不动，可较方便地表示卫星的运行位置和状态；而地球坐标系则是地球体相固联的坐标系统，用于描述地面测站点的位置；为了便于这两套系统下点位的使用和比较，还需要建立两套坐标系间的转换模型。

（一）天球的概述

天球是指以地球质心为中心，半径 r 为无穷大的一个假想球体。天文中的运动天体均投影到这一天球球面上，并在天球面上研究天球的位置、运动规律和天体间的相互关系。

在天球上建立坐标系，必然会涉及天球上的一些有参考意义的点、线、面和圈，其介绍如下（图 18-4）：

（1）天轴与天极。地球自转轴的延伸直线为天轴，天轴与天球表面的交点称为天极，与地球北极对应的称为天北极（P_N），与地球南极对应的称为天南极（P_S）。

（2）天球赤道面与天球赤道。通过地球质心与天轴垂直的平面为天球赤道面，该面与天球相交构成的大圆（其半径无穷大）称为天球赤道。

（3）天球子午面与天球子午圈。包含天轴并经过地球上任一点的平面为天球子午面，该面与天球相交的大圆称为天球子午圈。

（4）时圈。通过天轴的平面与天球表面相交的半个大圆。

（5）黄道。地球公转的轨道面与天球表面相交的大圆，即当地球绕太阳公转时，地球上的观测者所看见的太阳在天球上的运动轨迹。黄道平面与赤道面的夹角 ε 称为黄赤交角，ε 约等于 $23.5°$。

（6）黄极。通过天球中心，垂直于黄道面的直线与天球表面的交点。其中靠近北天极的交点称为黄北极（K_N），靠近南天极的交点称为黄南极（K_S）。

（7）春分点。太阳由天球南半球向北半球运行时，经过的天球黄道面与天球赤道面的交点位置。春分点和天球赤道面是建立参考系的重要基准点和基准面。

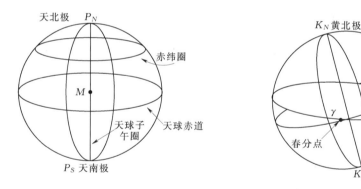

图 18-4　天球概述及其各概念的相互关系

由于地球接近于一个赤道隆起的椭球体，在日月和其他天体引力对地球隆起部分的作用下，地球在绕太阳运行时，自转轴方向不再保持恒定，而是如同一个巨大陀螺，使天北极绕着黄北极顺时针旋转，这种运动由于受到引力场不均匀变化的影响而十分复杂，从天文学角度看，天极的这些顺时针旋转变化可以分解为长周期运动和短周期运动，长期运动称为岁差，而短期运动称为章动。

天极的位置是变化的，天文学中称天极的瞬时位置为真天极，把扣除岁差和章动影响后的天极称为平天极，平天极也是运动的。因此，天球赤道有"真"和"平"相区分。

（8）岁差。指平天极以北黄极为中心，以黄赤交角 ε 为半径的一种顺时针圆周运动，一般约 25800 年绕北黄极一周。它使春分点产生每年约 $50.2''$ 的长期变化（图 18-5）。

（9）章动。指真北天极绕平北天极所作的顺时针椭圆运功，椭圆轨迹的长半径约为 $9.2''$，短半径约为 $6.9''$，章动周期为 18.6 年（图 18-6）。

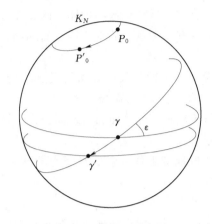

图 18-5 岁差示意图

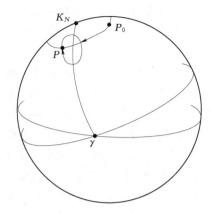

图 18-6 章动示意图

（二）两种天球坐标系及其转换模型

（1）真天球坐标系。真天球坐标系的原点为地球的质心 M，Z 轴指向真北天极 P_N，X 轴指向真春分点 γ，Y 轴垂直于 XMZ 平面，且与 X 轴和 Z 轴构成右手坐标系。

（2）平天球坐标系。平天球坐标系的原点为地球的质心 M，Z 轴指向平北极 P_0，X 轴指向平春分点 γ_0，Y 轴垂直于 XMZ 平面，且与 X 轴和 Z 轴构成右手坐标系。

（3）转换模型（平天球坐标系和真天球坐标系）。

$$
\begin{bmatrix} X \\ Y \\ Z \end{bmatrix}_{t(真)} = R_{ZYZ}(-\varepsilon, -\Delta\varepsilon, -\Delta\phi, \varepsilon) \begin{bmatrix} X \\ Y \\ Z \end{bmatrix}_{t(平)}
\tag{18-1}
$$

式中：$\Delta\varepsilon$ 为章动交角；$\Delta\phi$ 为黄经章动。

（三）两种地球坐标系及其转换模型

为了描述地面观测点的位置，有必要建立与地球体相固联的坐标系即地球坐标系。

（1）真地球坐标系。原点为地球的质心 M，Z 轴指向地球的瞬时（真）极，与地球的瞬时自转轴一致，X 轴指向平格林尼治起始子午面与地球瞬时赤道的交点，Y 轴垂直于 XMZ 平面，且与 X 轴和 Z 轴构成右手坐标系。

（2）平（协议）地球坐标系。原点为地球的质心 M，Z 轴指向国际协议地极原点 CIO，X 轴指向国际时局（BIH）定义的格林尼治起始子午面与平赤道的交点，Y 轴垂直于 XMZ 平面，且与 X 轴和 Z 轴构成右手坐标系。

（3）转换模型（平地球坐标系和真地球坐标系）。

$$
\begin{bmatrix} X \\ Y \\ Z \end{bmatrix}_{平} = \begin{bmatrix} 1 & 0 & X_p \\ 0 & 1 & -Y_p \\ -X_p & 0 & 1 \end{bmatrix} \times \begin{bmatrix} X \\ Y \\ Z \end{bmatrix}_{真}
\tag{18-2}
$$

式中，X_p 和 Y_p 表示真极相对于国际协议地极原点 CIO 位置的极移分量，均以角秒表示。

（四）瞬时极天球坐标系和瞬时地球坐标系变换

在 GPS 卫星定位测量中，一般在平天球坐标系中研究卫星的轨迹运动，而平地球系中研究地面点的坐标，这样就产生了由平天球坐标系到平地球坐标系的转变，其具体的过程如图18-7所示。

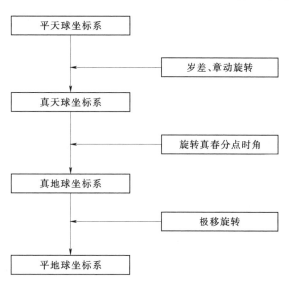

图18-7 平天球坐标系和平地球坐标系的转换

（五）WGS-84世界大地坐标系

自20世纪60年代末以来，美国国防部制图部为建立全球统一坐标系统，利用大量的卫星观测资料以及地面天文、大地和重力测量资料，先后建立了WGS-60、WGS-66和WGS-72全球坐标系统，经过多年的修正和完善，于1984年发展了WGS-84坐标系统（World Geodetic System 1984），自1987年1月10日开始使用。GPS测量导航全面采用WGS-84坐标，用户可以获得高精度的地心坐标，如果通过转换，也可以获得较高精度的参心大地坐标。

WGS-84坐标体系的定义为：坐标原点位于地球质心M，Z轴指向BIH1984.0时元定义的协议地极CTP（Coventional Terrestrial Pole），X轴指向BIH1984.0时元定义的零子午面与CTP相应的赤道的交点，Y轴垂直于XMZ平面，且与Z、X轴构成右手坐标系（图18-8）。WGS-84坐标系采用的地球椭球，称为WGS-84椭球，其常数为国际大地测量学与地球物理学联合会（IUGG）第17届大会的推荐值，其中4个主要参数如下：长半轴$a=6378137m$；地球引力常数（含大气层）$GM=3986005\times10^8 m^3/s^2$；正常化二阶带球谐系数$\overline{C_{2.0}}=-484.16685\times10^{-6}$；地球自转角速度$\omega=7292115\times10^{-11} rad/s$。利用这4个基本参数，可以计算其他几何常数和物理常数，如：短半轴$b=6356752.3142m$；扁率$a=1/298.257223563$；第一偏心率平方$e^2=0.00669437999013$；第二偏心率平方$e'^2=0.006739496742227$。

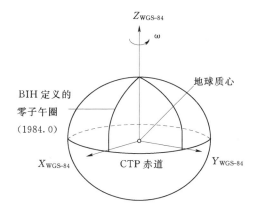

图18-8 WGS-84大地坐标框架

（六）1954年北京坐标系

1954年总参谋部测绘局在有关方面的建议与帮助下，将我国东北呼吗、吉拉林、东宁三个一等基线网与前苏联大地网相联，从而将前苏联1942年普尔科沃坐标系延伸到我国，定名为1954年北京坐标系。1954年北京坐标系虽然是前苏联1942年坐标系的延伸，但两者并非完全相同

1954年北京坐标系建立之后，几十年来我国用该坐标系统完成了大量的测绘工作，获得了许多测绘成果，在国家经济建设和国防建设

的各个领域中发挥了巨大作用。但是，随着科学技术的发展，这个坐标系的先天弱点也显

得越来越突出，难以适应现代科学研究、经济建设和国防尖端技术的需要，它的缺点如下：

（1）因 1954 年原北京坐标系采用了卡拉索夫斯基椭球，与现在的精确椭球参数相比，长半轴约长 109m。

（2）椭球定向不明确，既不指向国际通用的 CIO 极，也不指向目前我国使用的 JYD 极，椭球定位实际上采用了前苏联的普尔科沃定位，参考椭球面与中国所在地区的大地水准面不能达到最佳拟合，东部高程异常达 60 余 m。而我国东部地势平坦、经济发达，要求椭球面与大地水准面有较好的密合，但实际情况与此相反。

（3）该坐标系统的大地点坐标是经局部平差逐次得到的，全国天文大地控制点坐标值实际上连不成一个统一的整体。不同区域的接合部之间存在较大隙距，同一点在不同区的坐标值相差 1~2m，不同区域的尺度差异也很大。

（4）椭球只有两个几何参数（长半轴和扁率），缺乏物理意义，不能全面反映地球的几何与物理特征，同时，1954 年的北京坐标的大地原点在普尔科沃，是前苏联进行多点定位的结果。

（七）1980 年西安大地坐标系统

为了弥补北京 54 坐标系统的不足，1978 年，我国决定建立新的国家大地坐标系统，并且在新的大地坐标系统中进行全国天文大地网的整体平差，这个坐标系定名为 1980 年西安大地坐标系统。1980 年西安大地坐标系统的大地原点设在我国的中部，处于陕西省泾阳县永乐镇，椭球参数采用 1975 年国际大地测量与地球物理联合会推荐值，参考椭球尽可能地接近我国范围内的大地水准面，椭球定位按我国范围内高程异常值平方和最小为准则求解参数，并要求椭球的短轴平行于由地球质心指向 1968.0 地极原点（JYD）的方向，起始大地子午面平行于格林尼治天文台子午面。坐标系的长度基准与国际统一长度基准一致，高程基准以青岛验潮站 1956 年黄海平均海水面为高程起算基准，水准原点高出黄海平均海水面 72.289m。

1980 年西安大地坐标系统建立后，利用该坐标进行了全国天文大地网平差，提供全国统一的、精度较高的 1980 年国家大地点坐标。据分析，此坐标系统下大地点坐标精度完全可以满足 1/5000 比例尺测图的需要。

四、GPS 定位系统原理

利用 GPS 进行定位，就是把卫星视为"动态"的控制点，在已知其瞬时坐标（可根据卫星轨道参数计算）的条件下，以三颗以上 GPS 卫星与地面未知点（用户接收机天线）之间的距离（距离差）作为观测量，进行空间距离后方交会，即已知卫星空间位置交会出地面未知点（用户接收机天线）三维坐标位置。卫星至接收机之间的距离 ρ，卫星坐标 $(X_s,\ Y_s,\ Z_s)$ 与接收机三维坐标 $(X,\ Y,\ Z)$ 之间的关系表达式为：

$$\rho = \sqrt{(X_s-X)^2+(Y_s-Y)^2+(Z_s-Z)^2}$$

卫星坐标 $(X_s,\ Y_s,\ Z_s)$ 可根据导航电文求得，理论上只需要观测三颗卫星到接收机之间的距离，就可以求出地面接收机 $(X,\ Y,\ Z)$ 的坐标，但实际上由于接收机钟差改正也是未知数，所以，接收机必须同时观测到四颗卫星的距离才能解算出接收机的三维坐标值（图 18 - 9）。

GPS 定位根据测距的原理和方式不同，分为伪距法定位、载波相位测量定位以及差分 GPS 定位等。

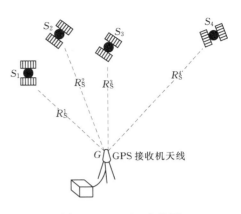

（一）伪距法定位

1. 伪距定位原理

GPS 卫星能够发射测距码信号（C/A 码或 P 码），该信号经过时间 t 后，到达接收机天线，那么由卫星发射的测距码信号达到 GPS 接收机的传播时间乘以光速所得到的即是量测距离。由于卫星钟、接收机钟的误差以及无线电信号经过

图 18 - 9　WGS 定位原

电离层和对流层中的延迟，实际测出的距离和卫星到接收机真实几何距离有一定的差值，故一般称量测出的距离为伪距。所对应的方法就是伪距定位。但是，该方法的优点是速度快、无多值性问题，是 GPS 定位系统进行导航的最基本方法，并可以利用增加观测时间来提高观测定位精度；缺点是测量定位精度低，但足以满足部分用户的需要。

2. 伪距观测方程

设 t^j（GPS）为相应瞬间的 GPS 标准时间，t^j 为卫星 j 发射信号瞬间的钟面时间；t_i（GPS）为接收机在 i 个测站收到卫星信号瞬间的 GPS 标准时间，t_i 为相应的接收机钟面时间；δt^j 表示卫星钟面时相对 GPS 标准时间的钟差，δt^i 表示接收机钟钟面时相对 GPS 标准时间的钟差。

对于卫星钟和接收机钟钟面时与 GPS 标准时间之间，存在如下关系

$$t^j = t^j(GPS) + \delta t^j$$
$$t_i = t_i(GPS) + \delta t_i \qquad (18 - 3)$$

那么卫星信号由卫星到达测站的钟面传播时间为

$$\tau = t_i - t^j \qquad (18 - 4)$$
$$= [t_i(GPS) - t^j(GPS)] + (\delta t_i - \delta t^j)$$

如果不考虑大气折射影响，那么卫星到测站的伪距为

$$\widetilde{\rho}{}_i^j(t) = c\tau = c[t_i(GPS) - t^j(GPS)] + c(\delta t_i - \delta t^j) \qquad (18 - 5)$$

式中：$t_i(GPS) - t^j(GPS)$ 为信号从卫星到达接收机的实际传播时间；记号 ρ 为卫星到测站之间的几何距离，则有

$$\rho_i^j(t) = ct_i(GPS) - ct^j(GPS) \qquad (18 - 6)$$

那么伪距的表达方式为

$$\widetilde{\rho}{}_i^j(t) = \rho_i^j(t) + c(\delta t_i - \delta t^j) \qquad (18 - 7)$$

式中：$c(\delta t_i - \delta t^j)$ 表示接收机钟与卫星钟之相对钟差的等效距离，如果 $\delta t_i^j = \delta t_i - \delta t^j$，那么考虑大气层的折射影响，伪距观测方程可写为

$$\widetilde{\rho}{}_i^j(t) = \rho_i^j(t) + c\delta t_i^j + \delta\rho_{ion} + \delta\rho_{trop} \qquad (18 - 8)$$

式中：$\delta\rho_{ion}$ 为电离层的折射延迟的等效距离误差；$\delta\rho_{trop}$ 为对流层折射延迟的等效距离

误差。

由于 $\rho_i^j(t)$ 是非线性，表示测站 i 和卫星 j 之间的几何距离，可用于同一坐标系的卫星和接收机空间直角坐标表示，显然有

$$\rho_i^j(t) = \sqrt{[X^j(t) - X_i]^2 + [Y^j(t) - Y_i]^2 + [Z^j(t) - Z_i]^2} \qquad (18-9)$$

式中：$X^j(t)$、$Y^j(t)$ 和 $Z^j(t)$ 分别为 t 时刻卫星 S^j 的三维地心坐标；X_i、Y_i 和 Z_i 分别为测站 T_i 的三维地心坐标。

把式（18-9）带入式（18-7），伪距的表达式为

$$\widetilde{\rho}_i^j(t) = \sqrt{[X^j(t) - X_i]^2 + [Y^j(t) - Y_i]^2 + [Z^j(t) - Z_i]^2} + c(\delta t_i - \delta t^j) \qquad (18-10)$$

式（18-10）中，根据卫星广播星历计算可知 t^j 时刻卫星的位置 $[X^j(t), Y^j(t), Z^j(t)]$，而接收机的位置 $[X_i, Y_i, Z_i]$ 是三个未知参数，δt^j 卫星钟差包含在导航电文中为已知，接收机钟差 δt_i 为未知，作为未知参数，共有 4 个未知参数。因此 t^j 时刻接收到 4 颗以上的卫星，则可列出类似式（18-10）的 4 个方程，从而求出 4 个未知数。

为了提高 GPS 的定位精度，在实际定位模型中应考虑电离层、对流层的影响，其影响一般用一些比较成熟的模型加以改正，因此可以认为为已知量。但是，当某一时刻卫星的个数大于 4 个时，可采用间接平差法计算接收机的位置坐标的最大近似值。

$$\left.\begin{array}{l} X_i = X_i^0 + \delta X_i \\ Y_i = Y_i^0 + \delta Y_i \\ Z_i = Z_i^0 + \delta Z_i \end{array}\right\} \qquad (18-11)$$

式中，(X_i^0, Y_i^0, Z_i^0) 为测站三维坐标的近似值，并且如果视导航电文所提供的卫星瞬间坐标为固定值，那么，对于 $\rho_i^j(t)$ 以 (X_i^0, Y_i^0, Z_i^0) 为中心作泰勒级数展开取一次项后可得

$$\rho_i^j(t) = (\rho_i^j(t))_0 + \left(\frac{\partial(\rho_i^j(t))}{\partial X_i}\right)_0 \partial X_i + \left(\frac{\partial(\rho_i^j(t))}{\partial Y_i}\right)_0 \partial Y_i + \left(\frac{\partial(\rho_i^j(t))}{\partial Z_i}\right)_0 \partial Z_i \qquad (18-12)$$

其中：$\left(\dfrac{\partial(\rho_i^j(t))}{\partial X_i}\right)_0 = -\dfrac{1}{(\rho_i^j(t))_0}(X_i(t) - X_i^0) = -k_i^j(t)$

$$\left(\frac{\partial(\rho_i^j(t))}{\partial Y_i}\right)_0 = -\frac{1}{(\rho_i^j(t))_0}(Y_i(t) - Y_i^0) = -l_i^j(t) \qquad (18-13)$$

$$\left(\frac{\partial(\rho_i^j(t))}{\partial Z_i}\right)_0 = -\frac{1}{(\rho_i^j(t))_0}(Z_i(t) - Z_i^0) = -m_i^j(t)$$

于是，卫星和测站之间的几何距离的线性化可表示为

$$\rho_i^j(t) = (\rho_i^j(t))_0 - k_i^j(t)\delta X_i - l_i^j(t)\delta Y_i - m_i^j(t)\delta Z_i$$

$$(\rho_i^j(t))_0 = \sqrt{(X^j(t) - X_i^0)^2 + (Y^j(t) - Y_i^0)^2 + (Z^j(t) - Z_i^0)^2} \qquad (18-14)$$

式中，$(\rho_i^j(t))_0$ 为卫星和测站之间距离的近似值。

如果考虑电离层、对流层的影响，经过线性化后的伪距观测方程为

$$\widetilde{\rho}_i^j(t) = (\rho_i^j(t))_0 - k_i^j(t)\delta X_i - l_i^j(t)\delta Y_i - m_i^j(t)\delta Z + c(\delta t_i - \delta t^j) + \delta\rho_{ion} + \delta\rho_{trop}$$

$$(18-15)$$

假定 $\qquad\qquad\qquad \widetilde{R}_i^j(t) = \widetilde{\rho}_i^j(t) - \delta\rho_{ion} - \delta\rho_{trop}$

$$\delta\rho_i = c(\delta t_i - \delta t^j)$$

那么伪距观测方程可写为

$$\widetilde{R}_i^j(t) = (\rho_i^j(t))_0 - k_i^j(t)\delta X_i - l_i^j(t)\delta Y_i - m_i^j(t)\delta Z + \delta\rho_i$$

$$k_i^j(t)\delta X_i + l_i^j(t)\delta Y_i + m_i^j(t)\delta Z - \delta\rho_i = (\rho_i^j(t))_0 - \widetilde{R}_i^j(t) \qquad (18-16)$$

当 $j=1$，2，3，4，采用的矩阵方式为

$$\begin{bmatrix} k_i^1(t) & l_i^j(t) & m_i^j(t) & -1 \\ k_i^2(t) & l_i^j(t) & m_i^j(t) & -1 \\ k_i^3(t) & l_i^3(t) & m_i^j(t) & -1 \\ k_i^j(t) & l_i^j(t) & m_i^j(t) & -1 \end{bmatrix} \times \begin{bmatrix} \delta X_i \\ \delta Y_i \\ \delta Z_i \\ \delta\rho_i \end{bmatrix} = \begin{bmatrix} (\rho_i^1(t))_0 - \widetilde{R}_i^1(t) \\ (\rho_i^2(t))_0 - \widetilde{R}_i^2(t) \\ (\rho_i^3(t))_0 - \widetilde{R}_i^3(t) \\ (\rho_i^4(t))_0 - \widetilde{R}_i^4(t) \end{bmatrix} \qquad (18-17)$$

上式可简化为

$$\underset{4\times4}{A_i(t)} \times \underset{}{\delta G_i} = L_i(t) \qquad (18-18)$$

当同时观测的卫星个数等于 4 时，可求出未知参数的唯一解

$$\underset{4\times1}{\delta G_i} = \underset{4\times4}{A_i(t)^{-1}} \times \underset{4\times1}{L_i(t)} \qquad (18-19)$$

当同时观测的卫星个数大于 4 时，可用最小二乘法求解

$$\underset{4\times1}{\delta G_i} = [\underset{4\times n^j}{A_i(t)^{\mathrm{T}}} \times \underset{n^j\times4}{A_i(t)}]^{-1} \times (\underset{4\times n^j}{A_i(t)^{\mathrm{T}}} \times \underset{n^j\times1}{L_i(t)}) \qquad (18-20)$$

精度为

$$\underset{4\times4}{Q_{Ti}} = (\underset{4\times4}{A_i^{\mathrm{T}} \times A_i})^{-1} \qquad (18-21)$$

参数向量各个分量的中误差：

$$(m_{Ti}) = \sigma_0\sqrt{(Q_{Ti})_{kk}} \qquad (18-22)$$

式中：σ_0 为伪距测量中误差；$(Q_{Ti})_{kk}$ 为 Q_{Ti} 矩阵对角线上的第 k 个元素。

（二）载波相位裁量定位法

1. 载波相位定位原理

载波相位测量的观测量是 GPS 接收机接受的卫星载波信号与接收机本身产生的参考信号的相位差。

假定卫星 S 发出的载波信号，在 t 时刻的相位为 $\varphi_S(t)$，该信号经过距离 ρ 到达接收机，在接收机 M 处的相位为 φ_M，相位变化 $(\varphi_S - \varphi_M)$ 为其相位变化量，那么卫星 S 到接收机 M 的距离就可以粗略的表示为 [图（18-10）]：

$$\rho = \lambda(\varphi_S - \varphi_M) = \lambda(N_0 + \Delta\varphi) \qquad (18-23)$$

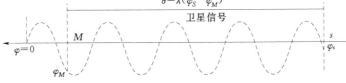

图 18-10　载波相位测量示意图

式中：λ 为载波的波长；$\varphi_S - \varphi_M$ 中包含整周部分和不足整周的部分；N_0 为整周部分；$\Delta\varphi$ 为非整周部分。由于载波信号是一种周期性的正弦波，接收机装置只能测到不足一个周期的小数部分 $\Delta\varphi$，而正周期 N_0 是无法测量。因此，若能够知道 $(\varphi_S - \varphi_M)$，则可以计算出卫星到接收机间的距离。

2. 载波相位观测方程

假设卫星 S^j 在卫星钟面时间 t^j 发射的载波信号相位为 $\varphi^j(t^j)$，对应的接收机钟面时间 t_i 接收到的载波信号相位和在卫星钟面时间 t^j 发射的载波信号相位相等，为 $\varphi^j(t^j)$；而接收机 M_i 在接收机钟面时间 t_i 收到卫星信号后产生的基准信号相位为 $\varphi_i(t_i)$，计算相应历元 t 的相位观测量 $\widetilde{\varphi}_i^j(t)$ 为：

$$\widetilde{\varphi}_i^j(t) = \varphi_i(t_i) - \varphi^j(t^j) - N_i^j(t_0) \qquad (18-24)$$

由于卫星钟和接收机钟的振荡器都具有很好的稳定度，相位和频率之间的关系可以表示为：

$$\varphi(t + \Delta t) = \varphi(t) + f\Delta t \qquad (18-25)$$

设 $t_i = t + \Delta t$，$t^j = t$，则有：

$$\widetilde{\varphi}_i^j(t) = f\Delta t - N_i^j(t_0) \qquad (18-26)$$

由于钟面时和 GPS 标准时间之间存在着差异，则有：

$$t^j = t^j(GPS) + \delta t^j$$
$$t_i = t_i(GPS) + \delta t_i \qquad (18-27)$$

式中：$t_i(GPS)$ 和 $t^j(GPS)$ 分别为钟面时 t_i 和 t^j 相应的标准 GPS 时间；δt_i 和 δt^j 则分别是接收机钟和卫星钟的钟差改正数，则信号传播时间 Δt 为

$$\Delta t = t_i - t^j = t_i(GPS) - t^j(GPS) + (\delta t_i - \delta t^j) = \Delta\tau + \delta t_i - \delta t^j \qquad (18-28)$$

$$\Delta\tau = t_i(GPS) - t^j(GPS) \qquad (18-29)$$

则相位观测量可表示为

$$\widetilde{\varphi}_i^j(t) = f[t_i(GPS) - t^j(GPS)] + f\delta t_i - f\delta t^j - N_i^j(t_0) \qquad (18-30)$$

$$\widetilde{\varphi}_i^j(t) = f\Delta\tau + f\delta t_i - f\delta t^j - N_i^j(t_0) \qquad (18-31)$$

同时考虑到 $\Delta\tau = \rho_i^j(t)/c$，并且考虑到电离层和对流层对信号的传播影响，则有载波信号观测方程为

$$\widetilde{\varphi}_i^j(t) = \frac{f}{c}[\rho_i^j(t) + \delta\rho_{ion} + \delta\rho_{trop}] + f\delta t_i - f\delta t^j - N_i^j(t_0) \qquad (18-32)$$

由于 $\lambda = \dfrac{c}{f}$，式（18-32）经过变换后得到

$$\widetilde{\rho}_i^j(t) = \rho_i^j(t) + c\delta t_i - c\delta t^j + \delta\rho_{ion} + \delta\rho_{trop} - \lambda N_i^j(t_0) \qquad (18-33)$$

与伪距观测方程相同，测站和卫星之间的几何距离也是坐标的非线性函数，因此通过线性变换的方法，得到测相伪距观测方程的线性化形式

$$\widetilde{\rho}_i^j(t) = (\rho_i^j(t))_0 - k_i^j(t)\delta X_i - l_i^j(t)\delta Y_i - m_i^j(t)\delta Z$$
$$+ c(\delta t_i - \delta t^j) + \delta\rho_{ion} + \delta\rho_{trop} - \lambda N_i^j(t_0) \qquad (18-34)$$

可见，与伪距测量的基本观测方程式（18-15）相比较可看出，该公式除了增加整周未知

数 N_0 外，与伪距测量的方程在形式上完全相同。

因此，确定整周未知数 N_0 载波相位观测的一项重要工作，是提高 GPS 定位精度的关键所在。就目前而言，确定整周未知数的方法主要有三种：伪距法、N_0 作为未知数参与平差法和三差法。

（三）差分 GPS 定位原理

影响 GPS 实时单点定位精度的主要因素有卫星星历误差、大气延迟（电离层、对流层延迟）误差和卫星钟的钟差等。对于相距不太远的两个测站在同一时间分别进行单点定位而言，测量误差对两站的影响就大体相同。因此，将 GPS 接收机安置在基准站上进行观测，根据已知的基准站的精密坐标计算出坐标、距离或者相位的改正值，并由基准站通过数据链实时将改正数发给用户接收机，从而改正定位结果，提高定位精度，这就是差分 GPS 的基本工作原理。

GPS 定位中，存在着三种误差：一是多台接收机共有的误差，如卫星钟误差、星历误差；二是传播延迟误差，如电离层误差、对流层误差；三是接收机固有的误差，如内部噪声、通道延迟、多路径效应。采用差分技术，完全可以消除第一部分误差，可大部分消除第二部分误差（主要视基准站至用户的距离）。

根据基准站发送信息方式的不同，差分 GPS 定位可分为测站差分、伪距差分、相对平滑伪距差分和载波相位差分。本文主要侧重于讲述测站差分和伪距差分。

1. 测站差分原理

GPS 测站差分是一种最简单的差分方法。安置在已知点上的基准站 GPS 接收机，经过对 4 颗及 4 颗以上的卫星观测便可实现定位，求出基准站的坐标 (X', Y', Z')，由于存在着卫星星历误差、时钟误差、大气影响、多路径效应和其他误差，该坐标和已知坐标 (X, Y, Z) 不一样，存在着一定的误差，可按照下式求出其坐标的改正数为

$$\begin{cases} \Delta X = X - X' \\ \Delta Y = Y - Y' \\ \Delta Z = Z - Z' \end{cases} \qquad (18-35)$$

式中，ΔX、ΔY、ΔZ 为坐标的改正数。基准站利用数据链将坐标改正值发送给用户站，用户站用接收到的坐标改正值对其坐标进行改正

$$\begin{cases} X_p = X'_p + \Delta X \\ Y_p = Y'_p + \Delta Y \\ Z_p = Z'_p + \Delta Z \end{cases} \qquad (18-36)$$

式中，X'_p，Y'_p，Z'_p 为用户接收机自身观测结果，X_p、Y_p、Z_p 为经过改正后的坐标。

如果考虑数据传送的时间差而引起用户站位置的瞬间变化，则可写为

$$\begin{cases} X_p = X'_p + \Delta X + \dfrac{\mathrm{d}(\Delta X + X'_p)}{\mathrm{d}t}(t - t_0) \\ Y_p = Y'_p + \Delta Y + \dfrac{\mathrm{d}(\Delta Y + Y'_p)}{\mathrm{d}t}(t - t_0) \\ Z_p = Z'_p + \Delta Z + \dfrac{\mathrm{d}(\Delta Z + Z'_p)}{\mathrm{d}t}(t - t_0) \end{cases} \qquad (18-37)$$

式中：t 为用户站定位时刻；t_0 为基准站校正时刻。

这样，经过改正后的用户坐标就消去了基准站和用户站的共同误差，提高了定位精度。

测站差分的优点是需要传输的差分改正数较少，计算方法简单，适用于各种型号的 GPS 接收机。

测站差分的主要缺点是：要求基准站和用户站必须保持观测同一组卫星，如果在近距离时可以做到，但距离较长时很难满足，此外，由于基准站和用户站接收机的装备可能不完全相同，且两站观测环境也不完全相同，因此，难以保证两站观测同一组卫星，产生的误差可能很不匹配，从而影响定位的精度，故测站差分，只适用于 100km 以内。

2. 伪距差分原理

伪距差分是目前应用最广泛的差分定位技术之一。几乎所有的商用差分 GPS 接收机均采用这种技术，国际海事无线电委员会推荐的 RTCM SC-104 也采用了这种技术。

其原理是：在基准站上利用已知坐标求出测站至卫星的距离，然后将其与接收机测定的含有各种误差的伪距进行比较，并利用一个滤波器对所得的差值进行滤波求出偏差（伪距改正数），最后将所有卫星的伪距改正数传输给用户站，用户站利用此伪距改正数改正所测量的伪距，得到用户站自身的坐标。

在基准站上，基准站的已知坐标为 $[X_i，Y_i，Z_i]$，观测所有卫星，测出各卫星的地心坐标为 $[X^j，Y^j，Z^j]$，那么测站 i 和卫星 j 之间在 t 时刻的伪距为

$$\widetilde{\rho}_i^j = \rho_i^j + c\delta t_i^j + \delta\rho_{ion} + \delta\rho_{trop} + \mathrm{d}\rho_i^j \qquad (18-38)$$

式中意义与式 (18-8) 相同，$\mathrm{d}\rho_i^j$ 为 GPS 卫星星历误差引起的距离偏差。

根据基准站的已知三维坐标和 GPS 卫星星历，则可以求出 t 时刻测站与卫星之间的几何距离

$$\rho_i^j = \sqrt{(X^j - X_i)^2 + (Y^j - Y_i)^2 + (Z^j - Z_i)^2} \qquad (18-39)$$

则伪距的改正数为

$$\Delta\rho_i^j = \rho_i^j - \widetilde{\rho}_i^j \qquad (18-40)$$

其变化率为

$$\mathrm{d}\rho_i^j = \Delta\rho_i^j / \Delta t \qquad (18-41)$$

如果将此改正数发给用户接收机，则用户接收站接收机将测量所获得的伪距 $\widetilde{\rho}_k^j$ 加上距离改正数，就可求得改正后的伪距

$$\widetilde{\rho}_k'^j = \widetilde{\rho}_k^j + \Delta\rho_i^j \qquad (18-42)$$

如果考虑信号传输的伪距改正数的时间变化率，则有

$$\widetilde{\rho}_k'^j = \widetilde{\rho_k}^j + \Delta\rho_i^j + \mathrm{d}\rho_i^j \qquad (18-43)$$

当用户站与基准站的距离小于 100km 时，则有

$$\mathrm{d}\rho_k^j = \mathrm{d}\rho_i^j, \delta t^j = \delta t^j \qquad (18-44)$$

所以，改正后的伪距为

$$\widetilde{\rho}_k'^j = \rho_i^j + c(\delta t_k - \delta t_i)$$

$$\widetilde{\rho}{}'^{j}_{k} = \sqrt{(X^{j}-X_{i})^{2}+(Y^{j}-Y_{i})^{2}+(Z^{j}-Z_{i})^{2}}+c\delta V_{t} \qquad (18-45)$$

式中，V_{t} 为两测站接收机之间的钟差之差。

如果基准站、用户站均观测了相同的 4 颗或 4 颗以上的卫星，即可实现用户站的定位。

伪距差分有以下优点：

（1）由于计算的伪距改正数是直接在 WGS - 84 坐标上进行的，得到的是直接改正数，不需要先变换为当地坐标系，定位精度更高，且使用更方便。

（2）改正参数能够提供 $\Delta\rho^{j}_{i}$ 和 $\mathrm{d}\rho^{j}_{i}$，在未获得改正数的空隙内能够继续精密定位，达到了 RTCM SC - 104 所制定的标准。

（3）基准站能提供所有卫星的改正数，而用户站只需接收 4 颗卫星即可以进行改正。

与位置差分相似，伪距差分能将两站间的公共误差抵消，误差的公共性在很大程度上依赖于两站之间的距离。随着距离的增加，其误差的公共性逐渐减弱，系统误差增加，且这种误差采用任何差分方法都能消除，所以，基准站和用户站之间的距离对伪距差分的精度有决定性影响。

五、GPS 测量方法

GPS 测量主要包括 GPS 点选址、观测、观测成果检核与数据处理等环节。

近几年来，随着 GPS 接收系统硬件和处理软件的发展，已有多种测量方案可供选择。这些不同的测量方案，也称为 GPS 测量的作业模式，如静态绝对定位、静态相对定位、快速静态定位、准动态定位、实时动态定位等。现就土木工程测量中最常用的静态相对定位和实时动态定位的方法与实施作一简单介绍。

（一）静态相对定位

静态相对定位是 GPS 测量中最常用的精密定位方法。它采用 2 台（或 2 台以上）接收机，分别安置在一条或数条基线的两个端点，同步观测 4 颗以上的卫星。这种方法的基线相对定位精度可达 $5\mathrm{mm}+10^{-6}\cdot D$，适用于各种较高等级的控制网测量，按照 GPS 测量实施的工作程序，可分为 GPS 网的技术设计、选点与建立标志、外业观测、成果检核与数据处理等阶段。

1. GPS 网的技术设计

GPS 网的技术设计是一项基础性的工作。这项工作应根据网的用途和用户的要求进行，其主要内容包括 GPS 测量精度指标和 GPS 网的图形设计等。

（1）GPS 测量精度指标。GPS 测量精度指标的确定取决于 GPS 网的用途，设计时应根据用户的实际需要和可以实现的设备条件，恰当地选定精度等级。GPS 网的精度指标通常以网中相邻点之间的距离误差 m_{D} 来表示，其形式为

$$m_{D}=a+b\times10^{-6}\cdot D \qquad (18-46)$$

式中：a 为 GPS 接收机标称精度的固定误差；b 为 GPS 接收机标称精度的比例误差系数；D 为 GPS 网中相邻点之间的距离，km。

不同用途的 GPS 网的精度是不一样的。用于地壳形变及国家基本大地测量的 GPS 网可参照 GBT 18314—2009《全球定位系统（GPS）测量规范》作出的规定，见表 18 - 2。

用于城市或工程的 GPS 控制网,其相邻点的平均距离和精度,可参照 CJJ/T73—2010《全球定位系统城市测量技术规程》作出的规定执行,见表 18 - 3。

表 18 - 2　　　　　　　　国家基本大地测量 GPS 网精度指标

级别	主 要 用 途	固定误差 a（mm）	比例误差 b（$10^{-6} \cdot D$）
A	国家高精度 GPS 网的建立及地壳变形测量	≤5	≤0.1
B	国家基本控制测量	≤8	≤1

表 18 - 3　　　　　　　　城市或工程 GPS 网精度指标

级 别	平均距离（km）	固定误差 a（mm）	比例误差 b（$10^{-6} \cdot D$）	最弱边相对中误差
二	9	≤10	≤2	1/12 万
三	5	≤10	≤5	1/8 万
四	2	≤10	≤10	1/4.5 万
一级	1	≤10	≤10	1/2 万
二级	<1	≤15	≤20	1/1 万

（2）GPS 网构成的几个基本概念。

1）观测时段:测站上开始接收卫星信号到观测停止,连续工作的时间段,简称时段。

2）同步观测:两台或两台以上接收机同时对同一组卫星进行的观测。

3）同步观测环:三台或三台以上接收机同步观测获得的基线向量所构成的闭合环,简称同步环。

4）独立观测环:由独立观测所获得的基线向量构成的闭合环,简称独立环。

5）异步观测环:在构成多边形环路的所有基线向量中,只要有非同步观测基线向量,则该多边形环路叫异步观测环,简称异步环。

6）独立基线:对于 N 台 GPS 接收机构成的同步观测环,有 J 条同步观测基线,其中独立基线数为 $N-1$。

7）非独立基线:除独立基线外的其他基线叫非独立基线,独立基线数之差即为非独立基线数。

（3）GPS 网的图形设计。在进行 GPS 测量时由于点间不需要相互通视,因此其图形设计具有较大的灵活性。GPS 网的图形布设通常有点连式、边连式、网连式及边点混合连接四种基本形式。图形布设形式的选择取决于工程所需要的精度、野外条件及 GPS 接收机台数等因素。

1）点连式。点连式是指相邻同步图形之间仅有一个公共点连接的网。这里,同步图形系指三台或三台以上接收机同时对一组卫星观测（称同步观测）,所获得的基线向量构成的闭合环,也称同步环。点连式几何图形强度很弱,检核条件太少,一般不单独使用。如图 18 - 11 (a) 所示,这里共有 7 个独立三角形。

2）边连式。边连式是指相邻同步图形之间由一条公共边连接。这种布网方案有较多的复测边和由非同步图形的观测基线组成异步图形闭合条件（异步环）,便于成果的质量检核。因此,边连式比点连式可靠,如图 18 - 11 (b) 中共有 14 个独立三角形。

（a）　　　　　　　　　　（b）　　　　　　　　　　（c）

图 18 - 11　GPS 网的图形设计

（a）点连式连接；（b）边连式连接；（c）边点混合连接

3）网连式。这是指相邻同步图形间有两个以上的公共点相连接。这种方法需 4 台以上的接收机，几何图形强度和可靠性都较高，但工作量也较大，一般用于高精度控制测量。

4）边点混合连接式。这是指把点连式与边连式有机结合起来，组成 GPS 网。这种网的布设特点是周围的图形尽量采用边连式，在图形内部形成多个异步观测环，这样既能保证网的精度，提高网的可靠性，又能减少外业工作量，降低成本，是一种较为理想的布网方法，如图 18 - 11（c）所示。

在低等级 GPS 测量或碎部测量时，可以用星形布置，如图 18 - 12 所示，这种方法几何图形简单，其直接观测边间不构成任何闭合图形，没有检核条件，但优点是测量速度快。若有三台仪器，一个作为中心站，另两台流动作业，则不受同步条件限制。

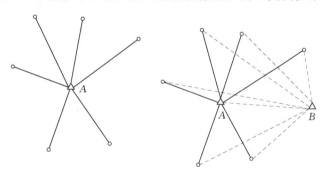

图 18 - 12　星形布设

2. 选点与建立标志

由于 GPS 测量的观测站之间不必要求彼此相互通视，而且布设 GPS 网的图形结构也比较灵活，所以，GPS 测量的选点工作比常规测量的选点工作要简便得多，且省去建立高标的费用，降低了成本。但是 GPS 测站是对 GPS 卫星信号进行接收和观测的，必须要求测站的顶空开阔。因此，为了保证外业观测工作的顺利进行和保证测量结果质量，实践中选择 GPS 点位时应慎重。所以，在选择 GPS 点位工作开始之前，首要的工作是广泛收集有关测区的地理、环境资料，了解原有测量控制点的分布及标架、标石保存的完好状况，还应遵守以下一些原则：

（1）点位周围高度角 15°以上天空应无障碍物。

（2）点位应选在交通方便、易于安置接收设备的地方，且视野开阔，以便于同常规地面控制网的联测。

（3）GPS点应避开对电磁波接收有强烈吸收、反射等干扰影响的金属和其他障碍物体，如高压线、电台、电视台、高层建筑、大范围水面等。

（4）选择一定数量的平面点和水准点作为GPS点，以便进行坐标变换，这些点应均匀分布在测区中央和边缘。

点位选定后，应按要求埋置标石，以便保存。最后，应绘制点记号、测站环视图和GPS网选点图，作为提交的选点技术资料。

3. 外业观测

外业观测作业的主要目的是捕获GPS卫星信号，并对其跟踪、处理，以获取所需要的定位信息和观测数据。因此，利用GPS测量方法施测各等级GPS测量控制网，观测时依据的基本技术指标应该按照有关GPS测量的规范（或规程）的要求执行。为了顺利完成观测任务，在观测之前除了对选定的仪器设备进行严格的检验外，其作业要按照以下过程进行：

（1）天线安置。天线的稳妥安置是实现精密定位的重要条件之一。因此，GPS接收机天线应该架设在三角架上，并安置于标志中心的正上方，进行严格整平、对中和定向（天线的定向标志线指向正北），并量取天线高。

（2）开机观测。天线安置完成后，接通接收机、天线、电源和控制器的链接按钮，即可开启观测，但是外业观测过程中，接收机操作人员应该注意以下事项：将接收机开机，要在接收机有关指示显示正常并通过自检后，方能输入关于测站和时段控制的有关信息；接收机在开始记录数据后，应该注意查看有关观测卫星的数量、卫星号、实时测量定位结果及其变化、存储介质记录等情况；在每一观测站上，当全部预定作业项目经检查已按规定完成，并且记录资料完整后方可以迁站；在观测过程中也要随时查看仪器内存或硬盘容量，每日观测结束后，应该及时将数据转存至计算机的硬、软盘上，以确保观测数据不丢失。

（3）观测记录。在外业观测工作中，记录方式一般有两种：一种由GPS接收机自动进行，均记录在存储介质（例如硬盘、磁卡等）上，记录的内容主要包括：每一历元的观测值、GPS卫星星历和卫星钟差参数等信息和实时绝对测量定位结果等；另一种是测量手簿，记录每一个观测站上接收机启动前和观测过程，是GPS测量定位的重要依据，其记录的格式和内容应该严格地按照有关GPS测量规范（或规程）的规定执行。观测记录是GPS定位的原始数据，也是进行后续数据处理的依据，必须认真妥善保管。

4. 观测成果检核与数据处理

观测成果检核是确保外业观测质量、实现预期定位精度的重要环节。所以，当观测任务结束后，必须在测区及时对外业观测数据进行严格的检核，并根据情况采取淘汰或必要的重测、补测措施。只有按照规范要求，对各项检核内容严格检查，确保准确无误，才能进行后续的平差计算和数据处理。

GPS测量采用连续同步观测的方法，一般15s自动记录一组数据，其数据之多、信息量之大是常规测量方法无法相比的；同时，采用的数学模型、算法等形式多样，数据处理的过程比较复杂。在实际工作中，借助于计算机，使得数据处理工作的自动化达到了相当高的程度，这也是 GPS 能够被广泛使用的重要原因之一。

GPS 数据处理要从原始的观测值出发得到最终的测量成果，其处理过程大致如下：

（1）数据传输与转储。数据传输是用电缆将接收机和计算机连接，并在后处理软件的菜单中选择传输数据选项后，便将观测数据传输至计算机，但需要对照观测记录手簿，检查所输入的记录是否正确。

（2）数据预处理。对数据进行平滑滤波检验，剔除粗差；统一数据文件格式并将各类数据文件加工成标准文件；对观测值进行各种模型改正。

（3）基线处理与质量评估。对所获得的外业数据进行及时处理，解算出基线向量，并对结算结果进行质量评估。但是在结算时要顾及观测时段中信号间断引起的数据剔除、观测数据粗差的发现与剔除、星座变化引起的整周未知参数的增加等问题。

（4）网平差处理。对合格的基线向量所构建的 GPS 基线向量网进行平差求解，得出网中各点的坐标成果，并利用 GPS 测定网中各点的正高，对高程进行拟合。

（5）技术总结。根据整个 GPS 网的布设及数据处理情况，进行技术总结和成果验收报告。

（二）实时动态测量

实时动态（Real Time Kinematics，RTK）测量技术，是以载波相位观测量为依据的实时差分 GPS 测量技术，它是 GPS 测量技术发展中的一个新突破。前面讲述的测量方法是在采集完数据后用特定的后处理软件进行处理，然后才能得到精度较高的测量结果。而实时动态测量则是实时得到高精度的测量结果。实时动态测量技术的基本原理是：在基准站上安置 1 台 GPS 接收机，对所有可见卫星进行连续观测，并将其观测数据通过发射台实时地发送给流动观测站。在流动观测站上，GPS 接收机在接收卫星信号的同时通过接收电台接收基准站传送的数据，然后由 GPS 控制器根据相对定位的原理，实时地计算出厘米级的流动站的三维坐标及其精度。

由于应用 RTK 技术进行实时定位可以达到厘米级的精度，因此，除了高精度的控制测量仍采用 GPS 静态相对定位技术之外，RTK 技术可应用于地形测图中的图根测量、地籍测量中的控制测量等。

利用 RTK 技术测图时，地形数据采集由各流动站进行，测量人员手持电子手簿在测区内行走，系统自动采集地形特征点数据，执行这些任务的具体步骤有赖于选用的电子手簿 RTK 应用软件。一般应首先用 GPS 控制器把包括椭球参数投影参数、数据链的波特率等信息设置到 GPS 接收机；把 GPS 天线置于已知基站控制点上，安装数据链天线，启动基准站使基站开始工作。进行地面数据的采集的各流动站，需首先在某一起始点上观测数秒进行初始化工作。之后，流动站仅需 1 人持对中杆背着仪器在待测的碎部点待 $1 \sim 2s$，即获得碎部点的三维坐标，在点位精度合乎要求的情况下，通过便携机或电子手簿记录并同时输入特征码，流动接收机把一个区域的地形点位测量完毕后，由专业测图软件编辑输出所要求的地形图。这种测图方式不要求点间严格通视，仅需 1 人操作便可完成测图工作，大大提高了工作效率，如图 18 - 13 所示。

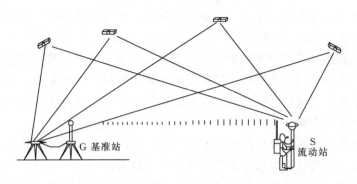

图 18 - 13　采用 RTK 技术进行地形图测量原理图

六、GPS 在水利工程建设中的应用

水利工程是国家的经济命脉，提高其工作效率、保障其安全运营是头等大事。因此，水利工程项目无论在设计阶段还是施工建设期间、项目竣工验收、甚至在整个后期安全运营健康监测和环境质量监测等方面，均需要测量部门或单位能够快速、准确地提供各方面的高精度测量数据和信息。如采用传统的测量方法和手段在条件困难的地区很难保证数据信息的高标准精度要求，GPS 测量技术的出现和应用致使很多难题迎刃而解，并取得了很高的精度，在水利工程建设方面的应用如下：

（1）平面控制测量。根据工程的实际需要，利用 GPS 静态定位、快速静态定位和实时动态定位技术（简称 RTK）进行控制网测量和部分碎部测量。其基本优点首先是高精度，实践证明，GPS 相对定位精度在 50km 以内可达 10^{-6} ppm，在 300～1500m 工程精密定位中，1h 以上观测的解其平面位置误差小于 1mm。其次观测时间短，采用相对静态定位，20km 以内仅需 15～20min；应用 RTK 测量，相距基准站 15km 以内，流动站观测时间每站观测仅需几秒钟。

（2）放样测量。水利工程测量过程中，采取 RTK 进行点和线路放样。点放样是将放样点坐标和静态网中的坐标转换参数一起上传到 GPS 流动站中，然后根据所放点标识进行实地放样，放样精度可以控制在 5cm 以内；线路放样是在室内根据线路中心线的弯道元素编制线路中心线文件，将该文件和坐标转换参数上传到 GPS 流动站接收机，在实地依桩号和所放点与中心线的关系进行现场放样。

（3）航空摄影外业像控测量。在水利工程中，由于测区一般多为条带狭长型，线路一般较长，且树林茂密，通视条件差。其像控点布设一般较为分散，且像控点间距离远，如果采用传统的控制测量模式不仅耗时费力，且很难保证测量精度进而影响工期进度，利用 GPS 可以在较短的时间内即可完成外业像控点的采集工作。

（4）工程质量监测。水利设施的工程质量监测，是水利建设及使用时必须贯彻实施的关键措施。传统的监管方法包括目测、测绘仪定位、激光聚焦扫描等。而基于 GPS 技术的质量监测，是一种完全意义上的高科技监测方法。将具有微小 GPS 信号接受芯片置于相关工程设施待检测处，如水坝的表面、防洪堤坝的表面、山体岩壁的接缝处等，如果出现微小的裂缝、开口乃至过度的压力，相关的物理变化促使高精度 GPS 信号接受芯片的纪录信息发生变化，进而把问题反映出来。此外，如果把 GPS 监测系统与相关工程监测体系软件、报警系统联系结合，可更加严密地实现工程质量监测。

（5）水下地形测量。水利工程测量最难的是水下地形测量，水下地形复杂，人眼又看不见，水上作业条件差，水下地形资料的准确性对水利工程建设十分重要。且传统水下地形测量精度不高，测区范围有限，工作量大，人员配置多等。随着GPS、RTK技术在测量中的空前发展，水下地形测量也得到了广泛的应用。GPS进行水下地形测量的步骤：将GPS、测深仪和笔记本电脑连接在一起，导航软件对测量船进行定位，并指导测量船在指定测量断面上航行，GPS和测深仪将实时测得的数据导入笔记本电脑，由海洋测量软件处理生成水下地形图或导出文件，再由地形地籍成图软件绘制水下地形图。

（6）河流截流施工。在截流施工中，需要进行施工控制测量和水下地形测量。传统的截流采用人工采集数据，工作量大，速度慢，时间上不能满足要求。而运用GPS、RTK技术实施围堰控制测量和水下地形测量，则能很好地进行施工控制测量，并能及时提供施工部位的水下地形图，为施工生产提供必需的地形数据，保证施工生产的顺利进行。

第三节 地理信息系统

一、GIS概述

GIS是20世纪60年代中期开始形成并逐步发展起来的一门新技术。20世纪50年代，计算机科学的兴起和它在航空摄影测量与地图制图学中的应用，使人们开始利用计算机来收集、存储和处理各种与空间分布有关的图形和属性数据，并希望通过计算机对数据进行分析来直接为管理和决策服务。因此，便产生地理信息系统（GIS）。

地理信息系统（Geographic Information System 或 GEO－Information System，GIS）有时又称为"地学信息系统"或者"资源与环境信息系统"，它是一种特定的十分重要的空间信息系统，是在计算机软件和硬件的支持下，运用系统工程和信息科学的理论，科学管理和综合分析空间内涵的地理信息，以提供规划、管理、决策和研究所需要的信息技术系统。可见，GIS是研究与地理分布有关的空间信息系统。

GIS是多学科交叉的产物，通过上述概括和分析来看，它具有以下特点：

（1）GIS的物理外壳是计算机化的技术系统，它由若干个相互关系的子系统构成，如数据采集系统、数据管理系统、数据处理系统和分析子系统、图像处理子系统和数据产品输出子系统等。并且这些子系统的好坏直接影响着GIS的硬件平台、功能、效率、数据处理方式及输出类型。

（2）GIS具有采集、管理、分析和输出多种空间信息的能力，其操作的对象是空间数据。但空间数据的最根本特点就是每一个数据都是按照统一的地理坐标进行编码，实现对其定位、定性和定量的描述，这是GIS区别于其他类型信息系统的一个根本标志。

（3）GIS的技术优势在于它的数据综合、模拟和分析能力，系统以空间分析模型驱动，借助于强大的空间综合分析和动态预测能力，得到常规方法或普通信息系统难以得到的重要信息，实现地理空间过程演化的模拟和预测。

（4）GIS与测绘学和地理学有密切的关系。大地测量、工程测量、地籍测量、航空摄影测量和遥感技术为 GIS 中的空间实体提供各种不同比例尺和精度的定位数据；GPS 定位技术和遥感数字图像处理系统等现代测绘技术可直接快速和自动获取空间目标的数字信息，及时对 GIS 进行数据更新。

（5）GIS 按照研究的范围大小可分为全球性的、区域性的和局部性的；按照研究的内容可分为专题地理信息系统、区域地理信息系统和地理信息系统同居。此外，GIS 还可以按照系统功能、数据结构、用户类型和数据容量进行分类。

二、GIS 的组成

完整的地理信息系统主要由四个部分组成：计算机硬件系统、计算机软件系统、空间数据库和应用人员（用户）。GIS 的组成如图 18-14 所示。

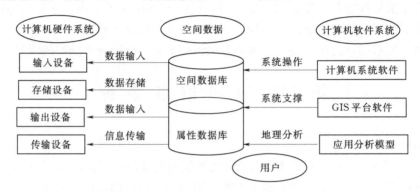

图 18-14　GIS 的组成

1. 计算机硬件系统

计算机是计算机系统中物理装置的总称，可以是电子的、电的、机械的、光的元件或装置，是 GIS 的物理外壳，系统的规模、精度、速度、功能、形式、使用方法甚至软件都与其有极大的关系，可见，GIS 受系统的支持或制约。由于 GIS 目标任务的复杂性和特殊性，必须有计算机及其设备的支持。GIS 硬件配置一般包括四个部分：

（1）计算机主机。显示器、键盘和鼠标等。

（2）数据输入设备。数字化仪、图像扫描仪、手写笔和通信端口等。

（3）数据存储设备。光盘刻录机、磁带机、光盘塔、活动硬盘盒磁盘阵列。

（4）输出设备。笔式绘图仪、喷墨绘图仪（打印机）、激光打印机和其他端口。

2. 计算机软件系统

计算机软件系统是 GIS 运行所必需的各种程序，是 GIS 的灵魂，一般由计算机软件系统、GIS 软件平台和应用分析软件组成（图 18-15）。

（1）计算机系统软件。由计算机厂家为方便用户使用和开发计算机资源而提供的程序系统，通常包括操作系统、汇编系统、编译系统和服务程序和各种维护使用手册、程序说明等，是 GIS 日常工作所必需的。

（2）GIS 平台软件。GIS 平台软件是通用的 GIS 基础平台，也可以是专门开发的 GIS 软件包。GIS 平台软件一般应包括数据输入和校验、数据存储和管理、空间查询和分析、数据显示和数据输出机用户接口等五个基本模块。

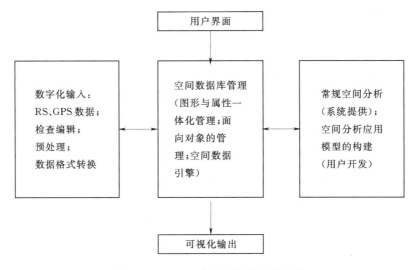

图 18 - 15 地理信息系统软件的结构

（3）分析应用软件。应用分析软件是系统开发人员或用户根据地理专题或区域分析模型编制的用于某种特定应用任务的软件，是软件功能的扩充与延伸。用户进行软件开发的大部分工作是开发应用程序，而应用程序的水平在很大程度上决定软件的实用性、优劣和成败。

GIS 软件配置应注意以下的问题：①能最大限度地满足本系统的需要，便于使用和开发；②软件公司技术实力较强，软件维护、更新和升级有保障；③有较强的力量支持；④性能稳定可靠，且价格相对合理。

3. 空间数据库

空间数据是指以地球表面空间位置为参考，描述自然、社会经济要素和人文景观的数据，可以是图形、图像、文字、表格和数字等。空间数据是用户通过各种输入设备或系统通信设备输入 GIS，是系统程序作用的对象，是 GIS 所表达的现实世界经过模型抽象的实质性内容。

不同用途的 GIS，其地理空间数据的种类、精度都是不同的，但基本上包括相互联系的三个方面。

（1）几何数据。几何数据是描述地理实体本身位置和形状大小等的度量信息，其表达手段是坐标串，能够标示地理实体在某个已知坐标系（如大地坐标系、直角坐标系或自定义坐标系）中的空间位置，可以是经纬度、平面直角坐标、极坐标，也可以是矩阵的行列数。

（2）空间关系。空间关系是指地理实体之间相互作用的关系，即为拓扑关系，标示点、线、面实体之间的空间联系，如网络结点与网格线之间的枢纽关系、边界线与面实体的构成关系、面实体与岛或内部点的包含关系等。空间拓扑关系对于地理空间数据的编码、录入、格式转换、存储管理、查询检索和模型分析都有重要意义，是地理信息系统的特色之一。

（3）属性数据。属性数据即非空间数据，是各个地理单元中的自然、社会、经济等专题数据，表示地理实体相联系的地理变量或地理意义。其表达手段是字符串或统计观测数值串。属性数据分为定量和定性两种，前者包括数量和等级，后者包括名称、种类和特性等。属性数据是 GIS 的主要处理对象，是对地理实体专题内容更广泛、更深刻的描述，是对空间数据强有力的补充。

GIS 特殊的空间数据模型决定了 GIS 独有的空间数据结构和数据编码方式，也决定了 GIS 独具的空间数据管理方法和系统空间数据分析功能，成为管理资源与环境及地学研究的重要工具。

4. 应用人员

GIS 应用人员包括系统开发人员和 GIS 产品的最终用户。人是 GIS 中最重要的构成元素，他们的业务素质和专业知识是 GIS 工程开发及其应用成败的关键。

用户是 GIS 中重要的构成因素，仅有系统软件、硬件和数据还不能构成完整的地理信息系统，需要用户进行系统组织、管理、维护、数据更新和应用程序开发，并采用地理分析模型提取多种信息，为地理研究和空间决策服务。

通常 GIS 的工作人员可以分为以下几类：

（1）低级技术人员。不必知道 GIS 如何工作，任务是数据的输入、结果的输出等。

（2）业务操作人员。应熟悉掌握 GIS 的操作，维护 GIS 的日常运行，完成应用任务。

（3）软件技术人员。必须精通 GIS，负责系统的维护、系统的开发和教学模型的建立等。

（4）科研人员。利用 GIS 进行科研工作，并能提出新的应用项目和新的要求及功能。

（5）管理人员。包括决策、公关等人员，应懂得 GIS 技术，能介绍 GIS 的功能，寻找用户等。

三、GIS 的基本功能

GIS 将现实世界从自然环境转移到计算机环境，其作用不仅仅是真实环境的再现，更主要的是 GIS 能为各种分析提供决策支持。GIS 实现了对空间数据的采集、编辑、存储、管理、分析和表达等加工处理，其目的是从中获取更有用的空间信息和知识。可见，GIS 利用空间分析工具，通过对有地理分布特征的对象进行研究处理，实现其功能，其功能一般包括以下方面。

1. 数据的采集、输入和检验

数据采集和输入，是将系统外部的数据传输到系统内部，并将这些数据外部格式转换为系统便于处理的内部格式，为了保证地理信息系统数据库中的数据在内容与空间上的完整性及逻辑上的一致性，通过编辑的手段保证数据的无错。地理信息系统空间数据库的建设占整个系统建设投资的 70% 以上，因此，信息共享和自动化数据输入成为地理信息系统研究的重要内容，出现了一些专门用于自动化数据输入的地理信息系统的支持软件。

随着数据源种类的不同，输入的设备和输入方法也在发展。目前，用于地理信息系统数据采集的方法和技术很多，主要有图形数据输入、栅格数据输入、测量数据输入和属性数据输入。目前，数据输入一般采用矢量结构输入，因为栅格结构输入工作量太大（早期地理信息系统可用栅格结构输入），需要时将矢量数据转换为栅格数据，栅格数据特别适合于构建地图分析模型。数据输入主要包括数字化、规范化和数据编码三个方面的内容：

（1）数字化是根据不同信息类型，经过跟踪数字化或扫描数字化，进行坐标变换等，形成各种数据格式，存入数据库。

（2）规范化是指对不同比例尺、不同投影坐标系统和不同精度的外来数据，以一种统一的坐标和记录方式，便于以后进一步工作。

（3）数据编码是指根据一定的数据结构和目标属性特征，将数据转换为计算机识别和管理的代码或编码字符。

数据的输入方式和设备有密切关系，常用的三种形式为：手扶跟踪数字化、扫描数字化和键盘输入。

2. 数据编辑与更新

数据编辑主要包括图形编辑和属性编辑。图形编辑主要包括图形修改、增加、删除、图形整饰、图形变换、图幅拼接、投影变换、坐标变换、误差校正和建立拓扑关系等。投影变换和坐标变换在建立地理信息系统空间数据库中非常重要，只有在同一地图投影和同一坐标系下，各种空间数据才能绝对配准。属性编辑通常与数据库管理在一起完成，主要包括属性数据的修改、删除和插入等操作。

数据更新是以新的数据项或记录来代替数据文件或数据库中相应的数据项或记录，是通过修改、删除和插入等一系列操作来完成的。数据更新是 GIS 建立空间数据的时间序列，满足动态分析的前提是对自然现象的发生和发展做出科学合理的预测预报的基础。

3. 空间数据库管理

空间数据管理是 GIS 数据管理的核心，是有效组织地理信息系统项目的基础，涉及空间数据（图形图像数据）和属性数据。栅格模型、矢量模型或栅格/矢量混合模型是常用的空间数据组织方法。这些图形数据和图像数据都要以严格的逻辑结构存放到空间数据库中，属性数据管理一般直接利用商用关系数据库软件，如 Foxpro、Access、Oracle、SQL Server 等进行管理。

由于地理信息系统空间数据库数据量大，涉及的内容多，就要求它既要遵循常用的关系型数据库管理系统来管理数据，又要采用一些特殊的技术和方法来解决常规数据库无法管理空间数据的问题。地理信息系统的数据库管理已经从图形数据和属性数据通过唯一标识码的公共项一体化连接发展到面向目标的数据库模型，再到多用户的空间数据库引擎。GIS 数据库管理技术的改进，有助于大数据量的信息检索、查询和共享的效率。

4. 空间查询与分析

空间分析和查询是地理信息系统的核心功能，是 GIS 区别于其他信息系统的本质特征，主要包括数据操作运算、数据查询检索和数据综合分析。数据查询检索是从数据文件、数据库中查找和选取所需要的数据，为了满足各种可能的查询条件而进行的系统内部的数据操作。

综合分析功能可以提供系统评价、管理和决策的能力，分析功能可在系统操作运算功能的支持下建立专门的分析软件来实现，主要包括信息量测、属性分析、系统分析、二维模型、三维模型和多种要素的综合分析。

一个地理信息系统软件提供的基本空间分析功能的强弱，直接影响到系统的应用范围，同时也是衡量地理信息系统功能强弱的标准。

5. 应用模型的构建方法

由于地理信息系统应用范围越来越广，不同的学科、专业都有各自的分析模型，一个地理信息系统软件不可能涵盖所有与地学相关学科的分析模型，这是共性与个性的问题。因此，地理信息系统除了应该提供上述的基本空间分析功能外，还应提供构建专业模型的手段，这可能包括提供系统的宏语言、二次开发工具、相关控件或数据库接口等。

6. 结果显示与输出

数据显示是指中间处理过程和最终结果的屏幕显示，通常用人机对话方式选择显示对象和形式，对于图形数据可根据要素的信息量和密集度选择放大和缩小显示。

数据输出是 GIS 的产品通过输出设备（包括显示器、绘图机和打印机等）输出。GIS 不仅可以输出全要素地图，还可以根据用户需要，分层输出各种专题地图、各类统计图、图表、数据和报告，为了突出效果，有时需要三维虚拟显示。一个好的地理信息系统应能提供一种良好的、交互式的制图环境，以供地理信息系统的使用者能够设计和制作出高品质的地图。

四、GIS 在水利工程建设方面的应用

将 GIS 应用于水利水电工程建设，以信息的数字化、直观化、可视化为出发点，可以将复杂施工过程用动画图像形象地描绘出来。为全面、准确、快速地分析掌握工程施工全过程提供有力的分析工具，实现工程信息的高效应用与科学管理，以及设计成果的可视化表达，进而为决策与设计人员提供直观形象的信息支持。这给施工组织设计与决策提供了一个科学简便 、形象直观的可视化分析手段，有助于推动水利水电设计工作的智能化、现代化发展，极大地提高工程设计与管理的现代化水平，促进工程设计界的"设计革命"。

1. GIS 应用于水利水电工程施工总布置可视化动态演示系统

GIS 具有图形数据库和属性数据库这种特有混合数据库设计结构，图形数据库主要是存放各种专题图及组成它们的所有图素，并根据需要将不同性质的图素放在不同的图层上，以便今后查询或进行图层叠加分析；属性数据库主要用来存放描述图素的属性数据。空间数据和属性数据通过唯一标识码使得描述图素的属性数据与其图素建立一一对应的关系。

以 GIS 软件为平台，建立数字化地形，构建施工场地布置系统中各系统部件的三维数字化模型。系统部件的数据信息与其他相关信息，通过映射关系联耦合性。GIS 中信息的可视化组织表现在对系统数据库的操作及管理，可以使施工生产管理者对工程进展情况有一个全面直观的了解。内容包括：显示枢纽施工总布置三维全景；演示枢纽施工全过程三维动态形象；基于三维枢纽布置模型实现枢纽布置的各种信息的可视化查询；枢纽施工全过程总体施工强度的实时统计及统计结果动态的柱状图显示；枢纽工程主要建筑物施工全过程动态演示。

2. GIS 在水利水电工程混凝土坝施工中的应用

混凝土坝施工过程复杂，混凝土坝的浇筑量大，坝块的数量很多，而且坝块的施工受到众多条件的限制，以手工方式安排每个坝块的施工顺序和施工进度是相当困难的，进而

影响到整个水利水电工程的进度和费用。而利用 GIS 强大的空间信息处理能力来表现混凝土坝的复杂施工过程具有极大优越性，将 GIS 与系统仿真技术相结合，利用 GIS 特有的空间数据可视化组织结构，使系统仿真应用模型与 GIS 系统之间在原始数据采集及模拟数据的可视化表达这两个阶段实现彼此数据的交换和共享，通过仿真的可视化监测混凝土坝施工过程，不仅能够得到坝块浇筑顺序、施工浇筑月强度等指标，而且通过三维画面描述复杂的施工过程，提高了混凝土坝施工组织设计和管理的现代化水平。

3. GIS 应用于施工导截流三维动态可视化

采用 GIS 软件系统与其他平台结合的集成模式与扩展连接模式开发施工导截流三维动态可视化仿真系统。用 VC＋＋、VB 等开发调洪演算、日径流模拟、导流实时风险率计算等模块，监测数据在 GIS 平台和 VC＋＋、VB 等平台间简便迅速地传递，通过 Windows 的 DDE 技术将数据传递给这些模块，模拟所得的数据再传回 GIS 平台，以图形、报表的形式输出，使 GIS 强大的数据库管理图形显示输出能力在这种开发模式中得到了充分利用。

通过系统分解，对各子系统分别进行仿真计算和图形建模，形成初始图形数据库，各个子系统的图形在 GIS 中以专题图的形式存放，通过相对应的属性，实现图形和属性信息的对应联系，借助于 GIS 强大的空间查询能力可以方便地查询任意时刻施工面导流面貌及其相应的信息。

4. GIS 在水利工程设计中的应用

在水利工程设施的设计过程中，可以将 GIS 中的地形信息与地质技术资料和水文资料相结合，为工程选址提供技术支持。

5. GIS 在水利水电地质工程中的运用

GIS 技术可自动制作平面图、柱状图、剖面图和等值线图等工程地质图件，还能处理图形、图像、空间数据及相应的属性数据的数据库管理、空间分析等问题，将 GIS 技术应用于工程地质信息管理和制图输出是近几年工程地质勘察行业的主要趋势。

第四节　遥　感　技　术

一、遥感概述

遥感技术是 20 世纪 60 年代兴起并迅速发展起来的一门综合性探测技术。它是在航空摄影测量的基础上，随着空间技术、电子计算机技术等当代科技的迅速发展，以及地学、生物学等学科发展的需要，发展形成的一门新兴技术学科。从以飞机为主要运载工具的航空遥感，发展到以人造地球卫星、宇宙飞船和航天飞机为运载工具的航天遥感，大大地扩展了人们的观察视野及观测领域，形成了对地球资源和环境进行探测和监测的立体观测体系。

遥感已称为地球系统科学、资源科学、环境科学、城市科学和生态学等学科研究的基本支撑技术，并逐渐融入现代信息技术的主流，称为信息科学的主要组成部分。近年来，随着对遥感基础理论研究的重视，遥感技术正在逐渐发展成为一门综合性的新兴交叉学科

——遥感科学与技术。

（一）遥感的概念

遥感（Remote Sensing），字面意思是遥远的感知。从广义上说是泛指从远处探测、感知物体或事物的技术，即不直接接触物体本身，从远处通过仪器（传感器）探测和接收来自目标物体的信息（如电场、磁场、电磁波、地震波等信息），经过信息的传输、加工处理及分析解译，识别物体和现象的属性及其空间分布等特征与变化规律的理论和技术。

狭义的遥感是指空对地的遥感，即从远离地面的不同工作平台上（如高塔、气球、飞机、火箭、人造地球卫星、宇宙飞船、航天飞机等），通过传感器，对地球表面的电磁波（辐射）信息进行探测，并经信息的传输、处理和判读分析，对地球的资源与环境进行探测和监测的综合性技术。

当前遥感形成了一个从地面到空中，乃至空间，从信息数据收集、处理到判读分析和应用，对全球进行探测和监测的多层次、多视角、多领域的观测体系，成为获取地球资源与环境信息的重要手段。

（二）遥感的主要特点

1. 宏观观测、大范围获取数据资料

采用航空或航天遥感平台获取的航空照片或卫星影像比在地面上获取的观测视域范围大得多。

例如，航空照片可提供不同比例尺的地面连续景观照片，并可供照片的立体观测。图像清晰逼真，信息丰富。一张比例尺 1:35000 的 23cm×23cm 的航空照片，可展示出地面 60 余 km^2 范围的地面景观实况。并且可将连续的照片镶嵌成更大区域的照片图，以便总观全区进行分析和研究。卫星图像的感测范围更大，一幅陆地卫星 TM 图像可反映出 $34225km^2$（即 185km×l85km）的景观实况。我国全境仅需 500 余张这种图像，就可拼接成全国卫星影像图。可见遥感技术可以实现大范围对地宏观监测，为地球资源与环境的研究提供重要的数据源。

2. 技术手段多且先进，可获取海量数据

遥感是现代科技的产物，它不仅能获得地物可见光波段的信息，而且可以获得紫外、红外、微波等波段的信息。不但能用摄影方式获得信息，而且还可以用扫描方式获得信息。遥感所获得的信息量远远超过了用常规传统方法所获得的信息量。这无疑扩大了人们的观测范围和感知领域，加深了对事物和现象的认识。

例如：微波具有穿透云层、冰层和植被的能力；红外线则能探测地表温度的变化等。因而遥感使人们对地球的监测和对地物的观测达到多方位和全天候。

此外，遥感技术获取的数据量非常庞大，如一景包括 7 个波段的 Landsat TM 影像数据量达到 270MB，覆盖全国范围的 TM 数据量将达到 135GB 的海量数据，远远超过了用传统方法获得的信息量。

3. 获取信息快，更新周期短，具有动态监测特点

遥感通常为瞬时成像，可获得瞬间大面积区域的景观状况，现实性好；而且可通过不同时相取得的资料及照片进行对比、分析和研究地物动态变化的情况，为环境监测以及研

究分析地物发展演化规律提供基础。

例如，Landsat TM 星 4/5 每 16 天即可对全球陆地表面成像一遍，NOAA 气象卫星甚至可每天收到两次覆盖地球的图像。因此，可及时地发现病虫害、洪水、污染、火山和地震等自然灾害发生的前兆，为灾情的预报和抗灾救灾工作提供可靠的科学依据和资料。

4. 应用领域广泛，经济效益高

遥感已广泛应用于农业、林业、地质矿产、水文、气象、地理、测绘、海洋研究、军事侦察及环境监测等领域，随着遥感图像的空间、时间和光谱分辨率的提高，以及与 GIS 和 GPS 的结合，它将会深入到很多学科中，应用领域将更广泛，对地观测技术也会随之进入一个更高的发展阶段。同传统方法相比，遥感已经显示出成果获取的快捷以及很高的效益。

（三）遥感的分类

由于分类标志的不同，遥感的分类有多种。

1. 按照遥感平台的分类

遥感技术根据所使用的平台不同，可分为三种：

（1）地面遥感。平台与地面接触，对地面、地下或水下所进行的遥感和测试，常用的平台为汽车、船舰、三脚架和塔等，地面遥感是遥感的基础。

（2）航空遥感。平台为飞机或气球，是从空中对地面目标的遥感，其特点为灵活性大、图像清晰、分辨率高等。航空遥感历史悠久，形成了较完整的理论和应用体系，还可以进行各种遥感试验和校正工作。

（3）航天遥感。以卫星、火箭和航天飞机为平台，从外层空间对地球目标所进行的遥感。其特点是高空对地观测，系统收集地表及其周围环境的各种信息，形成影像，便于宏观地观测研究各种自然现象和规律；能对同一地区周期性地重复成像，发现和掌握自然界的动态变化和运动规律；能够迅速地获取所覆盖地球的各种自然现象的最新资料。

2. 根据电磁波波谱的分类

（1）可见光遥感。只收集和记录目标物反射的可见光辐射能量，所用传感器有摄影机、扫描仪和摄像仪等。

（2）红外遥感。收集和记录目标物发射或反射的红外辐射能量，所用传感器有摄影机和扫描仪等。

（3）微波遥感。收集和记录目标发射或反射的微波能量，所用传感器有扫描仪、微波辐射计、雷达等。

（4）多光谱遥感。把目标物辐射来的电磁波辐射分割成若干个狭窄的光谱带，然后同步观测，同时得到一个目标物的不同波段的多幅图像，常用的传感器为多光谱摄影机和多光谱扫描仪等。

（5）紫外遥感。收集和记录目标物的紫外辐射量，目前还在探索阶段。

3. 根据电磁波辐射能源的分类

（1）被动遥感。利用传感器直接接收来自地物反射自然辐射源（如太阳）的电磁辐射或自身发出的电磁辐射而进行的探测。光学摄影亦指通常的摄影，即将探测接收到的地物电磁波依据深浅不同的色调直接记录在感光材料上。扫描方式是将所探测的视场（或地物）划分为面积相等顺序排列的像元，传感器则按顺序以每个像元为探测单元记录其电磁辐射强度，并经转换、传输、处理，或转换成图像显示在屏幕上。

（2）主动遥感。是指传感器带有能发射讯号（电磁波）的辐射源，工作时向目标物发射，同时接收目标物反射或散射回来的电磁波，以此所进行的探测，如雷达等。

4. 根据应用目的的分类

根据用户的具体应用情况，将遥感分为地质遥感、农业遥感、林业遥感、水利遥感、环境遥感和军事遥感等。

5. 根据遥感资料的成像方式

（1）成像方式（或称图像方式）就是将所探测到的强弱不同的地物电磁波辐射（反射或发射），转换成深浅不同的（黑白）色调构成直观图像的遥感资料形式，如航空像片、卫星图像等。

（2）非成像方式（或非图像方式）则是将探测到的电磁辐射（反射或发射），转换成相应的模拟信号（如电压或电流信号）或数字化输出，或记录在磁带上而构成非成像方式的遥感资料，如陆地卫星、CCT 数字磁带等。

二、遥感过程及其技术系统

（一）遥感过程

遥感过程包括遥感信息源的物理性质、分布及其运动状态，环境背景以及电磁波光谱特性，大气的干扰和大气窗口，传感器的分辨能力、性能和信噪比，图像处理及识别以及人们视觉生理和心理及其专业素质等。遥感过程主要通过地物波谱测试与研究、数理统计分析、模式识别、模拟试验方法以及地学分析等方法来完成。通常由五部分组成，即被测地物的信息源、信息的获取、信息的传输与记录、信息处理和信息的应用。因此说遥感是一个接收、传送、处理和分析遥感信息，并最后识别目标的复杂技术过程，主要包括以下四个部分，如图 18-16 所示。

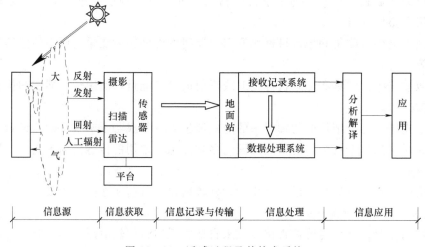

图 18-16　遥感过程及其技术系统

1. 遥感试验

其主要工作是对地物电磁辐射特性（光谱特性）以及信息的获取、传输及其处理分析等技术手段的试验研究。

遥感试验是整个遥感技术系统的基础，遥感探测前需要遥感试验提供地物的光谱特性，以便选择传感器的类型和工作波段；遥感探测中以及处理时，又需要遥感试验提供各种校正所需的有关信息和数据。遥感试验也可为判读应用提供基础，遥感试验在整个遥感过程中起着承上启下的重要作用。

2. 遥感信息获取

遥感信息获取是遥感技术系统的中心工作。遥感工作平台以及传感器是确保遥感信息获取的物质保证。

3. 遥感信息处理

遥感信息处理是指通过各种技术手段对遥感探测所获得的信息进行的各种处理。例如，为了消除探测中各种干扰和影响，使其信息更准确可靠而进行的各种校正（辐射校正、几何校正等）处理，其目的是使所获遥感图像更清晰，以便于识别和判读；提取信息而进行的各种增强处理等是为了确保遥感信息应用时的质量和精度，便于充分发挥遥感信息的应用潜力。

4. 遥感信息应用

遥感信息应用是遥感的最终目的。遥感应用则应根据专业目标的需要，选择适宜的遥感信息及其工作方法进行，以取得较好的社会效益和经济效益。

（二）遥感技术系统

遥感技术系统是一个从地面到空中直至空间，从信息收集、存储、传输处理到分析判读、应用的完整技术体系，由遥感平台、传感器、数据接收与处理系统、遥感资料分析与解译系统组成。其中遥感平台、传感器和数据接收与处理系统是决定遥感技术应用成败的三个主要技术因素，并且遥感过程实施的技术保证则依赖于遥感技术系统，所以遥感分析应用工作者必须对它们有所了解和掌握。

1. 遥感平台

在遥感中搭载遥感仪器的工具或载体，是遥感仪器赖以工作的场所，平台的运行特征及其姿态稳定状况直接影响到遥感仪器的性能和遥感资料的质量，目前主要遥感平台有飞机、卫星和火箭等。

2. 传感器

传感器是收集、记录和传递遥感信息的装置，目前应用的传感器主要有摄影机、摄像仪、扫描仪、雷达等。其中平台和传感器代表着遥感技术的水平。

3. 数据接收处理系统

地面接收站由地面数据接收和记录系统和图像数据处理系统两部分组成。接收系统的任务是接收、处理、存档和分发各类遥感卫星数据，并进行卫星接收方式、数据处理方法及相关技术的研究，其生产运行系统主要包括接收站、数据处理中心和光学处理中心。遥感图像处理系统主要的任务是将数据接收和记录系统记录在磁带上的视频图像信息和数据，进行加工处理和存储。最后根据用户的要求，制成一定规格的图像胶片和数据产品，作为商品提供给用户。

4. 遥感资料分析解译系统

用户得到的遥感资料，是经过预处理的图像胶片或数据，然后根据各自的应用目的，对这些资料进行分析、研究、判读与解译，从中提取有用信息，并将其转化。

三、遥感处理技术

在遥感图像处理与分析中，预处理是最初的基本影像操作。图像校正是从具有畸变的图像中消除畸变的处理过程，消除几何畸变的称为几何校正；消除辐射量失真的称为辐射校正。另外，为更好地分析和使用遥感数字图像，还需要对遥感图像进行图像增强、过滤、变换和特征提取等处理，进而能够准确地提取和获取所需要的信息。

（一）遥感图像几何校正

遥感图像在获取过程中，因传感器、遥感平台以及地球本身等方面的原因导致原始图像上各地物的几何位置、形状、尺寸和方位等特征与参照系统中的表达不一致，就产生了几何变形，这种变化称为几何畸变。

图像的几何校正（geometric correction）是指从具有几何畸变的图像中消除畸变的过程。也可以说是定量地确定图像的像元坐标（图像坐标）与目标物的地理坐标（地图坐标等）的对应关系（坐标变换式）。图像的几何校正步骤大致如下：

（1）确定校正方法。考虑到图像中所含的几何畸变的性质及可应用于校正的数据确定校正的方法。

（2）确定校正式。确定校正式（图像坐标和地图坐标的变换式等）的结构，根据控制点（参照补充说明）数据等求出校正式的参数。

（3）验证校正方法、校正式的有效性。检查几何畸变能否充分得到校正，探讨校正式的有效性。当判断为无效时，则对新的校正式（校正方法）进行探讨，或对校正中所用的数据进行修改。

（4）重采样、内插。为了使校正后的输出图像的配置与输入图像相对应，利用（2）中所采用的校正式，对输入图像的图像数据重新排列。在重采样中，由于所计算的对应位置的坐标不是整数值，所以必须通过对周围的像元值进行内插来求出新的像元值。

（二）遥感图像辐射校正

由于传感器相应特性和大气吸收、反射以及其他随机因素影响，导致图像模糊失真，造成图像的分辨率和对比度下降，为了正确评价目标物的反射特性及辐射特性，为遥感图像的识别、分类和解译等后续工作打下基础，必须消除这些辐射失真。消除遥感图像总依附在辐射亮度中的各种失真的过程称为辐射校正。辐射校正主要包括传感器的灵敏度特性引起的畸变、由太阳高度角及地下等引起的畸变和大气校正的那个。

（1）系统辐射校正。由传感器本身引起的误差，会导致图像接收的不均匀，会产生条纹和"噪声"。一般而言，这些误差在数据生产过程中，由生产单位根据传感器参数进行校正，不需要用户进行校正。

（2）太阳辐射引起的畸变校正。太阳高度角引起的畸变正是将太阳光线斜照时获取的图像校正为太阳光线垂直照射时获取的图像，太阳高度角可根据成像时间、季节和地理位置来确定。

（3）大气校正。太阳光在到达地表的目标物之前会由于大气中物质的吸收、散射而衰减。同样，来自目标物的反射、辐射光在到达遥感器前也会被吸收、散射。地表除受到直接来自太阳的光线（直达光）照射外，也受到大气引起的散射光的照射。同样，入射到遥感器上的除来自目标物的反射、散射光以外，还有大气的散射光。消除这些由大气引起的影响的处理过程称为大气校正。大气校正方法大致可分为：利用辐射传递方程式的方法，利用地面实况数据的方法以及其他方法。

（三）遥感图像增强与变换

图像增强与变换的目标是突出相关的专题信息，提高图像的视觉效果，使分析者更容易识别图像的内容，从图像中提取更有用的定量化的信息。图像增强与变换通常都在图像校正和重建后进行，特别是必须消除原始图像中的各种噪声。

图像增强的主要目的是改变图像的灰度等级，提高图像对比度；消除边缘和噪声，平滑图像；突出边缘或线状地物，锐化图像；合成彩色图像；压缩图像数据量，突出主要信息等。图像增强与变换的主要方法有空间域增强、频率域增强、彩色增强、多图像代数运算和多光谱图像变换等方法。

（四）遥感图像分类

遥感图像是通过亮度值的高低差异（反映地物的光谱信息）以及空间变化（反映地物的空间信息）来表达不同的地物。而遥感图像分类就是利用计算机对遥感图像中的各类地物的光谱信息和空间信息进行分析，选择作为分类判别的特征，用一定的手段将特征空间分为互不重叠的子空间，然后将图像中的各个像元规划到子空间中区。

遥感图像分类是将图像的所有像元按照其性质分为若干个类别的技术过程，传统的图像分类有两种方式：监督分类和非监督分类。

1. 监督分类

监督分类是一种有先验类别标准的分类方法。首先要从欲分类的图像区域中选定一些训练样区，在这些训练区中地物的类别是已知的，通过学习来建立标准，然后计算机将按照同样的标准对整个图像进行识别和分类。它是一种由已知样本外推到未知区域类别的方法。这种方法是事先知道图像中包含哪几类地物类别。

常用监督分类方法有最小距离分类、平行多面体分类和最大似然分类等。

2. 非监督分类

非监督分类是一种无先验类别标准的分类方法。对于研究区域的对象而言，没有已知的类型或训练样本为标准，而是利用图像数据本身能在特征测量空间中聚集成群的特点，先形成各个数据集，然后再核对这些数据集所代表的地物类别。当图像中包含的目标不明确或没有先验确定的目标时，则需要将像元进行先聚类，用聚类方法将遥感数据分割成比较均匀的数据群，把它们作为分类类别，在此类别的基础上确定其特征量，继而进行类别总体特征的测量。非监督分类不需要对研究区域的地物事先有所了解，根据地物的光谱统计特性进行分类。

常用非监督分类方法有聚类分析技术、K 均值聚类法和 ISODATA 分类法等。

遥感图像分类新方法有决策树法、模糊聚类法和神经网络法等。

四、RS 在水利工程建设中的应用

遥感技术是指从远距离高空及外层空间的各种平台上利用光学或者电子光学，通过接收地面反射或接收的电磁波信号并以图像或数据磁带形式记录下来，传送到地面，经过信息处理、判读分析与野外实地验证，最终服务于资源勘测、环境动态监测与有关部门的规划决策。20 世纪 70 年代开始用于水利。

1. 遥感技术应用于水利工程管理

RS 的特定波段对植被及植被水分和土壤水分敏感，热红外遥感对温度敏感，可以通过监测库区周围植被及植被水分和土壤水分、局部地区昼夜温度与其周围地区的差异检测库区是否渗漏及渗漏的位置。多波干涉雷达经差分处理可达到亚厘米级精度，可以监测大范围的地面沉降。通过多时相的遥感数据叠加分析监测工程周边的环境变化，以对水利水电工程建设对环境的影响作出科学准确的评价，以及分析上游植被破坏引起水土流失并在库区淤积及上游降雨增减和冰雪消涨对库容的影响。将这些测量数据输入 GIS 系统，对地质灾害的形成、发展趋势及发展速度实时分析，超过阈值自动报警，以及时确定防治措施。

2. 遥感技术应用于径流预测与对策

在径流预测与对策系统中，可根据暴雨预测情况，运用近期的多分辨率遥感影像数据和地理信息系统中的数字地形、地质岩性与构造、土地利用与土地覆盖数据进行"径流下垫面"分析，作出径流预测。

3. 遥感技术应用于洪水监测

在洪水监测系统中，可以利用洪水期不同时间的高分辨率遥感影像数据、流域各测站的监测数据和 GIS 中已有的矢量数字地图数据进行叠加分析，获得流域洪水动态信息（相对警戒水位），为调控系统决策提供依据或参考。

4. 遥感技术应用于水深、冲淤变化分析

在研究河床冲淤时，常常因实测资料遗缺无法进行系统分析和比较。在缺乏某一阶段实测资料的情况下，可利用历史阶段遥感资料推求出水深，从而实现冲淤分析的目的。若将 GIS 与水深遥感技术相结合，可实现水下地形图数字化，也可以很方便地得到所测水域不同时段、不同冲刷深度（或淤积厚度）的冲淤分布。

思 考 与 练 习

1. 试述 GPS 的定位原理。

2. GPS 控制网网形设计的原则是什么？

3. 什么是 GPS 的差分定位？原理是什么？包括几种形式？

4. GPS 静态测量实施的步骤是什么？

5. GPS 测量选点的要求是什么？

6. 结合本专业所学的知识，试述 3S 技术在本专业的应用。

附 录 课 间 实 验 指 导

一、课 间 实 验 须 知

（一）实验规定

（1）测量实验的目的是使学员能够熟悉测量仪器的构造和使用方法，掌握测量工作的基本技能，验证和巩固课堂上所学的知识，理论联系实际，以培养学员的实际动手能力、分析问题和解决问题的能力，并在实践性环节中，养成认真负责的工作态度和严谨求实的工作作风。

（2）实验前应复习教材中的有关内容，认真仔细地预习实验指导书，明确目的要求、方法步骤、记录与计算规则及注意事项，以保证按时完成实验任务中的相应项目。

（3）实验是集体学习行动，学员应严格遵守作息时间，不得迟到、早退或无故缺课，同组学员不得以任何借口代替缺课者完成本次实验任务。实验课因故缺课者，另找时间自动补作，并由实验室老师签字方能认可。2个或2个以上实验单元不参加者，不给成绩。实验过程应在规定时间和指定场地内进行，不得随便改变时间和地点。

（4）实验时分小组进行。学员班长向任课教师提供分组的名单，确定小组负责人。组长负责组织和协调实习工作，办理仪器工具的借领和归还手续。每个小组应根据实验任务有计划地做好轮换，使每个同学都能亲自参加实验中的各个环节。每人都必须认真、仔细地操作，培养独立工作能力和严谨的科学态度。同时要发扬互相协作精神，注意搞好团结配合，遇到困难或发生问题要互谦、互让，不要互相埋怨。

（5）在实验中认真观看指导老师进行的示范操作，在使用仪器时严格按操作规则进行。

（6）实验记录必须用铅笔认真填写。

（7）数据取位，应严格按其观测精度执行。

（8）实验结束时，应当场提交书写工整、规范的实验报告和实验成果，经指导教师审阅同意后，才能交还仪器、工具，结束本次实验。

（二）测量仪器工具的借用与使用规则

测量仪器是精密光学仪器，或是光、机、电一体化贵重设备，对仪器的正确使用、精心爱护和科学保养，是测量人员必须具备的素质，也是保证测量成果的质量、提高工作效率的必要条件。在使用测量仪器时应养成良好的工作习惯，严格遵守下列规则：

（1）严格履行仪器、工具的借还手续。以小组为单位到指定地点领取仪器、工具，借领时，应当场清点检查，如有缺损，可以报告实验室管理员给予补领或更换。

（2）携带仪器前，注意检查仪器箱是否扣紧、锁好，拉手和背带是否牢固，搬动时应轻拿轻放，避免仪器受到震动。开箱时，应将仪器箱放置平稳。开箱后，记清仪器在箱内安放的位置，以便用后按原样放回。提取仪器时，应双手握住支架或基座轻轻取出，放在三脚架上，保持一手握住仪器，一手拧紧连接螺旋，使仪器与三脚架牢固连接。仪器取出后，应关好仪器箱，严禁箱上坐人。

（3）仪器安置后必须有人看护，不可置仪器于一旁而无人看管，严禁在仪器旁玩耍或打闹。恶劣天气应撑伞，防止仪器日晒雨淋。

（4）若发现透镜表面有灰尘或其他污物，须用软毛刷和镜头纸轻轻拂去。严禁用手帕、粗布或其他纸张擦拭，以免损坏镜面。

（5）仪器使用时，应先制动后微动。使用制动螺旋时，不可拧得过紧，以免损伤仪器；使用微动螺旋和脚螺旋时，不要旋到顶端，以免损伤螺纹。仪器转动时，必须放松制动螺旋，严禁在制动螺旋未松开的情况下，强行转动仪器。

（6）近距离搬站，应放松制动螺旋，一手握住三脚架放在肋下，一手托住仪器，放置胸前稳步行走。不准将仪器斜扛肩上，以免碰伤仪器。若距离较远，必须装箱搬站。

（7）仪器装箱时，应将微动螺旋、脚螺旋调到适中位置，按原样放回后试关一次，确认放妥后，再拧紧各制动螺旋，以免仪器在箱内晃动，最后关箱上锁。

（8）水准尺、标杆不准用作担抬工具，以防弯曲变形或折断。不得靠墙、树等竖放，以免倒下被折断。

（9）使用钢尺时，应防止扭曲、打结和折断，防止行人踩踏和车辆碾压，避免尺身着水。携尺前进时，应将尺身离地提起，不得在地面上拖行，以防损坏刻划。用完钢尺，应擦净、涂油，以防生锈。

（三）测量实验记录与计算规则

（1）实验所得各项数据的记录和计算，必须按记录格式用2H或3H硬度的铅笔认真填写。字迹应清楚并随观测随记录。不准先记在草稿纸上，然后誊入记录表中，更不准伪造数据。观测者读出数字后，记录者应将所记数字复诵一遍，以防听错、记错。

（2）记录错误时，不准用橡皮擦去，不准在原数字上涂改，应将错误的数字划去并把正确的数字写在原数字的上方。记录成果修改后或观测成果废去后，都应在备注栏说明原因（如测错、记错或超限等）。

（3）禁止连续更改数字，例如：水准测量中的红、黑面读数；角度测量中的盘左、盘右读数；距离丈量中的往测与返测结果等，均不能同时更改，否则，必须重测。记录者记录完一个测站的数据后，简单的计算与必要的检核，应在测量现场及时完成，确认无误后方可迁站。

（4）数据运算应根据所取数字进行数字凑整。数据凑整，应严格按"四舍六入、逢五单进双不进"的原则进行。比如要求取位至毫米，则 1.5624m 应记为 1.562m，1.2635m 应记为 1.264m。若要求读至毫米，必须记录到毫米，比如 1.340m 不能记为 1.34m。

二、测 量 实 验 指 导

（一）水准仪的认识与使用

高程是确定地面点位的主要参数之一。水准测量是高程测量的主要方法之一，水准仪是水准测量所使用的仪器。本实验通过对微倾水准仪的认识和使用，使同学们熟悉水准测量的常规仪器、附件、工具，正确掌握水准仪的操作。

1. 目的和要求

(1) 了解微倾式水准仪的基本构造和性能，以及各螺旋名称及作用，掌握使用方法。

(2) 了解脚架的构造、作用，熟悉水准尺的刻划、标注规律及尺垫的作用。

(3) 练习水准仪的安置、瞄准、精平、读数、记录和计算高差的方法。

2. 仪器和工具

(1) 微倾式水准仪1台，自动安平水准仪1台，脚架1个，水准尺2根，尺垫2个，记录板1块，测伞1把。

(2) 自备：铅笔、草稿纸。

3. 实验方法与记录计算

(1) 仪器介绍。指导教师现场通过演示讲解水准仪的构造、安置及使用方法，水准尺的刻划、标注规律及读数方法。

(2) 仪器架设。首先，将三脚架调整至适当长度，张开并使脚尖踩入土中，架头大致水平；然后，打开仪器箱取出仪器，将其用中心连接螺旋固定在三脚架上。

(3) 认识仪器。对照实物正确说出仪器的组成部分，各螺旋的名称及作用。

(4) 粗整平。先用双手按相对（或相反）方向旋转一对脚螺旋，观察圆水准器气泡移动方向与左手拇指运动方向之间的运行规律，再用左手旋转第三个脚螺旋，经过反复调整使圆水准器气泡居中。

(5) 瞄准。先将望远镜对准明亮背景，旋转目镜调焦螺旋，使十字丝清晰；再用望远镜瞄准器照准竖立于测点的水准尺，旋转对光螺旋进行对光；最后旋转微动螺旋，使十字丝的竖丝位于水准尺中线位置上或尺边线上，完成对光，并消除视差。

(6) 精平。旋转微倾螺旋，从符合式气泡观测窗观察气泡的移动，使气泡两端吻合。

(7) 读数。用十字丝中丝读取米、分米、厘米，估读出毫米位数字，并用铅笔记录。

如图1所示，十字丝中丝的读数为0907mm（或0.907m）。十字丝下丝的读数为0989mm（或0.989m），十字丝上丝的读数为0825mm（或0.825m）。

(8) 计算。确定地面点A、B的高差。将仪器置于A、B两点间，按上述方法分别读取A、B两尺的读数，并计算A、B两点间的高差，记入手簿中。

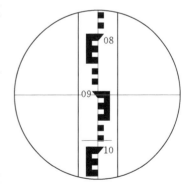

图1　观测水准尺读数

$$h_{AB}＝后视读数－前视读数＝a－b$$

4. 注意事项

(1) 三脚架应支在平坦、坚固的地面上，架设高度应适中，架头应大致水平，架腿制动螺旋应紧固，整个三脚架应稳定。

(2) 安放仪器时应将仪器连接螺旋旋紧，防止仪器脱落。

(3) 各螺旋的旋转应稳、轻、慢，禁止用蛮力，最好使用螺旋运行的中间位置。

(4) 瞄准目标时必须注意消除误差，应习惯先用瞄准器寻找和瞄准。

(5) 立尺时，应站在水准尺后，双手扶尺，以使尺身保持竖直。

(6) 读数时不要忘记精平。

（7）做到边观测、边记录、边计算。记录应使用铅笔。

（8）避免水准尺靠在墙上或电杆上，以免摔坏；禁止用水准尺抬物，禁止坐在水准尺及仪器箱上。

（9）发现异常问题应及时向指导教师汇报，不得自行处理。

5．上交资料

实验结束后将测量实验报告以小组为单位装订成册上交。

测量实验报告——水准仪的认识与使用

姓名_____ 学号_____ 班级_____ 指导教师_____ 日期_____

【目的与要求】

【各部件名称及作用】

部 件 名 称	功 能
准星和照门	
目镜角焦螺旋	
物镜对光螺旋	
制动螺旋	
微动螺旋	
脚螺旋	
圆水准器	
管水准器	

【观测记录】

水准仪观测记录表

测站	点号	后视读数 a (m)	前视读数 b (m)	高差（m）		备 注
				+	−	

（二）普通水准测量（闭合水准路线）

水准路线一般布置成为闭合、附合、支线的形式。本实验通过对一条闭合水准路线按普通水准测量的方法进行施测，使同学们掌握普通水准测量的方法。

1. 目的和要求

（1）练习水准路线的选点、布置。

（2）掌握普通水准测量路线的观测、记录、计算检核以及集体配合、协调作业的施测过程。

（3）掌握水准测量路线成果检核及数据处理方法。

（4）学会独立完成一条闭合水准路线测量的实际作业过程。

2．仪器和工具

（1）水准仪 1 台，脚架 1 个，双面水准尺 2 根，尺垫 2 个，木桩 4～5 个，斧头 1 把，记录板 1 块，测伞 1 把。

（2）自备：铅笔、计算器。

3．实验方法与记录计算

（1）领取仪器后，根据教师给定的已知高程点，在测区选点。选择 4～5 个待测点，钉木桩并标明点号，形成一条闭合水准路线。

（2）在距已知高程点（起点）与第一个转点大致等距离处架设水准仪，在起点与第一个待测点上竖立尺。

（3）仪器整平后便可进行观测，同时记录观测数据。用双仪器高法（或双面尺法）进行测站检核。

（4）第一站施测完毕，检核无误后，水准仪搬至第二站，第一个待测点上的水准尺尺底位置不变，尺面转向仪器；另一把水准尺竖立在第二个待测点上，进行观测，依此类推。

（5）当两点间距离较长或两点间的高差较大时，在两点间可选定一个或两个转点作为分段点，进行分段测量。在转点上立尺时，尺子应立在尺垫上的凸起物顶面。

（6）水准路线施测完毕后，应求出水准路线高差闭合差，以对水准测量路线成果进行检核。

（7）在高差闭合差满足要求（$f_{h容} = \pm 40\sqrt{L}$，单位为 mm）时，对闭合差进行调整，求出数据处理后各待测点高程。

4．注意事项

（1）前、后视距应大致相等。

（2）读取读数前，应仔细对光以消除视差。

（3）每次读数时，都应精平（转动微倾螺旋，使符合式气泡吻合）。并注意勿将上、下丝的读数误读成中丝读数。

（4）观测过程中不得进行粗平。若圆水准器气泡发生偏离，应整平仪器后，重新观测。

（5）应做到边测量、边记录、边检核，误差超限应立即重测。

（6）双仪器高法进行测站检核时，两次所测得的高差之差应不大于 5mm；双面尺法检核时，两次所测得的高差尾数之差应不大于 5mm（两次所测得的高差，因尺常数不同，理论值应相差 0.1m）。

（7）尺垫仅在转点上使用，在转点前后两站测量未完成时，不得移动尺垫位置。

（8）闭合水准路线高差闭合差 $f_h = \sum h$，容许值 $f_{h容} = \pm 40\sqrt{L}$，单位为 mm。

5．上交资料

实验结束后普通水准测量记录及测量实验报告以小组为单位装订成册上交。

测量实验报告——普通水准测量

姓名_____学号_____班级_____指导教师_____日期_____

【目的与要求】

【仪器和工具】

【主要步骤】

普通水准测量记录表

测站	点号	后视读数 a（m）	前视读数 b（m）	高差（m）		平均高差（m）	备 注
				＋	－		
辅助计算							

水准测量成果计算表

点号	距离（m）	测站	实测高差（m）	高差改正数（mm）	改正后高差（m）	高程（m）	辅助计算
							$f_h =$
							$f_{h容} =$
Σ							

（三）四等水准测量

通过对四等水准测量的学习，要求学生掌握四等水准测量的选点、施测、计算等水准测量的整个操作过程，进一步提高使用水准仪的基本操作技能。

1. **目的和要求**

（1）进一步熟悉水准仪的操作，掌握用双面水准尺进行四等水准测量的观测、记录和计算方法。

（2）熟悉四等水准测量的主要技术指标，掌握测站和路线的检核方法。

2. 仪器和工具

（1）DS_3 水准仪 1 台，测伞 1 把，双面水准尺 2 把，尺垫 2 个，记录板（含记录纸）1 块。

（2）自备：铅笔、草稿纸。

3. 实验方法与记录计算

（1）从实验场地的某一水准点出发，选定一条闭合水准路线，其长度以安置 4～5 个测站、视线长度 40～60m 为宜。立尺点可以选择有凸出点的固定地物或安放尺垫。

（2）在起点（某一水准点）与第一个立尺点的中间（前、后视的距离大致相等，用目估或步测）安置并粗平水准仪，观测者按下列顺序观测：

1）观测黑面：利用十字丝的上、下、中丝分别读取后视尺和前视尺黑面刻划的上、下、中丝读数。

2）观测红面：利用十字丝的中丝获得后视尺、前视尺红面刻划的中丝读数。

3）观测程序："黑—黑—红—红"，即"后尺黑面—前尺黑面—前尺红面—后尺红面"。

（3）观测者的每次读数，记录者应立即记入四等水准测量记录手簿，观测完毕后，应当场计算高差，并作测站检核。测站检核合格后，方可进行下一测站的观测。

（4）依次设站，用相同的方法进行观测，直至回到出发点。

（5）全线路实测完毕，应作线路检核，计算高差闭合差是否超限，如果超限要重新进行测量；否则，填写完成成果整理表。

（6）技术要求：视距长度不大于 80m；视距差 ≤5m；视距累积差 ≤10m；视线最低高度不小于 0.2m；基、辅分划（黑、红面）读数差不大于 3.0mm；基、辅分划（黑、红面）高差较差不大于 5.0mm；闭合差不大于 $\pm 20\sqrt{L}$mm 或 $\pm 6\sqrt{n}$mm。

4. 注意事项

（1）三脚架应支在平坦、坚固的地面上，架设高度应适中，架头应大致水平，架腿制动螺旋应紧固，整个三脚架应稳定。

（2）安放仪器时应将仪器连接螺旋旋紧，防止仪器脱落。

（3）各螺旋的旋转应稳、轻、慢，禁止用蛮力，最好使用螺旋运行的中间位置。

（4）瞄准目标时必须注意消除视差，应习惯先用瞄准器寻找和瞄准。

（5）立尺时，应站在水准尺后，双手扶尺，以使尺身保持竖直。

（6）读数时不要忘记精平。

（7）做到边观测、边记录、边计算。记录应使用铅笔。

（8）避免水准尺靠在墙上或电杆上，以免摔坏；禁止用水准尺抬物，禁止坐在水准尺及仪器箱上。

（9）发现异常问题应及时向指导教师汇报，不得自行处理。

5. 上交资料

实验结束后将测量实验报告以小组为单位装订成册上交。

测量实验报告——四等水准测量

姓名_____学号_____班级_____指导教师_____日期_____

【目的与要求】

四等水准测量记录表

测站编号	后视	下丝	前视	下丝	方向及尺号	标尺读数		黑＋K－红	高差中数	备 注
		上丝		上丝		黑面	红面			
	后视距		前视距							
	视距差 d		∑d							
1					后					
					前					
					后－前					
2					后					
					前					
					后－前					
3					后					
					前					
					后－前					
4					后					
					前					
					后－前					
计算	$\sum(9)=$ $\sum(10)=$ $\sum(12)_末=$ 总视距＝				$\sum(3)=$ $\sum(8)=$ $\sum(6)=$ $\sum(7)=$ $\sum(16)=$ $\sum(17)=$ $\sum(16)+[\sum(17)-0.100]=$ $2\sum(18)=$				$\sum(18)=$	

水准测量成果计算表

点号	距离 (m)	测站	实测高差 (m)	高差改正数 (mm)	改正后高差 (m)	高程 (m)	辅助计算
							$f_h =$
							$f_{h容} =$
Σ							

（四）水准仪的检验与校正

水准仪的检验与校正是正确使用经纬仪的前提要求，本实验的目的是能够使学生了解水准仪的构造原理并且掌握水准仪的检验和校正方法。

1. 目的与要求

（1）了解水准仪各主要轴线间应满足的几何条件。

（2）掌握水准仪的检验和校正方法。

2. 仪器和工具

（1）水准仪 1 台，水准尺 2 把，测伞 1 把，记录本 1 个，三角板或直尺 1 把，校正针 1 个，螺丝刀 1 把。

（2）自备：铅笔、计算器。

3. 实验方法与记录计算

（1）圆水准器轴平行于仪器竖轴的检验与校正。

检验：转动脚螺旋，使圆水准器气泡居中，将望远镜旋转 180°，若气泡居中，则条件满足；否则需校正。

校正：用圆水准器校正螺丝及脚螺旋各调整气泡偏离的一半。

（2）十字丝横丝垂直于仪器竖轴的检验和校正。

检验：整平仪器后，用十字丝横丝的一端瞄准一清晰小点，固定制动螺旋，转动微动螺旋，若小点始终在横丝上移动，则条件满足，否则需校正。

校正：用螺丝刀松开望远镜上的三颗埋头螺丝，转动十字丝分划板座，使横丝水平，然后旋紧埋头螺丝。

（3）水准管轴平行于视准轴的检验和校正。

检验：

1）将仪器置于 A、B 两尺中间，用改变仪器高的方法，观测 A、B 两尺的高差 2 次，若 $\Delta h = h_1 - h_2 \leqslant \pm 3$mm 时，取其平均值作为正确高差，用 $\bar{h}$ 表示。

2）将仪器移至于 A 尺或 B 尺附近，再测高差 $h_3 = a_3 - b_3$，若 $h_3 \neq \bar{h}$，则需校正。

校正：

1）计算出远尺端的正确读数：若近尺为 A，远尺为 B，则 $a_{3正} = b_3 - \bar{h}$；若近尺为 B，远尺为 A，则 $a_{3正} = b_3 + \bar{h}$。

2）转动微倾螺旋，使十字丝中丝对准远尺端的正确读数，此时水准管气泡已不居中。

3）用校正针略松水准管一端左、右校正螺丝，拨动上、下校正螺丝，使气泡居中。

4）重复以上过程，直至误差不大于 ± 3mm 为止。

4．注意事项

（1）三脚架应支在平坦、坚固的地面上，架设高度应适中，架头应大致水平，架腿制动螺旋应紧固，整个三脚架应稳定。

（2）安放仪器时应将仪器连接螺旋旋紧，防止仪器脱落。

（3）各螺旋的旋转应稳、轻、慢，禁止用蛮力，最好使用螺旋运行的中间位置。

（4）瞄准目标时必须注意消除视差，应习惯先用瞄准器寻找和瞄准。

（5）立尺时，应站在水准尺后，双手扶尺，以使尺身保持竖直。

（6）读数时不要忘记精平。

（7）做到边观测、边记录、边计算。记录应使用铅笔。

（8）避免水准尺靠在墙上或电杆上，以免摔坏；禁止用水准尺抬物，禁止坐在水准尺及仪器箱上。

（9）发现异常问题应及时向指导教师汇报，不得自行处理。

5．上交资料

实验结束后将测量实验报告以小组为单位装订成册上交。

测量实验报告——水准仪的检验与校正

姓名_____ 学号_____ 班级_____ 指导教师_____ 日期_____

【目的与要求】

【按如下要求绘出草图】
（1）A、B 两尺所在地面高低情况。
（2）仪器安置的大致位置。
（3）所用水准仪视准轴的倾斜方向。

【数据处理】

圆水准器轴平行于仪器竖轴的检验与校正记录表

观 测 类 型	气 泡 偏 离 情 况
检验观测	
校核观测	

十字丝横丝垂直于仪器竖轴的检验和校正记录表

观 测 类 型	十 字 丝 偏 离 情 况
检验观测	
校核观测	

水准管轴平行于视准轴的检验与校正记录计算

仪 器 安 置 位 置		A 尺读数 (m)	B 尺读数 (m)	高差（m）		应对准的正确读数 （m）
仪器在两尺中间	第一次				平均高差	
	第二次					
仪器在__尺附近						

（五）经纬仪的认识与使用

角度测量是测量的基本工作之一，经纬仪是测定角度的仪器。通过本实验可使同学们了解光学经纬仪的组成、构造，经纬仪上各螺旋的名称、功能。

1. 目的和要求

（1）了解 DJ_6 光学经纬仪的基本构造，各部件的名称及功能。

（2）掌握经纬仪对中（包括垂球对中和光学对中）、整平、瞄准和读数方法。

2. 仪器和工具

（1）DJ_6 光学经纬仪（或 DT_5 电子经纬仪）1 台，记录板 1 块，测伞 1 把。

（2）自备：铅笔、计算器。

3. 实验方法与记录计算

（1）仪器讲解。指导教师现场讲解 DJ_6 光学经纬仪的构造，各螺旋的名称、功能及操作方法，仪器的安置及使用方法。

（2）安置仪器。各小组在给定的测站点上架设仪器（从箱中取经纬仪时，应注意仪器的装箱位置，以便用后装箱）。在测站点上撑开三脚架，高度应适中，架头应大致水平；然后把经纬仪安放到三脚架的架头上。安放仪器时，一手扶住仪器，一手旋转位于架头底部的连接螺旋，使连接螺旋穿入经纬仪基座压板螺孔，并旋紧螺旋。

（3）认识仪器。对照实物正确说出仪器的组成部分、各螺旋的名称及作用。

（4）对中。对中有垂球对中和光学对中器对中两种方法。

方法一：垂球对中

1）在架头底部连接螺旋的小挂钩上挂上垂球。

2）平移三脚架，使垂球尖对准地面上的测站点，并注意使架头大致水平，踩紧三脚架。

3）稍松底座下的连接螺旋，在架头上平移仪器，使垂球尖精确对准测站点（对中误差应不大于 3mm），最后旋紧连接螺旋。

方法二：光学对中器对中

1）将仪器中心大致对准地面测站点。

2）通过旋转光学对中器的目镜调焦螺旋，使分划板对中圈清晰；通过推、拉光学对中器的镜管进行对光，使对中圈和地面测站点标志都清晰显示。

3）水平移动脚架，使地面测站点标志位于对中圈内。

4）逐一松开三脚架架腿制动螺旋并利用伸缩架腿（架脚点不得移位）使圆水准器气泡居中，大致整平仪器。

5）用脚螺旋使照准部水准管气泡居中，整平仪器。

6）观测光学对中器内地面测站点是否偏离分划板对中圈。若发生偏离，则松开底座下的连接螺旋，在架头上轻轻平移仪器，使地面测站点回到对中器分划板对中圈内。

7）检查照准部水准管气泡是否居中。若气泡发生偏离，需再次整平，即重复前面过程，最后旋紧连接螺旋（按方法二对中仪器后，可直接进入步骤 6）。

（5）整平。转动照准部，使水准管平行于任意一对脚螺旋，同时相对（或相反）旋转这两只脚螺旋（气泡移动的方向与左手大拇指行进方向一致），使水准管气泡居中；然后将照准部绕竖轴转动 $90°$，再转动第三只脚螺旋，使气泡居中。如此反复进行，直到照准部转到任何方向，气泡在水准管内的偏移都不超过刻划线的一格为止。

（6）瞄准。取下望远镜的镜盖，将望远镜对准天空（或远处明亮背景），转动望远镜的目镜调焦螺旋，使十字丝最清晰；然后用望远镜上的照门和准星瞄准远处一线状目标（如：远处的避雷针、天线等），旋紧望远镜和照准部的制动螺旋，转动对光螺旋（物镜调焦螺旋），使目标影像清晰；再转动望远镜和照准部的微动螺旋，使目标被十字丝的纵向单丝平分，或被纵向双丝夹在中央。

（7）读数。瞄准目标后，调节反光镜的位置，使读数显微镜读数窗亮度适当，旋转显微镜的目镜调焦螺旋，使度盘及分微尺的刻划线清晰，读取落在分微尺上的度盘刻划线所示的度数，然后读出分微尺上 0 刻划线到这条度盘刻划线之间的分数，最后估读至 $1'$ 的0.1 位。如图 2 所示，水平度盘读数为 $117°01.9'$（$117°01'54''$），竖盘读数为 $90°36.2'$（$90°36'12''$）。

（8）设置度盘读数。可利用光学经纬仪的水平度盘读数变换手轮，改变水平度盘读数。做法是打开基座上的水平度盘读数变换手轮的护盖，拨动水平度盘读数变换手轮，观察水平度盘读数的变化，使水平度盘读数为一定值，关上护盖。

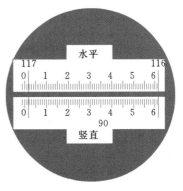

有些仪器配置的是复测扳手，要改变水平度盘读数，首先要旋转照准部，观察水平度盘读数的变化，使水平度盘读数为一定值，按下复测扳手将照准部和水平度盘卡住；再将照准部（带着水平度盘）转到需瞄准的方向上，打开复测扳手，使其复位。

图 2　DJ₆ 光学经纬仪读数窗

（9）记录。用 2H 或 3H 铅笔将观测的水平方向读数记录在表格中，用不同的方向值计算水平角。

4. 注意事项

（1）尽量使用光学对中器进行对中，对中误差应小于 3mm。

（2）测量水平角瞄准目标时，应尽可能瞄准其底部，以减少目标倾斜所引起的误差。

（3）观测过程中，注意避免碰动光学经纬仪的复测扳手或度盘变换手轮，以免发生读数错误。

（4）日光下测量时应避免将物镜直接瞄准太阳。

（5）仪器安放到三脚架上或取下时，要一手先握住仪器，防止仪器摔落。

（6）电子经纬仪在装、卸电池时，必须先关掉仪器的电源开关（关机）。

（7）勿用有机溶液擦试镜头、显示窗和键盘等。

5. 上交资料

实验结束后将测量实验报告以小组为单位装订成册上交。

测量实验报告——经纬仪的认识与使用

姓名＿＿＿＿＿＿ 学号＿＿＿＿＿＿ 班级＿＿＿＿＿＿ 指导教师＿＿＿＿＿＿ 日期＿＿＿＿＿＿

【目的与要求】

各部件名称及作用

部 件 名 称	功 能
照准部水准管	
照准部制动螺旋	
照准部微动螺旋	
望远镜制动螺旋	
望远镜微动螺旋	
水平度盘变换螺旋	
竖盘指标水准管	
竖盘指标水准管微动螺旋	

【观测数据及处理】

经 纬 仪 观 测 记 录

测站	目标	竖盘位置	水平度盘读数 (° ′ ″)	水平角值 (° ′ ″)	竖直度盘读数 (° ′ ″)	略 图
		左				
		右				
		左				
		右				

(六) 测回法观测水平角

水平角测量是角度测量工作之一，测回法是测定由两个方向所构成的单个水平角的主要方法，也是在测量工作中使用最为广泛的一种方法。通过本实验可使同学们了解测回法测量水平角的步骤和过程，掌握用光学经纬仪按测回法测量水平角的方法。

1. 目的和要求

(1) 进一步熟悉 DJ₆ 光学经纬仪的使用方法。

(2) 掌握测回法观测水平角的观测、记录和计算方法。

(3) 了解用 DJ₆ 光学经纬仪按测回法观测水平角的各项技术指标。

2. 仪器和工具

(1) DJ₆ 型光学经纬仪 1 台，记录板 1 块，测伞 1 把，标杆 2 个。

(2) 自备：铅笔、计算器。

3. 实验方法与记录计算

(1) 在指定的场地内，选择边长大致相等的 3 个点，分别以 A、B、O 命名。

(2) 在 A、B 两点竖直插上标杆。

(3) 将 O 点作为测站点，安置经纬仪进行对中、整平。

(4) 使望远镜位于盘左位置（即观测员用望远镜瞄准目标时，竖盘在望远镜的左边，也称正镜位置），瞄准左边第一个目标 A，即瞄准 A 点垂线，用光学经纬仪的度盘变换手轮将水平度盘读数拨到 0°或略大于 0°的位置上，读数并做好记录。

(5) 按顺时针方向，转动望远镜瞄准右边第二个目标 B，读取水平度盘读数，记录，并在观测记录表格中计算盘左上半测回水平角值（B目标读数 − A目标读数）。

(6) 将望远镜盘左位置换为盘右位置（即观测员用望远镜瞄准目标时，竖盘在望远镜的右边，也称倒镜位置），先瞄准右边第二个目标 B，读取水平度盘读数，记录。

(7) 按逆时针方向，转动望远镜瞄准左边第一个目标 A，读取水平度盘读数，记录，并在观测记录表格中计算出盘右下半测回角值（B目标读数 − A目标读数）。

(8) 比较计算的两个上、下半测回角值，若限差≤40″，则满足要求，求出一测回平均水平角值。

(9) 如果需要对一个水平角测量 n 个测回，则在每测回盘左位置瞄准第一个目标 A 时，都需要配置度盘。每个测回度盘读数需变化 $\frac{180°}{n}$（n 为测回数）。（如：要对一个水平角测量 3 个测回，则每个测回度盘读数需变化 $\frac{180°}{3}=60°$，则 3 个测回盘左位置瞄准左边第一个目标 A 时，配置度盘的读数分别为 0°、60°、120°，或略大于这些读数。）

采用复测结构的经纬仪在配置度盘时，可先转动照准部，在读数显微镜中观测读数变化，当需配置的水平度盘读数确定后，扳下复测扳手，在瞄准起始目标后，扳上复测扳手即可。

(10) 除需要配置度盘读数外，各测回观测方法与第一测回水平角的观测过程相同。比较各测回所测角值，若限差不大于 24″，则满足要求，取平均求出各测回平均角值。

4. 注意事项

（1）观测过程中，若发现气泡偏移超过一格，应重新整平仪器并重新观测该测回。

（2）光学经纬仪在一测回观测过程中，注意避免碰动复测扳手或度盘变换手轮，以免发生读数错误。

（3）计算半测回角值时，当第一目标读数 a 大于第二目标读数 b 时，则应在第二目标读数 b 上加上 360°。

（4）上、下半测回角值互差不应超过 $\pm 40''$，超限须重新观测该测回。

（5）各测回互差不应超过 $\pm 24''$，超限须重新观测。

（6）仪器迁站时，必须装箱搬运，严禁装在三脚架上迁站。

（7）使用中，若发现仪器功能异常，不可擅自拆卸仪器，应及时报告实验指导教师或实验室工作人员。

5. 上交资料

实验结束后将测量实验报告以小组为单位装订成册上交。

测量实验报告——测回法观测水平角

姓名_____学号_____班级_____指导教师_____日期_____

【目的与要求】

【主要步骤】

【观测数据及处理】

测 回 法 观 测 记 录

测站	测回	目标	竖盘位置	水平度盘读数 (° ′ ″)	半测回角值 (° ′ ″)	一测回角值 (° ′ ″)	各测回平均角值 (° ′ ″)	备注

（七）方向法观测水平角

DJ$_2$光学经纬仪是控制测量经常使用的高精度经纬仪。在三角网的控制测量中，全圆方向法观测水平角是必要的工作之一。通过本实验可使同学们了解 DJ$_2$ 光学经纬仪及其使用，掌握用 DJ$_2$ 级光学经纬仪按全圆方向法测定水平角。

1. 目的和要求

（1）了解 DJ$_2$ 光学经纬仪的基本构造、主要部件的名称与作用。

（2）掌握 DJ$_2$ 光学经纬仪的使用方法。

（3）掌握全圆方向法观测水平角的观测、记录和计算方法。

（4）了解 DJ₂ 光学经纬仪按全圆方向法观测水平角的各项技术指标。

2．仪器和工具

（1）DJ₂ 光学经纬仪 1 台，觇牌 4 块，记录板 1 块，测伞 1 把。

（2）自备：铅笔、计算器。

3．实验方法与记录计算

（1）DJ₂ 光学经纬仪的认识：指导教师现场介绍 DJ₂ 光学经纬仪的构造及各部件的名称与作用，指出与 DJ₆ 光学经纬仪的异同，讲解读数方法及按全圆方向法观测水平角的过程。

（2）DJ₂ 光学经纬仪的安置。

1）各小组在给定的测站点上安置经纬仪，用光学对中器进行对中、整平。

2）在给定的 A、B、C、D 四个点位上竖立标杆，作为目标。

（3）DJ₂ 光学经纬仪的瞄准和读数。

1）DJ₂ 光学经纬仪的瞄准与 DJ₆ 光学经纬仪相同，瞄准目标时要注意消除视差，还应仔细判断目标相对于十字丝竖丝的对称性。

2）DJ₂ 光学经纬仪的读数特点为：

a）由于共用一个读数窗，故读数窗中同一时间只能显示水平度盘或竖盘影像中的一个，可用换像手轮交替调出水平度盘或竖盘的影像。

b）采用双光楔测微、对径分划符合法读数，故读数设备上配有测微轮。

c）读数时，转动换像手轮，使读数显微镜中的读数窗显示水平度盘影像，并调节水平度盘反光镜（竖盘另有反光镜），使读数窗亮度适当；调节读数显微镜目镜调焦螺旋，使读数窗内影像清晰，如图 3（a）所示；转动测微轮，使上下对径分划影像严格对齐成一直线；在度盘影像上读取"度"及"10 倍的分"值（图中所示为 $94°10'$），再在测微器影像上读取"分"、"秒"值，可估读到秒的 0.1 位（图中所示为 $2'44.6''$），故图 3（b）中的完整读数为 $94°12'44.6''$。

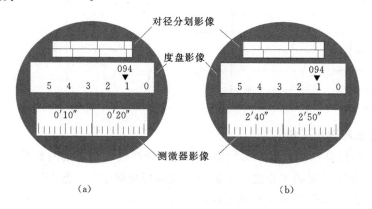

图 3　DJ₂ 光学经纬仪读数

4．全圆方向法观测水平角

（1）用盘左位置瞄准第一个目标 A，转动换像手轮，使读数窗内显示水平度盘影像，旋转读数显微镜的目镜调焦螺旋使水平度盘及测微尺的刻划线清晰，再调节水平度盘反光镜使窗口亮度适当，转动水平度盘读数变换轮及测微轮，将水平度盘读数配置到略大于 $0°$ 的位置上，精确瞄准目标 A，读取 A 目标水平方向值 $a_左$，做好记录。

（2）按顺时针方向，依次瞄准 $B \to C \to D \to A$，分别读取读数，即各目标水平方向值 $b_左$、$c_左$、$d_左$、$a'_左$），做好记录。

（3）由 A 方向盘左两个读数之差 $a_左 - a'_左$（称为上半测回归零差）计算盘左上半测回归零差，如果归零差满足限差不大于 $12''$ 的要求，则求出 $a_左$ 与 $a'_左$ 两个读数的平均值 $\overline{a_左}$，记在记录表格中，写在 $a_左$ 的顶部，否则应重新测量。

（4）倒转望远镜盘左位置换为盘右位置，瞄准第一个目标 A 读数 $a_右$，并记录，按逆时针方向，依次瞄准第四个目标 $D \to$ 第三个目标 $C \to$ 第二个目标 $B \to$ 第一个目标 A，分别读取读数，即各目标水平方向值 $d_右$、$c_右$、$b_右$、$a'_右$，在记录表格中，由下往上记录。

（5）由 A 方向盘右两个读数之差 $a_右 - a'_右$ 计算下半测回归零差，如果归零差满足限差不大于 $12''$ 的要求，则求出两个读数 $a_右$ 与 $a'_右$ 的平均值 $\overline{a_右}$，记在 $a'_右$ 的顶部。

（6）对于同一目标，需用盘左读数尾数减去盘右读数尾数计算 $2c$（两倍视准轴误差），$2c$ 应满足限差不大于 $18''$ 的要求，否则应重新测量。

（7）将 $\overline{a_左}$ 与 $\overline{a_右}$ 取平均，求得归零方向的平均值 $\overline{a} = (\overline{a_左} + \overline{a_右})/2$；用各目标的盘左读数与盘右读数 $\pm 180°$ 的和除以 2 计算各目标方向值的平均值。

（8）用各目标方向的平均值减去归零方向的平均值 $\overline{a}$，可求出各目标归零后的水平方向值，则第一测回观测结束。

（9）如果需要进行多测回观测，各测回操作的方法、步骤相同，只是每测回盘左位置瞄准第一个目标 A 时，都需要配置度盘。每个测回度盘读数需变化 $180°/n$（n 为测回数）。

（10）各测回观测完成后，应对同一目标各测回的方向值进行比较，如果满足限差不大于 $12''$ 的要求，取平均求出各测回方向值的平均值。

5. 注意事项

（1）使用光学对中器进行对中，对中误差应小于 2mm，整平应仔细。

（2）可以选择远近适中、易于瞄准的清晰目标作为第一个目标。

（3）每人独立完成一个测回的观测，测回间应变换水平度盘的位置。

（4）应随时观测、随时记录、随时检核。

（5）观测过程中，若发现气泡偏移超过一格时，应重新整平仪器并重新观测该测回。

（6）各项误差指标超限时，必须重新观测。

（7）水平角方向观测法有关技术指标的限差规定见下表。

水平角方向观测法作业限差

仪器	半测回归零差（″）	一测回内 $2c$ 互差（″）	同一方向值各测回互差（″）
DJ_2	12	18	12
DJ_6	18		24

（8）$2c$＝盘左读数－（盘右读数±180°）

（9）平均读数＝［盘左读数＋（盘右读数±180°）］／2

6. 上交资料

实验结束后将测量实验报告以小组为单位装订成册上交。

测量实验报告——方向法观测水平角

姓名_____ 学号_____ 班级_____ 指导教师_____ 日期_____

【目的与要求】

【仪器和工具】

【主要步骤】

【观测数据及处理】

方向法观测记录

测站	测回	目标	水平度盘读数		2c (′ ″)	平均读数 (° ′ ″)	归零后的方向值 (° ′ ″)	各测回归零方向值的平均值 (° ′ ″)	草图
			盘左 (° ′ ″)	盘右 (° ′ ″)					
O		A							
		B							
		C							
		D							
O		A							
		B							
		C							
		D							
O		A							
		B							
		C							
		D							

注　表中 2c＝左－（右±180°）；平均读数＝[左＋（右±180°）]／2。

（八）竖直角观测与指标差

竖直角是计算高差及水平距离的元素之一，在三角高程测量与视距测量中均需测量竖直角。竖直角测量时，要求竖盘指标位于正确的位置上。通过本实验可以使同学们了解用光学经纬仪进行竖直角测量的过程，掌握竖直角的测量方法，弄清竖盘指标差对竖直角的影响规律，学会对竖盘指标差进行检校。

1. 目的和要求

（1）了解光学经纬仪竖盘构造、竖盘注记形式；弄清竖盘、竖盘指标与竖盘指标水准管之间的关系。

（2）能够正确判断出所使用经纬仪竖直角计算的公式。

（3）掌握竖直角观测、记录、计算的方法。

（4）了解竖盘指标差检验和校正的方法。

2. 仪器和工具

（1）DJ$_6$ 光学经纬仪 1 台，校正针 1 根，小螺丝刀 1 把，记录板 1 块，测伞 1 把。

（2）自备：铅笔、计算器。

3. 实验方法与记录计算

（1）竖直角观测。

1）领取仪器后，在各组给定的测站点上安置经纬仪，对中、整平，对照实物说出竖盘部分各部件的名称与作用。

2）上下转动望远镜，观察竖盘读数的变化规律，确定出竖直角的推算公式，在记录表格备注栏内注明。

3）选定远处较高的建（构）筑物，如水塔、楼房上的避雷针、天线等作为目标。

4）用望远镜盘左位置瞄准目标，用十字丝中丝切于目标顶端。

5）转动竖盘指标水准管微倾螺旋，使竖盘指标水准管气泡居中（有竖盘指标自动归零补偿装置的光学经纬仪无此步骤）。

6）读取竖盘读数 L，在记录表格中做好记录，并计算盘左上半测回竖直角值 $\alpha_{左}$。

7）再用望远镜盘右位置瞄准同一目标，同法进行观测，读取竖盘读数 R，记录并计算盘右下半测回竖直角值 $\alpha_{右}$。

8）计算竖盘指标差 $x = \dfrac{1}{2}(\alpha_{右} - \alpha_{左}) = \dfrac{1}{2}(R + L - 360°)$，在满足限差（$|x| \leqslant 25''$）要求的情况下，计算上、下半测回竖直角的平均值 $\alpha = \dfrac{1}{2}(\alpha_{左} + \alpha_{右})$，即一测回竖角值。

9）同法进行第二测回的观测。检查各测回指标差互差（限差 $\pm 25''$）及竖直角值的互差（限差 $\pm 25''$）是否满足要求，如在限差要求之内，则可计算同一目标各测回竖直角的平均值。

（2）竖盘指标差的检验与校正。

1）检验：经纬仪安置好后，盘左、盘右观测一大致水平的目标，根据盘左位置竖盘读数 L 和盘右位置竖盘读数 R 计算指标差 $x = (L + R - 360°)/2$，若竖盘指标差 $|x| \geqslant 25''$，应对仪器进行校正。

2）校正：保持仪器位置不动，仍以盘右瞄准原目标，转动竖盘指标水准管微动螺旋，

将原竖盘读数 R 调整到正确读数 $R-x$，这时竖盘指标水准管气泡不再居中，用校正针拨动竖盘指标水准管一端的校正螺丝，一松、一紧，使竖盘指标水准管气泡居中。

如此反复检校，直到指标差 $|x| \leqslant 25''$ 为止。

4. 注意事项

（1）光学经纬仪盘左位置，若望远镜上仰竖盘读数增大，则竖角计算公式为 $\alpha_左 = L-90°$，$\alpha_右 = 270°-R$；反之，若望远镜上仰竖盘读数减小，则竖角计算公式为 $\alpha_左 = 90°-L$，$\alpha_右 = R-270°$。

（2）指标差偏离的方向与竖盘注记方向一致时，取正号；反之，取负号。计算公式为 $x\frac{1}{2}(\alpha_右-\alpha_左)=\frac{1}{2}(R+L-360°)$；一测回竖角计算公式为 $\alpha=\frac{1}{2}(\alpha_左+\alpha_右)$。

（3）观测过程中，对同一目标应用十字丝中丝切准同一部位。

（4）当光学经纬仪指标差 $|x| \geqslant 25''$、电子经纬仪指标差 $|x| \geqslant 10''$，时，应对竖盘指标差进行校正。

（5）同一目标各测回竖直角指标差的互差，光学经纬仪应小于 $\pm 25''$，电子经纬仪应小于 $\pm 10''$，超限应重新测量。

（6）校正时，盘右位置竖盘正确读数，对竖角计算公式为：$\alpha_左 = L-90°$，$\alpha_右 = 270°-R$ 的仪器用式 $R=270°-\alpha_均$ 计算；对竖角计算公式为 $\alpha_左 = 90°-L$，$\alpha_右 = R-270°$ 的仪器用式 $R=270°+\alpha_均$ 进行计算。

（7）检校应反复进行，直到满足要求为止。

5. 上交资料

实验结束后测量实验报告以小组为单位装订成册上交。

测量实验报告——竖直角观测与指标差

姓名_____ 学号_____ 班级_____ 指导教师_____ 日期_____

【目的与要求】

【仪器和工具】

【主要步骤】

【观测数据及其处理】

竖 直 角 观 测 记 录

测站	目标	竖盘位置	竖盘读数（°′″）	半测回竖直角（°′″）	两倍指标差（′″）	一测回竖直角（°′″）	各测回竖直角的平均值（°′″）	盘右正确读数
O		左						
		右						
O		左						
		右						
O		左						
		右						

（九）经纬仪的检验与校正

经纬仪的检验与校正是正确使用经纬仪的前提要求，本实验的目的是能够使学生了解经纬仪的构造原理并且掌握经纬仪的检验和校正方法。

1. 目的与要求

（1）熟悉经纬仪各主要轴线及各轴线间应满足的几何条件。

（2）掌握经纬仪各项检验与校正的方法。

（3）限差要求：视准误差 $c \leqslant \pm 30''$，指标差 $i \leqslant \pm 24''$。

2. 仪器和工具

（1）经纬仪 1 台，测伞 1 把，记录本 1 个，校正针 1 根，螺丝刀 1 把。

（2）自备：铅笔、计算器。

3. 实验方法与记录计算

（1）照准部水准管轴垂直于竖轴的检验和校正。

检验：整平仪器后，将照准部旋转 $180°$，若气泡居中，则条件满足；否则，需校正。

校正：用校正针拨动水准管一端的校正螺丝，使气泡退回偏离的一半，再转动脚螺旋，使气泡居中。此项校正需反复进行，直到满足要求为止。

（2）十字丝竖丝垂直于横轴的检验和校正。

检验：整平仪器后，用十字丝竖丝一端瞄准一清晰小点，固定照准部制动螺旋和望远镜制动螺旋，转动望远镜微动螺旋使望远镜上下移动，如果小点始终在竖丝上移动，则条件满足，否则应进行校正。

校正：卸下目镜处分划板护盖，用螺丝刀松开 4 个十字丝环固定螺丝，转动十字丝环，使竖丝处于竖直位置，然后将四个螺丝拧紧，装上护盖。

（3）视准轴垂直于横轴的检验和校正。

检验：

1）整平仪器，盘左瞄准一个大致与仪器同高的远处目标 M，读取水平度盘读数 $m_左$；盘右瞄准同一点 M，读取水平度盘读数 $m_右$。

2）计算视准误差 $2c = m_{右正} - (m_{左} \pm 180°)$，当 $2c > 1'$ 时，需校正。

校正：

1）计算出盘右位置的正确读数 $m_{右正} = m_左 - c$。

2）转动照准部微动螺旋，使水平度盘读数恰为 $m_{右正}$，此时十字丝的竖丝已偏离了目标。

3）旋下十字丝分划板护盖，略松十字丝分划板上下校正螺丝，用一松一紧的方法拨动左右校正螺丝，使十字丝的竖丝对准目标 M；然后，拧紧上下校正螺丝，旋上十字丝分划板护盖；此项工作需反复进行，直至视准误差 c 不超过 $30''$ 为止。

（4）竖盘指标差的检验和校正。

检验：

1）整平仪器，用盘左和盘右两个位置观测同一高处目标，令竖直度盘水准管气泡居中，分别读取竖直度盘读数 L 和 R。

2）竖直角的计算（竖盘顺时针刻划）$\alpha_左 = 90° - L$；$\alpha_左 = R - 270°$。

3）指标差的计算 $i = \dfrac{\alpha_右 - \alpha_左}{2}$ 或 $i = \dfrac{L + R - 360°}{2}$，当 $i > \pm 24''$ 时，则需校正。

校正：

1）计算盘右时竖直度盘的正确读数 $R_正 = R - i$ 或 $R_正 = 270° + \alpha_正$。

2）转动竖直度盘指标水准管微动螺旋，使竖直度盘读数恰为计算出的盘右正确读数，此时竖直度盘指标已处于正确位置，而竖直度盘水准管气泡已不再居中。

3）打开竖直度盘指标水准管的盖板，用校正针拨动竖直度盘水准管一端的校正螺丝，使气泡居中。此项校正应反复进行，直至竖直度盘指标差不大于 24″为止。

4．注意事项

（1）尽量使用光学对中器进行对中，对中误差应小于 3mm。

（2）测量水平角瞄准目标时，应尽可能瞄准其底部，以减少目标倾斜所引起的误差。

（3）观测过程中，注意避免碰动光学经纬仪的复测扳手或度盘变换手轮，以免发生读数错误。

（4）日光下测量时应避免将物镜直接瞄准太阳。

（5）仪器安放到三脚架上或取下时，要一手先握住仪器，以防仪器摔落。

（6）电子经纬仪在装、卸电池时，必须先关掉仪器的电源开关（关机）。

（7）勿用有机溶液擦试镜头、显示窗和键盘等。

5．上交资料

实验结束后将测量实验报告以小组为单位装订成册上交。

测量实验报告——经纬仪的检验与校正

姓名_____ 学号_____ 班级_____ 指导教师_____ 日期_____

【目的与要求】

【仪器和工具】

【主要步骤】

【观测数据及其处理】

照准部水准管的检验和校正记录

观测类型	气泡偏离格数
检验观测	
校核观测	

十字丝竖丝的检验和校正记录

观测类型	十字丝偏离情况
核验观测	
校核观测	

视准轴垂直于横轴以及竖盘指标差的检验和校正

观测类型	竖直度盘位置	竖直度盘读数（° ′ ″）	竖直角（° ′ ″）	指标差（″）	盘右时竖直度盘的正确读数（° ′ ″）
检验观测					
校核观测					

（十）钢尺量距与罗盘仪定向

水平距离和方位角是确定地面点平面位置的主要参数。距离测量是测量的基本工作之一，钢尺量距是距离测量中方法简便、成本较低、使用较广的一种方法。本实验通过使用钢尺丈量距离及用罗盘仪确定直线的磁方位角，使同学们熟悉距离丈量与磁方位角测定的工具、仪器等，正确掌握其使用方法。

1. 目的和要求

（1）熟悉距离丈量的工具、设备，认识罗盘仪。

（2）掌握用钢尺按一般方法进行距离丈量。

（3）掌握用罗盘仪测定直线的磁方位角。

2. 仪器和工具

（1）钢尺 1 把，测钎 1 束，花杆 3 根，罗盘仪（带脚架）1 个，木桩及小钉各 2 个，斧子 1 把，记录板 1 块。

（2）自备：铅笔、计算器。

3. 实验方法与记录计算

（1）定桩。在平坦场地上选定相距约 80m 的 A、B 两点，打下木桩，在桩顶钉上小钉作为点位标志（若在坚硬的地面上可直接画细十字线作标记）。在直线 AB 两端各竖立 1 根花杆。

（2）往测。

1）后尺手手持钢尺尺头，站在 A 点花杆后，单眼瞄向 A、B 花杆。

2）前尺手手持钢尺尺盒并携带一根花杆和一束测钎沿 $A \rightarrow B$ 方向前行，行至约一整尺长处停下，根据后尺手指挥，左、右移动花杆，使之插在 AB 直线上。

3）后尺手将钢尺零点对准点 A，前尺手在 AB 直线上拉紧钢尺并使之保持水平，在钢尺一整尺注记处插下第一根测钎，完成一个整尺段的丈量。

4）前后尺手同时提尺前进，当后尺手行至所插第一根测钎处，利用该测钎和点 B 处花杆定线，指挥前尺手将花杆插在第一根测钎与 B 点的直线上。

5）后尺手将钢尺零点对准第一根测钎，前尺手同法在钢尺拉平后在一整尺注记处插入第二根测钎，随后后尺手将第一根测钎拔出收起。

6）同法依次丈量其他各尺段。

7）到最后一段时，往往不足一整尺长。后尺手将尺的零端对准测钎，前尺手拉平拉紧钢尺对准 B 点，读出尺上读数，读至毫米位，即为余长 q，做好记录。然后，后尺手拔出收起最后一根测钎。

8）此时，后尺手手中所收测钎数 n 即为 AB 距离的整尺数，整尺数乘以钢尺整尺长 l 加上最后一段余长 q 即为 AB 往测距离，即 $D_{AB}=nl+q$。

（3）返测。往测结束后，再由 B 点向 A 点同法进行定线量距，得到返测距离 D_{BA}。

根据往、返测距离 D_{AB} 和 D_{BA} 计算量距相对误差 $k=\dfrac{|D_{AB}-D_{BA}|}{\overline{D_{AB}}}=\dfrac{1}{M}$，与容许误差 $K_{容}=\dfrac{1}{3000}$ 相比较。若精度满足要求，则 AB 距离的平均值 $\overline{D_{AB}}=\dfrac{D_{AB}+D_{BA}}{2}$ 即为两点间的

水平距离。

（4）罗盘仪定向。

1）在 A 点架设罗盘仪，对中。通过刻度盘内正交两个方向上的水准管调整刻度盘，使刻度盘处于水平状态。

2）旋松罗盘仪刻度盘底部的磁针固定螺丝，使磁针落在顶针上。

3）用望远镜瞄准 B 点（注意保持刻度盘处于整平状态）。

4）当磁针摆动静止时，从刻度盘上读取磁针北端所指示的读数，估读到 $0.5°$，即为 AB 边的磁方位角，做好记录。

5）同法在 B 点瞄准 A 点，测出 BA 边的磁方位角。最后检查正、反磁方位角的互差是否超限（限差不大于 $1°$）。

4. 注意事项

（1）钢尺必须经过检定才能使用。

（2）拉尺时，尺面应保持水平，不得握住尺盒拉紧钢尺。收尺时，手摇柄要按照顺时针方向旋转。

（3）钢卷尺尺质较脆，应避免过往行人、车辆的踩、压，避免在水中拖拉。

（4）测磁方位角时，要认清磁针北端，应避免铁器干扰。搬迁罗盘仪时，要固定磁针。

（5）限差要求为：量距的相对误差应小于 $1/3000$，定向的误差应小于 $1°$。超限时应重新测量。

（6）钢尺使用完毕，擦拭后归还。

5. 上交资料

实验结束后将测量实验报告以小组为单位装订成册上交。

测量实验报告——钢尺量距与罗盘仪定向

姓名_____ 学号_____ 班级_____ 指导教师_____ 日期_____

【目的与要求】

【仪器和工具】

【主要步骤】

【观测数据及其处理】

距离丈量及磁方位角测定记录表

测段	丈量	整尺段数 n	余长（m）	直线长度（m）	平均长度（m）	丈量精度	磁方位角 A_m	磁方位角平均值
	往							
	返							
	往							
	返							
	往							
	返							
	往							
	返							
	往							
	返							

（十一）全站仪的认识与使用

全站仪在实际测量中的作用巨大，它集成了经纬仪和测距仪的基本功能。既可以测量角度，又可以测量距离，并且内置了微处理器，可以即时计算出测量点位的坐标，也可以用坐标反算出距离和角度，方便施工放线中使用。本实验通过对 TC2000 全站仪的认识和使用，使同学们熟悉仪器、附件、工具，正确掌握全站仪的操作。

1. 目的和要求

(1) 了解全站仪的各部分名称、作用以及结构原理。

(2) 了解并熟悉全站仪的使用方法。

(3) 正确熟练地使用全站仪进行实际测量。

2. 仪器和工具

TC2000 全站仪 1 台。

3. 结构介绍与使用方法

(1) 全站仪的结构。全站仪由电子经纬仪、测距仪和微处理器三部分组成。测距仪、微处理器分别内藏在望远镜和照准部支架一侧。从外部来看经纬仪的操作旋钮全站仪都有。两者的主要差别在于全站仪有按键和显示屏。这是操作者经常使用的部件。

1) 显示屏：键盘上方有三个显示窗口；显示窗 1，显示输入或输出的项目名称；显示窗 2、3，显示输入或输出的数据。

2) 键盘：键盘面共有 18 个按键。按功能分类有单功能键、双功能键和多功能键。

单功能键：

$\boxed{\text{ON}}$ －开机；$\boxed{\text{OFF}}$ －关机；$\boxed{\text{REC}}$ －记录储存数据；

$\boxed{\text{ALL}}$ －启动测量并储存数据；$\boxed{\text{RUN}}$ －回车键。

双功能键：$\boxed{\text{STOP/CE}}$ －暂停与清屏。

多功能键：有 12 个。各有白、绿、橙 3 种颜色，表示按键 3 种功能。

白色：测量准备与启动功能。如按 $\boxed{\text{Hz}}$ 启动仪器进行水平方向测量；连续按 $\boxed{\text{REP}}$、$\boxed{\text{Hz}}$ 两键启动仪器进行水平方向的重复测量。

绿色：显示项目选择功能。即以绿色键 $\boxed{\text{DSP}}$ 带头，与一个绿色键构成选择功能格式。如连续按绿色 $\boxed{\text{DSP}}$ ＋绿色 $\boxed{\text{HzV}}$ 两键，表示显示窗 2 显示水平方向值，显示窗 3 显示天顶距。

橙色：指令设置功能。以按 $\boxed{\text{SET}}$ 键带头，后接有关的按键实现指令设置。如 SET FIX 5 RUN　设置角度显示为 0.1″。

(2) GRE4n 数据存储器。TC2000 全站仪有专用的存储器 GRE4n，有 64K 存储容量，可存 2000 个标准测量格式的数据。使用时用专用电缆将全站仪与其连接起来。

(3) TC2000 全站仪的使用。

1) 仪器的安置：全站仪安置在三脚架上（方法同经纬仪），GRE4n、电池挂在三脚架架腿上，用专用 Y 形电缆把 GRE4n、电池与全站仪起来。在测站上做好仪器对中、整平工作。

2) 反射器在测点做好对中、整平工作。

3) 测量及数据存储。

按 $\boxed{\text{ON}}$ 键，开机。

单测角：按 $\boxed{\text{Hz}}$、$\boxed{\text{V}}$ 或 $\boxed{\text{HzV}}$ 键一次，实现角度的单次测量。

跟踪测量：按 $\boxed{\text{REP}}$ 键后再按 $\boxed{\text{Hz}}$、$\boxed{\text{V}}$ 或 $\boxed{\text{HzV}}$ 键，实现水平方向（或天顶距，或水平方向与天顶距）的跟踪测量。

测距：单次测距，按 $\boxed{\text{DIST}}$ 键，同时也测水平方向和天顶距。跟踪测距，按 $\boxed{\text{REP}}$ 后，按 $\boxed{\text{DIST}}$ 键，同时也测角。

记录：一次测量完毕，按 $\boxed{\text{REC}}$ 则记录一次测量的成果。

自动记录：按 $\boxed{\text{ALL}}$ 键完成一次边角的全部测量与记录。

按 $\boxed{\text{OFF}}$ 键，关机。

4. 注意事项

（1）运输仪器时，应采用原装的包装箱运输、搬动。

（2）近距离将仪器和脚架一起搬动时，应保持仪器竖直向上。

（3）拔出插头之前应先关机。在测量过程中，若拔出插头，则可能丢失数据。

（4）换电池前必须关机。

（5）仪器只能存放在干燥的室内。充电时，周围温度应在 10～30℃ 之间。

（6）全站仪是精密贵重的测量仪器，要防日晒、防雨淋、防碰撞震动。严禁仪器直接照准太阳。

5. 上交资料

实验结束后将测量实验报告以小组为单位装订成册上交。

测量实验报告——全站仪的认识与使用

姓名_____ 学号_____ 班级_____ 指导教师_____ 日期_____

【目的与要求】

【主要步骤】

各部件名称及作用

部 件 名 称	功 能
ON	
OFF	
REC	
ALL	
RUN	
STOP/CE	

【观测记录】

全站仪测量记录表

测站	测回	仪器高 (m)	棱镜高 (m)	竖盘位置	水平角观测 (° ′ ″)		竖直角观测 (° ′ ″)		距离高差观测			坐标测量		
					水平度盘读数	方向值或角值	竖直度盘读数	竖直角	斜距 (m)	平距 (m)	高程 (m)	x (m)	y (m)	H (m)

参 考 文 献

[1]　张慕良，叶泽荣．水利工程测量（第三版）．北京：水利出版社，1994.

[2]　王侬，过静珺．现代普通测量学．北京：清华大学出版社，2001.

[3]　李生平．建筑工程测量．北京：高等教育出版社，2002.

[4]　文孔越，高德慈．土木工程测量．北京：北京工业大学出版社，2002.

[5]　章书寿，陈福山．测量学教程（第三版）．北京：测绘出版社，1997.

[6]　顾孝烈．测量学．上海：同济大学出版社，1998.

[7]　靳祥升．测量学．郑州：黄河水利出版社，2003.

[8]　梁盛智．测量学．重庆：重庆大学出版社，2002.

[9]　贾清亮．测量学．郑州：黄河水利出版社，2001.

[10]　李天文．GPS原理及应用．北京：科学技术出版社，2003.

[11]　张勤，等．GPS测量原理及应用．北京：科学技术出版社，2004.

[12]　梅安新，等．遥感概论．北京：高等教育出版社，2001.

[13]　刘基余．GPS卫星定位导航原理与方法．北京：科学出版社，2003.

[14]　范文义，等．"3S"理论与技术．哈尔滨：东北林业大学出版社，2003.

[15]　中华人民共和国国家标准．GB 50026—93 工程测量规范．北京：中国计划出版社，1993.

[16]　中华人民共和国国家标准．GB 14804—93 地形要素分类与代码．北京：国家技术监督局发布，1994.

[17]　中华人民共和国电力行业标准．DL/T 5173—2003 水电水利工程施工测量标准．北京：中华人民共和国国家经济贸易委员会，2003.

[18]　中华人民共和国电力行业标准．SL 52—93 水利水电工程施工测量规范．北京：中华人民共和国水利部、电力工业部，1993.